工程力学

潘 斌 主编

上海交通大学出版社

内容提要

本书根据教育部《高职高专工程力学课程教学基本要求》编写而成。本书力求体现高职高专教学改革的特点，突出针对性、适用性、实用性，重视由浅入深和理论联系实际，内容简明扼要，通俗易懂，图文配合紧密。

全书共分3篇。第1篇为静力学，介绍了静力学基础知识、平面力系、空间力系等；第2篇为材料力学，介绍了拉伸和压缩、剪切、扭转、弯曲、组合变形等；第3篇为运动学和动力学，介绍了点和刚体的基本运动、动能定理等。每章后有小结、思考题、习题，并附有习题答案。

本书适用于建筑、机械、造船、水利、地质、市政、设计等专业，可作高职、高专工科类学校及成人高校教材，亦可作工程技术人员的参考书。

图书在版编目(CIP)数据

工程力学/潘斌主编. —上海：上海交通大学出版社，2010 (2017重印)

ISBN 978-7-313-06183-6

Ⅰ.① 工… Ⅱ.① 潘… Ⅲ.① 工程力学—高等学校：技术学校—教材 Ⅳ.① TB12

中国版本图书馆CIP数据核字(2010)第004263号

工 程 力 学

潘 斌 主编

上海交通大学出版社出版发行

(上海市番禺路951号 邮政编码200030)

电话：64071208 出版人：郑益慧

常熟市梅李印刷有限公司印刷 全国新华书店经销

开本：787mm×1092mm 1/16 印张：19.25 字数：472千字

2010年2月第1版 2017年7月第5次印刷

ISBN 978-7-313-06183-6/TB 定价：48.00元

前　言

本书是根据职业技术学院土木工程类、机械和船舶等专业力学课程的需要编写而成的，适合作为高职高专相关专业72学时左右的工程力学课程的教学用书。

本书的编写充分汲取了众多高职高专院校近几年的教学改革经验，融合了广大工程力学及专业课教师们多年从事教学工作的经验和心得，力求反映其在培养技术应用性专门人才方面的特色。在理论上注重加强工程概念及实例的引入，内容上以“少而精、够用即可”为原则，以期提高学生力学方面的素养，让学生较为牢固地掌握基本知识、基本概念及基本原理，提高分析问题、解决问题的能力。

本书涵盖了理论力学与材料力学的主要内容，教师可根据教学要求自行组合或取舍，每章后有小结、思考题和习题，并附有习题参考答案。

参加本书编写的有嘉兴南洋职业技术学院机电系和船建系的教师，包括：刘元（第1,2,3章），范春雷（第4,5,6,7章，第8章1～5节），梁勇（第8章6～7节，第9,10,11章），周庆（第12,13,14,15章），崔勇俊（第16,17,18,19章）。本书由潘斌教授任主编，王胜利副教授任副主编并统稿。

限于编者水平，且编写仓促，书中难免缺点和错误，恳望同行及读者不吝指正。

编　者

目　录

第1篇　静力学

第1章　静力学的基本概念 …… 3
1.1　刚体和力的概念 …… 3
1.2　静力学公理 …… 4
1.3　平面力对点之矩 …… 7
1.4　平面力偶 …… 9
1.5　约束和约束反力 …… 12
1.6　物体的受力分析和受力图 …… 15
小结 …… 18
思考题 …… 19
习题 …… 20
第2章　平面力系 …… 24
2.1　力的平移定理 …… 24
2.2　平面任意力系向已知点的简化 …… 25
2.3　平面任意力系简化结果的进一步讨论 …… 28
2.4　平面任意力系的平衡条件和平衡方程 …… 31
2.5　静定和静不定问题——物体系统的平衡 …… 35
2.6　考虑摩擦时的平衡问题 …… 39
小结 …… 45
思考题 …… 46
习题 …… 47
第3章　空间力系 …… 51
3.1　空间汇交力系 …… 52
3.2　力对点之矩和力对轴之矩 …… 55
3.3　空间力偶系 …… 57
3.4　空间任意力系的平衡方程 …… 59
3.5　重心 …… 63
小结 …… 69
思考题 …… 70
习题 …… 71

第2篇 材料力学

第4章 轴向拉伸与压缩 …… 79
4.1 拉(压)杆的内力 …… 79
4.2 轴向拉(压)杆截面上的应力 …… 81
4.3 拉(压)杆的变形 …… 84
4.4 材料在拉伸、压缩时的力学性能 …… 86
4.5 强度计算 …… 89
4.6 拉(压)超静定问题、装配应力、温度应力 …… 92
小结 …… 93
思考题 …… 94
习题 …… 94
第5章 扭转 …… 96
5.1 外力偶矩的计算、扭矩及扭矩图 …… 97
5.2 等直圆杆的扭转 …… 99
5.3 强度计算 …… 102
5.4 扭转变形及刚度条件 …… 104
小结 …… 106
思考题 …… 106
习题 …… 106
第6章 构件连接的实用计算 …… 108
6.1 剪切的实用计算 …… 108
6.2 挤压的实用计算 …… 109
小结 …… 111
思考题 …… 111
习题 …… 111
第7章 平面弯曲内力 …… 113
7.1 平面弯曲的概念 …… 113
7.2 剪力和弯矩 …… 114
7.3 剪力图和弯矩图 …… 116
7.4 剪力、弯矩与荷载集度之间的关系及其应用 …… 119
小结 …… 122
思考题 …… 123
习题 …… 123
第8章 平面弯曲梁的应力与变形、强度与刚度计算 …… 124
8.1 平面图形的几何性质 …… 124
8.2 梁的弯曲正应力 …… 127
8.3 梁的弯曲切应力 …… 130

8.4 梁的强度条件 …… 131
8.5 提高梁强度的措施 …… 133
8.6 梁的弯曲变形 …… 135
8.7 简单超静定梁 …… 142
小结 …… 142
思考题 …… 143
习题 …… 143
第9章 应力状态分析与强度理论 …… 146
9.1 应力状态的概念 …… 146
9.2 平面应力状态分析 …… 148
9.3 空间应力状态与广义胡克定律 …… 154
9.4 强度理论 …… 157
小结 …… 160
思考题 …… 162
习题 …… 162
第10章 组合变形 …… 165
10.1 组合变形的概念 …… 165
10.2 杆件偏心压缩(拉伸)的强度计算 …… 166
10.3 斜弯曲 …… 170
10.4 扭转与弯曲的组合 …… 174
小结 …… 176
思考题 …… 177
习题 …… 178
第11章 压杆稳定 …… 180
11.1 压杆稳定的概念 …… 180
11.2 细长压杆的临界力和临界应力 …… 181
11.3 压杆的稳定计算 …… 185
11.4 提高压杆稳定的措施 …… 189
小结 …… 190
思考题 …… 191
习题 …… 191

第3篇 运动学与动力学

第12章 点的运动学 …… 197
12.1 点的运动的矢量法 …… 197
12.2 点的运动的直角坐标法 …… 198
12.3 点的运动的自然坐标法 …… 202
小结 …… 206

思考题…… 207
习题…… 208
第 13 章 刚体的基本运动 …… 211
13.1 刚体的平动…… 211
13.2 刚体绕定轴转动…… 212
13.3 定轴转动的刚体上各点的速度、加速度 …… 214
小结…… 217
思考题…… 218
习题…… 219
第 14 章 点的合成运动 …… 221
14.1 点的合成运动的概念…… 221
14.2 点的速度合成定理…… 225
小结…… 227
思考题…… 227
习题…… 227
第 15 章 刚体的平面运动 …… 230
15.1 平面运动的概述和分解…… 230
15.2 平面图形上各点的速度…… 232
小结…… 237
思考题…… 237
习题…… 238
第 16 章 质点动力学基本方程 …… 240
16.1 动力学的基本定律与惯性参考系…… 240
16.2 质点的运动微分方程及其应用…… 241
小结…… 244
思考题…… 244
习题…… 244
第 17 章 达朗伯原理 …… 247
17.1 惯性力的概念…… 247
17.2 质点的达朗伯原理…… 248
17.3 质点系的达朗伯原理…… 250
小结…… 251
思考题…… 252
习题…… 252
第 18 章 质心运动定理与刚体定轴转动微分方程 …… 254
18.1 质心运动定理…… 254
18.2 刚体定轴转动微分方程…… 257
小结…… 261
思考题…… 262

习题……………………………………………………………………………………………………… 262
第 19 章 动能定理 ……………………………………………………………………………………… 264
19.1 力的功…………………………………………………………………………………………… 264
19.2 动能……………………………………………………………………………………………… 268
19.3 动能定理………………………………………………………………………………………… 270
小结……………………………………………………………………………………………………… 273
思考题…………………………………………………………………………………………………… 274
习题……………………………………………………………………………………………………… 275

附录Ⅰ 型钢规格表……………………………………………………………………………………… 278
附录Ⅱ 习题参考答案…………………………………………………………………………………… 288

参考文献………………………………………………………………………………………………… 297

第1篇 静力学

第 1 章　静力学的基本概念

第 2 章　平面力系

第 3 章　空间力系

静力学研究物体在力系的作用下处于平衡的条件。**力系**，是指作用在物体上的一群力；**平衡**，是指物体相对于惯性参考系（在工程中习惯上将地面作为惯性参考系）保持静止或作匀速直线运动。例如，房屋结构、桥梁、作匀速直线航行的舰船等，都处于平衡状态。平衡是物体运动的一种特殊形式。

静力学主要研究三方面的问题：

1）物体的受力分析

根据物体受到约束情况，对物体所受外力进行分析，并以受力图的形式反映出来，称为**物体的受力分析**。即分析物体共受几个力，以及每个力的作用位置和方向。事实上，物体的受力分析不仅是静力学的基本问题，也是整个力学的一个基本问题。

2）力系的简化

如果两个力系对物体的作用效果相同，此二力系互为**等效力系**。力系的简化就是用一个简单的力系等效地替换一个复杂的力系，从而抓住不同力系的共同本质，明确力系对物体作用的总效果。如果某力系与一个力等效，则此力称为该力系的**合力**，而该力系的各个力称为此力的**分力**。力系简化是分析力系平衡条件的一种简捷方法，其应用绝不仅限于静力学，在动力学中同样重要。

3）物体在力系作用下的平衡条件

当物体处于平衡时，其所受的力系称为**平衡力系**。研究物体平衡时，作用在物体上的各种力系所应满足的条件则称为**平衡条件**。力系的平衡条件是静力学研究的主要问题。

通过物体的受力分析和力系的简化可以更为清楚地分析物体的静力平衡问题，同时为进一步研究物体的运动提供基础。在工程实际中，许多问题都是物体的平衡问题。例如，在土木工程中，为了保证梁的正常工作，在设计时就必须分析梁所受的外力，对其进行力系简化并根据平衡条件计算出这些力，然后才能选择梁的材料以及设计梁的截面尺寸。此外，机械设计中零部件的静强度计算，桥梁、水坝、闸门、船舶、车体的强度设计等等也是如此。对于一些速度变化不大的物体，也可以近似按静力学方法分析研究，得到满足一定精度要求的结果。

静力学在工程技术中有着广泛的应用，是许多后续课程的基础。

第1章 静力学的基本概念

工　程　力　学

本章介绍静力学的基本概念，包括力和力矩的概念，力系与力偶的概念，约束与约束力的概念。在此基础上，介绍受力分析的基本方法，包括隔离体的选取与受力图的画法。

1.1　刚体和力的概念

1.1.1　刚体的概念

刚体是静力学所研究的主要对象。所谓**刚体**，就是在力的作用下，其内部任意两点之间的距离始终保持不变的物体，即刚体是不发生变形的物体。显然，任何物体在力的作用下，都会发生或多或少的变形。但是，有许多物体，如机器和工程结构的构件，在受力后所产生的变形很小，在研究力对物体作用下的平衡问题时，其影响极小，可以忽略不计。这样就可以把物体视为不变形的刚体，使问题的研究得以简化。所以说刚体是一个经过简化和抽象后的理想模型。

必须指出的是，不能将刚体的概念绝对化，这与所研究的问题的性质有关。在所研究的物体产生变形且变形是主要因素的情形下，就不能把该物体视为刚体，而应当成变形体来分析。例如，在计算工程结构的位移时，就常常要考虑各种因素所引起的变形。在理论力学中，由于静力学所研究的对象仅限于刚体，因而又称为**刚体静力学**。

1.1.2　力的概念

人类对力的认识是在生活和生产的实践中产生的。经过长期实践，从感性到理性，逐步建立起了力的概念。**力是物体之间的相互机械作用，这种作用对物体产生两种效应，即使物体的机械运动状态发生变化，或者使物体发生变形**。对于不变形的刚体而言，力只改变其机械运动状态。

力使物体的运动状态发生改变的效应称为力的**外效应或运动效应**，是第 1 篇静力学和第 3 篇运动学与动力学研究的内容；而力使物体发生变形的效应称为力的**内效应或变形效应**，属于第 2 篇材料力学的研究范围。

力对物体的作用效应取决于力的三个因素：大小、方向、作用点，通常称为**力的三要素**。力是有方向的量，可以用矢量表示，如图 1－1 所示。力可以表示为一个有方向带箭头的线段，线段的长度表示力的大小，线段所在的方位和箭头表示力的作用方向，线段的起点或终

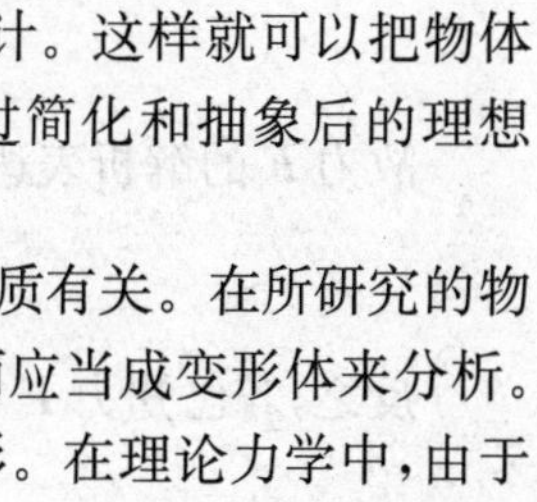

图 1－1　力的三要素

点表示力的作用点。

在国际单位制(SI 制)中，力的单位是牛[顿]或者千牛[顿]，符号为 N 或 kN。在工程单位制中，力的常用单位是千克力或吨力，符号为 kgf 或 tf。两者的换算关系为 1 kgf = 9.8 N。

1.1.3 力在直角坐标轴上的投影

设力 $\boldsymbol{F}$ 作用于刚体上的 A 点(如图 1-2 所示)，在力 $\boldsymbol{F}$ 作用的平面内建立坐标系 Oxy，由力 $\boldsymbol{F}$ 的起点 A 和终点 B 分别向 x 轴作垂线，得垂足 a 和 b，这两条垂线在 x 轴上所截的线段再冠以相应的正负号，称为力 $\boldsymbol{F}$ 在 x 轴上的投影，用 F_x 表示。力在坐标轴上的投影是代数量，其正负号规定：若由 a 到 b 的方向与 x 轴的正方向一致时，力的投影为正值，反之为负值。同理，从 A 和 B 分别向 y 轴作垂线，得垂足 a'和 b'，求得力 $\boldsymbol{F}$ 在 y 轴上的投影 F_y。

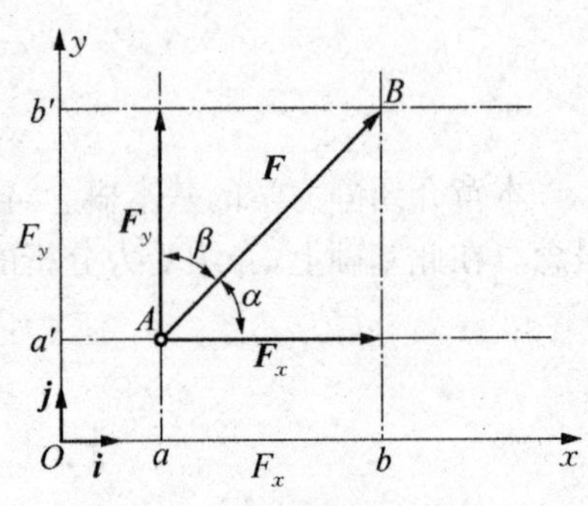

图 1-2 力在直角坐标轴上的投影

设 α 和 β 分别表示力 $\boldsymbol{F}$ 与 x、y 轴正向的夹角，则由图 1-2 可得

$$\left.\begin{aligned} F_x &= F\cos\alpha \\ F_y &= F\cos\beta = F\sin\alpha \end{aligned}\right\} \tag{1-1}$$

又由图 1-2 可知，力 $\boldsymbol{F}$ 可分解为两个分力 $\boldsymbol{F}_x$、$\boldsymbol{F}_y$，其分力与投影有如下关系：

$$\boldsymbol{F}_x = F_x\boldsymbol{i} \quad \boldsymbol{F}_y = F_y\boldsymbol{j} \tag{1-2}$$

故力 $\boldsymbol{F}$ 的解析表达式为

$$\boldsymbol{F} = F_x\boldsymbol{i} + F_y\boldsymbol{j} \tag{1-3}$$

反之，若已知力 $\boldsymbol{F}$ 在坐标轴上的投影 F_x、F_y，则该力的大小及方向余弦为

$$\left.\begin{aligned} F &= \sqrt{F_x^2 + F_y^2} \\ \cos\alpha &= \frac{F_x}{F} \end{aligned}\right\} \tag{1-4}$$

应当注意，力的投影和力的分量是两个不同的概念。投影是代数量，而分力是矢量；投影无所谓作用点，而分力作用点必须作用在原力的作用点上。另外，仅在直角坐标系中力在坐标轴上投影的绝对值和力沿该轴分量的大小相等。

1.2 静力学公理

静力学公理是人们在长期的生活和生产实践中积累并总结出来的为人们所公认的客观真理。它经过了实践的检验，符合客观实际，是研究力系简化和平衡条件的理论基础。

公理 1 二力平衡公理

作用在刚体上的两个力，使刚体处于平衡的必要和充分条件是：这两个力大小相等、方向

相反，且共线，如图 1－3 所示，即

$$\boldsymbol{F}_1 = -\boldsymbol{F}_2 \tag{1-5}$$

这是最简单的力系平衡条件。但是，应当指出，对于刚体来说，这个条件是充分和必要的，而对于变形体来说，此二力的平衡条件只是必要条件而非充分条件。如图 1－4(a)，(b)所示，软绳受两个等值、反向、共线的拉力时可以平衡，但如受到两个等值、反向、共线的压力时就不能平衡了。

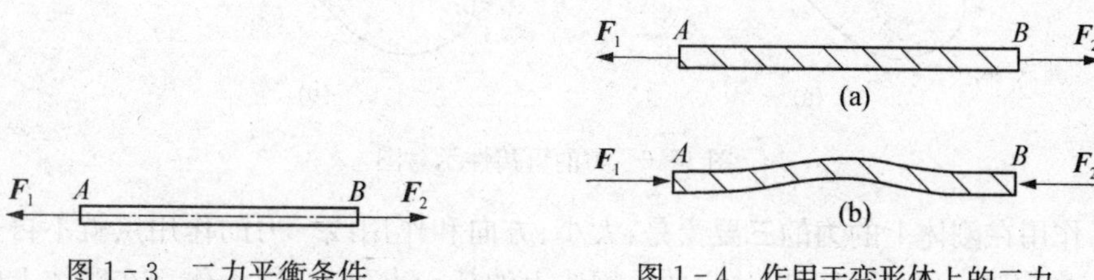

图 1－3　二力平衡条件　　图 1－4　作用于变形体上的二力

工程上常遇到只受两个力作用而平衡的构件，称为**二力构件**。根据公理 1，二力构件上的两力必大小相等、方向相反，且共线。

公理 2　力的平行四边形法则

作用在物体上同一点的两个力，可以合成为一个合力。合力的作用点也在该点，合力的大小和方向由这两个力为边所构成的平行四边形的对角线所确定，如图 1－5(a)所示。这种合成方法称为**力的平行四边形法则**，用矢量加法表示为

$$\boldsymbol{F} = \boldsymbol{F}_1 + \boldsymbol{F}_2 \tag{1-6}$$

合力 $\boldsymbol{F}$ 与两力 $\boldsymbol{F}_1$、$\boldsymbol{F}_2$ 的共同作用等效。如果求合力 $\boldsymbol{F}$ 的大小和方向，可以不必作出整个平行四边形，而是将两力 $\boldsymbol{F}_1$、$\boldsymbol{F}_2$ 的首尾相连构成开口的力三角形，而合力 $\boldsymbol{F}$ 就是力三角形的封闭边，如图 1－5(b)所示。这种求合力的方法又称为**力的三角形法则**。

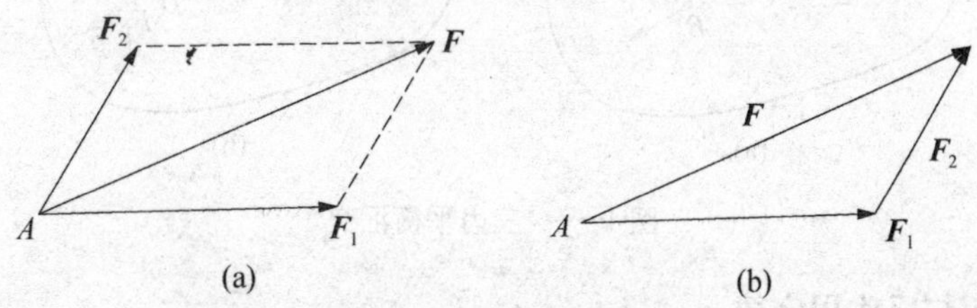

图 1－5　力的平行四边形法则和三角形法则

公理 3　加减平衡力系公理

在作用于刚体的任意力系上，加上或减去任意的平衡力系，不改变原力系对刚体的作用效应。显而易见，这个公理是研究力系的等效替换的重要依据。由此可以得出两个推论，即：

推论 1　力的可传性

作用于刚体上某点的力，可以沿其作用线移至刚体上的任意一点，而不改变它对刚体的作用。

证明：设力 $\boldsymbol{F}$ 作用于刚体上的 A 点，如图 1－6(a)所示。在力的作用线上任取一点 B，加上一对等值、反向、并沿同一直线相互平衡的力 $\boldsymbol{F}_1$ 和 $\boldsymbol{F}_2$，并使 $\boldsymbol{F} = \boldsymbol{F}_2 = -\boldsymbol{F}_1$。根据公理 3，加

减平衡力系，并不影响原力 $\boldsymbol{F}$ 对刚体的作用，由公理 2 可知，力 $\boldsymbol{F}$ 和 $\boldsymbol{F}_1$ 平衡，除去后只剩下一个力 $\boldsymbol{F}_2$。所以力 $\boldsymbol{F}_2$ 与原来的力 $\boldsymbol{F}$ 等效。但是，这个力的作用点由 A 点沿作用线移到了 B 点，如图 1-6(b)所示。

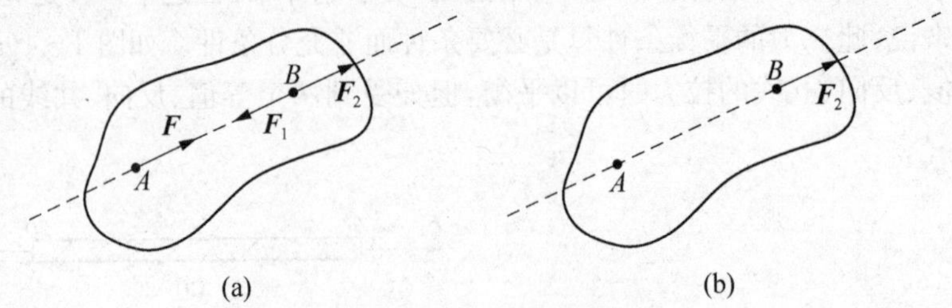

图 1-6　力的可传性示意图

所以，作用在刚体上的**力的三要素**是：大小、方向和作用线。力的作用点就不再是决定力的作用的主要因素。力矢量可以从它的作用线上的任一点画出，因而作用在刚体上的力是**滑动矢量**。以人们在车后推车和车前拉车为例可知，这两个力的作用是一样的。

推论 2　三力平衡汇交定理

作用于刚体上的三个互相平衡的力，若其中两个力的作用线汇交于一点，则此三力必汇交于一点，且三力共面。

证明：如图 1-7(a)所示，刚体上作用有三个互相平衡的力 $\boldsymbol{F}_1$、$\boldsymbol{F}_2$、$\boldsymbol{F}_3$。将力 $\boldsymbol{F}_1$、$\boldsymbol{F}_2$ 沿作用线移至两力的交点 D，合成为力 $\boldsymbol{F}$，则刚体只受两个力作用，根据二力平衡条件，力 $\boldsymbol{F}_3$、$\boldsymbol{F}$ 共线，所以 $\boldsymbol{F}_3$ 必与 $\boldsymbol{F}_1$、$\boldsymbol{F}_2$ 共面，且通过力 $\boldsymbol{F}_1$ 和 $\boldsymbol{F}_2$ 的交点，如图 1-7(b)所示。

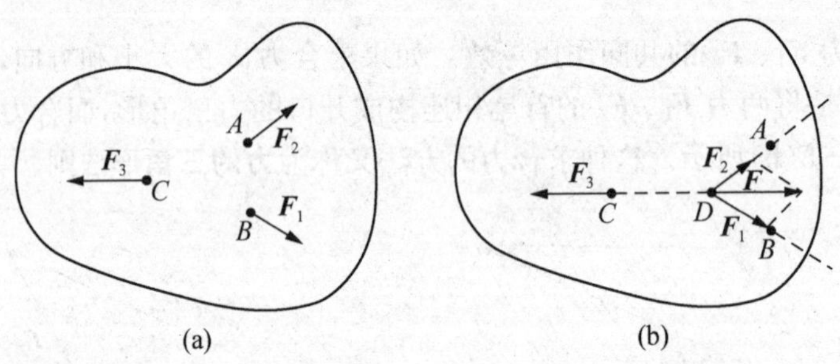

图 1-7　三力平衡汇交

公理 4　作用与反作用定律

两物体间相互作用存在作用力和反作用力，两个力的大小相等、方向相反且沿同一直线，分别作用在两个相互作用的物体上。

这个公理概括了自然界中物体相互作用的关系，表明一切力都是成对出现的，有作用力必有反作用力，它们共同出现，共同消失。

但必须注意的是，虽然作用力和反作用力大小相等、方向相反且沿同一直线，但决不能认为这两个力相互平衡。因为这两个力并不作用在同一刚体上，而是作用于两个相互作用的不同物体上。所以这两个力并不组成平衡力系。

公理 5　刚化原理

变形体在某一力系作用下处于平衡状态，则将此变形体刚化为刚体时，其平衡状态保持不变。

公理五为把变形体抽象为刚体提供了条件，从而可将刚体静力学的理论应用于变形体。但是，此时应注意考虑变形体的物理条件。如图1-4中所示的软绳，在拉力作用下软绳平衡，如果将软绳刚化为刚体，平衡仍然保持不变；在压力作用下软绳则不能保持平衡，此时软绳就不能刚化为刚体。

1.3 平面力对点之矩

力不仅可以改变物体的移动状态，而且还能改变物体的转动状态。力使物体绕某点转动的力学效应称为**力对该点之矩**，简称为**力矩**。

1.3.1 力对点之矩(力矩)

以扳手旋转螺母为例(如图1-8(a)所示)，设螺母能绕点O转动。由经验可知，螺母能否旋动，不仅取决于作用在扳手上的力$\boldsymbol{F}$的大小，而且还与点O到$\boldsymbol{F}$的作用线的垂直距离d有关。因此，用$\boldsymbol{F}$与d的乘积作为力$\boldsymbol{F}$使螺母绕点O转动效应的量度。其中距离d称为$\boldsymbol{F}$对O点的**力臂**，点O称为**矩心**。由于转动有逆时针和顺时针两个转向，故一般用正负号表示转动方向。因此在平面问题中，力对点之矩定义如下：

力对点之矩是一个代数量，它的绝对值等于力的大小与力臂的乘积，它的正负号通常规定：力使物体绕矩心逆时针转向时为正，反之为负。

力对点之矩以符号$M_O(\boldsymbol{F})$表示，记为

$$M_O(\boldsymbol{F}) = \pm Fd \tag{1-7}$$

由图1-8(b)可见，力$\boldsymbol{F}$对O点之矩的大小也可以用三角形OAB的面积的两倍来表示，即

$$M_O(\boldsymbol{F}) = \pm 2A_{\triangle OAB} \tag{1-8}$$

其中，$A_{\triangle OAB}$为三角形OAB的面积，如图1-8(b)所示。

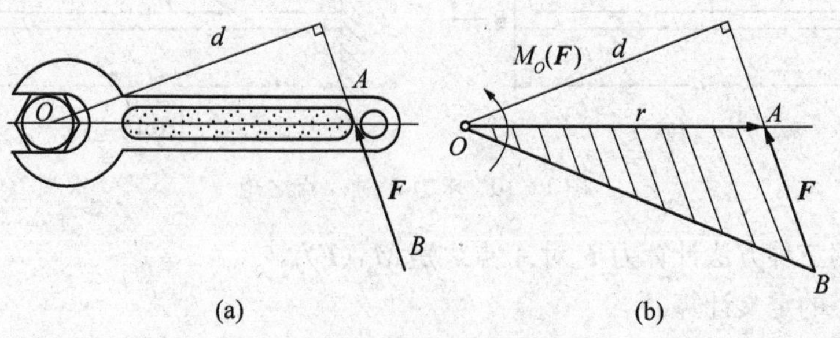

图1-8 用扳手拧螺母

显然，当力的作用线过矩心时，则它对矩心的力矩等于零；当力沿其作用线移动时，力之矩对点保持不变。在表示力矩时，必须标明矩心。力矩的单位常用牛顿·米(N·m)或千牛顿·米(kN·m)。

1.3.2 合力矩定理

在计算力系的合力矩时，常用到所谓的**合力矩定理**：平面汇交力系的合力对其平面内任一点之矩等于所有各分力对同一点之矩的代数和。即

$$M_O(\boldsymbol{F}_R)=\sum_{i=1}^{n}M_O(\boldsymbol{F}_i) \tag{1-9}$$

按力系等效概念，上式易于理解，且式(1-9)应适用于任何有合力存在的力系。

当力矩的力臂不易求出时，常将力分解为两个易确定力臂的分力(通常是正交分解)，然后用合力矩定理计算力矩。如图1-9所示，已知力$\boldsymbol{F}$，作用点$A(x, y)$及其夹角α。欲求力$\boldsymbol{F}$对坐标原点之矩，可按式(1-9)，通过其分力$\boldsymbol{F}_x$与$\boldsymbol{F}_y$对O点之矩而得到，即

$$M_O(\boldsymbol{F})=M_O(\boldsymbol{F}_x)+M_O(\boldsymbol{F}_y)=xF\sin\alpha-yF\cos\alpha$$

或
$$M_O(\boldsymbol{F})=xF_y-yF_x \tag{1-10}$$

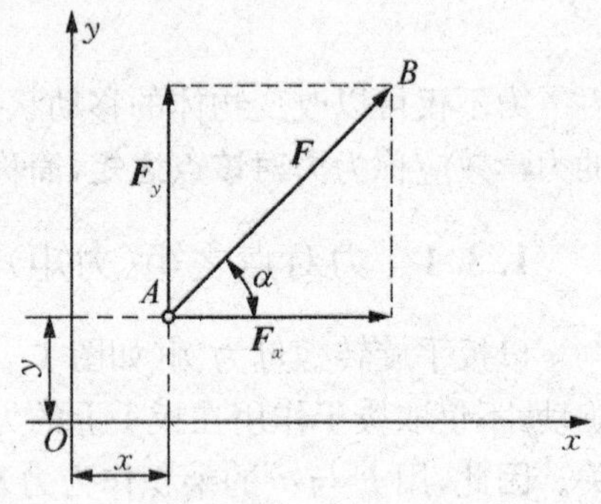

图1-9 力$\boldsymbol{F}$的力矩

上式为平面内力矩的解析表达式。其中，x, y为力作用点的坐标；F_x, F_y为力$\boldsymbol{F}$在x, y轴的投影。计算时应注意用它们的代数量代入。

若将式(1-10)代入式(1-9)，即可得合力$\boldsymbol{F}_R$对坐标原点之矩的解析表达式，即

$$M_O(\boldsymbol{F}_R)=\sum_{i=1}^{n}(x_iF_{yi}-y_iF_{xi}) \tag{1-11}$$

例1.1 试计算图1-10(a)中力$\boldsymbol{F}$对A点之矩。

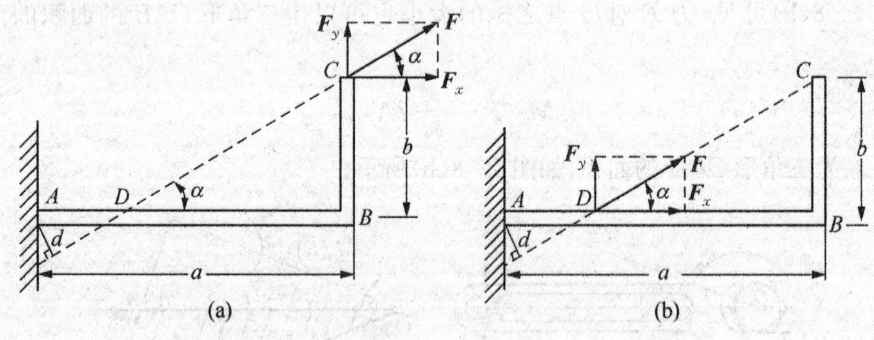

图1-10 求力$\boldsymbol{F}$对A点之矩

解：可以用三种方法计算力$\boldsymbol{F}$对A点之矩$M_A(\boldsymbol{F})$。

(1) 由力矩的定义计算。

先求力臂d。由图中几何关系有

$$\begin{aligned}d&=AD\sin\alpha=(AB-DB)\sin\alpha=(AB-BC\cot\alpha)\sin\alpha\\&=(a-b\cot\alpha)\sin\alpha=a\sin\alpha-b\cos\alpha\end{aligned}$$

所以

$$M_A(\boldsymbol{F}) = F \cdot d = F(a\sin\alpha - b\cos\alpha)$$

(2) 根据合力矩定理计算。

将力 $\boldsymbol{F}$ 在 C 点分解为两个正交的分力 $\boldsymbol{F}_x$ 和 $\boldsymbol{F}_y$(如图 1-10(a)所示),则

$$F_x = F\cos\alpha,\ F_y = F\sin\alpha$$

由合力矩定理可得

$$M_A(\boldsymbol{F}) = M_A(\boldsymbol{F}_x) + M_A(\boldsymbol{F}_y) = -F_x \cdot b + F_y \cdot a = F(a\sin\alpha - b\cos\alpha)$$

(3) 先将力 $\boldsymbol{F}$ 移至 D 点,再将 $\boldsymbol{F}$ 分解为两个正交的分力 $\boldsymbol{F}_x$,$\boldsymbol{F}_y$(如图 1-10(b)所示),其中 $\boldsymbol{F}_x$ 通过矩心 A,力矩为零,由合力矩定理得

$$M_A(\boldsymbol{F}) = 0 + M_A(\boldsymbol{F}_y) = F_y \cdot AD = F\sin\alpha \cdot (a - b\cot\alpha) = F(a\sin\alpha - b\cos\alpha)$$

综上可见,计算力矩常用下述两种方法:

(1) 直接计算力臂,由定义求力矩。

(2) 应用合力矩定理求力矩。此时应注意:①将一个力恰当地分解为两个相互垂直的分力,利用分力取矩,并注意取矩方向;②刚体上的力可沿其作用线移动,故力可在作用线上任一点分解,而具体选择哪一点,其原则是使分解后的两个分力取矩比较方便。

1.4 平面力偶

静力学中的基本力学量,除了前面一直在讨论的力,还有力偶。力偶可以理解为一个特殊的力系,该力系既无合力又不平衡,对物体作用时,外效应中仅有转动效应而无平移效应。力偶没有作用点,单个力不能平衡力偶。因此,力偶是一个完全不同于力的又一个基本力学量。

1.4.1 力偶与力偶矩

在日常生活和工程实际中,我们往往同时施加两个等值、反向而不共线的平行力来使物体转动。例如,汽车司机用双手转动方向盘(如图 1-11(a)所示)、工人用扳手和丝锥攻螺纹(如图 1-11(b)所示)、用两个手指拧动水龙头(如图 1-11(c)所示)等。等值反向平行力的矢量和显然等于零,但是由于它们不共线而不能相互平衡,它们能使物体改变转动状态。这种由两

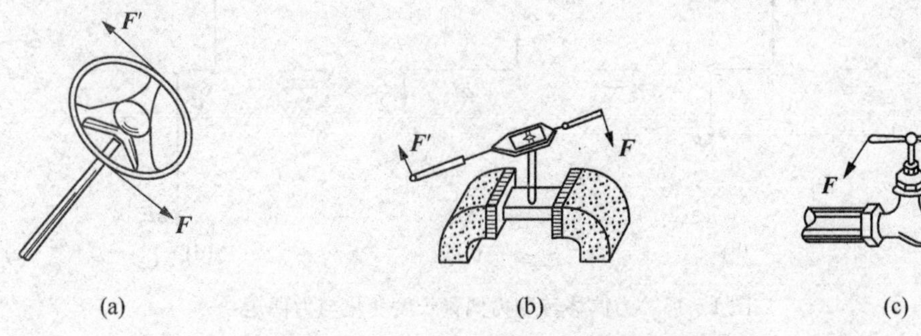

图 1-11 方向盘、丝锥、水龙头受力示意图

个大小相等、方向相反且不共线的平行力组成的力系，称为**力偶**，如图 1-12 所示，记作($\boldsymbol{F}$, $\boldsymbol{F}'$)。力偶的两力之间的垂直距离 d 称为**力偶臂**，力偶所在的平面称为**力偶的作用面**。

力偶不能简化为一个力，即力偶不能用一个力等效替代，因此**力偶无合力，也不能被一个力平衡**。因此，力和力偶是静力学的两个基本要素。力偶对物体的作用效果是使物体转动。力偶对物体的转动效应可以用力偶矩来度量，即用力偶的两个力对其作用面内某点之矩的代数和来度量。如图 1-12 所示，力偶对 O 点之矩 $M_O(\boldsymbol{F}, \boldsymbol{F}')$为

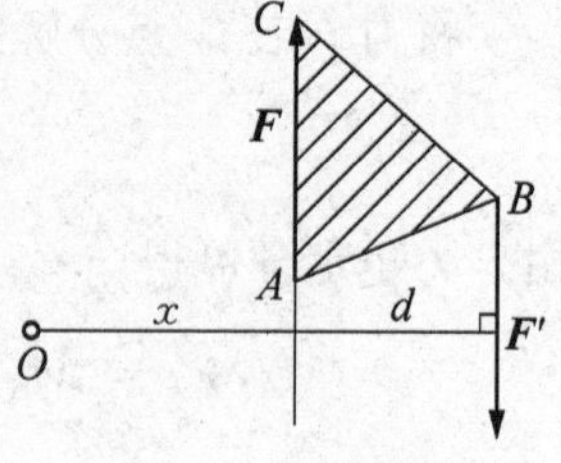

图 1-12　力偶

$$
\begin{aligned}
M_O(\boldsymbol{F}, \boldsymbol{F}') &= M_A(\boldsymbol{F}_x) + M_A(\boldsymbol{F}_y) \\
&= F \cdot x - F \cdot (x + d) \\
&= -Fd
\end{aligned}
$$

矩心 O 是任选的，可见力偶的作用效应决定于力的大小、力偶臂的长短以及力偶的转向，与矩心的位置无关。因此在平面问题中，将力偶中力的大小与力偶臂的乘积并冠以正负号称为**力偶矩**，记为 $M(\boldsymbol{F}, \boldsymbol{F}')$或简记为 M。

$$M = M(\boldsymbol{F}, \boldsymbol{F}') = \pm Fd \tag{1-12}$$

于是可得结论：力偶矩是一个代数量，其绝对值等于力的大小与力偶臂的乘积，正负号表示力偶的转向，通常规定以逆时针转向为正，反之为负。力偶矩的单位与力矩相同，也是 N·m或 kN·m。从几何上看，力偶矩在数值上等于△ABC 面积的两倍(如图 1-12 所示)。

1.4.2　力偶的等效定理

由于力偶对物体只能产生转动效应，而该转动效应是用力偶矩来度量的。因此可得如下的力偶等效定理。

定理　作用在刚体上同一平面内的两个力偶，如果力偶矩相等，则两力偶彼此等效。

由这一定理可得关于平面力偶性质的两个推论：

(1) 力偶可在其作用面内任意移转，而不改变它对刚体的作用效果。换句话说，力偶对刚体的作用与它在作用面内的位置无关，如图 1-13(a)，(b)所示。

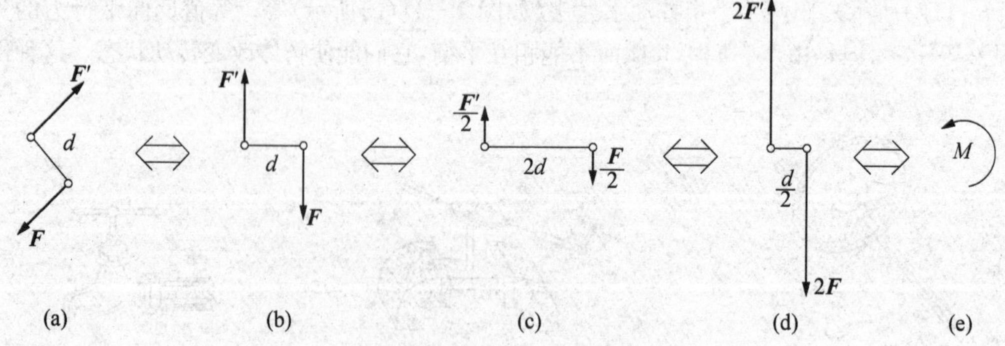

图 1-13　力偶移转和力偶臂长度变化与力偶矩

(2) 只要保持力偶矩的大小和力偶的转向不变，可以同时改变力偶中力的大小和力偶臂

的长短时，而不改变力偶对刚体的作用，如图 1－13(c)、(d)所示。

由此可见，力偶中力的大小和力偶臂的长短都不是力偶的特征量，力偶矩才是力偶作用效果的唯一度量。因此，常用图 1－13(e)所示的符号表示力偶，其中 M 表示力偶矩的大小，带箭头的圆弧表示力偶的转向。

由作用在物体同一平面内的若干力偶组成的力系称为**平面力偶系**。平面力偶系也是一种基本力系。

1.4.3 平面力偶系的合成

设在刚体的同一平面内作用有两个力偶 M_1 和 M_2，$M_1 = F_1d_1$，$M_2 = F_2d_2$，如图 1－14(a)所示，求它们的合成结果。根据上述力偶的性质，在力偶作用面内任取一线段 $AB = d$，将这两个力偶都等效地变换为以 d 为力偶臂的新力偶($\boldsymbol{F}_3$，$\boldsymbol{F}_3'$)和($\boldsymbol{F}_4$，$\boldsymbol{F}_4'$)，经变换后力偶中的力可由 $F_3d = F_1d_1 = M_1$，$F_4d = F_2d_2 = M_2$ 算出。然后移转各力偶，使它们的力偶臂都与 AB 重合，则原平面力偶系变换为作用于点 A、B 的两个共线力系(如图 1－14(b)所示)。将这两个共线力系分别合成(设 $F_3 > F_4$)，得

$$F = F_3 - F_4,\ F' = F_3' - F_4'$$

可见，力 F 与 F' 等值、反向、作用线平行而不共线，构成了与原力偶系等效的**合力偶**($\boldsymbol{F}$，$\boldsymbol{F}'$)，如图 1－14(c)所示。以 M 表示此合力偶的矩，得

$$M = Fd = (F_3 - F_4)d = F_3d - F_4d = M_1 + M_2$$

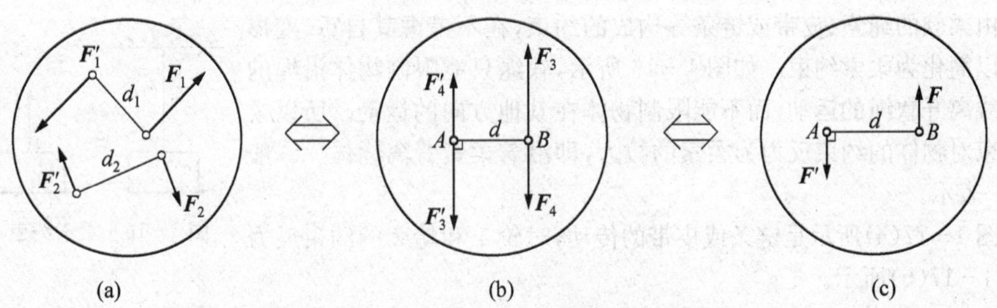

图 1－14　同平面中两力偶的合成

如果有两个以上的平面力偶，可以按照上述方法合成。**即平面力偶系可以合成为一个合力偶，合力偶矩等于力偶系中各个力偶矩的代数和**，可写为

$$M = M_1 + M_2 + \cdots + M_n = \sum_{i=1}^{n} M_i \qquad (1-13)$$

例 1.2　法兰盘上 4 个螺栓 A，B，C，D 的孔心均匀地分布在同一圆周上，如图 1－15 所示。孔所在圆的直径 $d = 150\,\text{mm}$，设 4 个螺栓作用力大小均为 8.33 N，试求法兰盘受到螺栓作用的力偶矩。

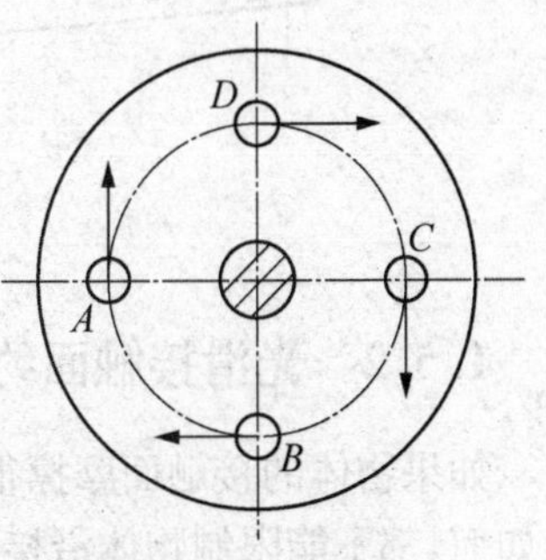

图 1－15　联轴器

解：4 个螺栓的受力均匀，$F_A = F_B = F_C = F_D$，组成两个力偶

解得 $M = M_1 + M_2 = 2F_A \times d = 2 \times 8.33\ \text{N} \times 150 \times 10^{-3}\ \text{m} = 2\ 449\ \text{N}\cdot\text{m}$

1.5 约束和约束反力

如果物体可以在空间作任意的运动，则该物体称为**自由体**。如飞行的飞机和炮弹等。如果物体受到周围其他物体的限制，不能在某些方向作运动，这些物体就称为**非自由体**。如火车受到轨道的限制只能沿轨道行驶；在轴承上的转子不能离开轴承，只能绕轴转动等。对非自由体的运动起限制作用的周围物体称为**约束**。约束对非自由体的作用，就是力，这种力称为**约束反力**，简称**反力**。因为约束反力是限制物体运动的，所以约束反力的作用点应在约束和非自由体的接触处，**方向必与该约束所能阻碍的运动方向相反**。这是确定约束反力方向和作用线的基本准则。至于约束反力的大小，一般是未知的，可以通过与物体上受到的其他力组成平衡力系，由平衡方程求出。

除了约束反力外，作用在非自由体上的力还有重力、气体压力、电磁力等，这些力并不取决于物体上的其他力，称为**主动力**。约束反力多由主动力所引起，由于其取决于主动力，故又称为**被动力**。

对受约束的非自由体进行受力分析时，主要的工作就是分析约束反力。实际工程中的约束多种多样。下面介绍几种常见的典型约束及其约束反力的特点。

1.5.1 柔性约束(柔索)

由柔软的绳索、皮带或链条等构成的约束，在不考虑其自重、变形时可以简化为柔索约束。如图 1-16 所示，软绳只能限制物体沿绳的中心线离开软绳的运动，而不能限制物体在其他方向的运动。所以柔索约束对物体的约束反力为柔索的拉力，即沿着柔索背离物体。一般用 $\boldsymbol{F}_T$ 表示。

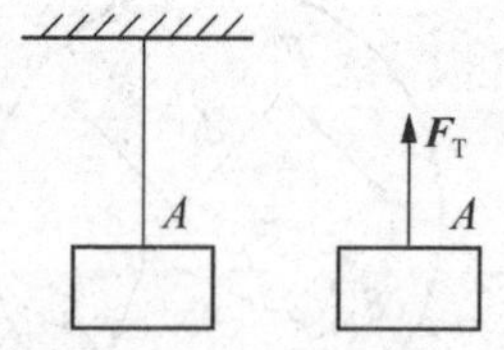

图 1-16 柔索约束

图 1-17(a)所示是链条或皮带的传动，对轮 1 和轮 2 的约束反力如图 1-17(b)所示。

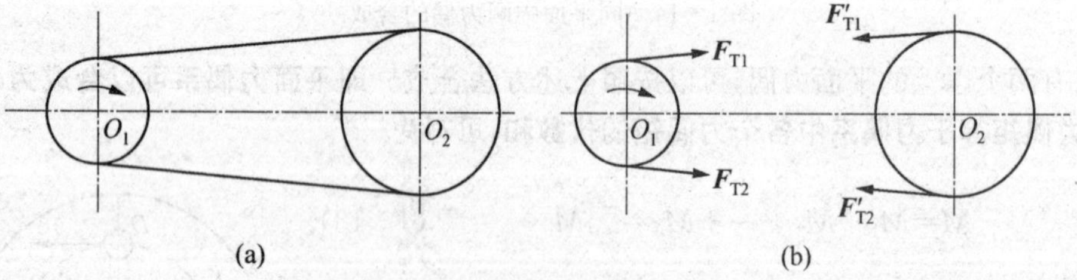

图 1-17 链条或皮带构成的柔索约束

1.5.2 光滑接触面约束

如果物体的接触面摩擦很小，可以忽略不计，就认为接触面是光滑的，则不论接触面的形状如何，都不能限制物体沿接触面的公切线方向运动，而只能限制物体沿着接触面的公法线方向并趋向接触面的运动。所以光滑接触面的约束反力必通过接触点且沿接触面的公法线方向并指向物体。一般用 $\boldsymbol{F}_{\mathrm{N}}$ 表示，如图 1-18(a)，(b)中所示的力 $\boldsymbol{F}_{\mathrm{N}}$，$\boldsymbol{F}_{\mathrm{N}A}$ 和 $\boldsymbol{F}_{\mathrm{N}B}$。

光滑接触面约束是一种常见的约束，在工程中有很多。例如，在图 1-21(a)所示的啮合齿轮的齿面约束、图 1-19(b)所示的凸轮曲面对顶杆的约束等。

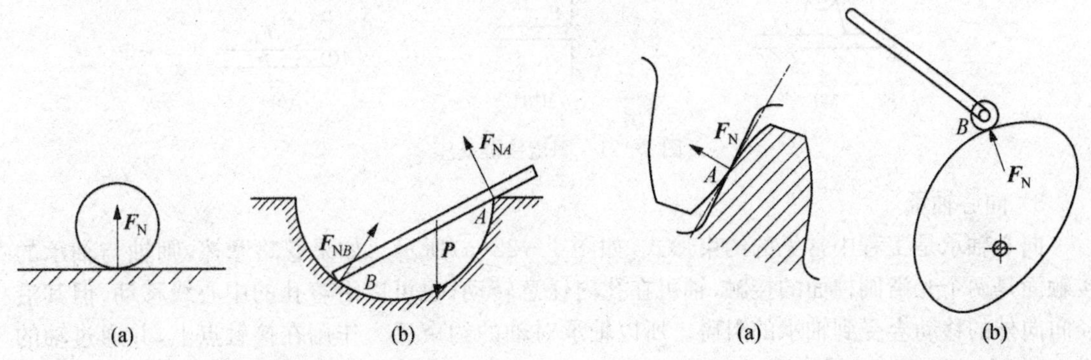

图 1-18　光滑接触面的约束反力　　　　图 1-19　光滑齿面和曲面约束

1.5.3　光滑铰链约束

光滑铰链约束包括圆柱形铰链、固定铰链支座和向心轴承。

1) 圆柱形铰链(单铰)

如果在两个物体的连接处钻上圆孔，再用圆柱形的销钉串起来，就构成了圆柱形铰链，简称**铰链**，如图 1-20(a)所示。此时物体可以绕铰链的中心转动，但销钉限制了物体沿径向的运动。由于在不同的主动力作用下，销钉与孔的接触点位置不同，在忽略摩擦力的情况下，铰链对物体的约束反力必通过铰链的中心，但其方向不能确定，要取决于物体所受的主动力状态。所以，通常用两个经过铰链中心且大小未知的正交分力 $\boldsymbol{F}_{Ax}$，$\boldsymbol{F}_{Ay}$ 来表示，分力的指向暂可任意假定，其简图和约束反力如图 1-20(b)，(c)所示。

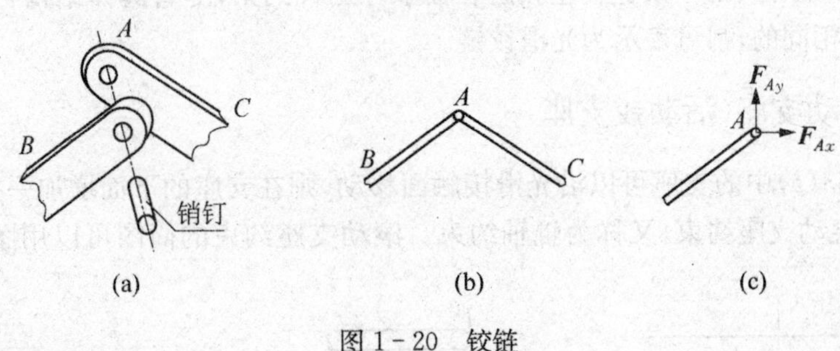

图 1-20　铰链

2) 固定铰链支座

如果铰链连接中有一个固定在地面或机架上作为支座，就构成了固定铰链支座，如图 1-21(a)所示。它的简图可以用多种形式来表示，如图 1-21(b)所示，但是物体所受到的约束反力和铰链约束反力是相同的，通常也用两个正交分力 $\boldsymbol{F}_{Ax}$，$\boldsymbol{F}_{Ay}$ 表示，如图 1-21(c)所示。

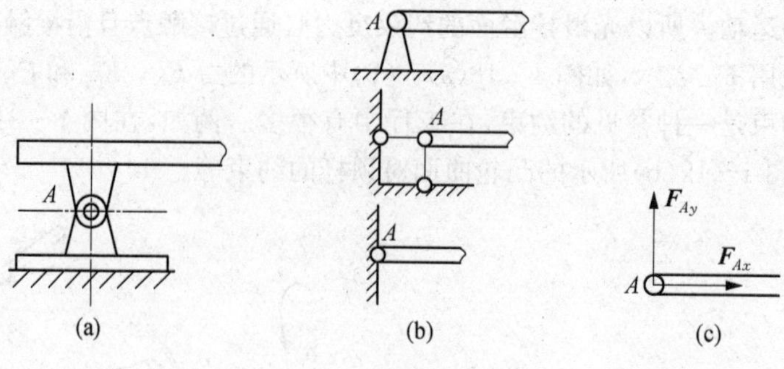

图 1-21　固定铰链支座

3) 向心轴承

向心轴承是工程中常见的约束形式，如图 1-22(a)所示。如果忽略摩擦，则轴与轴承的接触面是两个光滑圆柱面的接触，轴可在孔内任意转动，也可以沿着孔的中心线移动，但其沿径向向外的移动会受到轴承的阻碍。所以轴承对轴的约束反力作用在接触点上，并通过轴的中心，但方向无法预先确定。通常仍用通过轴心的两个正交分力 $\boldsymbol{F}_{Ax}$，$\boldsymbol{F}_{Ay}$ 表示，其计算简图如图 1-22(b)，(c)所示。

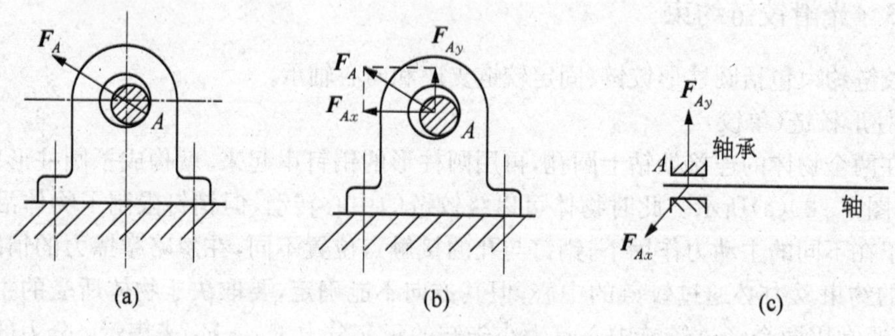

图 1-22　向心轴承

上述的圆柱形铰链、固定铰链支座和向心轴承等三种约束，尽管具体结构各不相同，但构成约束的性质是相同的，都可表示为光滑铰链。

1.5.4　滚动支座(活动铰支座)

如果图 1-23(a)中的支座可以沿光滑接触面移动，则在支座的下面增加一排圆柱形的滚子，这就形成了滚动支座约束，又称为辊轴约束。滚动支座约束的简图可以用图 1-23(b)中

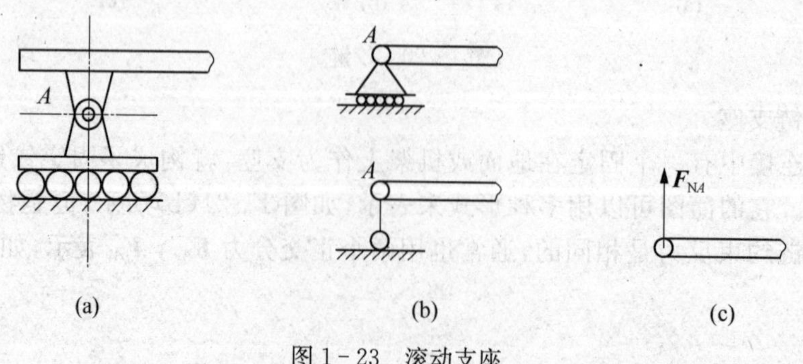

图 1-23　滚动支座

的多种形式表示。显然,滚动支座约束反力通过辊轴的中心,且垂直于光滑的接触面,一般用 $\boldsymbol{F}_N$ 表示,如图 1-23(c)表示。

1.5.5 固定端约束(固定支座)

固定端约束能限制物体沿任何方向的移动,也能限制物体在约束处的转动。所以,固定端 A 处的约束反力可用两个正交的分力 $\boldsymbol{F}_{Ax}$, $\boldsymbol{F}_{Ay}$ 和力矩为 M_A 的力偶表示图,如图 1-24(d)所示。

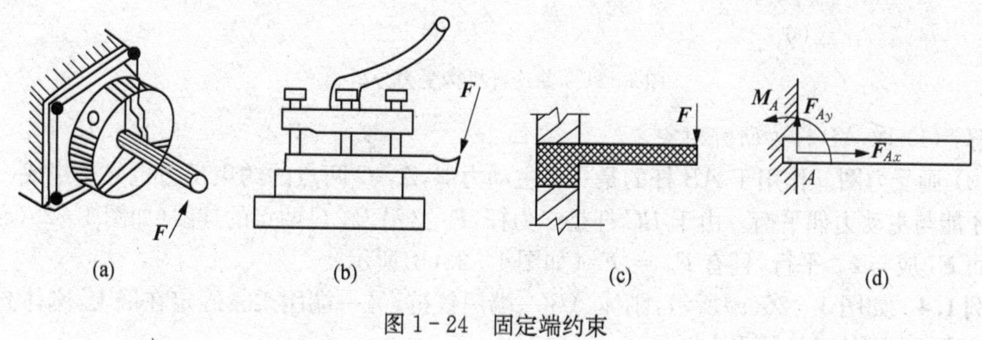

图 1-24 固定端约束

1.6 物体的受力分析和受力图

在工程实际中,常常需要对结构系统中的某一物体或几个物体进行力学计算。首先要确定研究对象,然后对它进行受力分析。即分析研究物体受哪些力的作用,并确定每个力的大小、方向和作用点。即:

(1) 研究对象:我们把所研究的物体称为研究对象。它可以是一个物体,也可以是几个物体的组合或整个系统。

为了清楚地表示物体的受力情况,需要把所研究的物体从与它相联系的周围物体中分离出来,单独画出该物体的轮廓简图,使之成为**分离体**。

(2) 分离体:解除约束后的自由物体。

(3) 受力图:在分离体上画上它所受的全部主动力和约束反力,就称为该物体的**受力图**。

(4) 内力与外力:如果所取的分离体是由某几个物体组成的物体系统时,通常将系统外物体对物体系统的作用力称为**外力**,而系统内物体间相互作用的力称为**内力**。

注意:画受力图时一定要分清内力与外力,内力总是以等值、共线、反向的形式存在,故物体系统内力的总和为零。因此,取物体系统为研究对象画受力图时,只画外力,而不画内力。

(5) 画受力图是解平衡问题的关键,画受力图的一般步骤为:

① 根据题意确定研究对象,并画出研究对象的分离体简图;

② 在分离体上画出全部已知的主动力;

③ 在分离体上解除约束的地方画出相应的约束反力。

例 1.3 在图 1-25(a)所示的结构中,各构件的自重忽略不计,在构件 AB 上作用一力偶矩为 M 的力偶。画出支座 A 和 C 处的约束反力。

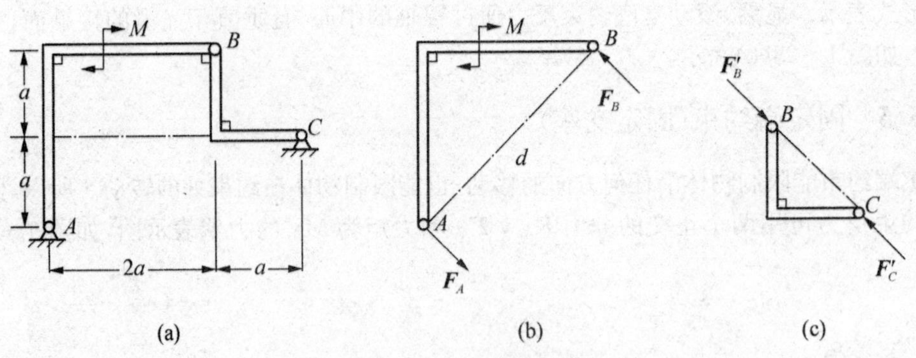

图 1-25　曲连杆机构受力分析

解：(1) 取 AB 杆为研究对象。

(2) 画受力图。作用于 AB 杆的是一个主动力偶，A，C 两点的约束反力也必然组成一个力偶才能与主动力偶平衡。由于 BC 杆是二力杆，$\boldsymbol{F}_C$ 必沿 B，C 两点的连线(如图 1-25(c)所示)，而 $\boldsymbol{F}_A$ 应与 $\boldsymbol{F}_C$ 平行，且有 $F_A = F_C$ (如图 1-25(b)所示)。

例 1.4　如图 1-26(a)所示，刚体 AB 一端用铰链，另一端用柔索固定在墙上，刚体自重为 $\boldsymbol{P}$。试画出刚体 AB 的受力图。

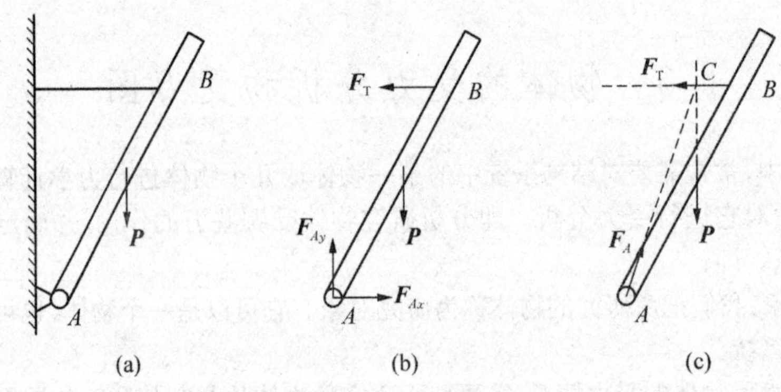

图 1-26　刚体 AB 的受力分析

解：(1) 取 AB 为分离体，除去所有约束单独画出它的简图。

(2) 首先画出主动力 $\boldsymbol{P}$。

(3) 其次画约束反力。在 A 点有铰链，其约束反力必通过铰链中心 A，但其方向不能确定，故用两个大小未知的正交分力 $\boldsymbol{F}_{Ax}$ 和 $\boldsymbol{F}_{Ay}$ 表示。B 点有柔索约束，其约束反力为 $\boldsymbol{F}_\mathrm{T}$，即软绳对刚体 AB 的拉力。

(4) 整个受力如图 1-26(b)所示。由于刚体 AB 在三点受力并处于平衡状态，故可以根据三力平衡原理确定铰链 A 的约束反力 $\boldsymbol{F}_A$ 的方向，如图 1-26(c)所示。

例 1.5　如图 1-27(a)所示三铰拱，由曲杆 AC，BC 通过铰链连接而成。在 D 点作用有主动力 $\boldsymbol{P}$，试分别画出曲杆 AC，BC 的受力图。

解：(1) 先取 BC 为分离体，分析它的受力。曲杆 BC 只在 B，C 两点受到铰链的约束，并处于平衡。因此根据二力平衡条件，B，C 两点上的约束反力的作用线必沿 BC 连线，即 $\boldsymbol{F}_B = -\boldsymbol{F}_C$，由经验判断，曲杆 BC 受压，其受力如图 1-27(b)所示。

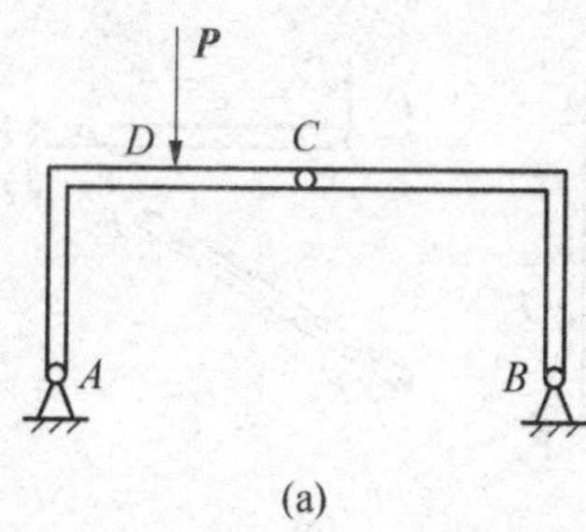

(a)

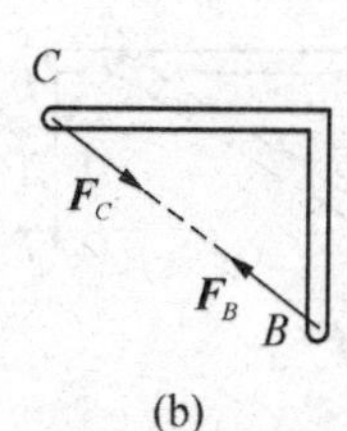

(b)

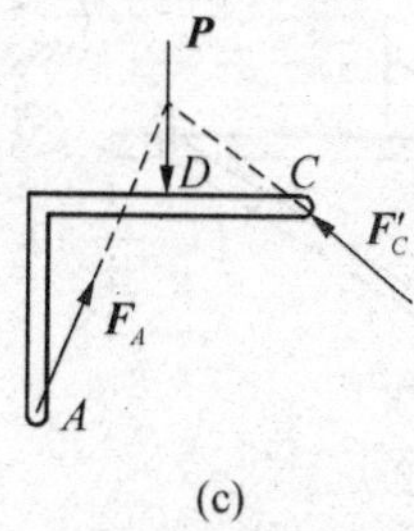

(c)

图 1-27　三铰拱受力分析

仅在两点受力作用而处于平衡的构件,称为**二力构件或二力杆**,它所受的两个力必定沿两力作用点的连线,且等值、反向,一般此两力的指向不能预先判定,可先任意假定构件受拉力或压力。若根据平衡方程求得的力为正值,说明原先假定力的指向正确,反之则反。这种构件在工程上经常会遇到。

(2) 再分析曲杆 AC 的受力。C 点处的铰链对 AC 的约束反力 $\boldsymbol{F}'_C$可以由作用力与反作用力定律得到 $\boldsymbol{F}'_C=-\boldsymbol{F}_C$。另外在 AC 上作用有主动力 $\boldsymbol{P}$,则 A 点处铰链的约束反力 $\boldsymbol{F}_A$ 可以通过三力平衡原理来确定其作用方向,如图 1-27(c)所示。

例 1.6　如图 1-28(a)所示的滑轮组,用软绳联系,A 滑轮下用软绳系有重物,自重 $\boldsymbol{P}$,在拉力 $\boldsymbol{F}$ 作用下系统平衡,试分析每个滑轮的受力。

解:(1) 该滑轮系统由两个动滑轮和一个定滑轮组成。分别将 A, B, C 三个滑轮取作分离体。

(2) A, B, C 三个滑轮的受力图如图 1-28(b)所示。

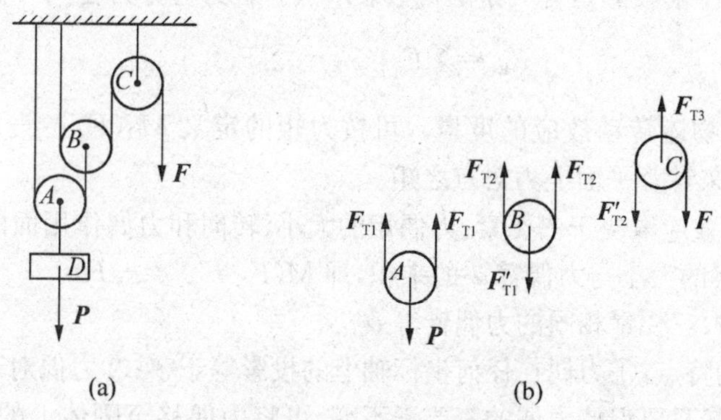

图 1-28　滑轮组受力分析

例 1.7　如图 1-29(a)所示的平面构架。由杆 AD, BE, CF 铰接而成,A 为固定铰链,D 为滚动支座,F 点处用软绳系有重物,自重为 $\boldsymbol{P}$,各杆及滑轮的重量不计,试画出整体及各杆的受力图。

解:(1) 取整体为分离体,则平面构架受到重力 $\boldsymbol{P}$,固定铰链 A 对构架的约束反力 $\boldsymbol{F}_{Ax}$ 和 $\boldsymbol{F}_{Ay}$,滚动支座 D 的反力 $\boldsymbol{F}_{ND}$的作用,如图 1-29(b)所示。

(2) 取 BE 为研究对象,BE 为二力杆,故二力 $\boldsymbol{F}_B$, $\boldsymbol{F}_E$ 的作用线沿 BE 的连线,设 BE 杆受压,则 $\boldsymbol{F}_B$, $\boldsymbol{F}_E$ 的方向如图 1-29(c)所示。

(3) 取 CF 为研究对象,受到软绳的约束反力 $\boldsymbol{P}$,二力杆 BE 的约束反力 $\boldsymbol{F}'_E$以及铰 C 的约

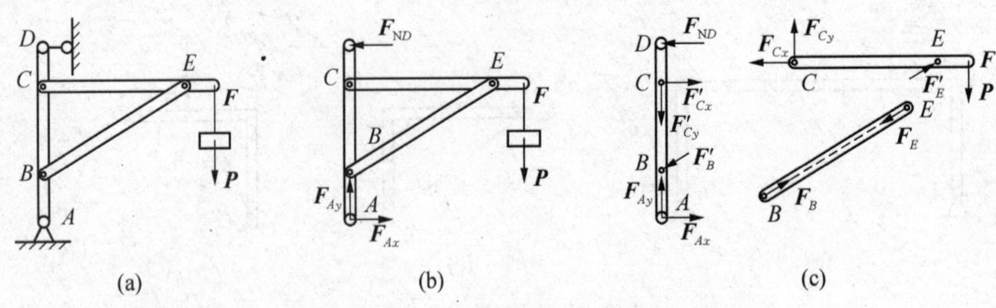

图 1-29　平面构架受力分析

束反力 $\boldsymbol{F}_{Cx}$ 和 $\boldsymbol{F}_{Cy}$，如图 1-29(c)所示。

(4) 取 AC 为研究对象，A 点受到固定铰链的约束反力 $\boldsymbol{F}_{Ax}$ 和 $\boldsymbol{F}_{Ay}$，滚动支座 D 的反力 $\boldsymbol{F}_{ND}$，再根据作用力与反作用力定律，分析铰 B, C 对杆 AC 的约束反力 $\boldsymbol{F}'_B$, $\boldsymbol{F}'_{Cx}$ 和 $\boldsymbol{F}'_{Cy}$，如图 1-29(c)所示。

小　结

(1) 静力学研究力的性质和作用在刚体上的力系的简化和力系平衡规律。

(2) 静力学公理阐明了力的基本性质。二力平衡条件是最基本的力系平衡条件；加减平衡力系公理是力系等效代换与简化的理论基础；力的平行四边形定则说明了力的矢量运算法则；作用与反作用定律揭示了力的存在形式与力在物系内部的传递方式。

(3) 力在坐标轴上的投影是力矢量的代数表示法。合力与分力在同一轴上的投影关系为

$$F_{Rx}=\sum F_x,\ F_{Ry}=\sum F_y$$

(4) 力矩是力对物体转动效应的度量。可按力矩的定义 $M_O(F)=\pm Fd$ 和合力矩定理 $M_O(F_R)=\sum M_O(F)$ 来计算平面上力对点之矩。

(5) 力偶的作用效应取决于三要素：力偶矩的大小、转向和力偶作用面的方位。力偶矩的值为力偶中任一力 F 的大小与力偶臂 d 的乘积，即 $M(F, F')=\pm Fd$。

力偶的等效条件：三要素相同的力偶皆等效。

力偶在运算中的特点：①力偶在任何坐标轴上的投影等于零；②力偶对于任一点之矩为一常量并等于力偶矩；③只要保持力偶的三要素不变，可将力偶移至刚体上的任意位置，而不改变其作用效应；④平面力偶系合成的结果为一合力偶，合力偶矩的值等于力偶系中各分力偶矩的代数和。

(6) 力的平移定理表明，力对刚体的作用与作用于该力作用线以外任一点的一平移力和一个附加力偶等效，附加力偶等于该力对平移点之矩。

(7) 工程上常见的约束类型有①柔性约束：只能承受沿柔索的拉力；②光滑面约束：只能承受接触点的法向压力；③铰链约束：能限制物体沿垂直于销钉轴线方向的移动，一般表示为两个正交分力；④固定端约束：能限制物体沿任何方向的移动和转动，用两个正交约束力和一个约束力偶表示。

(8) 画受力图的基本步骤：①明确研究对象，取分离体；②画主动力；③画约束力。最后检

查所画的受力图。画约束力时先要明确约束类型，然后在解除约束的位置上画出相应的约束力。系统的受力图上只画外力，不画内力；检查受力图时，要注意各物体间的相互作用力是否符合作用与反作用的关系。

1.1 合矢与合力概念相同吗？

1.2 说明下列各个式子的意义和区别：

(1) $\boldsymbol{F}_1 = \boldsymbol{F}_2$； (2) $F_1 = F_2$； (3) 力 $\boldsymbol{F}_1$ 等效于力 $\boldsymbol{F}_2$。

1.3 二力平衡原理和作用与反作用原理都说二力等值、反向、共线，但两者有何区别？

1.4 什么叫二力构件，分析二力构件受力时与构件的形状有无关系？

1.5 哪几条公理或推论只适合于刚体？

1.6 若作用于刚体上的三个力共面且汇交于一点，则刚体一定平衡；反之，若作用于刚体上的三个力共面，但不汇交于一点，则刚体一定不平衡。这话对吗？

1.7 如图 1-30 所示，系统在 A，B 两处设置约束，并受力 $\boldsymbol{F}$ 作用而平衡。其中 A 为固定铰链支座。今欲使其约束力的作用线与 AB 成夹角 $\beta = 135°$，则 B 处应设置何种约束？如何设置？请举一种约束，并作图表示。

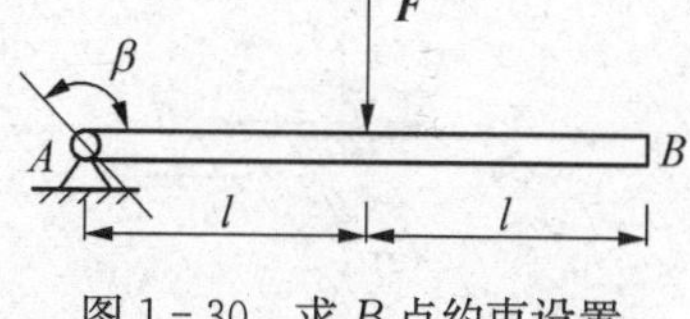

图 1-30 求 B 点约束设置

1.8 如图 1-31 所示的各物体的受力图是否有错误？如何改正？

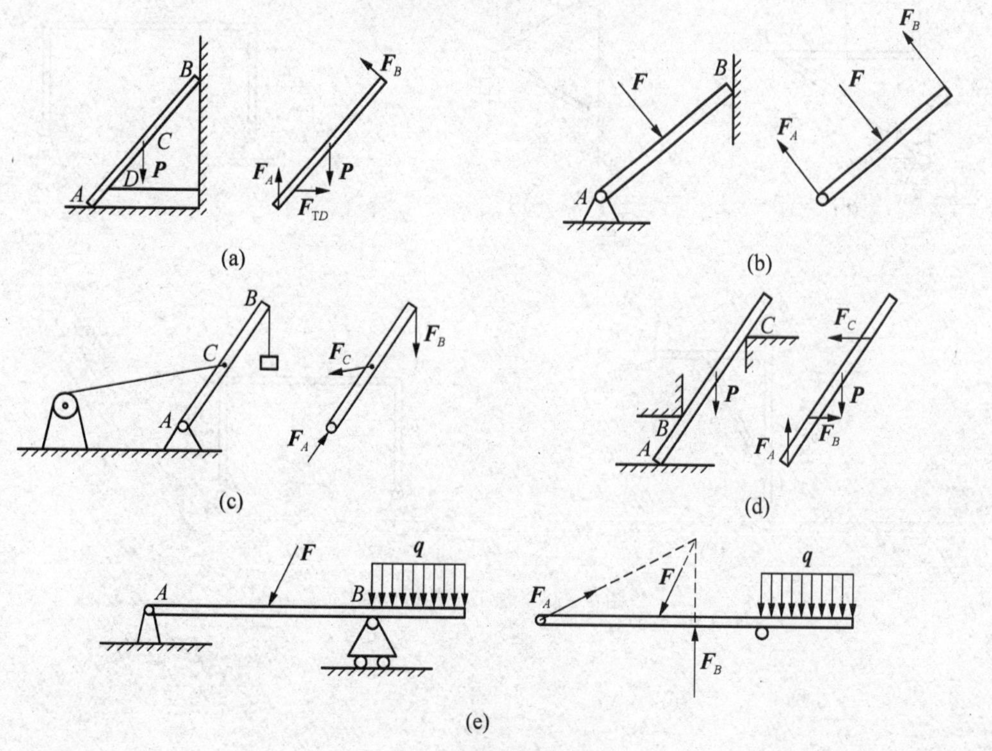

图 1-31 各物体受力图

1.1 如图 1-32 所示，画出各图中物体 A，ABC 或杆件 AB，BC 的受力图，各接触面均为光滑面。

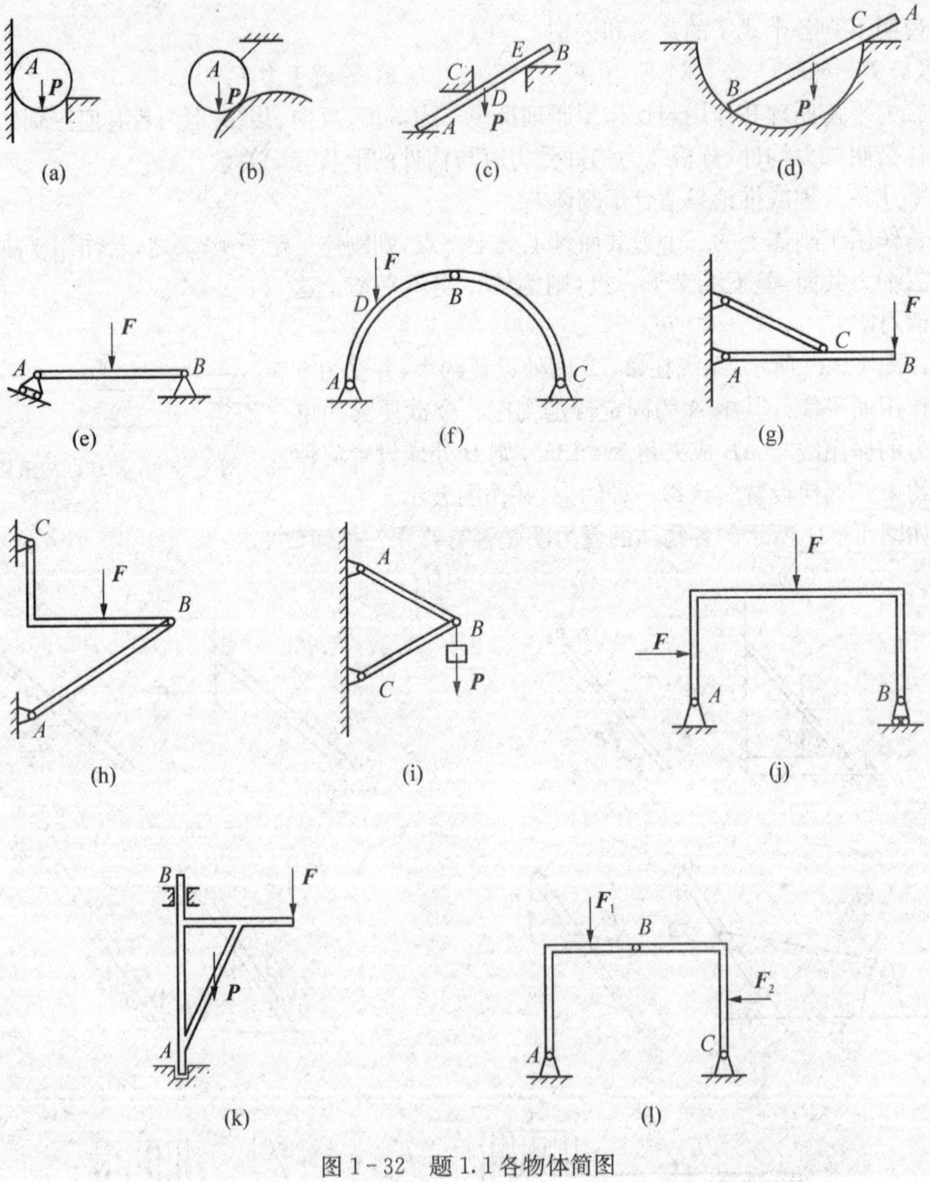

(a)

(b)

(c)

(d)

(e)

(f)

(g)

(h)

(i)

(j)

(k)

(l)

图 1-32　题 1.1 各物体简图

1.2 如图 1－33 所示，画出其中每个标注字母的物体的受力图。未画重力的物体的重量均不计，所有接触面均为光滑。

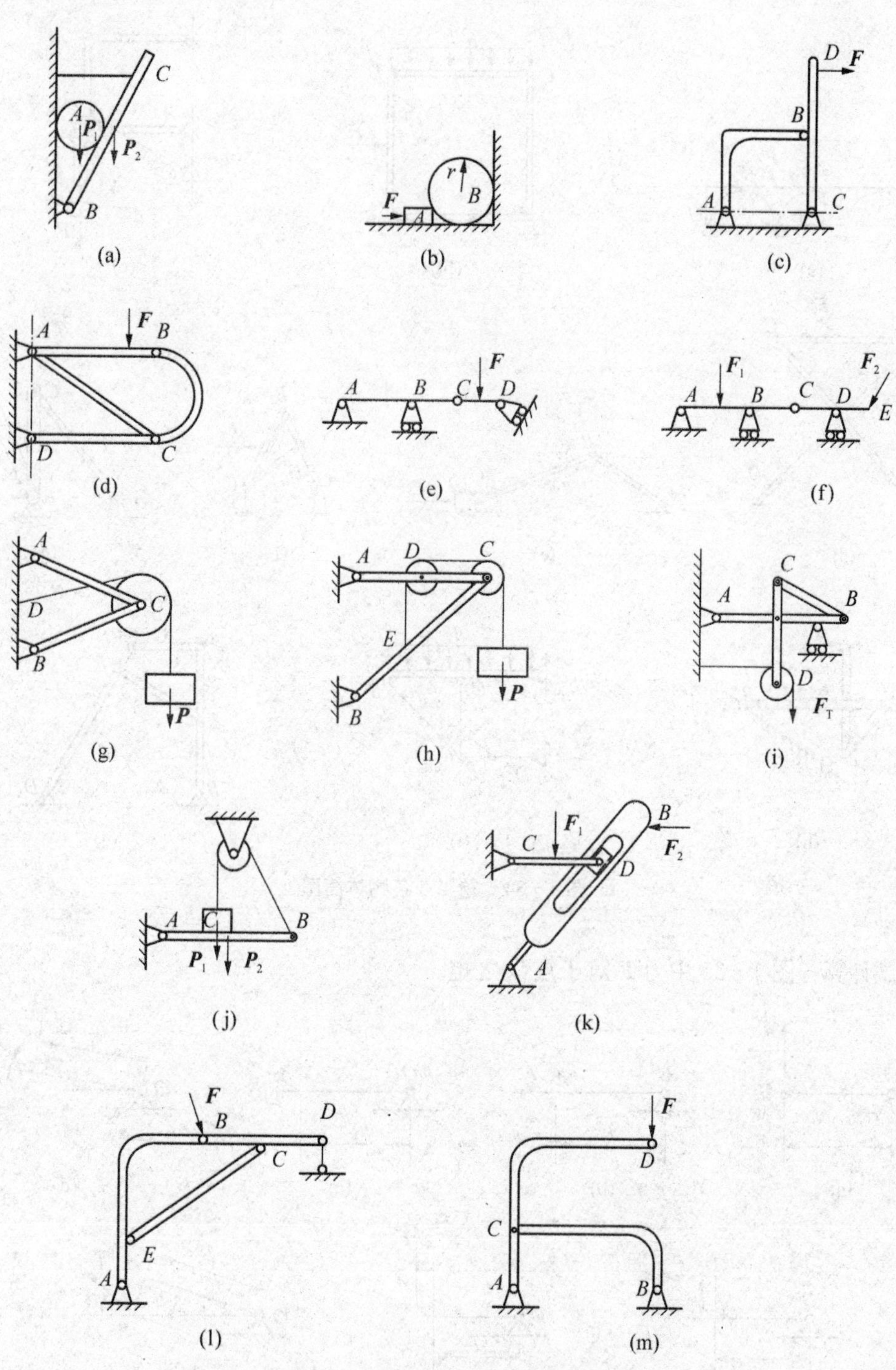

图 1－33　题 1.2 各物体简图

1.3 如图 1－34 所示，画出其中每个标注字母的物体的受力图及整体受力图。未画重力的物体的重量均不计，所有接触面均为光滑。

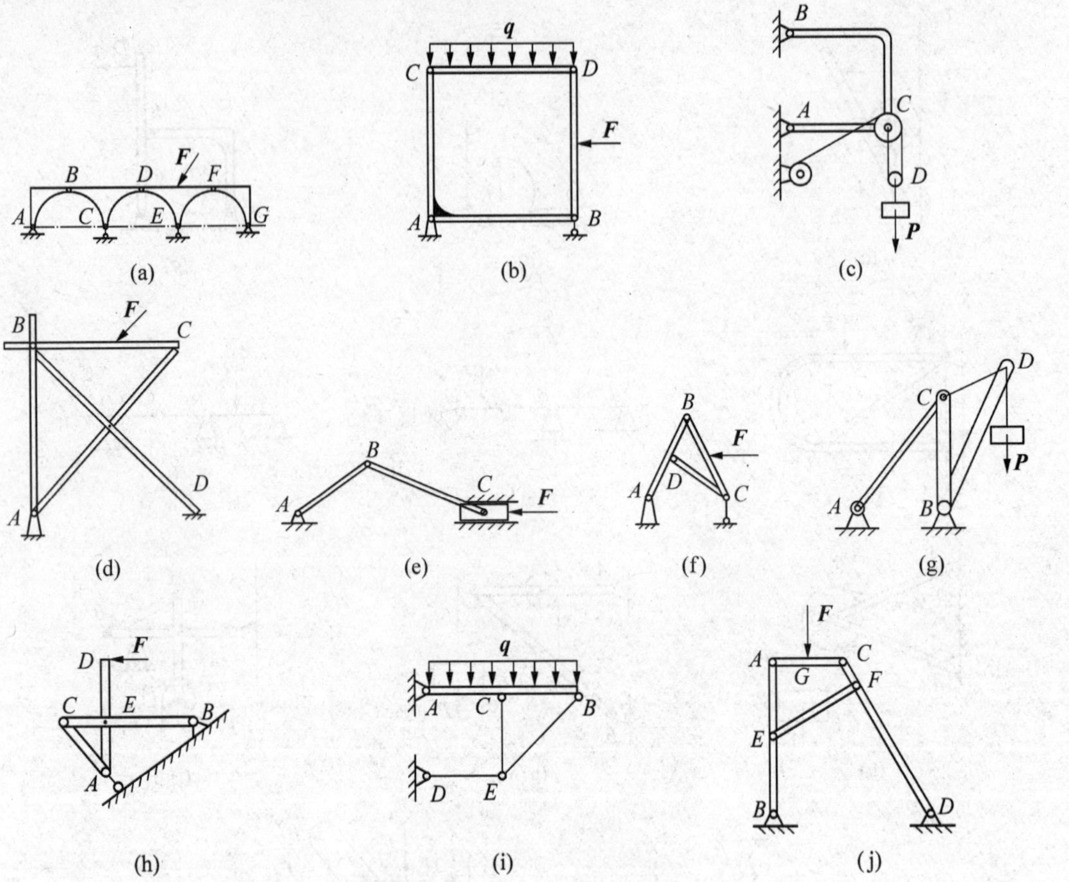

(a)　(b)　(c)

(d)　(e)　(f)　(g)

(h)　(i)　(j)

图 1－34　题 1.3 各物体简图

1.4 试计算各图 1－35 中力 **F** 对于点 O 之矩。

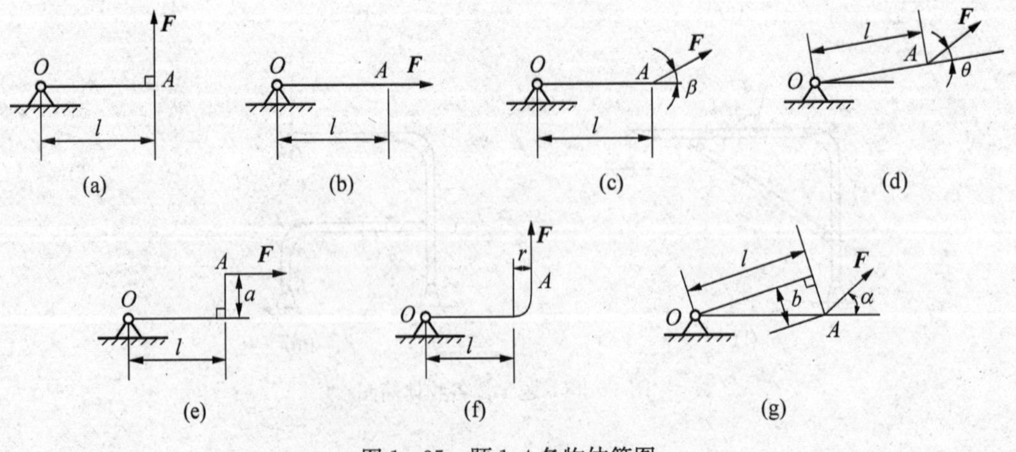

图 1－35　题 1.4 各物体简图

1.5 求图 1－36 中力 $\boldsymbol{F}$ 对点 A 之矩。设 $r_1=20\ \text{cm}$，$r_2=50\ \text{cm}$，$F=300\ \text{N}$。

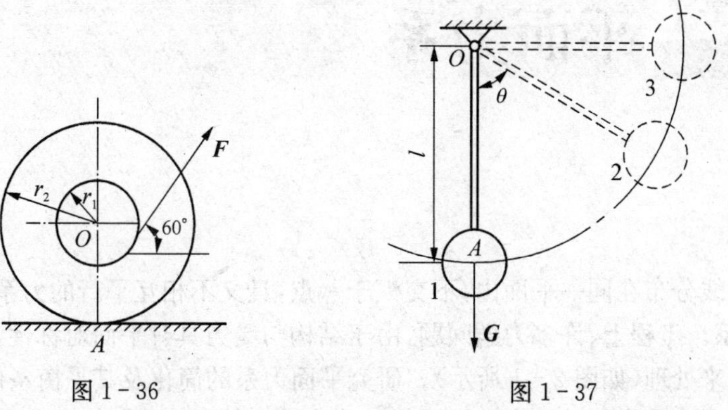

图 1－36　　图 1－37

1.6 图 1－37 摆锤重 $\boldsymbol{G}$，其重心 A 到悬挂点 O 的距离为 l。试求在图示三个位置时，力 $\boldsymbol{G}$ 对点 O 之矩。

1.7 油压夹紧装置如图 1－38 所示，油压力通过活塞 A、连杆 BC 和杠杆 DCE 增大对工件 I 的压力，试分别画出活塞 A、滚子 B 和杠杆 DCE 的受力图。

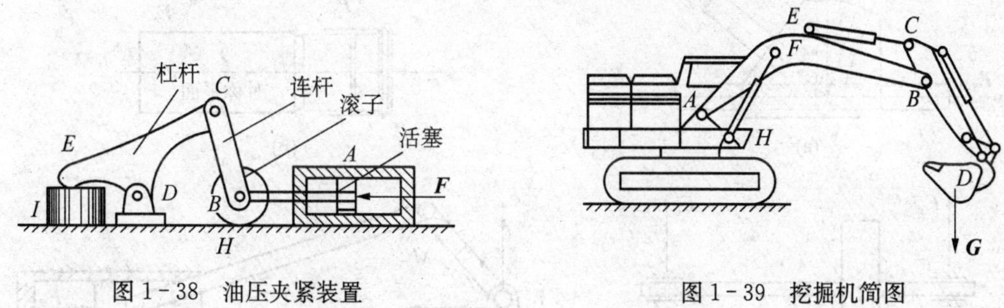

图 1－38　油压夹紧装置　　图 1－39　挖掘机简图

1.8 挖掘机简图如图 1－39 所示，HF 与 EC 为油缸，试分别画出动臂 AB、斗杆与铲斗组合体 CD 的受力图。

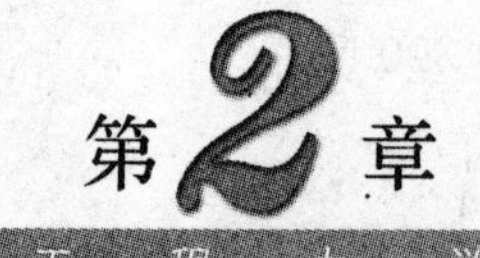

平面力系

各力的作用线分布在同一平面内，不交汇于一点，且又不相互平行的力系称为**平面任意力系**，简称**平面力系**。工程上，许多力学问题，由于结构与受力具有平面对称性，可在对称平面内简化为平面问题来处理(如图 2-1 所示)。研究平面力系的简化及其平衡条件问题，对于分析构件的受力和解决工程中相关的实际问题都有非常重要的意义。

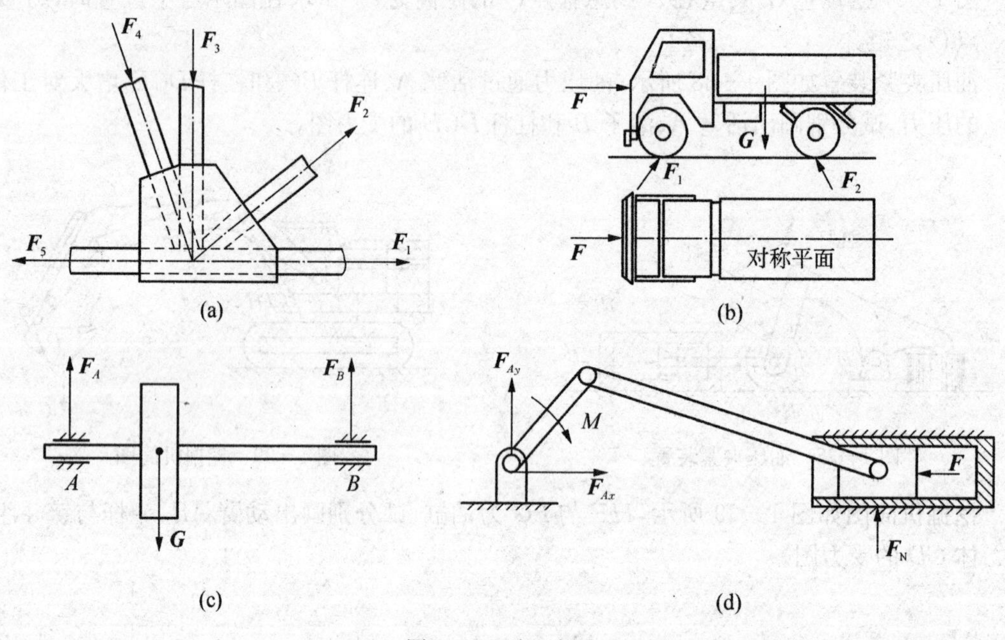

图 2-1　平面力系

2.1　力的平移定理

如图 2-2(a)所示，在刚体的 A 点作用着一个力 $\boldsymbol{F}$，B 点为刚体上的任一指定点。现在讨论如何将作用于 A 点的力 $\boldsymbol{F}$ 平行移动到 B 点，而不改变其原来的作用效果。

我们可在 B 点加上大小相等、方向相反且与力 $\boldsymbol{F}$ 平行的两个力 $\boldsymbol{F}'$ 和 $\boldsymbol{F}''$，并使 $\boldsymbol{F}=\boldsymbol{F}'=\boldsymbol{F}''$，如图 2-2(b)所示。显然 $\boldsymbol{F}''$ 和 $\boldsymbol{F}$ 组成一力偶，称为**附加力偶**，其力偶臂为 d。于是作用于 A 点的力 $\boldsymbol{F}$ 可以用由作用于 B 点的力 $\boldsymbol{F}'$ 及附加力偶 $M(\boldsymbol{F}', \boldsymbol{F}'')$ 来替代，如图 2-2(c)所示。其中附加力偶矩为 $M=\pm Fd=M_O(\boldsymbol{F})$。

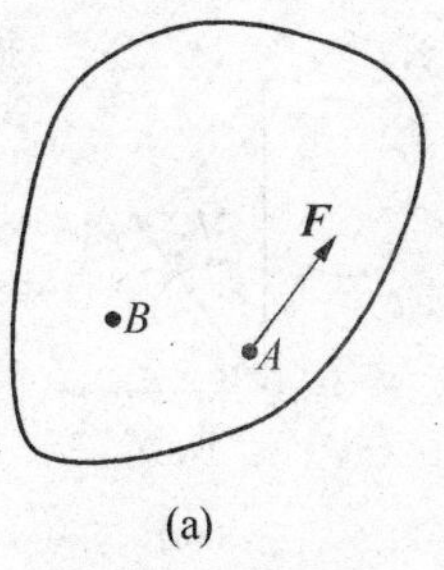

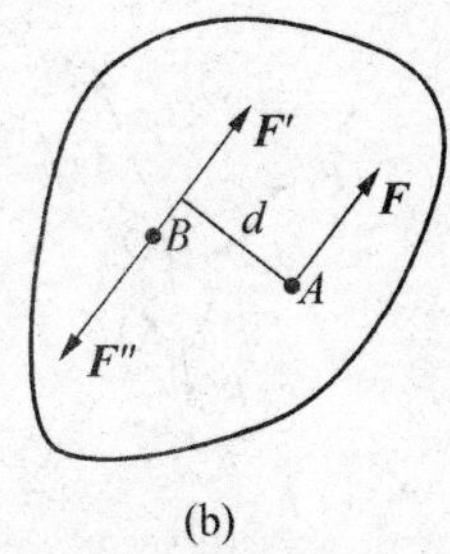

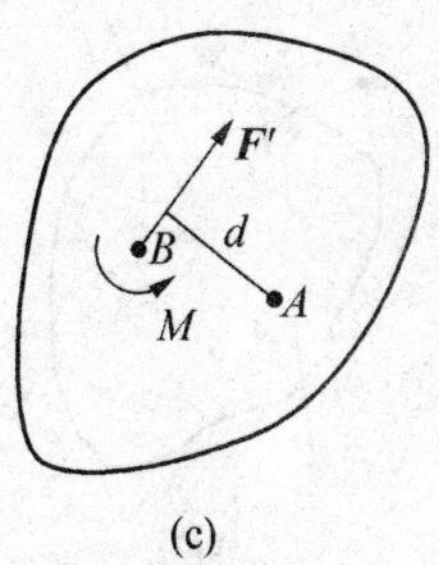

图 2-2 平行移动作用于刚体的力

由此可知：作用于刚体上的力均可以从原来的作用位置平行移至刚体内任一指定点。欲不改变该力对于刚体的作用效应，则必须在该力与指定点所决定的平面内附加一力偶，其力偶矩等于原力对于指定点之矩。这就是**力的平移定理**。

另外，我们也可以利用上述定理的逆步骤，将作用于刚体上的力偶矩为 M 的力偶（$\boldsymbol{F}'$，$\boldsymbol{F}''$）与作用于同一平面内的 B 点的力 $\boldsymbol{F}'$ 合成为一个作用于 A 点的力 $\boldsymbol{F}$。

力的平移定理既是力系向一点简化的理论基础，同时也可直接用来分析和解决工程实际中的力学问题。例如图 2-3(a) 中厂房柱子受偏心载荷 $\boldsymbol{F}$ 的作用，为观察 $\boldsymbol{F}$ 的作用效应，可将力 $\boldsymbol{F}$ 平移至柱的轴线上成为 $\boldsymbol{F}'$ 与矩为 M 的力偶（如图 2-3(b) 所示），轴向力 $\boldsymbol{F}'$ 使柱子压缩，而矩为 M 的力偶将使柱弯曲。

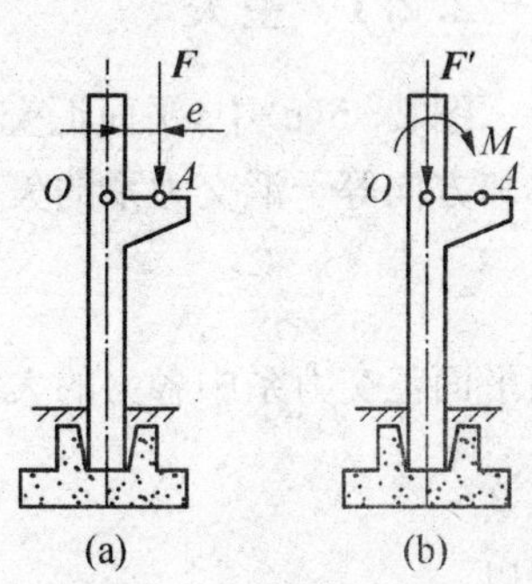

图 2-3 柱子受力示意

又如图 2-4 中，用丝锥攻丝时，若仅用一只手加力，如图 2-4(a) 所示，即只在 B 点有作用一力 $\boldsymbol{F}$，虽然扳手也能转动，但却容易使丝锥折断。这是因为：根据力的平移定理，将作用于扳手 B 点的力 $\boldsymbol{F}$ 平行移动到丝锥中心 O 点时，需附加一个力偶矩为 $M=Fd$ 的力偶，如图 2-4(b) 所示。这个力偶可使丝锥转动，而这个力 $\boldsymbol{F}'$ 却是使丝锥折断的主要原因。可以思考：为什么用两手握扳手，而且用力相等时，就不会出现折断的现象。

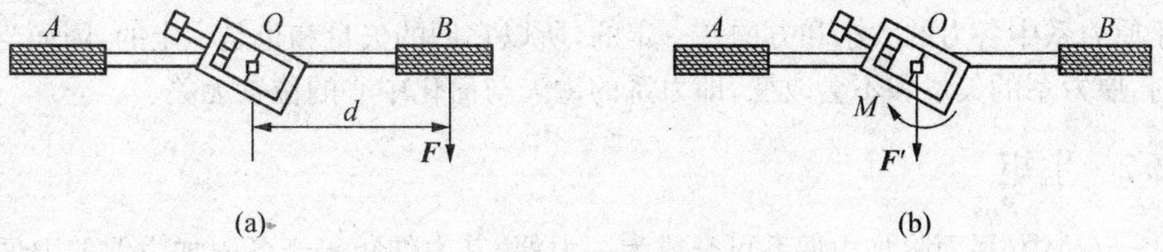

图 2-4 丝锥攻丝示意图

2.2 平面任意力系向已知点的简化

如图 2-5(a) 所示，设刚体上受一平面任意力系 $\boldsymbol{F}_1$，$\boldsymbol{F}_2$，…，$\boldsymbol{F}_n$ 的作用，各力的作用点分别为 A_1，A_2，…，A_n。在力系所在的平面内任选一点 O，称为**简化中心**。

应用力的平移定理，将各力平移至简化中心 O 点，同时加入相应的附加力偶。这样原力

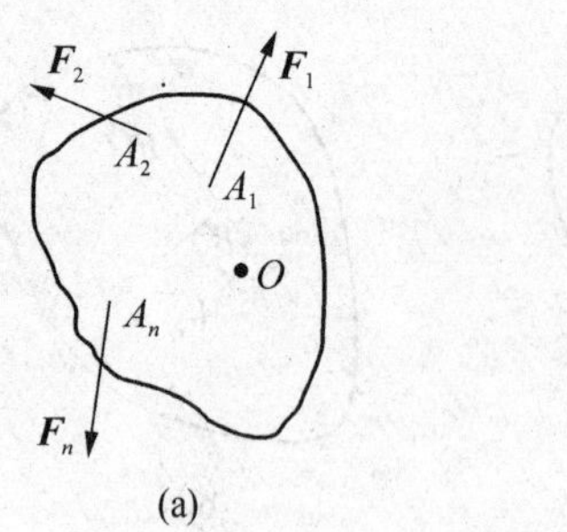

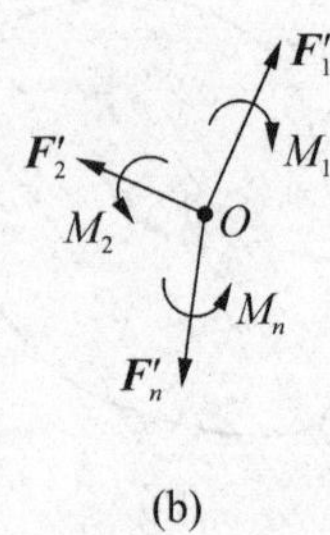

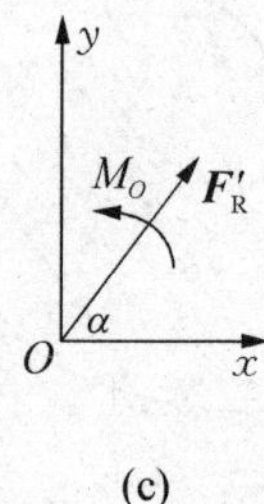

图 2-5　将力系向 O 点简化

系就等效变换成为作用在 O 点的平面汇交力系 $\boldsymbol{F}_1'$, $\boldsymbol{F}_2'$, …, $\boldsymbol{F}_n'$和作用于汇交力系所在平面内的力偶矩为 M_1, M_2, …, M_n 的附加平面力偶系,如图 2-5(b)所示。

这样,平面任意力系被分解成了两个力系:平面汇交力系和平面力偶系。然后再分别合成这两个力系。

2.2.1　主矢

图 2-5(c)中,平面汇交力系 $\boldsymbol{F}_1'$, $\boldsymbol{F}_2'$, …, $\boldsymbol{F}_n'$可合成为一作用于简化中心 O 的力 $\boldsymbol{F}_R'$,其大小和方向等于汇交力系的矢量和,即

$$\boldsymbol{F}_R'=\boldsymbol{F}_1'+\boldsymbol{F}_2'+\cdots+\boldsymbol{F}_n'=\sum\boldsymbol{F}'$$

而平面汇交力系中各力的大小和方向分别与原力系中对应的各力相同,即

$$\boldsymbol{F}'_1=\boldsymbol{F}_1,\ \boldsymbol{F}'_2=\boldsymbol{F}_2,\ \cdots,\ \boldsymbol{F}'_n=\boldsymbol{F}_n$$

所以

$$\boldsymbol{F}_R'=\sum\boldsymbol{F}'=\sum\boldsymbol{F}$$

我们将平面任意力系中各力的矢量和称为该力系的**主矢**,以 $\boldsymbol{F}_R'$表示,

$$\boldsymbol{F}_R'=\sum\boldsymbol{F} \tag{2-1}$$

由于原力系中各力的大小和方向是一定的,所以它们的矢量和也是一定的,因而当简化中心不同时,原力系的矢量和不会改变,即力系的主矢与简化中心的位置无关。

2.2.2　主矩

图 2-5(c)中,平面附加力偶系可合成为一力偶,其力偶矩等于各附加力偶的力偶矩的代数和,用 M_O 表示,即

$$M_O=M_1+M_2+\cdots+M_n=\sum M$$

而各附加力偶的力偶矩分别等于原力系中各力对简化中心 O 点的矩,即

$$M_1=\sum M_O(\boldsymbol{F}_1),\ M_2=\sum M_O(\boldsymbol{F}_2),\ \cdots,\ M_n=\sum M_O(\boldsymbol{F}_n)$$

所以　$$M_O=\sum M_O(\boldsymbol{F}_1)+\sum M_O(\boldsymbol{F}_2)+\cdots+\sum M_O(\boldsymbol{F}_n)=\sum M_O(\boldsymbol{F})$$

我们将原力系中各力对简化中心的矩的代数和称为该力系对简化中心 O 的**主矩**,以 M_O

表示，

$$M_O = \sum M_O(\boldsymbol{F}) \tag{2-2}$$

当简化中心的位置改变时，原力系中各力对简化中心的矩是不同的，对不同的简化中心的矩的代数和一般也不相等，所以力系对简化中心的主矩一般与简化中心的位置有关。所以，说到主矩时一般必须指出是力系对哪一点的主矩。我们把平面任意力系通过力的平移定理，得到的一个力系的主矢 $\boldsymbol{F}'_R$ 及对简化中心的主矩 M_O 的过程，称为平面任意力系向一点简化。

综上所述：**平面任意力系向作用面内任意一点简化的结果一般可以得到一个力和一个力偶。该力作用于简化中心，它的矢量等于原力系中各力的矢量和，即等于原力系的主矢；该力偶的矩等于原力系中各力对简化中心的矩的代数和，即等于原力系对简化中心的主矩。**

2.2.3 主矢和主矩的解析表达式

为了用解析法计算力系主矢的大小和方向，可以通过 O 点选取直角坐标系 Oxy，如图 2-5(c)所示。则有

$$\left.\begin{aligned} F'_{Rx} &= F_{x1} + F_{x2} + \cdots + F_{xn} = \sum F_x \\ F'_{Ry} &= F_{y1} + F_{y2} + \cdots + F_{yn} = \sum F_y \end{aligned}\right\} \tag{2-3}$$

式中，F'_{Rx} 和 F'_{Ry} 以及 F_{x1}，F_{x2}，…，F_{xn} 和 F_{y1}，F_{y2}，…，F_{yn} 分别为主矢以及原力系中各力 $\boldsymbol{F}_1$，$\boldsymbol{F}_2$，…，$\boldsymbol{F}_n$ 在 x 轴和 y 轴上的投影。

所以，主矢的大小和方向可分别由以下两式确定：

$$F'_R = \sqrt{F'^2_{Rx} + F'^2_{Ry}} = \sqrt{(\sum F_x)^2 + (\sum F_y)^2} \tag{2-4}$$

$$\alpha = \arctan \frac{F'_{Rx}}{F'_{Ry}} = \arctan \frac{\sum F_x}{\sum F_y} \tag{2-5}$$

式中，α 为主矢与 x 轴间的夹角。

在平面力系的情况下，力系对简化中心的主矩是代数量，可直接由式(2-2)计算。我们知道，在工程实际当中常见的支座一般有三种：可动铰支座、固定铰支座和固定端支座。关于前两种支座的特点，我们在第1章中已做了介绍，现应用平面任意力系向作用面内任一点简化的结论，来分析固定端支座的特性。如图 2-6(a)所示，杆件的一端牢固地嵌入墙内而使杆件固定不动，墙对杆件的这种约束称为**固定端**或**插入端**支座。在工程结构中，像一端深埋于地下的电线杆、牢固地浇筑在基础上的柱子，还有夹紧在刀架上的车刀等，都可简化为固定端约束。图 2-6(b)为杆件所受的约束力简图。当杆件所受的荷载是平面力系时，固定端所产生的约束反力也为一平面任意力系。若取一简化中心 A，则可将约束反力系简化为作用在 A 点的一

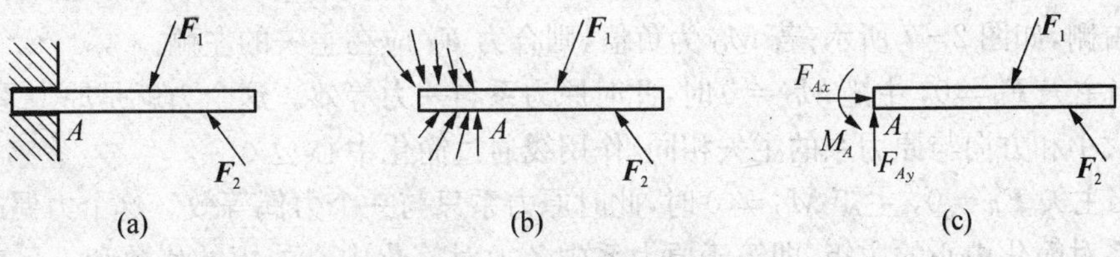

图 2-6 固定端的约束反力

个力和一个力偶,或可将力沿直角坐标轴分解为两个分力。则一般情况下,平面固定支座所产生的约束反力有三个:水平反力、铅垂反力和反力偶,如图2-6(c)所示。可见这种约束既能阻碍物体在平面内沿任何方向移动,又能阻碍物体在平面内转动。

2.3 平面任意力系简化结果的进一步讨论

平面任意力系向一点的简化结果并不是力系的最终简化结果,所以,还需对其结果进行进一步的讨论分析。

2.3.1 简化结果分析

由上节可知,平面任意力系向一点简化后,一般来说可以得到一个力和一个力偶,但这并不是平面任意力系简化的最后结果,所以还有必要根据力系的主矢和主矩这两个量可能出现的几种情况作进一步的分析讨论。

(1) 当主矢 $\boldsymbol{F}'_R \neq 0$,主矩 $M_O \neq 0$ 时,如上节所述,此时原力系简化为作用线通过简化中心 O 的一力和一力偶,如图2-7(a)所示。由力的平移定理的逆过程可知,原力系最后可以简化为一个合力。为求此合力,可将力偶矩为 M_O 的力偶用一对力($\boldsymbol{F}_R$, $\boldsymbol{F}''_R$)表示,并令 $\boldsymbol{F}_R = \boldsymbol{F}''_R = \boldsymbol{F}'_R$,如图2-7(b)所示。再根据加减平衡力系公理,即可将一力 $\boldsymbol{F}'_R$ 和一力偶 M_O 最终合成为一个力 $\boldsymbol{F}_R$,如图2-7(c)所示。

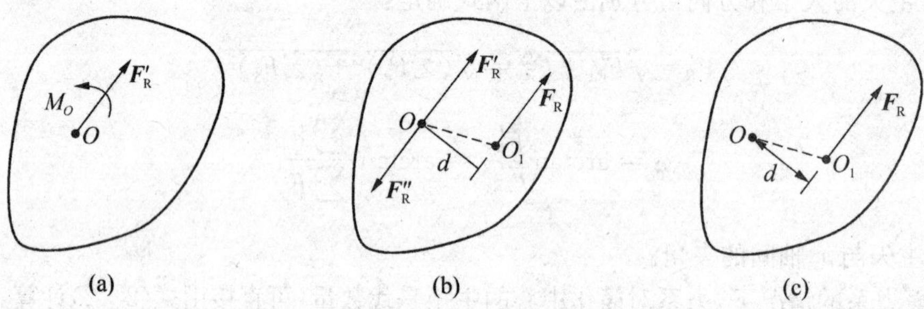

图2-7 平面任意力系的进一步简化

该力 $\boldsymbol{F}_R$ 就是原力系的合力,合力的大小和方向与原力系的主矢 $\boldsymbol{F}'_R$ 相同;合力作用线到点 O 的距离 d,可由下式计算:

$$d = \frac{|M_O|}{F'_R} \tag{2-6}$$

而合力的作用线在简化中心 O 的哪一侧,需由主矢和主矩的方向确定;或可按如下方法判断:若 M_O 为正值,即为逆时针转向,则从简化中心 O 沿主矢的箭头指向看过去,合力 $\boldsymbol{F}_R$ 应在主矢的右侧,如图2-7所示;若 M_O 为负值,则合力 $\boldsymbol{F}_R$ 应在主矢的左侧。

(2) 当主矢 $\boldsymbol{F}'_R \neq 0$,主矩 $M_O = 0$ 时,此时原力系与一力等效。这个力就是原力系的合力。该合力的大小和方向与原力系的主矢相同,作用线通过简化中心 O。

(3) 当主矢 $\boldsymbol{F}'_R = 0$,主矩 $M_O \neq 0$ 时,此时原力系只与一个力偶等效。这个力偶的力偶矩等于原力系对简化中心的主矩,即等于原力系中各力对简化中心的矩的代数和。只有在这种情况下,主矩才与简化中心的位置无关,因为力偶对任一点的矩恒等于力偶矩,而与矩心的位置无关,也就是说,原力系无论向哪一点简化都是一个力偶矩保持不变的力偶。

(4) 当主矢 $\boldsymbol{F}_R'=0$,主矩 $M_O=0$ 时,则原力系为一平衡力系,即:

$$\begin{cases}\boldsymbol{F}_R'=0\\ M_O=0\end{cases} \tag{2-7}$$

所以,**平面任意力系平衡的必要和充分条件是:其主矢和对简化中心的主矩同时为零。**

由上可知,平面任意力系简化的最后结果有三种可能性,即:可能为一个力、可能为一个力偶或者可能平衡。

综上所述,求解平面任意力系合成的步骤可总结为:①任选一简化中心;②计算力系的主矢和对简化中心的主矩;③对简化结果进行分析而得到最终的合成结果。

2.3.2 合力矩定理

当平面任意力系合成为一个合力时,如图 2-7 所示,合力 $\boldsymbol{F}_R$ 对点 O 的矩为

$$M_O(\boldsymbol{F}_R)=F_R d=M_O$$

由力系对 O 点的主矩的定义,

$$M_O=\sum M_O(\boldsymbol{F})$$

所以

$$M_O(\boldsymbol{F}_R)=\sum M_O(\boldsymbol{F}) \tag{2-8}$$

上式表明:若平面任意力系可简化为一个合力时,则其合力对该力系作用面内任一点的矩等于力系中各力对同一点的矩的代数和。这就是平面任意力系的**合力矩定理**。该定理无论在理论推导方面,还是在实际应用方面都具有非常重要的意义。

例 2.1 重力坝受力情况如图 2-8 所示。设 $W_1=450\,\text{kN}$, $W_2=200\,\text{kN}$, $F_1=300\,\text{kN}$, $F_2=70\,\text{kN}$。求力系的合力 $\boldsymbol{F}_R$ 的大小和方向,以及合力与基线 OA 的交点到点 O 的距离 x。

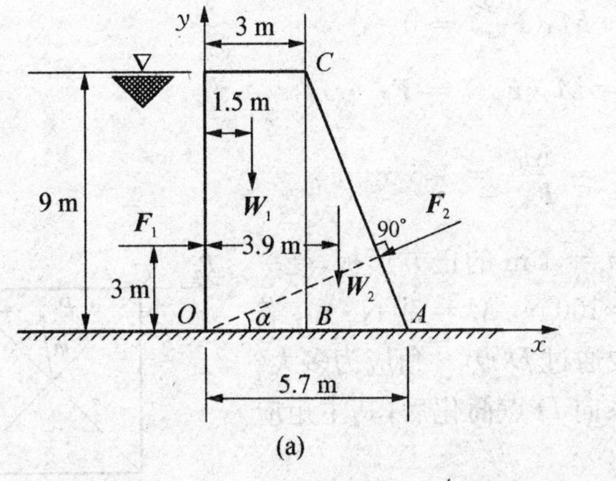

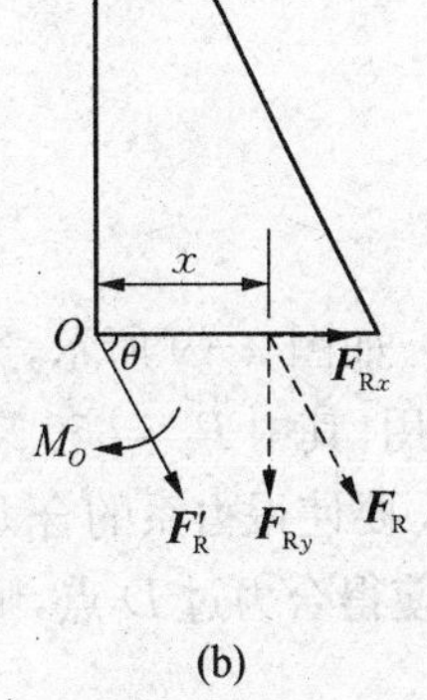

图 2-8 重力坝受力情况

解: 该重力坝受到一平面任意力系的作用,可先将力系向一已知点简化,然后再定出合力作用线的位置。

(1) 选取 O 为简化中心，计算力系的主矢和主矩。

因为

$$\alpha = \arctan\frac{AB}{BC} = 16.7°$$

所以主矢在 x、y 轴上的投影为

$$F'_{Rx} = \sum F_x = F_1 - F_2\cos\alpha = 300 - 70\cos 16.7° = 232.9\ \text{kN}$$
$$F'_{Ry} = \sum F_y = -W_1 - W_2 - F_2\sin\alpha = -450 - 200 - 70\sin 16.7° = -670\ \text{kN}$$

由式(2-4)可得主矢的大小：

$$F'_R = \sqrt{(\sum F_x)^2 + (\sum F_y)^2} = \sqrt{232.9^2 + (-670)^2} = 709.45\ \text{kN}$$

由式(2-5)可知主矢的方向：

$$\theta = \arctan\frac{\sum F_y}{\sum F_x} = \arctan\frac{-670}{232.9} = \arctan(-2.87)$$

因为 F'_{Rx} 为正、F'_{Ry} 为负，所以可以判断主矢应在第四象限，且：

$$\theta = -70.83°$$

即主矢与轴的夹角为−70.83°。

由式(2-2)可求得对简化中心 O 的主矩为

$$M_O = \sum M_O(\boldsymbol{F}) = -3F_1 - 1.5W_1 - 3.9W_2 = -2\,355\ \text{kN}\cdot\text{m}$$

其向 O 点的简化结果如图 2-8(b)所示。由于主矢和主矩均不等于零，故力系可进一步简化为一合力，合力 $\boldsymbol{F}_R$ 的大小和方向与主矢 $\boldsymbol{F}'_R$ 相同。下面确定其作用线位置。

(2) 求合力 $\boldsymbol{F}_R$ 与基线 OA 的交点到点 O 的距离 x，如图 2-8(b)所示。

由合力矩定理：

$$M_O = M_O(\boldsymbol{F}_R) = M_O(\boldsymbol{F}_{Rx}) + M_O(\boldsymbol{F}_{Ry})$$

因为
$$M_O(\boldsymbol{F}_{Rx}) = 0$$

所以
$$M_O = M_O(\boldsymbol{F}_{Ry}) = \boldsymbol{F}_{Ry}\cdot x$$

解得
$$x = \frac{M_O}{\boldsymbol{F}_{Ry}} = 3.5\ \text{m}$$

例 2.2 如图 2-9 所示，边长为 $a = 1$ m 的正方形板，受一平面力系作用，其中 $P_1 = 50$ N, $P_2 = 100$ N, $M = 50$ N·m, 若 $P_3 = 200$ N，要使得力系的合力作用线通过 D 点，φ 角应为多大?

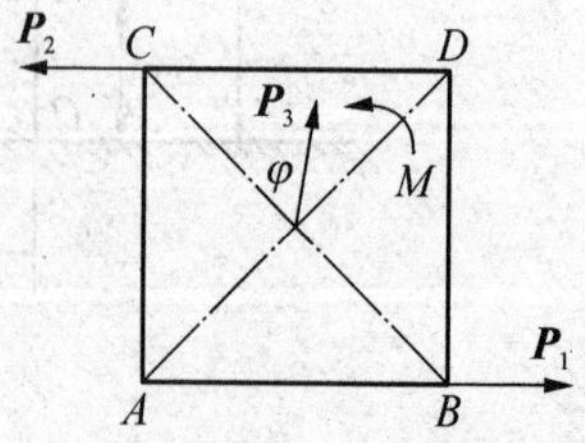

图 2-9 正方形板受力图

解：要使得合力过 D 点，则将力系向 D 点简化后，其主矩应为零，即

$$M_D = \sum M_D(\boldsymbol{F}) = 0$$

所以
$$M+P_1\cdot a-P_3\cos\varphi\cdot\frac{\sqrt{2}}{2}a=0$$

代入数据可得
$$\cos\varphi=\frac{\sqrt{2}}{2}$$

故
$$\varphi=\pm 45^\circ$$

即当 $\boldsymbol{P}$ 铅垂向上或水平向左时，可满足题意要求。

2.4 平面任意力系的平衡条件和平衡方程

在平面任意力系简化结果分析的基础之上，我们就可得到平面任意力系的平衡方程。

2.4.1 平面任意力系的平衡方程

由平面任意力系的主矢和主矩的解析计算式可知

$$\begin{cases}\sqrt{(\sum F_x)^2+(\sum F_y)^2}=0\\ \sum M_O(\boldsymbol{F})=0\end{cases}\tag{2-9}$$

由上式可知

$$\begin{cases}\sum F_x=0\\ \sum F_y=0\\ \sum M_O(\boldsymbol{F})=0\end{cases}\tag{2-10}$$

上式即为**平面任意力系的平衡方程**。它有两个投影方程和一个力矩方程，且其相互独立，我们称其为平面任意力系的一力矩式平衡方程，它是平衡方程的基本形式。根据这三个方程可求解三个未知量。

我们在建立上述方程时，所选的两个投影轴是互相垂直的，大家可以考虑这是否是必须的。事实上，选取相互垂直的坐标轴只是为了计算上的方便，同平面汇交力系的问题一样，在应用时可任意选取两个相交的投影轴，且矩心也是可以任选的。

实际上，平面任意力系的平衡方程除了上述的基本形式外，还有更便于我们应用的另外两种形式：

(1) 二力矩式：

$$\begin{aligned}&\sum F_x=0(\text{或}\sum F_y=0)\\ &\sum M_A(\boldsymbol{F})=0\\ &\sum M_B(\boldsymbol{F})=0\end{aligned}\tag{2-11}$$

其中包含两个力矩方程和一个投影方程。但其限制条件是：**两矩心 $\boldsymbol{A}$，$\boldsymbol{B}$ 的连线不能垂直于投影轴** x(或 y)。

这是因为若 A，B 连线与投影轴 x 垂直，则即使力系满足上述三个方程，也不能保证该力系为平衡力系。如图 2-10 所示，若力系简化结果为一通过 A，B 矩心的力 $\boldsymbol{F}$，很明显上述二力矩式方程均可满足，但事实上该力系不平衡。另外，如果已知一平面任意力系为一平衡力系，是不是就可以不受上述条件的限制呢？我们说在这种情况下，方程中的两个力矩方程就不是相互独立的，实际上是一个方程。所以，只有在 A，B 连线不垂直于投影轴 x 时，满足上述三个方程才是平面任意力系平衡的充要条件。

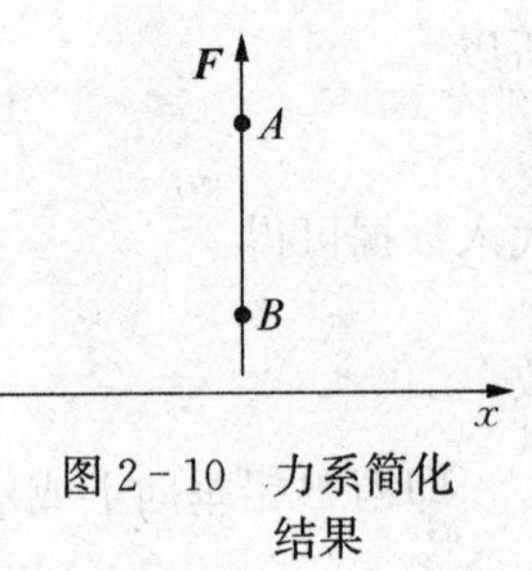

图 2-10 力系简化结果

(2) 三力矩式：

$$\begin{cases}\sum M_A(\boldsymbol{F})=0\\ \sum M_B(\boldsymbol{F})=0\\ \sum M_C(\boldsymbol{F})=0\end{cases} \tag{2-12}$$

以上三个方程均为力矩形式，其限制条件为：**A，B，C 三个矩心的连线不共线**。原因可参考关于对二力矩式方程限制条件的解释自行思考。

利用上述式(2-10)，式(2-11)，式(2-12)三种形式的平衡方程均可解决平面任意力系的平衡问题，在使用时可根据具体问题的条件来选择。同时，选择适当的投影轴和矩心位置等，亦可使解题过程得以简化。例如，应尽可能让投影轴与未知力的方向垂直；将较多未知力的交点选为矩心等。这样，所列出的平衡方程中的未知量就会较少，从而可简化对联立方程的求解。

对于受平面任意力系作用的单个刚体的平衡问题，只能写出三个独立的平衡方程来求解三个未知量。对于任何形式的第四个方程都不是独立的，而是前三个方程的线性组合。但可利用这个方程对计算结果的正确性进行校核。

例 2.3 图 2-11 所示 AB 梁自重不计，已知其所受外力：$P=80\,\text{N}$，$M=50\,\text{N}\cdot\text{m}$，$q=20\,\text{N/m}$，且 $l=1\,\text{m}$，$\alpha=30°$。试求支座 A，B 的约束反力。

解：选梁 AB 为研究对象。它所受的主动力有：均布载荷 q，力 $\boldsymbol{P}$ 和矩为 M 的力偶；约束反力有：固定铰支座 A 的约束反力应通过点 A，但方向不定，故可用两个分力 $\boldsymbol{F}_{Ax}$ 和 $\boldsymbol{F}_{Ay}$ 表示；可动铰支座 B 处的约束反力 $\boldsymbol{F}_B$ 方向铅直向上。

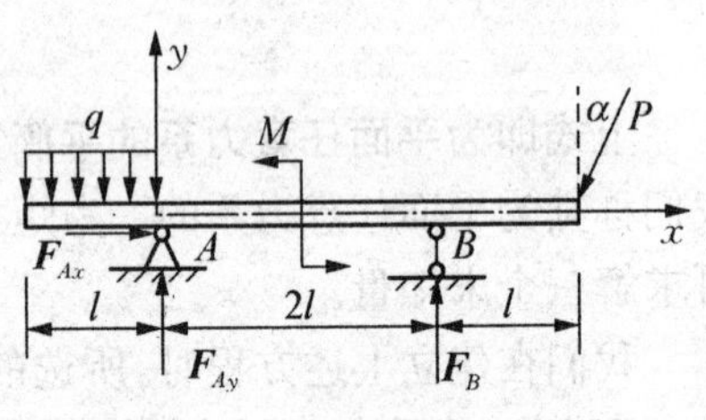

图 2-11 AB 梁受力图

取图示坐标系，应用平面力系平衡方程：

$$\sum F_x=0,\qquad F_{Ax}-P\sin\alpha=0 \tag{①}$$

$$\sum F_y=0,\qquad F_{Ay}+F_B-ql-P\cos\alpha=0 \tag{②}$$

$$\sum M_A(\boldsymbol{F})=0,\quad ql\cdot\frac{l}{2}+M+F_B\cdot 2l-P\cos\alpha\cdot 3l=0 \tag{③}$$

联立求解方程可得

$$F_{Ax}=40\ \text{N}$$

$$F_{Ay}=15.4\ \text{N}$$

$$F_B=73.9\ \text{N}$$

由上例可知，选取适当的坐标轴和矩心可减少方程中未知量的数目。

在上例中若用方程$\sum M_B(\boldsymbol{F})=0$来取代方程$\sum F_y=0$，即用二力矩式方程求解上述问题，可自行思考力矩式方程同投影式方程相比有何优越性？

例 2.4 如图 2-12 所示为一不计自重的电线杆，A 端埋入地下，B 端作用有导线的最大拉力 $F_1=15\ \text{kN}$，$\alpha=5°$，在 C 点处用钢丝绳拉紧，其拉力 $F_2=18\ \text{kN}$，$\beta=45°$。试求 A 端的约束反力。

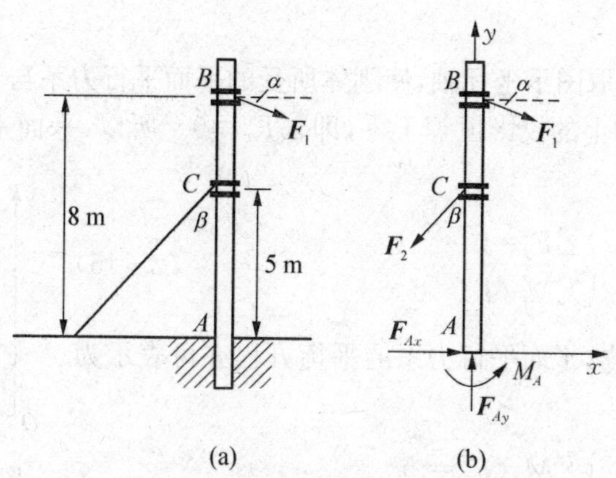

图 2-12 电线杆受力分析

解：取电杆为研究对象，其受力图如图 2-12(b)所示；应用平面任意力系平衡方程：

$$\sum F_x=0,\quad F_{Ax}+F_1\cos\alpha-F_2\sin\beta=0 \qquad ①$$

$$\sum F_y=0,\quad F_{Ay}-F_1\sin\alpha-F_2\cos\beta=0 \qquad ②$$

$$\sum M_A(\boldsymbol{F})=0,\quad M_A-8F_1\cos\alpha+5F_2\sin\beta=0 \qquad ③$$

由方程求解得

$$F_{Ax}=-F_1\cos\alpha+F_2\sin\beta=-15\cos 5°+18\sin 45°=-2.2\ \text{kN}$$

$$F_{Ay}=F_1\sin\alpha+F_2\cos\beta=15\sin 5°+18\cos 45°=14\ \text{kN}$$

$$M_A=8F_1\cos\alpha-5F_2\sin\beta=8\times 15\sin 5°-5\times 18\sin 45°=55.9\ \text{kN}\cdot\text{m}$$

最后结果为正表示与该力假设方向相同，负号表示与假设方向相反。

2.4.2 平面特殊力系的平衡方程

1) 平面汇交力系的平衡方程

平面汇交力系是指各力的作用线汇交于一点的平面力系。由于平面汇交力系中各力的作用线汇交于同一点，显然平面汇交力系的合成结果是一个合力。如果力系处于平衡，则力系的合力必须等于零。反之，若合力等于零，则力系必处于平衡。故**平面汇交力系平衡的必要与充分条件是：该力系的合力等于零**。即

$$\boldsymbol{F}_{\mathrm{R}}=\sum\boldsymbol{F}=0 \qquad (2-13)$$

或表述为：力系中各力在两个坐标轴上投影的代数和分别等于零。即

$$\left.\begin{aligned}\sum F_x=0\\ \sum F_y=0\end{aligned}\right\}\tag{2-14}$$

(2-13)、(2-14)式称为平面汇交力系的平衡方程。

2) 平面平行力系的平衡方程

当平面力系的所有力的作用线均相互平行时，称为**平面平行力系**。显然，平面平行力系是平面任意力系的一种特殊形式。所以，平面平行力系的平衡方程可由平面任意力系的平衡方程导出。

如图 2-13 所示，选取图示坐标轴，使刚体所受的平面平行力系与 x 轴垂直。则不论该力系是否平衡，各力在 x 轴上的投影恒等于零，即 $\sum F_x\equiv 0$。所以，平面平行力系的独立平衡方程的数目只有两个，即

$$\begin{cases}\sum F_y=0\\ \sum M_O(\boldsymbol{F})=0\end{cases}\tag{2-15}$$

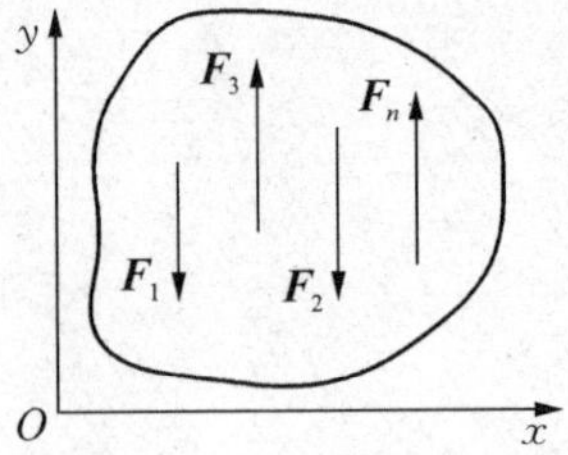

同平面任意力系一样，平面平行力系的平衡方程亦可表示为二力矩形式：

$$\begin{cases}\sum M_A(\boldsymbol{F})=0\\ \sum M_B(\boldsymbol{F})=0\end{cases}\tag{2-16}$$

图 2-13　平面平行力系

其限制条件为：**A, B 矩心连线不与各力作用线平行**。否则，两个力矩方程不相互独立。

可见，对单个刚体而言，**平面平行力系只有两个独立的平衡方程**，只能求解两个未知量。

例 2.5　塔式起重机如图 2-14 所示，机架重 $P=700\text{ kN}$，作用线通过塔架的中心。最大起重量 $W=200\text{ kN}$，最大悬臂长为 12 m，轨道 AB 的间距为 4 m。平衡块重 G，到机身中心线距离为 6 m。试问：

(1) 保证起重机在满载和空载时都不致翻倒，求平衡块的重量 G 应为多少？

(2) 当平衡块重 $G=180\text{ kN}$ 时，求满载时轨道 A, B 给起重机轮子的反力？

解：(1) 以起重机整体为研究对象。其受到一平行力系作用，其中有主动力 $\boldsymbol{P}$, $\boldsymbol{G}$ 及 $\boldsymbol{W}$，被动力有轨道的约束反力 $\boldsymbol{F}_A$, $\boldsymbol{F}_B$。

当满载时，应保证机身不会绕 B 轮翻转。在临界状态下，$F_A=0$，此时 G 值应有所允许的最小值 $G_{\min}$。所以由 $\sum M_B(\boldsymbol{F})=0$

$$G_{\min}(6+2)+P\times 2-W(12-2)=0 \quad ①$$

解得
$$G_{\min}=\frac{1}{8}(10W-2P)=75\text{ kN}$$

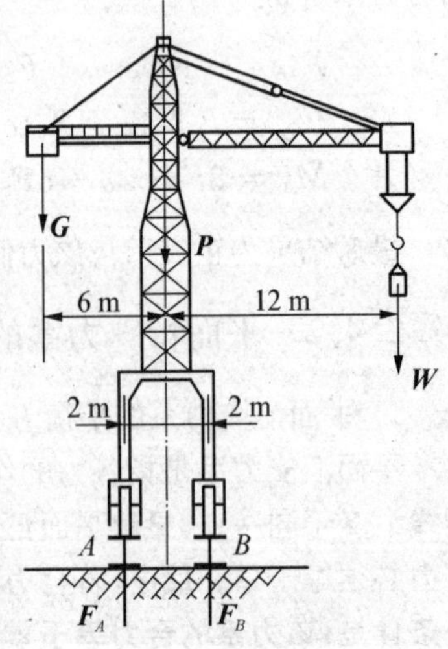

图 2-14　塔式起重机

当空载时，应保证机身不绕 A 轮翻转。在临界状态下，$F_B=0$，此时 G 值应有所允许的最大值 $G_{\max}$。所以由 $\sum M_A(\boldsymbol{F})=0$

$$G_{max}(6-2)-P\times 2=0 \quad ②$$

解得
$$G_{max}=\frac{2P}{4}=350\ \text{kN}$$

起重机在工作时是不允许处于极限状态的，所以，为保证其在工作时不致翻倒，平衡块的重量 G 应在所允许的 G_{min} 和 G_{max} 之间，即

$$75\ \text{kN}<G<350\ \text{kN}$$

(2) 当已知平衡块重 $G=180$ kN 时，同样可以整体机身为研究对象，由平面平行力系平衡方程：

$$\sum M_A(\boldsymbol{F})=0,\ F_B\times 4+G(6-2)-P\times 2-W(12+2)=0 \quad ③$$

$$\sum M_B(\boldsymbol{F})=0,\ F_A\times 4-G(6+2)-P\times 2+W(12-2)=0 \quad ④$$

由③式解得
$$F_B=\frac{2P+14W-4G}{4}=870\ \text{kN}$$

由④式解得
$$F_A=\frac{2P-10W+8G}{4}=210\ \text{kN}$$

可以利用平衡方程 $\sum F_y=0$ 来验证以上的计算结果是否正确。

由 $\sum F_y=0$，$F_A+F_B-G-P-W=210+870-180-700-200=0$ 说明计算结果正确。

2.5 静定和静不定问题——物体系统的平衡

2.5.1 静定和静不定问题

在工程实际中，绝大多数结构、设备都是由若干个物体通过约束所组成的，我们将其统称为**物体系统**，简称**物系**。如图 2-15 所示三铰拱结构是由两个曲杆 AC，BC 通过铰链 C 连接组合而成。在研究其平衡问题时，不仅要求出结构所受的 A，B 处的约束反力，同时还要求出它们在中间 C 点处相互作用的内力。而其内力和外力是根据选取研究对象的范围相对而言的：

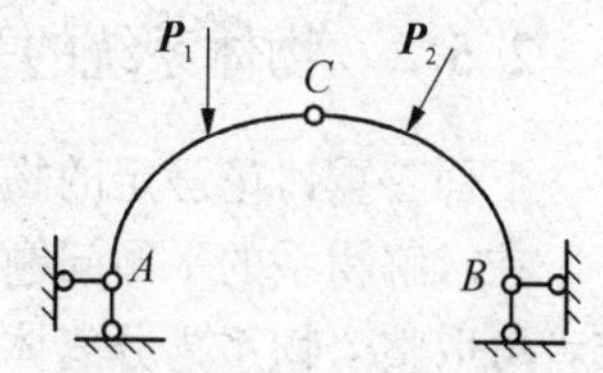

图 2-15 三铰拱结构

内力：组成研究对象的各刚体间相互作用的力。

外力：研究对象以外的物体作用于研究对象的力。

另外，即使只需求出整体结构所受的约束反力，对如图 2-15 所示的结构而言，在平面任意力系的作用下也只有三个独立的平衡方程，而固定铰支座 A，B 处的未知量却有四个。所以，若只取整体结构为研究对象也不可能将所有约束反力求出。这时，就需要把某些刚体（如 AC 或 BC 曲杆）从结构中分开来单独研究，才能求出所有未知量。

一般而言，当物体系统平衡时，组成该系统的每一个物体亦都处于平衡状态，即：**整体平衡，其局部亦平衡**。而对每一个受平面任意力系作用的物体，均可写出三个独立的平衡方程。若物系由 n 个物体组成，则可有 $3n$ 个独立的平衡方程。若系统中未知量的数目与平衡方程的

数目相等，则可由平衡方程求解出所有未知量，这样的问题称为**静定问题**。但是在工程实际当中，为了减小结构的过大变形、提高其承载能力或增加其稳定性，往往要给结构增加支撑，使其产生多于维持基本平衡的约束，称为**多余约束**。这样，未知量的数目将多于平衡方程的数目，从而仅由力系的平衡方程就不能将所有的未知量求出，这样的问题称为**静不定**问题，或称**超静定**问题。如图 2－16 所示结构的平衡问题为静定问题；图 2－17 所示结构的平衡问题都是静不定问题。

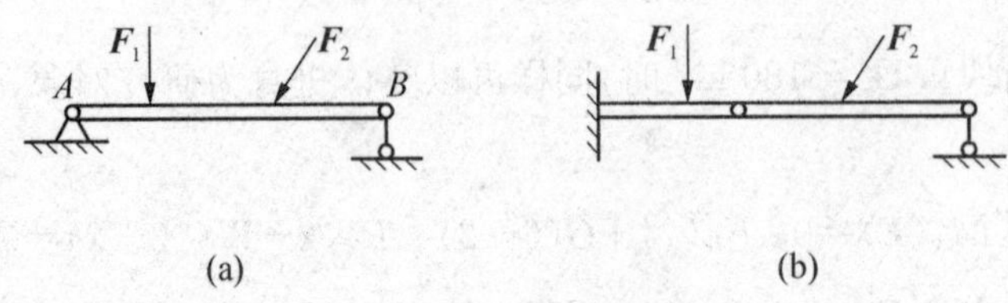

图 2－16　静定结构

在静不定问题中将总未知量数与平衡方程数之差，称为**超静定次数**。例如图 2－17(a)、(b)、(c)中未知量数分别为 4，7，4 个，而独立平衡方程数分别为 3，6，3 个，所以均为一次超静定问题。对于解决超静定问题，仅用静力学平衡方程是不够的，还需要考虑作用于物体上的外力和物体的变形的关系，列出相应于静不定次数的补充方程数并联立平衡方程才能解决。由于理论力学的研究对象是刚体，并不考虑物体的变形，所以，静不定问题的解决将在第 2 篇材料力学中研究。

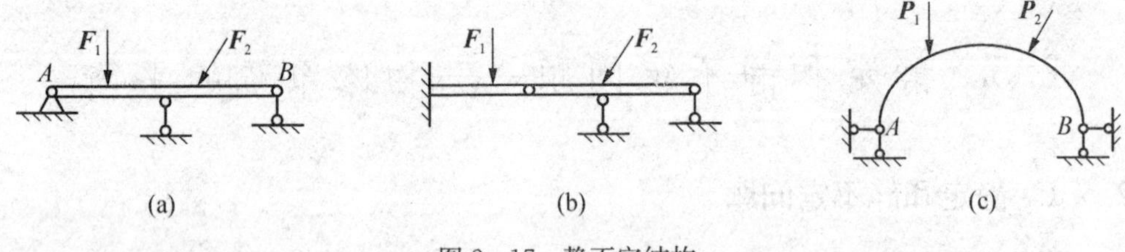

图 2－17　静不定结构

2.5.2　物体系统的平衡问题

下面着重讨论静定的物体系统的平衡问题。

在求解物系的平衡问题时，可以选物系中某个刚体、也可取几个刚体的组合为研究对象，或者可取整个物系为分离体。如何选取需考虑问题的具体情况来决定。总的原则是：要使每一个方程中的未知量数尽量减少，最好只含有一个未知量，以避免求解联立方程。对简单的静定物系平衡问题，可按下列步骤进行：

(1) 先画出系统整体、局部及每个物体的分离体受力图。

(2) 分析各受力图。

(3) 在分析的基础上确定求解顺序。

例 2.6　组合梁 $ABCD$，受集中力 $\boldsymbol{P}$、力偶矩为 M 的力偶及均布载荷 $\boldsymbol{q}$ 的作用，其中 $P = ql$，$M = Pl$，如图 2－18 所示。试求 A，B 的约束反力。

解：(1) 取 CBD 梁为研究对象，受力图如图 2－18(b)所示，列平衡方程：

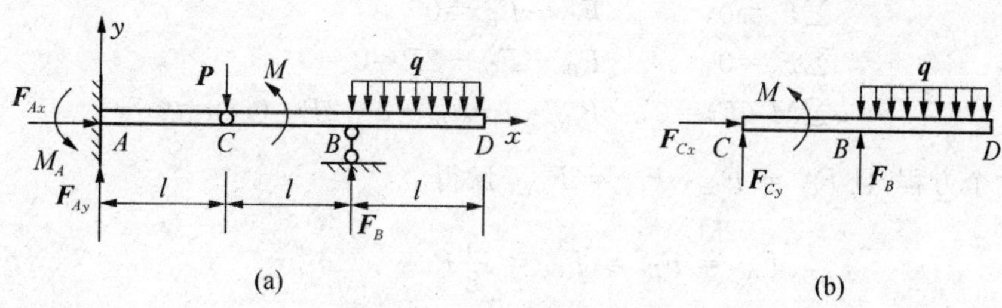

图 2-18　组合梁受力图

$$\sum M_C(\boldsymbol{F})=0,\ F_B\cdot l+M-ql\cdot\frac{3}{2}l=0 \quad ①$$

可得　$F_B=0.5P$

(2) 取整体为研究对象,受力图如图 2-18(a)所示,列平衡方程:

$$\sum F_x=0,\quad F_{Ax}=0 \quad ②$$
$$\sum F_y=0,\quad F_{Ay}+F_B-P-ql=0 \quad ③$$
$$\sum M_A(\boldsymbol{F})=0,\quad M_A+M+F_B\cdot 2l-P\cdot l-ql\cdot 2.5l=0 \quad ④$$

由③式得　$F_{Ay}=1.5P$

由④式得　$M_A=1.5Pl$

所以　$F_{Ax}=0,\ F_{Ay}=1.5P,\ M_A=1.5Pl,\ F_B=0.5P$

例 2.7　如图 2-19(a)所示的三铰拱,受铅垂主动力 **P** 及 2**P** 作用,几何尺寸如图所示,且构件自重不计。试求铰链 A, B, C 处的约束反力。

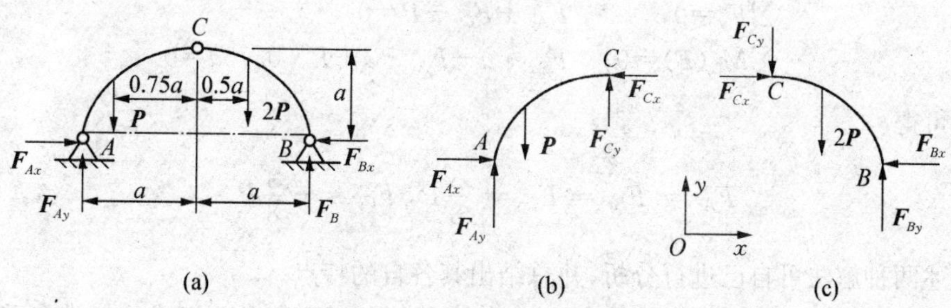

图 2-19　三铰拱受力分析

解:三铰拱由 AC 和 BC 两构件构成,而在 A, B, C 处的未知力数目共有 6 个。所以,可分别取 AC, BC 构件为研究对象,列平衡方程联立求解即可。

(1) 以 AC 为研究对象,列平衡方程:

$$\sum F_x=0,\quad F_{Ax}-F_{Cx}=0 \quad ①$$
$$\sum F_y=0,\quad F_{Ay}+F_{Cy}-P=0 \quad ②$$
$$\sum M_C(\boldsymbol{F})=0,\quad F_{Ax}\cdot a-F_{Ay}\cdot a+P\cdot 0.75a=0 \quad ③$$

(2) 以 BC 为研究对象,列平衡方程:

$$\sum F_x=0,\qquad F'_{Cx}-F_{Bx}=0 \quad ④$$
$$\sum F_y=0,\qquad F_{By}-F'_{Cy}-2P=0 \quad ⑤$$
$$\sum M_C(\boldsymbol{F})=0,\quad F_{By}\cdot a-F_{Bx}\cdot a-2P\cdot 0.5a=0 \quad ⑥$$

联立上述六个方程,且 $F_{Cx}=F'_{Cx}$, $F_{Cy}=F'_{Cy}$,解得

$$F_{Ax}=F_{Bx}=F_{Cx}=\frac{5}{8}P$$

$$F_{Ay}=\frac{11}{8}P,\ F_{By}=\frac{13}{8}P,\ F_{Cy}=-\frac{3}{8}P$$

在分析物系的平衡问题时,对同一问题可采用不同的方法来解决,如上例也可利用整体和局部相结合的方法来求解:

首先,以整体为研究对象,受力图如图 2-19(a)所示,列平衡方程:

$$\sum F_x=0,\qquad F_{Ax}-F_{Bx}=0 \quad ①$$
$$\sum M_A(\boldsymbol{F})=0,\quad F_{By}\cdot 2a-2P\cdot 1.5a-P\cdot 0.25a=0 \quad ②$$
$$\sum M_B(\boldsymbol{F})=0,\quad F_{Ay}\cdot 2a-P\cdot 1.75a-2P\cdot 0.5a=0 \quad ③$$

由上述方程可解得

$$F_{Ax}=F_{Bx},\ F_{Ay}=\frac{11}{8}P,\ F_{By}=\frac{13}{8}P$$

但要求出 C 点的约束反力及 A, B 处的水平反力还需要取其一部分为研究对象,如可取 AC 构件为研究对象,列平衡方程:

$$\sum F_x=0,\qquad F_{Ax}-F_{Cx}=0 \quad ④$$
$$\sum F_y=0,\qquad F_{Ay}+F_{Cy}-P=0 \quad ⑤$$
$$\sum M_C(\boldsymbol{F})=0,\quad F_{Ax}\cdot a-F_{Ay}\cdot a+P\cdot 0.75a=0 \quad ⑥$$

联立求解可得

$$F_{Ax}=F_{Bx}=F_{Cx}=\frac{5}{8}P,\ F_{Cy}=-\frac{3}{8}P$$

对上述两种解法可自己进行分析,并总结出其各自的特点。

例 2.8 图 2-20(a)所示构架是由折杆 ABC 及直杆 CE 和 BD 组成。杆件自重不计,受力如图示,试求其支座的约束反力和 BD 杆的内力。

解:结构只受到一铅垂方向的均布荷载的作用,故其所受到的所有的力应为一平行力系,所以支座产生的约束反力有 $\boldsymbol{F}_D$ 和 $\boldsymbol{F}_E$,如图 2-20(b)所示。

(1) 以整体为研究对象,列平衡方程:

$$\sum M_D(\boldsymbol{F})=0,\quad F_E\cdot a+qa\cdot\frac{3}{2}a=0 \quad ①$$

$$\sum M_E(\boldsymbol{F})=0,\quad F_D\cdot a-qa\cdot\frac{5}{2}a=0 \quad ②$$

解得

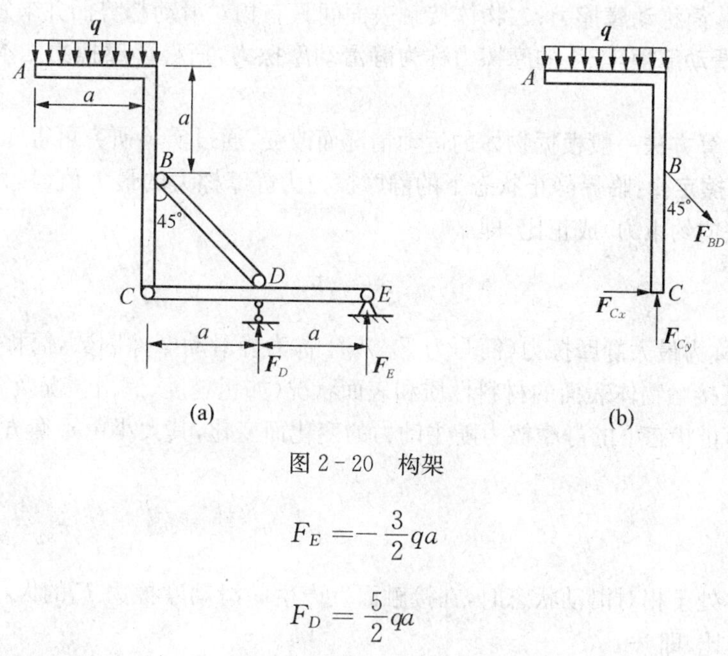

图 2-20 构架

$$F_E = -\frac{3}{2}qa$$

$$F_D = \frac{5}{2}qa$$

(2) 欲求 BD 杆的内力 $\boldsymbol{F}_{BD}$，须取部分构件为研究对象，且已知 BD 杆为二力杆。如可取折杆 ABC 为研究对象，列平衡方程：

$$\sum M_C(\boldsymbol{F})=0,\quad qa\cdot\frac{a}{2}-F_{BD}\sin 45°\cdot a=0 \quad ③$$

解得

$$F_{BD} = \frac{\sqrt{2}}{2}qa$$

另外，若取 CE 杆为研究对象，亦可求出 $\boldsymbol{F}_{BD}$，可自行分析。

2.6 考虑摩擦时的平衡问题

摩擦是一种普遍存在的现象。在一些问题中，摩擦对物体的受力情况影响很小，为了计算方便可以忽略不计。但工程上有些摩擦对物体的影响是不能忽略的。摩擦会给物体间的机械运动带来阻力，消耗能量，降低效率，这是其不利的一面；利用摩擦进行传动（如皮带轮）、驱动（车辆）、制动（刹车），是其有利的一面。因此，应当加以研究。

2.6.1 滑动摩擦

摩擦是二物体接触表面间有相对运动（或运动趋势）时的阻碍作用。二物体接触表面间有相对滑动（或滑动趋势）时的阻碍作用，称为**滑动摩擦**；二物体接触表面间有相对滚动（或滚动趋势）时的阻碍作用，称为**滚动摩擦**。与滚动摩擦相比，滑动摩擦的阻碍作用大得多，在此仅讨论滑动摩擦。二物体接触表面间有相对滑动时的阻碍作用，称为**动滑动摩擦**，产生的摩擦力称为**动滑动摩擦力**,简称**动摩擦力**;二物体接触表面间只有相对滑动趋势而并未发生滑动时的阻碍作用,称为**静滑动摩擦**,产生的摩擦力称为**静滑动摩擦力**,简称**静摩擦力**。本节主要讨论静滑动摩擦。

摩擦力的计算方法一般根据物体的运动情况而改变,通过实验研究可得知如下结论:

(1) **库仑摩擦定律**:临界静止状态下的静摩擦力为静摩擦力的最大值,其大小与接触面间的正压力 F_N(法向约束力)成正比,即

$$F_{fmax} = f_s F_N \tag{2-17}$$

式中,F_{fmax}称为最大静摩擦力(简写为 F_{fm});f_s 称为静滑动摩擦因数,简称静摩擦因数,其大小取决于相互接触物体表面的材料性质和表面状况(如粗糙度、润滑情况及温度、湿度等)。

(2) 一般静止状态下的静摩擦力随主动力的变化而变化,其大小由平衡方程确定,介于零和 F_{fm}之间,即

$$0 \leqslant F_f < F_{fm}$$

(3) 当物体处于相对滑动状态时,在接触面上产生的滑动摩擦力 F'_f的大小与接触面间的正压力 F_N 成正比,即

$$F'_f = fF_N \tag{2-18}$$

式中,比例常数 f 称为动摩擦因数,与物体接触表面的材料性质和表面状况有关。一般,$f_s > f$,这说明推动物体从静止开始滑动比较费力,一旦物体滑动起来后,要维持物体继续滑动就省力了。精度要求不高时,可视为 $f_s \approx f$。部分常用材料的 f_s 和 f 值如表 2-1 所示。

表 2-1 常用材料的摩擦系数参考值

材料	摩擦系数			
	静摩擦因数 f_s		动摩擦因数 f	
	无润滑剂	有润滑剂	无润滑剂	有润滑剂
钢-钢	0.15	0.10～0.12	0.15	0.05～0.10
钢-铸铁	0.30		0.18	0.05～0.15
钢-青铜	0.15	0.1～0.15	0.15	0.1～0.15
钢-橡胶	0.9		0.6～0.8	
铸铁-铸铁		0.18	0.15	0.07～0.12
铸铁-皮革	0.30～0.50	0.15	0.60	0.15
铸铁-青铜			0.15～0.20	0.07～0.15
铸铁-橡胶			0.80	0.50
青铜-青铜		0.10	0.20	0.07～0.10
木材-木材	0.40～0.60	0.10	0.20～0.50	0.07～0.15

摘自《机械设计手册》

2.6.2 摩擦角与自锁现象

如图 2-21(a)所示，一重为 G 的物体放在平面上，受到重力 $\boldsymbol{G}$ 与法向约束力 $\boldsymbol{F}_N$（正压力）作用而平衡，无滑动趋势。此时，物体与水平面间不产生摩擦，摩擦力为零。

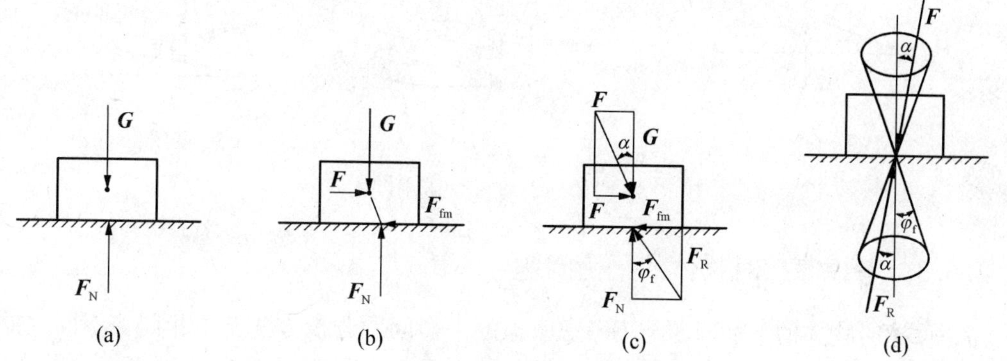

图 2-21 摩擦与自锁

当在物体上施加一水平的推力 F 时(图 2-21(b))，物体与水平面间有相对运动的趋势，便产生摩擦，摩擦力的大小随物体状态而变化。此时物体受到接触面的总约束力为法向约束力 $\boldsymbol{F}_N$ 与切向约束力(摩擦力 $\boldsymbol{F}_f$)的合力，成为**全约束力**。当物体处于临界状态时，摩擦力为 $\boldsymbol{F}_{fm}$，全约束力为

$$\boldsymbol{F}_R = \boldsymbol{F}_N + \boldsymbol{F}_{fm} \tag{2-19}$$

全约束力 $\boldsymbol{F}_R$ 与接触面公法线间的夹角称为**摩擦角**，用 φ_f表示，如图 2-21(c)所示。

$$\tan\varphi_f = \frac{\boldsymbol{F}_{fm}}{\boldsymbol{F}_N} = \frac{f_s\boldsymbol{F}_N}{\boldsymbol{F}_N} = f_s \tag{2-20}$$

式(2-20)说明，摩擦角也是表示材料摩擦性质的物理量。它表示全约束力 $\boldsymbol{F}_R$ 能够偏离接触面法线方向的范围，若物体与支撑面的摩擦因数在各个方向都相同，则这个范围在空间就形成一个锥体，成为摩擦锥，如图图 2-21(d)所示。

将重力 $\boldsymbol{G}$ 与水平推力 $\boldsymbol{F}$ 合成为主动力 $\boldsymbol{F}$，主动力 $\boldsymbol{F}$ 与接触面公法线间的夹角为 α。由图 2-21(c)、(d)可见，主动力 $\boldsymbol{F}$ 的值无论怎样增大，只要 $\alpha \leqslant \varphi$，即 F 的作用线在摩擦锥范围内，约束面必产生一个与之等值、共线、反向的全约束力 $\boldsymbol{F}_R$ 与之相平衡，而全约束力 $\boldsymbol{F}_R$ 的切向分量静滑动摩擦力永远小于或等于最大静摩擦力 F_{fm}，物体处于静止状态，这种现象称为**自锁**。

物体的自锁条件为

$$\alpha \leqslant \varphi_f \tag{2-21}$$

自锁被广泛应用在工程上，如保证螺旋千斤顶在被升起的重物重力 $\boldsymbol{G}$ 作用下不会自动下降，则千斤顶的螺旋升角 α 必须小于摩擦角 φ_f(见图 2-22)。

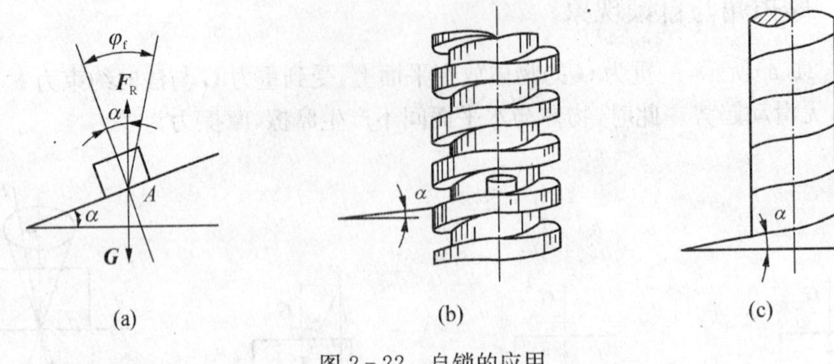

图 2-22 自锁的应用

2.6.3 考虑摩擦时物体的平衡问题

考虑摩擦时物体的平衡问题与不考虑摩擦的平衡问题分析方法基本相同。不同之处是：画受力图时，要考虑物体接触面上的静摩擦力；列出平衡方程后，再附加上静摩擦力的求解条件作为补充方程，而且由于静摩擦力 F_f 有一个变化范围，故问题的解答也是一个范围值，称为**平衡范围**。

例 2.9 一重量为 G 的物体放在倾角 α 为的斜面上，如图 2-23 所示。若静摩擦因数为 f_s，摩擦角为 φ_f（$\alpha > \varphi_f$）。试求使物体保持静止的水平推力 F 的大小。

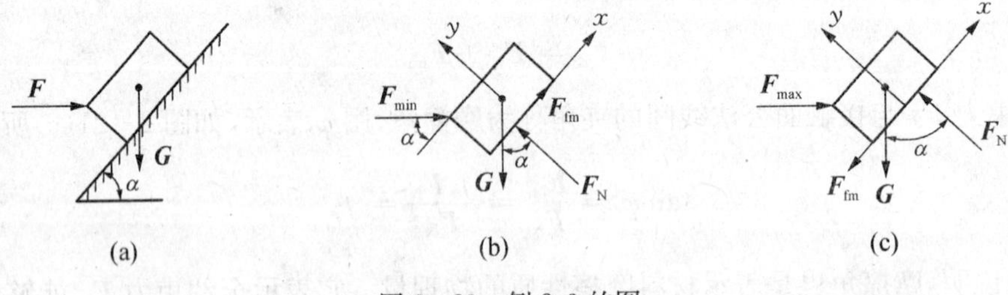

图 2-23 例 2.9 的图

解：因为斜面角 $\alpha > \varphi_f$，物体处于非自锁状态，当物体上没有其他作用力时，物体将沿着斜面下滑。当作用在物体上的水平推力 F 太小时，不足以阻止物体的下滑；若 F 过大，又可能使物体沿斜面上滑。因此欲使物体静止，力 F 的大小需在某一范围内，即

$$F_{min} \leqslant F \leqslant F_{max}$$

(1) 求 F_{min}。

F_{min} 为使物体不下滑时所需的力 F 的最小值，此时物体处于下滑临界状态，受力情况如图 2-23(b)所示。

列平衡方程：

$$\sum F_x = 0,\ F_{min}\cos\alpha - G\sin\alpha + F_{fm} = 0$$

$$\sum F_y = 0,\ F_N - F_{min}\sin\alpha - G\cos\alpha = 0$$

列补充方程：

$$F_{fm} = f_s F_N = F_N \tan\varphi_f$$

解得

$$F_{min} = \frac{\sin\alpha - f_s\cos\alpha}{\cos\alpha + f_s\sin\alpha}G = \frac{\sin\alpha - \tan\varphi_f\cos\alpha}{\cos\alpha + \tan\varphi_f\sin\alpha}G = G\tan(\alpha - \varphi_f)$$

(2) 求 F_{max}。

F_{max}为使物体不上滑时所需的力 F 的最大值，此时物体处于上滑临界状态，受力情况如图 2-23(c)所示。

列平衡方程：

$$\sum F_x = 0,\ F_{max}\cos\alpha - G\sin\alpha - F_{fm} = 0$$

$$\sum F_y = 0,\ F_N - F_{max}\sin\alpha - G\cos\alpha = 0$$

列补充方程：

$$F_{fm} = f_s F_N = F_N \tan\varphi_f$$

解得

$$F_{max} = \frac{\sin\alpha + f_s\cos\alpha}{\cos\alpha - f_s\sin\alpha}G = \frac{\sin\alpha + \tan\varphi_f\cos\alpha}{\cos\alpha - \tan\varphi_f\sin\alpha}G = G\tan(\alpha + \varphi_f)$$

综合以上结果可知，使物体保持静止的水平推力 F 的大小应满足下列条件：

$$G\tan(\alpha - \varphi_f) \leqslant F \leqslant G\tan(\alpha + \varphi_f)$$

例 2.10 图 2-24 所示为一凸轮滑道机构，在推杆上端 C 点有载荷 F 作用。凸轮上有主动力偶矩 M 的作用。设推杆与滑道间的摩擦因数为 f_s；凸轮与推杆间有良好的润滑作用，摩擦不计，尺寸 a、d 为已知，推杆横截面尺寸不计。为使推杆在图示位置不被卡住，试写出滑道宽度 b 的计算式。

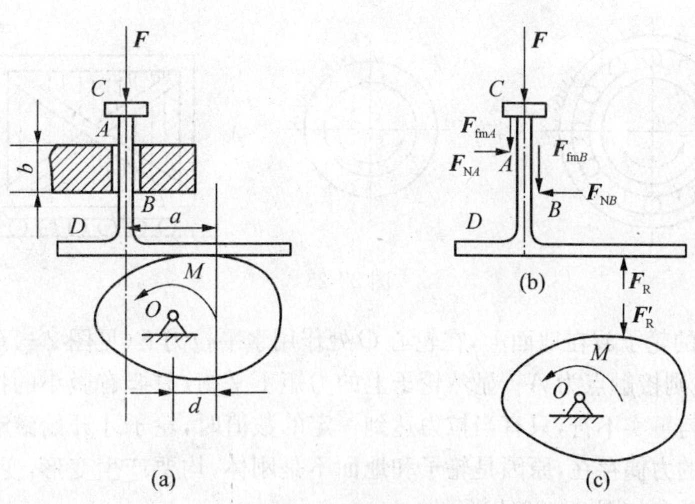

图 2-24

解：设在图示位置凸轮机构处于向上推动时平衡的临界状态。临界状态时，推杆只有 A、

B 两点与滑道接触，且受到最大静摩擦力 F_{fm} 作用。

分别取推杆和凸轮为研究对象，画受力图，如图 2－24(b)、(c)所示。列平衡方程：

$$\sum F_x=0,\ F_{NA}-F_{NB}=0$$

$$\sum F_y=0,\ -F-F_{fmA}-F_{fmB}+F_R=0$$

$$\sum M_A(F)=0,\ -F_{NB}\cdot b+F_R\cdot a=0$$

$$\sum M_O(F)=0,\ M-F'_R\cdot d=0$$

列补充方程：

$$\begin{cases}F_R=F'_R\\F_{fmA}=f_sF_{NA}\\F_{fmB}=f_sF_{NB}\end{cases}$$

解得

$$b=\frac{2a\cdot f_s\cdot M}{M-d\cdot F}$$

结果说明，该机构不发生自锁的条件为

$$b>\frac{2a\cdot f_s\cdot M}{M-d\cdot F}$$

2.6.4　滚动摩擦简介

当移动重物时，若在重物底下垫上辊轴，则比直接将重物放在地面上推或拉要省力很多，这说明用辊轴的滚动来代替箱底的滑动，所受的阻力要小。车辆用轮子“行走”，机器中用滚动轴承，都是为了减少摩擦阻力(见图 2－25)。

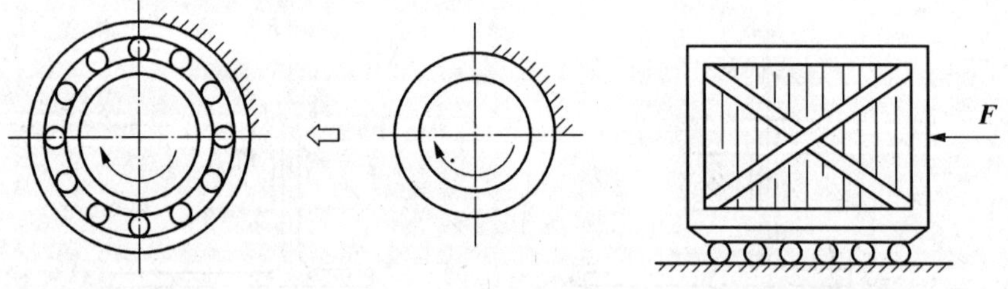

图 2－25

将一重为 G 的轮子放在地面上，在轮心 O 处作用水平拉力 F(见图 2－26(a))。假设轮子和地面均为刚体，则接触点为 A。显然轮子上的力矩不平衡，只要有微小的拉力作用，轮子就会发生滚动。这与事实不符，只有当拉力达到一定的数值时，轮子才开始滚动，这说明地面对轮子有阻止滚动的力偶存在，原因是轮子和地面不是刚体，均要产生变形，变形后轮子与地面接触上的约束力分布如图 2－26(b)所示。

将这些平面分布约束力向点 A 简化，可得到一个作用在点 A 的力 $\boldsymbol{F}_R$ 和一个力偶 M_f，此力偶起着阻碍滚动的作用，称为**滚动摩擦力偶矩**。将力 $\boldsymbol{F}_R$ 进一步分解为法向约束力 F'_N 和滑

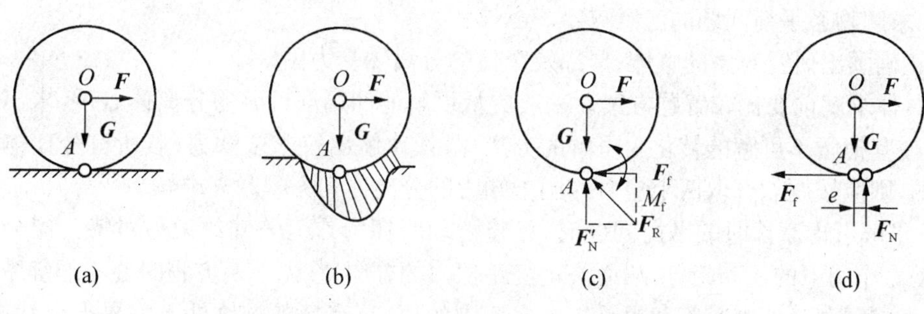

图 2-26

动摩擦力 F_f(见图 2-26(c)),并将法向约束力 F'_N 和滚动摩擦力偶矩 M_f 进一步按力的平移定理的逆定理进行合并,即可得到约束力 F_N,其作用线向滚动方向偏移一段距离 e(见图 2-26(d))。当轮子处临界状态时,滚动摩擦力偶矩 M_f 和距离 e 均为最大值,并有

$$M_{fmax} = e_{max} F_N = \delta F_N \tag{2-22}$$

滚动摩擦力偶矩最大值 M_{fmax} 与两个相互接触物体间的法向约束力 F_N 成正比,该结论称为**滚动摩擦定律**。比例常数 δ 称为**滚动摩擦系数**,相当于滚动阻力偶的最大力偶臂 e_{max},故其单位为长度单位。该系数与物体接触表面的材料性质和表面状况有关。一般材料硬些,受载后,接触面的变形就小些,δ 也会小些。如自行车轮胎气足时骑车省力,火车轨道用钢轨,轮子用钢轮都是增加硬度、减小滚动阻力偶的例子。

小 结

(1) 力系简化的主要依据是力的平移定理。

(2) 平面任意力系向一点简化的结果是:

一个主矢 $\boldsymbol{F}'_R = \sum \boldsymbol{F}$,作用线通过简化中心,大小、方向与简化中心位置无关;

一个主矩 $M_O = \sum M_O(\boldsymbol{F})$,一般与简化中心位置有关。

最后结果可能出现三种情况:合力、力偶、平衡。

(3) 平面任意力系的平衡方程有三种形式:

① 基本形式:$\sum F_x = 0$, $\sum F_y = 0$, $\sum M_O(\boldsymbol{F}) = 0$。

② 一投影两矩式:$\sum F_x = 0$(或 $\sum F_y = 0$), $\sum M_A(\boldsymbol{F}) = 0$, $\sum M_B(\boldsymbol{F}) = 0$[连线 AB 不能与 x 轴(或 y 轴)垂直]。

③ 三矩式:$\sum M_A(\boldsymbol{F}) = 0$, $\sum M_B(\boldsymbol{F}) = 0$, $\sum M_C(\boldsymbol{F}) = 0$($A$, B, C 三点不共线)。

无论哪种形式,平面任意力系只能有 3 个独立的平衡方程,求解 3 个未知量。

(4) 平面特殊力系的平衡方程如下表:

平面力偶系	平面汇交力系	平面平行力系
$\sum M = 0$	$\sum F_x = 0$ $\sum F_y = 0$	$\sum F_y = 0$, $\sum M_O(\boldsymbol{F}) = 0$(各力与 y 轴平行)或 $\sum M_A(\boldsymbol{F}) = 0$, $\sum M_B(\boldsymbol{F}) = 0$(连线 AB 不能与各力平行)

(5) 求解物系平衡问题的注意点：

① 正确画出研究对象的整体、局部及个体的分离体受力图。

② 具体求解前要比较解题方案。一般应从可解的和局部可解的分离体着手，求出部分未知力后，使其他暂不可解的转化为可解的分离体，依次解出待求未知力；若所有分离体都是暂不可解的，则应按题意选取两个包含相同未知力的分离体列方程联立求解。

(6) 求解考虑摩擦时的平衡问题时，可将滑动摩擦力作为未知约束力对待。应会判断物体在主动力作用下的运动趋势，从而决定静摩擦力的方向；在列平衡方程时要考虑静摩擦力的变化有一个范围，从而引起答案也是一个有范围的值；只有判断物体处于临界平衡状态下，才能应用补充方程 $F_{fm} = f_s F_N$，求得的答案也是临界值，否则，只能应用平衡条件来决定静摩擦力的大小。

2.1 试用力的平移定理说明如图 2-27 中所示力 $\boldsymbol{F}$ 与力偶($\boldsymbol{F}'$, $\boldsymbol{F}''$)对轮的作用有何不同？在轴承 A, B 处的约束反力有何不同？已知 $F' = F'' = \frac{1}{2}F$。

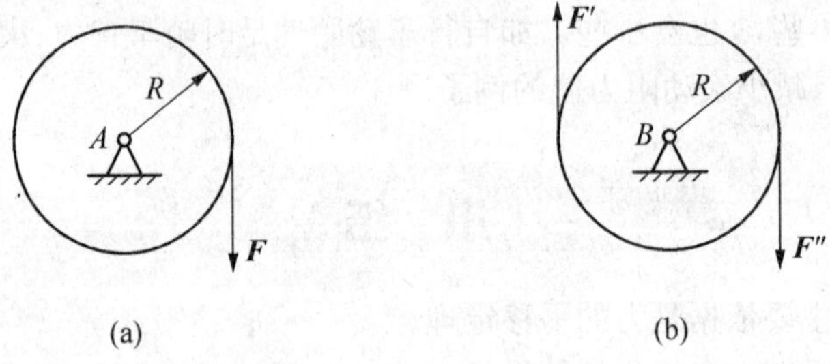

图 2-27　力与力偶对轮的作用

2.2 重 W 的人立于小船中央时，小船下沉 δ 距离，如图 2-28(a)所示，如人立于船舷时，小船将倾斜一角度 θ 如图 2-28(b)所示，试问这时小船中央下沉了多少？

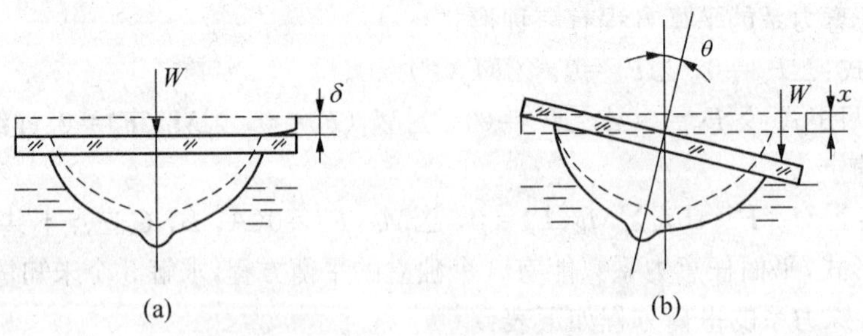

图 2-28　小船受力分析

2.3 设平面任意力系向平面内某一点简化得一合力，如果选择另外的点为简化中心，此力系能否简化为一力偶？

2.4 不平衡的平面力系，已知该力系对 x 轴投影的代数和为零，且对平面内 A 点之矩的代数和为零，问此力系简化的结果如何？

2.5 平面任意力系向其作用面内不同的两点 A，B 简化，假设主矢和主矩均不等于零，有没有可能所得的主矢相等、主矩也相等。

2.6 平面任意力系向其平面内的任一点简化，如主矩恒为零，则该力系为何力系？

2.7 平面任意力系平衡方程的二力矩式为什么必须加“二矩心连线不与投影轴垂直”这一限制条件？三力矩式方程的限制条件又是什么？

2.8 平面任意力系的平衡方程能否表示为三个投影方程？

2.9 平面力偶系的平衡方程能否表示为一个投影方程？

2.10 静定与静不定问题应如何判断？如图 2-29 中所示，哪些为静定问题，哪些为静不定问题？

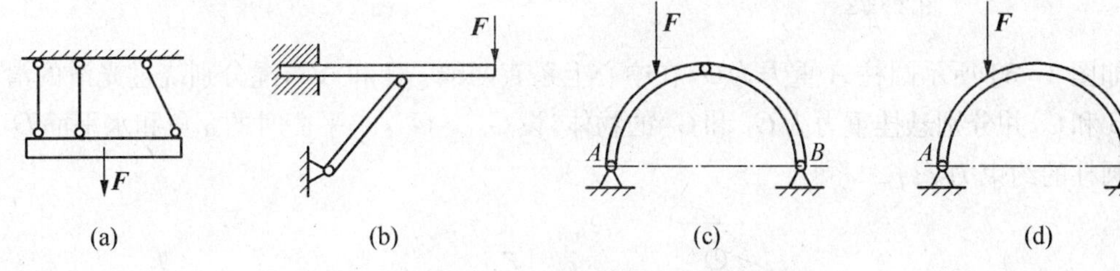

图 2-29 静定与静不定问题

2.1 求如图 2-30 所示平面力系的合成结果。

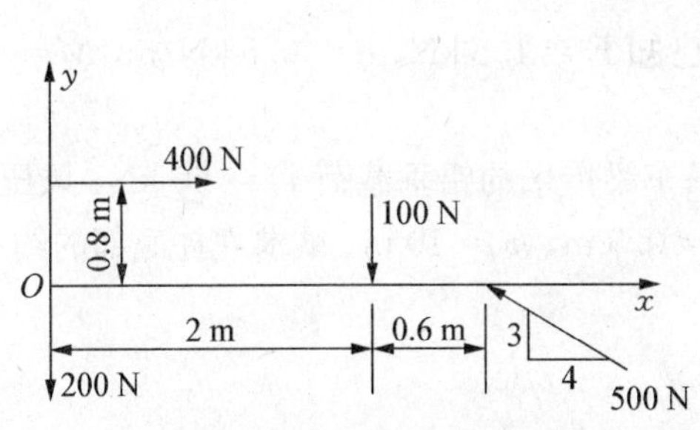

图 2-30 求平面力系的合成结果

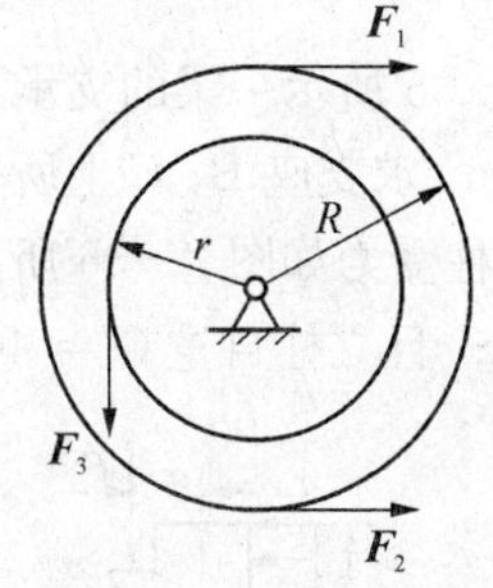

图 2-31 平面力系的简化合成

2.2 将如图 2-31 所示滑轮上所受的力系 $\boldsymbol{F}_1$，$\boldsymbol{F}_2$，$\boldsymbol{F}_3$ 向其中心简化，其中 $\boldsymbol{F}_1 = 1\,200\boldsymbol{i}$ N，$\boldsymbol{F}_2 = 900\boldsymbol{i}$ N，$\boldsymbol{F}_3 = -500\boldsymbol{j}$ N，$R = 0.3$ m，$r = 0.2$ m。

2.3 如图 2-32 所示，图示力和力偶可用一等效力来代替，为使此等效力的作用线通过点 B，求角度 α 的值。

2.4 如图 2-33 所示，重物悬挂，已知 $G = 1.8$ kN，其他重量不计；求铰链 A 的约束反力和杆 BC 所受的力。

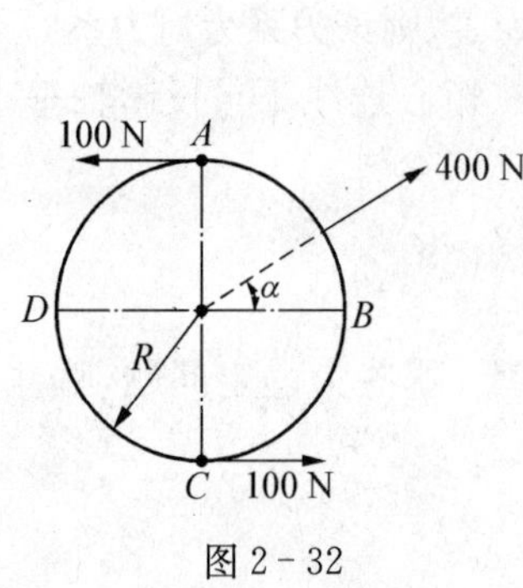

图 2-32

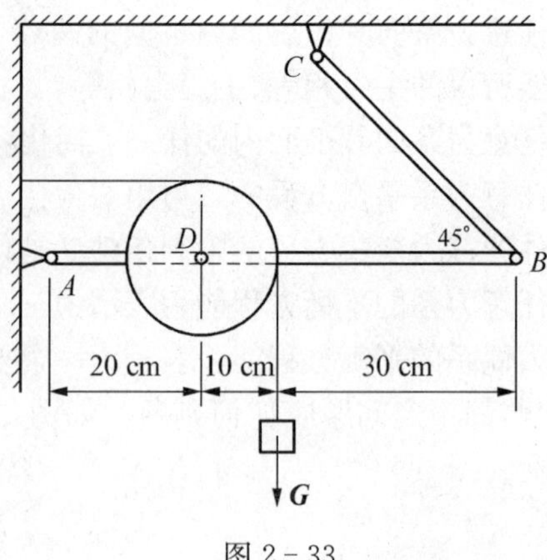

图 2-33

2.5 如图 2-34 所示圆柱 A 重力为 G，在中心上系有两绳 AB 和 AC，绳分别绕过光滑的滑轮 B 和 C，并分别悬挂重力为 G_1 和 G_2 的物体，设 $G_2 > G_1$。求平衡时的 α 角和水平面 D 对圆柱的约束力。

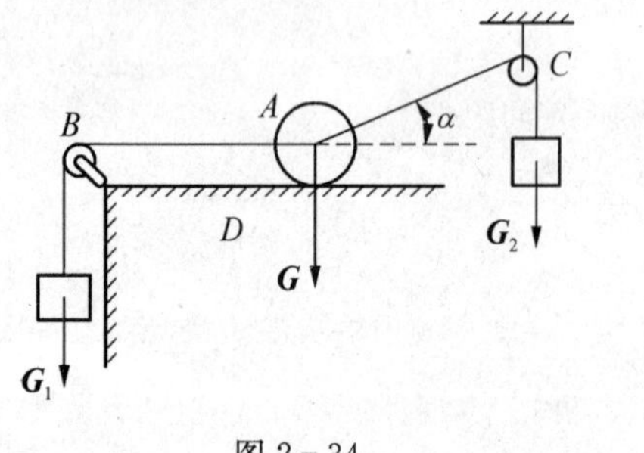

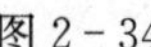

图 2-34

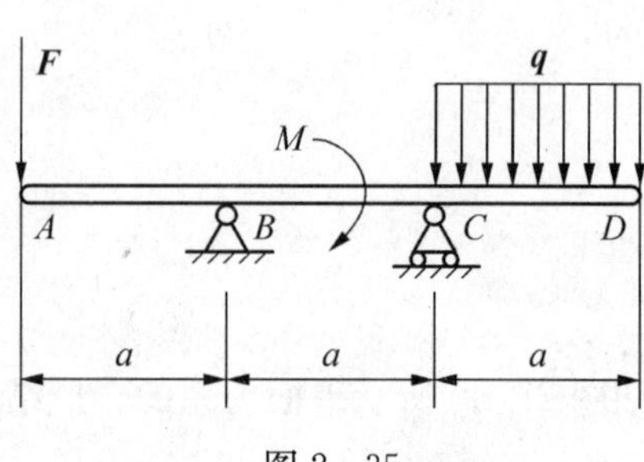

图 2-35

2.6 如图 2-35 所示一梁的支承及载荷。已知 $F = 1.5\ \text{kN}$，$q = 0.5\ \text{kN/m}$，$M = 2\ \text{kN}\cdot\text{m}$，$a = 2\ \text{m}$。求支座 B，C 上所受的力。

2.7 厂房立柱受力如图 2-36 所示，已知吊车梁传来的铅垂载荷 $F = 60\ \text{kN}$，风压集度 $q = 2\ \text{kN/m}$，且立柱自重 $G = 40\ \text{kN}$，$a = 0.5\ \text{m}$，$h = 10\ \text{m}$，试求立柱底部的约束力。

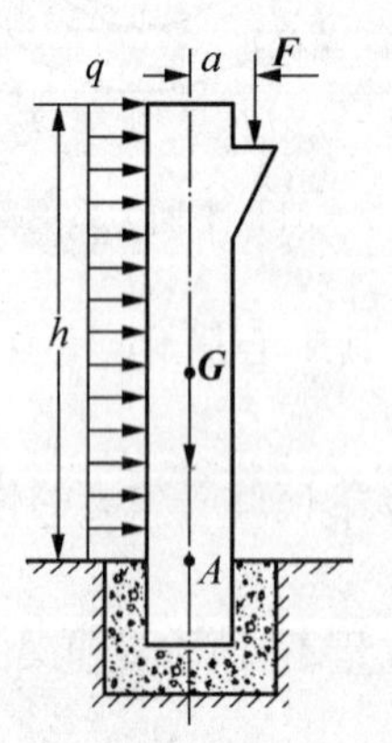

图 2-36　厂房立柱简图

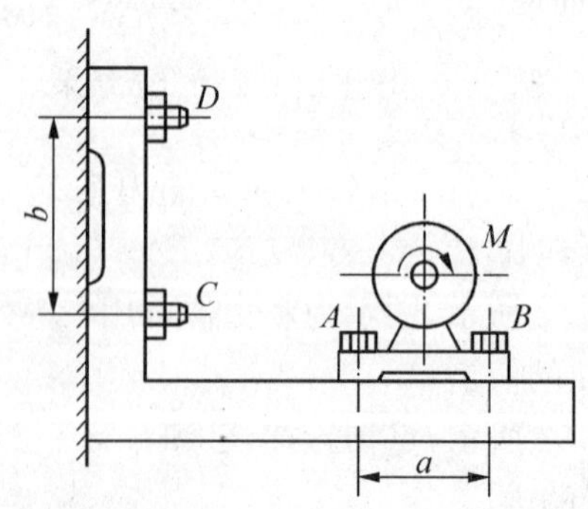

图 2-37　送料机

2.8 如图 2-37 所示，电动机用螺栓 A，B 固定在角架上，自重不计。角架用螺栓 C，D 固定在墙上。若 $M = 20\ \text{N} \cdot \text{m}$，$a = 0.3\ \text{m}$，$b = 0.6\ \text{m}$，求螺栓 A，B，C，D 所受力。

2.9 试求如图 2-38 所示各梁的支座约束反力。已知 $F = 6\ \text{kN}$，$q = 2\ \text{kN/m}$，$M = 2\ \text{kN} \cdot \text{m}$，$l = 2\ \text{m}$，$a = 1\ \text{m}$。

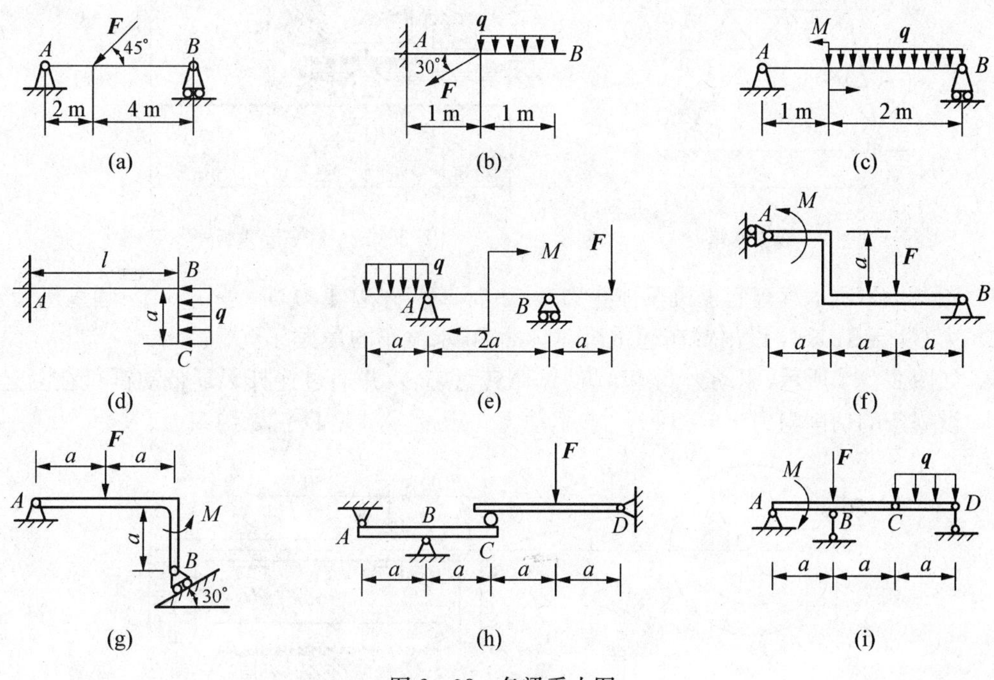

图 2-38 各梁受力图

2.10 如图 2-39 所示液压升降装置，由平台和两个联动机构所组成，联动机构上的液压缸承受相等的力(图中只画了一副联动机构和一个液压缸)。连杆 EDB 和 CG 长均为 $2a$，杆端装有滚轮 B 和 C，杆 AD 铰结于 EDB 的中点。举起重量 W 的一半由图示机构承受。设 $W = 9\,800\ \text{N}$，$a = 0.7\ \text{m}$，$l = 3.2\ \text{m}$，求当 $\theta = 60^\circ$ 时保持平衡所需的液压缸的推力，并说明所得的结果与距离 d 无关。

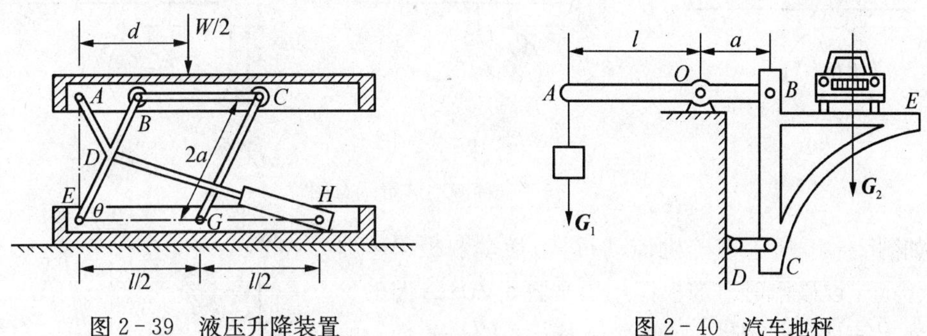

图 2-39 液压升降装置　　　　图 2-40 汽车地秤

2.11 如图 2-40 所示汽车地秤，BCE 为整体平台，杠杆 AOB 可绕 O 轴转动，B，C、D 三点均为光滑铰链连接，已知砝码重 G_1，尺寸 l、a。不计其他构件自重，求汽车重 G_2。

2.12 水塔固定在支架 A，B，C，D 上，如图 2-41 所示。水塔总重力 $G = 160\ \text{kN}$，风载 $q = 16\ \text{kN/m}$。为保证水塔平衡，求 A、B 间的最小间隙。

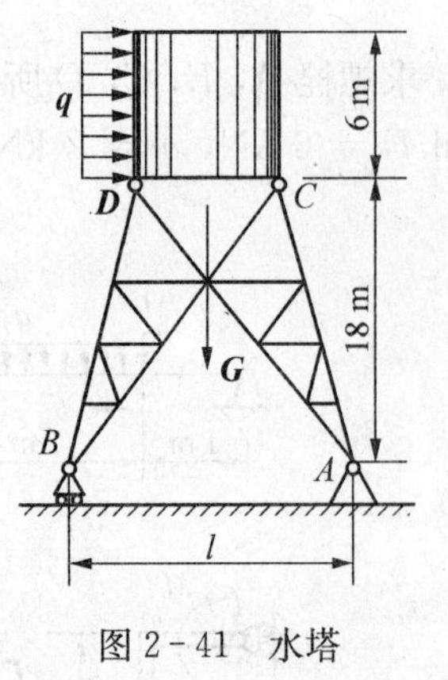

图 2-41 水塔

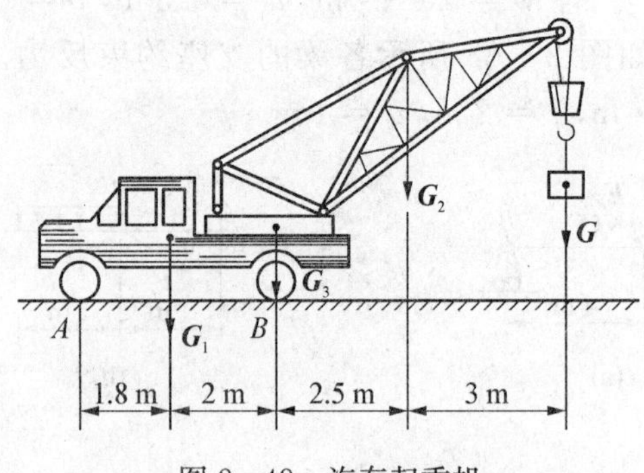

图 2-42 汽车起重机

2.13 图 2-42 所示汽车起重机车体重力 $G_1 = 26\ \mathrm{kN}$，吊臂重力 $G_2 = 4.5\ \mathrm{kN}$，起重机转架重力 $G_3 = 31\ \mathrm{kN}$，设吊臂在起重机对称面内，求汽车的最大起重量。

2.14 如图 2-43 所示，驱动力偶矩 M 使锯床转盘旋转，并通过连杆 AB 带动锯弓往复运动，设锯条的切削阻力 $F = 5\ \mathrm{kN}$，求驱动力偶矩及 O, C, D 三处约束力。

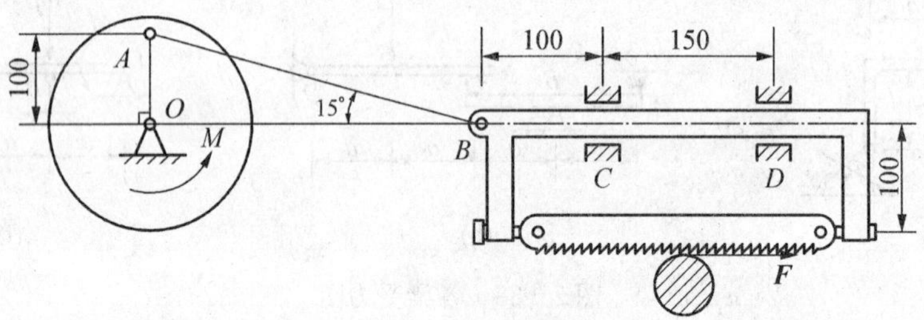

图 2-43 锯床示意图

2.15 如图 2-44 所示三种制动装置。已知圆轮上转矩为 M，几何尺寸 a, b, c 及圆轮同制动块 K 间的静摩擦因数 f_s。求制动所需的最小力 F。

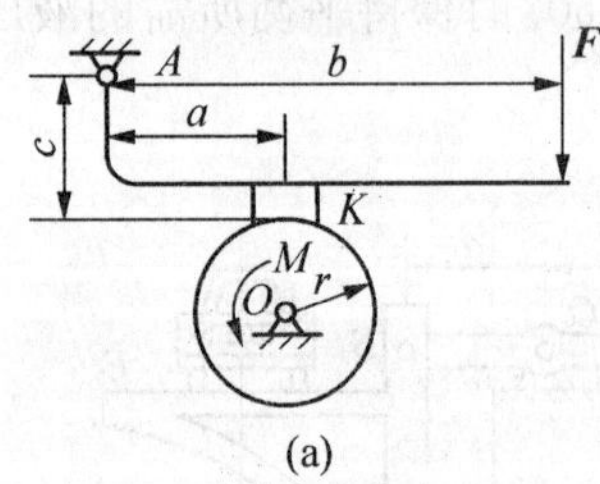

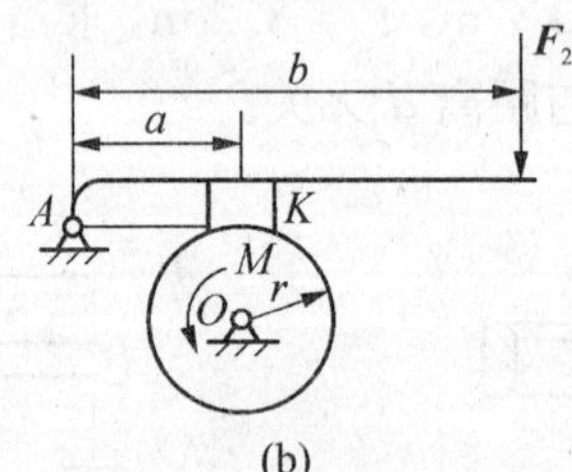

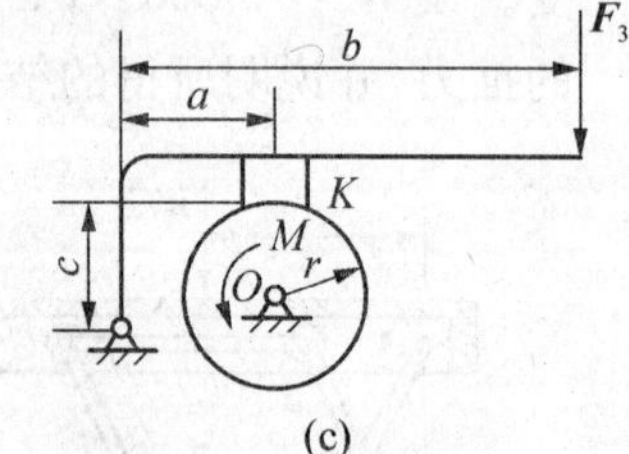

图 2-44 三种制动装置示意图

2.16 如图 2-45 所示破碎机传动机构，活动颚板 $AB = 60\ \mathrm{cm}$，设破碎时对颚板作用力垂直于 AB 方向的分力 $P = 1\ \mathrm{kN}$，$AH = 40\ \mathrm{cm}$，$BC = CD = 60\ \mathrm{cm}$，$OE = 10\ \mathrm{cm}$；求图示位置时电机对杆 OE 作用的转矩 M。

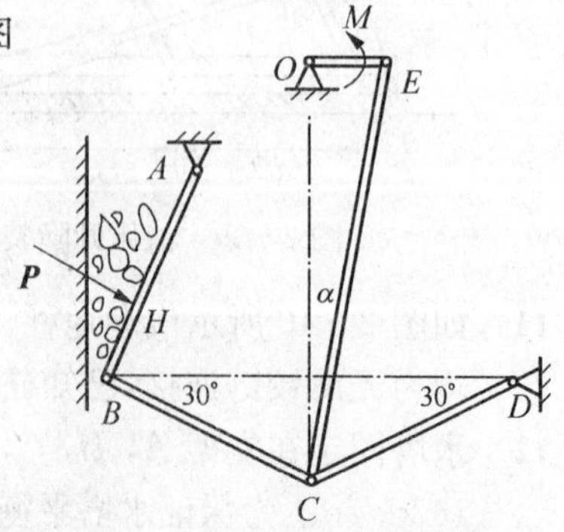

图 2-45 破碎机传动机构

第3章 空间力系

工 程 力 学

前面各章主要研究了平面力系的问题。本章将平面力系合成与平衡的理论推广到空间力系,并讨论了空间平行力系合成的重要应用——物体重心的确定。空间力系研究的方法与平面力系基本相同。

在工程实际中,物体所受各力的作用线通常不在同一平面内,而呈空间任意分布,我们将这种力系称为**空间任意力系**,简称**空间力系**。如图 3-1 所示各构件均为受空间力系作用的情况。它是物体所受力系最一般的情形,平面问题中的各种力系均可看作是空间力系的一种特殊情形。同平面任意力系一样,空间力系主要解决两个问题:一是力系的简化、合成问题;二是平衡条件及其应用。研究方法上也同平面任意力系。

空间力系可分为空间汇交力系、空间力偶系、空间平行力系和空间任意力系。

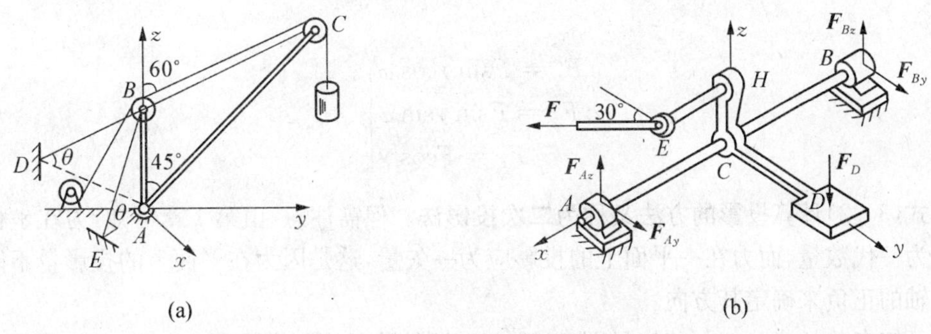

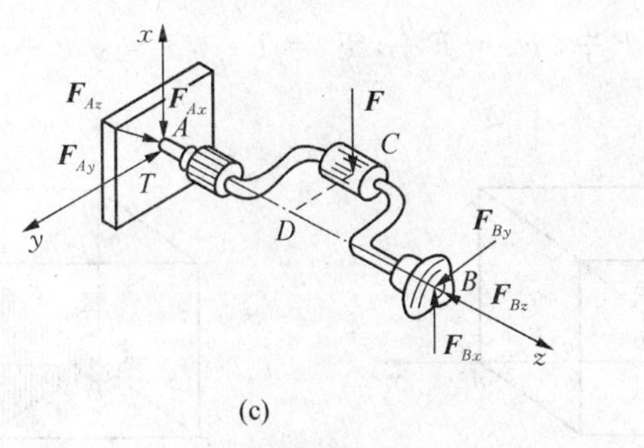

图 3-1

3.1 空间汇交力系

若空间力系中各力的作用线汇交于一点，称为**空间汇交力系**。同平面任意力系一样，我们需要在力在坐标轴上投影的基础之上来研究其合成和平衡问题。

3.1.1 力在空间直角坐标轴上的投影及分解

3.1.1.1 力在空间直角坐标轴上的投影

如图 3-2(a)所示，若力 $\boldsymbol{F}$ 与三个直角坐标轴的夹角分别为 α，β，γ，则力在各坐标轴上的投影可由力的大小与该坐标轴的夹角余弦的乘积来计算，即

$$\left.\begin{aligned} F_x &= F\cos\alpha \\ F_y &= F\cos\beta \\ F_z &= F\cos\gamma \end{aligned}\right\} \tag{3-1}$$

利用式(3-1)计算投影的方法称为**直接投影法**。而若力 $\boldsymbol{F}$ 与坐标轴 Ox 和 Oy 的夹角 α，β 不易确定时，可先将力 $\boldsymbol{F}$ 投影到 Oxy 平面上，得到一力在平面上的投影量 $\boldsymbol{F}_{xy}$，然后再将 $\boldsymbol{F}_{xy}$ 投影到 x 轴、y 轴上。如图 3-2(b)所示，当已知 γ，φ 角时，力在坐标轴上的投影量可由下式计算：

$$\left.\begin{aligned} F_x &= F\sin\gamma\cos\varphi \\ F_y &= F\sin\gamma\sin\varphi \\ F_z &= F\cos\gamma \end{aligned}\right\} \tag{3-2}$$

由式(3-2)计算投影的方法又称为**二次投影法**。但需注意，由第1章可知，力在坐标轴上的投影为一代数量，而力在一平面上的投影应为一矢量，这是因为在平面上的投影量不能简单由坐标轴的正负来确定其方向。

当已知有关长度 a，b，c 时(见图 3-2(a))，可按**边长比例求投影**：

$$F_x = F\frac{a}{l},\ F_y = F\frac{b}{l},\ F_z = F\frac{c}{l},\ l = \sqrt{a^2+b^2+c^2}$$

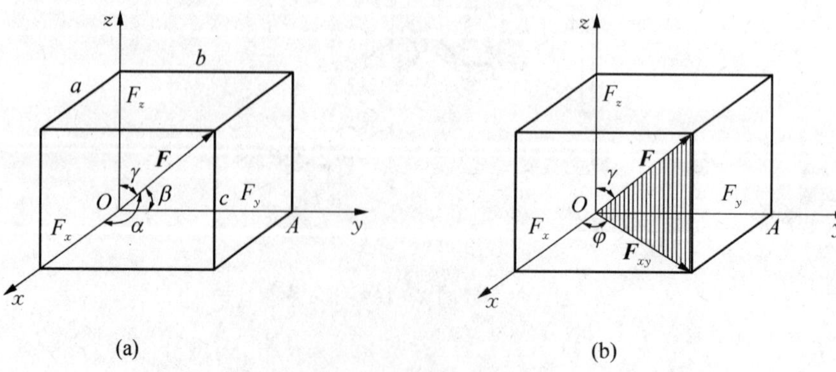

图 3-2 力 $\boldsymbol{F}$ 的投影

3.1.1.2　力沿坐标轴的正交分解

同力在坐标轴上的投影类似，可将力矢沿三个坐标轴方向分解为三个正交分力 $\boldsymbol{F}_x$，$\boldsymbol{F}_y$，$\boldsymbol{F}_z$，如图 3-3 所示，则有

$$\boldsymbol{F}=\boldsymbol{F}_x+\boldsymbol{F}_y+\boldsymbol{F}_z$$

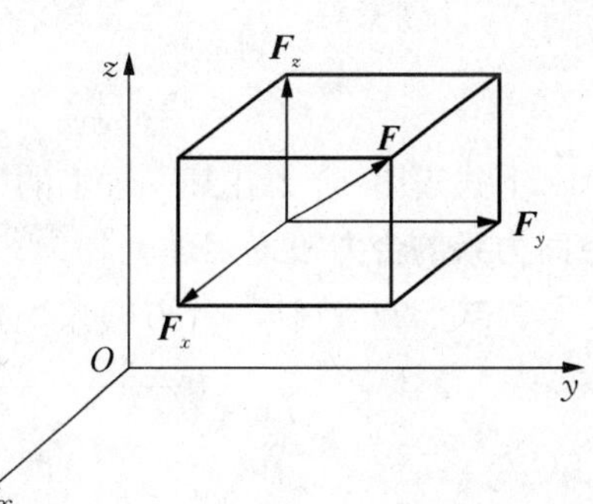

图 3-3　力 $\boldsymbol{F}$ 的正交分解

由力在坐标轴上的投影和分解的形式可知，其正交分力应与其在坐标轴上相应的投影值有如下关系：

$$\left.\begin{aligned}\boldsymbol{F}_x&=F_x\boldsymbol{i}\\ \boldsymbol{F}_y&=F_y\boldsymbol{j}\\ \boldsymbol{F}_z&=F_z\boldsymbol{k}\end{aligned}\right\}\tag{3-3}$$

式中，$\boldsymbol{i}$，$\boldsymbol{j}$，$\boldsymbol{k}$ 分别为沿三个坐标轴 x，y，z 的单位矢量，则力矢 $\boldsymbol{F}$ 沿直角坐标轴的解析表达式为

$$\boldsymbol{F}=F_x\boldsymbol{i}+F_y\boldsymbol{j}+F_z\boldsymbol{k}\tag{3-4}$$

即力矢 $\boldsymbol{F}$ 可由在直角坐标轴上的投影来表示。若已知力在坐标轴上的投影 F_x，F_y，F_z，则力的大小和方向余弦可由下式确定：

$$\left.\begin{aligned}F&=\sqrt{F_x^2+F_y^2+F_z^2}\\ \cos\alpha=\frac{F_x}{F},\ \cos\beta&=\frac{F_y}{F},\ \cos\gamma=\frac{F_z}{F}\end{aligned}\right\}\tag{3-5}$$

必须注意，由式(3-5)只能确定力矢的大小和方向，不能确定其作用线位置。

3.1.2　空间汇交力系的合成与平衡

3.1.2.1　空间汇交力系的合成

同平面汇交力系相同，空间汇交力系的合成方法亦有两种，即几何法和解析法。但在用几何法合成时，由于所作出的力多边形不在同一平面内，所以实际运用起来较困难，故一般不使用该方法。由几何法可知，若有 $\boldsymbol{F}_1$，$\boldsymbol{F}_2$，…，$\boldsymbol{F}_n$ 组成一空间汇交力系，则力系的合力 $\boldsymbol{F}_{\mathrm{R}}$ 应等于力系中各力的矢量和，即

$$\boldsymbol{F}_{\mathrm{R}}=\boldsymbol{F}_1+\boldsymbol{F}_2+\cdots+\boldsymbol{F}_n=\sum\boldsymbol{F}\tag{3-6}$$

且合力 $\boldsymbol{F}_{\mathrm{R}}$ 的作用线通过力系的汇交点。

在解决空间力系实际问题时，一般采用解析法进行分析。由式(3-4)可知，力系中任一力 $\boldsymbol{F}_i$ 均可表示为

$$\boldsymbol{F}_i=F_{ix}\boldsymbol{i}+F_{iy}\boldsymbol{j}+F_{iz}\boldsymbol{k}\tag{3-7a}$$

将式 3-7(a)代入(3-6)式中，得

$$\boldsymbol{F}_{\mathrm{R}}=\sum\boldsymbol{F}=\sum F_x\boldsymbol{i}+\sum F_y\boldsymbol{j}+\sum F_z\boldsymbol{k}$$

若合力 $\boldsymbol{F}_{\mathrm{R}}$ 在各轴上的投影分别为 $F_{\mathrm{R}x}$、$F_{\mathrm{R}y}$、$F_{\mathrm{R}z}$，则

$$\left.\begin{aligned}F_{Rx}&=\sum F_x\\F_{Ry}&=\sum F_y\\F_{Rz}&=\sum F_z\end{aligned}\right\}\tag{3-7b}$$

上式表明:合力在某一轴上的投影,等于力系中各力在同一轴上的投影的代数和。这就是**空间力系的合力投影定理**。

由式(3-5)可知,合力的大小和方向可由下式确定:

$$\left.\begin{aligned}F_R=\sqrt{F_{Rx}^2+F_{Ry}^2+F_{Rz}^2}=\sqrt{(\sum F_x)^2+(\sum F_y)^2+(\sum F_z)^2}\\\cos\alpha=\frac{\sum F_x}{F_R},\ \cos\beta=\frac{\sum F_y}{F_R},\ \cos\gamma=\frac{\sum F_z}{F_R}\end{aligned}\right\}\tag{3-8}$$

式中,α, β, γ 分别为合力 $\boldsymbol{F}_R$ 与 x, y, z 三个直角坐标轴的夹角。因为已知力系为一汇交力系,所以合力作用线一定通过汇交点。

例 3.1 已知空间汇交力系的四个力中 $\boldsymbol{F}_1=60\boldsymbol{i}+80\boldsymbol{j}+60\boldsymbol{k}$(N),$\boldsymbol{F}_2=-70\boldsymbol{i}+70\boldsymbol{k}$(N),$\boldsymbol{F}_3=30\boldsymbol{i}-40\boldsymbol{j}-50\boldsymbol{k}$(N),合力 $\boldsymbol{F}_R=100\boldsymbol{i}+100\boldsymbol{j}+80\boldsymbol{k}$(N),求第四个力 $\boldsymbol{F}_4$ 的大小和方向。

解:设 $\boldsymbol{F}_4$ 的解析表达式为 $\boldsymbol{F}_4=F_{4x}\boldsymbol{i}+F_{4y}\boldsymbol{j}+F_{4z}\boldsymbol{k}$,则由式(3-7)可知

$$F_{Rx}=\sum F_x=60-70+30+F_{4x}=100 \quad ①$$

$$F_{Ry}=\sum F_y=80-40+F_{4y}=100 \quad ②$$

$$F_{Rz}=\sum F_z=60+70-50+F_{4z}=80 \quad ③$$

解得

$$F_{4x}=80\ \text{N},\ F_{4y}=60\ \text{N},\ F_{4z}=0,$$

即

$$\boldsymbol{F}_4=80\boldsymbol{i}+60\boldsymbol{j}$$

所以,力 $\boldsymbol{F}_4$ 的大小:$F_4=\sqrt{80^2+60^2}=100\ \text{N}$

力 $\boldsymbol{F}_4$ 的方向:$\alpha=\arccos\dfrac{80}{100}=36.87°$

$$\beta=\arccos\frac{60}{100}=53.13°$$

$$\gamma=\arccos\frac{0}{100}=90°$$

其中,α, β, γ 为第四个力 $\boldsymbol{F}_4$ 与 x, y, z 三个坐标轴的夹角。

3.1.2.2 空间汇交力系的平衡条件

由上述讨论可知,空间汇交力系同平面汇交力系一样,其合成结果亦为一合力。所以**空间汇交力系平衡的必要和充分条件是力系的合力等于零**,即

$$\boldsymbol{F}_R=\sum \boldsymbol{F}=0 \tag{3-9}$$

或可用解析式表示为 $F_R=\sqrt{(\sum F_x)^2+(\sum F_y)^2+(\sum F_z)^2}=0$

所以

$$\left.\begin{array}{l}\sum F_x=0\\ \sum F_y=0\\ \sum F_z=0\end{array}\right\} \tag{3-10}$$

式(3-10)表明,空间汇交力系平衡的充分和必要条件是:**该力系中各力在三个坐标轴的每一坐标轴上的投影的代数和均等于零**。式(3-10)亦称为空间汇交力系的平衡方程。

例 3.2 如图 3-4 所示简易三角架起重的装置,其中 AB, AC, AD 三杆的两端可视为球形铰链连接。三角架的三角 B, C, D 构成一等边三角形,且每根杆均与地面成 $\theta=65^\circ$ 的倾角。已知起吊的重物重量为 $W=2\text{ kN}$,试求三根杆所受的压力。

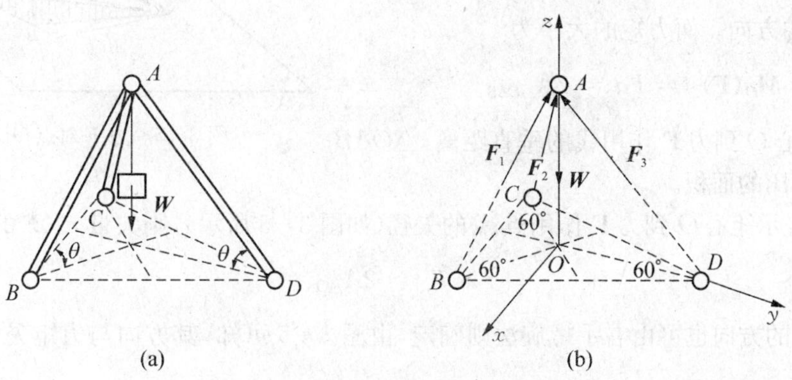

图 3-4 三角架

解:由题意可知,AB, AC, AD 三杆为二力杆,设三杆所受的压力分别为 $\boldsymbol{F}_1$、$\boldsymbol{F}_2$、$\boldsymbol{F}_3$,且力系为一空间汇交力系。取节点 A 为研究对象,受力图如图 3-4(b)所示,且建立如图所示坐标,可列出如下平衡方程:

$$\sum F_x=0,\qquad -F_1\cos\theta\cos 30^\circ+F_2\cos\theta\cos 30^\circ=0 \qquad ①$$

$$\sum F_y=0,\qquad F_1\cos\theta\sin 30^\circ+F_2\cos\theta\sin 30^\circ-F_3\cos\theta=0 \qquad ②$$

$$\sum F_z=0,\qquad F_1\sin\theta+F_2\sin\theta+F_3\sin\theta-W=0 \qquad ③$$

联立求解可得
$$F_1=F_2=F_3=\frac{W}{3\sin\theta}$$

将 $W=2\text{ kN}$, $\theta=65^\circ$ 代入上式得 $F_1=F_2=F_3=\dfrac{W}{3\sin\theta}=\dfrac{2\times10^3}{3\sin 65^\circ}=737(\text{N})$

3.2 力对点之矩和力对轴之矩

在平面力系中,力对点之矩可用代数量来表示。那么在空间力系中又该如何描述呢?在本节中将对这一问题进行分析。

3.2.1 空间力系中力对点之矩的矢量表示

对于平面力系,只需用一代数量即可表示出力对点之矩的全部要素,即大小和转向,这是因为力矩的作用面是一固定平面。而在空间问题中研究力对点之矩时，不仅要考虑力矩的大小和方向，还要考虑力和矩心所在平面的方位。当该作用面的空间方位不同时，其对刚体的作用效果则完全不同。所以，在空间问题中，力对点之矩是由力矩的大小、力矩在作用面内的转向及力矩作用面的方位这三个要素所决定的。而用一代数量是无法将这三要素表示出来的，故须用一矢量来表示，将该矢量称为力矩矢。力 $\boldsymbol{F}$ 对点 O 之矩记作 $\boldsymbol{M}_O(\boldsymbol{F})$，如图 3-5 所示，该力矩矢通过矩心 O，且垂直于力矩作用面（即△OAB 所在平面），其方向可由右手螺旋法则确定：即右手四指与力 $\boldsymbol{F}$ 对点 O 之矩的转动方向一致，则拇指所指方向就为力矩矢的方向。而力矩的大小为

$$|\boldsymbol{M}_O(\boldsymbol{F})| = Fd = 2A_{\triangle OAB}$$

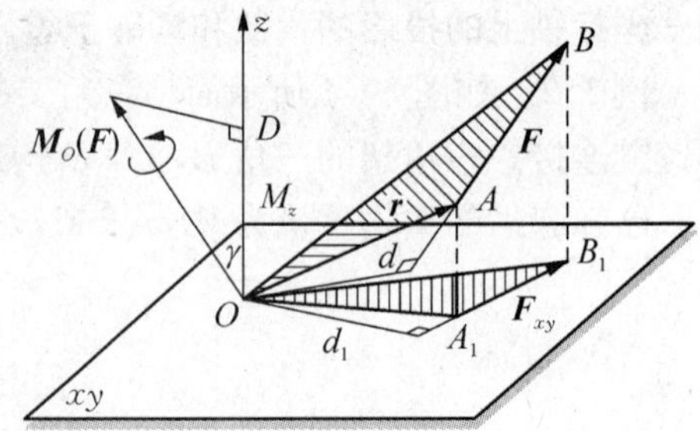

图 3-5　力 $\boldsymbol{F}$ 对点 O 之矩

其中，d 为矩心 O 到力 $\boldsymbol{F}$ 作用线的垂直距离，△OAB 为三角形 OAB 的面积。

若以 $\boldsymbol{r}$ 表示矩心 O 到力 $\boldsymbol{F}$ 作用点 A 的矢径（如图 3-5 所示），则矢量 $\boldsymbol{r}\times\boldsymbol{F}$ 的大小为

$$|\boldsymbol{r}\times\boldsymbol{F}| = 2A_{\triangle OAB}$$

且矢量 $\boldsymbol{r}\times\boldsymbol{F}$ 的方向也可由右手螺旋法则确定，由图 3-5 可知，其方向与力矩矢 $\boldsymbol{M}_O(\boldsymbol{F})$ 的方向一致，所以

$$\boldsymbol{M}_O(\boldsymbol{F}) = \boldsymbol{r}\times\boldsymbol{F} \tag{3-11}$$

上式为力对点之矩的矢积表达式。它表明：力对点的矩矢等于矩心到力的作用点的矢径与该力的矢积。

必须指出，由于力矩矢的大小和方向均与矩心的位置有关，故力矩矢的矢端必须在矩心而不可任意移动，所以，力矩矢应为**定位矢量**。

3.2.2　空间力系中力对轴之矩

在工程实际中，经常会遇到研究对象绕某一定轴转动的情况，这时需确定力对该定轴之矩的大小和方向。如图 3-5 所示，若欲求力 $\boldsymbol{F}$ 对于 z 轴之矩，可先作一与 z 轴垂直的 xy 平面，且 z 轴与 xy 平面相交于 O 点，$\boldsymbol{F}_{xy}$ 为力 $\boldsymbol{F}$ 在 xy 平面内的投影。由图 3-5 的空间位置关系可知，力 $\boldsymbol{F}$ 对 z 轴的矩就是其投影 $\boldsymbol{F}_{xy}$ 对 z 轴的矩，或者说是在 xy 平面内 $\boldsymbol{F}_{xy}$ 对 O 点的矩，即

$$M_z(\boldsymbol{F}) = M_z(\boldsymbol{F}_{xy}) = M_O(\boldsymbol{F}_{xy})$$

设 d_1 为矩心 O 到 F_{xy} 作用线的距离，则力 F 对 z 轴的矩可定义为

$$M_z(\boldsymbol{F}) = \pm F_{xy}\cdot d_1 = \pm 2A_{\triangle OA_1B_1} \tag{3-12}$$

上式表明：力对轴的矩为一代数量，其大小等于力在垂直于该轴平面内的投影对于轴与平面交点之矩；其转向可由式中正负决定，即从轴的正向观看，若力矩使刚体绕轴逆时针转动，则取正值，反之取负值。或者可按右手螺旋法则来确定正负号。它是力使刚体绕该轴转动效应的度量，其单位为牛顿・米（N・m）。

须注意，由式(3-12)可知，当力与某一轴平行或相交时，或者说当力与轴在同一平面内

时，力对该轴的矩为零。

3.2.3 力对点之矩与力对通过该点的轴之矩间的关系

由上述分析及图 3-5 所示可知，力 $\boldsymbol{F}$ 对点 O 的矩的大小为

$$|\boldsymbol{M}_O(\boldsymbol{F})| = 2A_{\triangle OAB}$$

而力 $\boldsymbol{F}$ 对通过点 O 的 z 轴的矩的大小为

$$|M_z(\boldsymbol{F})| = 2A_{\triangle OA_1B_1}$$

在图 3-5 中，由几何学知识可知

$$A_{\triangle OAB} \cdot \cos\gamma = A_{\triangle OA_1B_1}$$

式中，γ 为 $A_{\triangle OAB}$ 和 $A_{\triangle OA_1B_1}$ 所在两平面的夹角，因为力矩矢 $\boldsymbol{M}_O(\boldsymbol{F})$ 和 z 轴分别垂直于两平面，所以矢量 $M_O(\boldsymbol{F})$ 和 z 轴的夹角亦为 γ，则

$$|\boldsymbol{M}_O(\boldsymbol{F})| \cos\gamma = |M_z(\boldsymbol{F})|$$

式中，左边即为力矩矢 $\boldsymbol{M}_O(\boldsymbol{F})$ 在 z 轴上的投影，用 $[\boldsymbol{M}_O(\boldsymbol{F})]_z$ 表示。若考虑到正负号的关系，则上式可写成

$$[\boldsymbol{M}_O(\boldsymbol{F})]_z = M_z(\boldsymbol{F}) \tag{3-13}$$

式(3-13)表明：**力对一点之矩的力矩矢在通过该点的任一轴上的投影量等于力对于该轴之矩**。它表明了力对点之矩与力对通过该点的轴之矩间的关系。

在图 3-5 中，若矢径 $\boldsymbol{r}$ 末端 A 点的坐标为 $(x,\ y,\ z)$，可设力矢 $\boldsymbol{F} = F_x\boldsymbol{i} + F_y\boldsymbol{j} + F_z\boldsymbol{k}$，矢径 $\boldsymbol{r} = x\boldsymbol{i} + y\boldsymbol{j} + z\boldsymbol{k}$，则由式(3-11)可知力对点 O 的矩矢为

$$\begin{aligned}\boldsymbol{M}_O(\boldsymbol{F}) = \boldsymbol{r}\times\boldsymbol{F} &= \begin{vmatrix} \boldsymbol{i} & \boldsymbol{j} & \boldsymbol{k} \\ x & y & z \\ F_x & F_y & F_z \end{vmatrix} \\ &= (yF_z - zF_y)\boldsymbol{i} + (zF_x - xF_z)\boldsymbol{j} + (xF_y - yF_x)\boldsymbol{k}\end{aligned} \tag{3-14}$$

式中单位向量 $\boldsymbol{i}$、$\boldsymbol{j}$、$\boldsymbol{k}$ 的系数即为力矩矢 $\boldsymbol{M}_O(\boldsymbol{F})$ 在 $x,\ y,\ z$ 三个坐标轴上的投影，再由式(3-13)可知，力 $\boldsymbol{F}$ 对各坐标轴之矩的解析表达式为

$$\left.\begin{aligned} M_x(\boldsymbol{F}) &= (yF_z - zF_y) \\ M_y(\boldsymbol{F}) &= (zF_x - xF_z) \\ M_z(\boldsymbol{F}) &= (xF_y - yF_x) \end{aligned}\right\} \tag{3-15}$$

3.3 空间力偶系

我们已经知道，力和力偶是两个基本的力学量。在本节中将讨论空间力偶的基本性质以及空间力偶系的合成和平衡问题。

3.3.1 空间力偶的等效定理

由平面力偶理论可知，在同一平面内两力偶等效的条件是：两力偶的力偶矩的代数值相等。而在空间问题中，两力偶若要等效除应满足平面力偶的等效条件外，还需要考虑力偶作用面改变时其对刚体作用效应的影响。首先，当力偶作用面在空间方位不同时，其对刚体的作用效应明显不同；其次，若力偶作用面方位相同时，即力偶作用面平行时，结果会如何呢？如图 3-6 所示，设平面Ⅰ内作用一力偶($\boldsymbol{F}$, $\boldsymbol{F}'$)，其力偶臂为 AB。现在与平面Ⅰ平行的平面Ⅱ内作线段 A_1B_1，使 AB 与 A_1B_1 平行且相等。在 A_1、B_1 两点处各加一对平衡力，且令

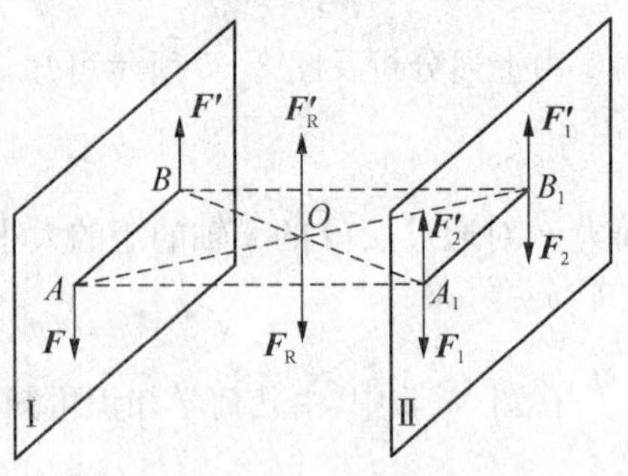

图 3-6 空间力偶的等效条件

$$\boldsymbol{F}_1 = \boldsymbol{F}'_2 = \boldsymbol{F}_2 = \boldsymbol{F}'_1 = \boldsymbol{F} = \boldsymbol{F}'$$

即所加各平衡力的大小均与原力偶中的力 $\boldsymbol{F}$ 相等，且各平衡力方向与力 $\boldsymbol{F}$ 平行。由加减平衡力系公理可知，两平面内的六个力所组成的力系应与原力偶($\boldsymbol{F}$, $\boldsymbol{F}'$)等效。若将力矢 $\boldsymbol{F}'$ 和 $\boldsymbol{F}'_2$用其合力 $\boldsymbol{F}'_R$代替，由图示可知合力 $\boldsymbol{F}'_R$应作用于平行四边形 ABB_1A_1 的对角线交点 O。同理，$\boldsymbol{F}_R$ 为力矢 $\boldsymbol{F}$ 和 $\boldsymbol{F}_2$ 的合力，其亦作用于 O 点。

因为

$$\boldsymbol{F}' = \boldsymbol{F}'_2 = \boldsymbol{F} = \boldsymbol{F}_2$$

所以

$$\boldsymbol{F}_R = \boldsymbol{F}'_R$$

可知力矢 $\boldsymbol{F}_R$ 和 $\boldsymbol{F}'_R$为一对平衡力，若去掉该平衡力，则两平面内的六个力只剩下了平面Ⅱ内的力矢 $\boldsymbol{F}_1$ 和 $\boldsymbol{F}'_1$，且该二力矢组成了新的力偶($\boldsymbol{F}_1$, $\boldsymbol{F}'_1$)，且其与原力偶($\boldsymbol{F}$, $\boldsymbol{F}'$)等效。也就是说，将平面Ⅰ内的力偶($\boldsymbol{F}$, $\boldsymbol{F}'$)平行移到平面Ⅱ内，不会影响其对刚体的作用效应。

综上所述，可得空间力偶的等效条件是：若两力偶的力偶矩大小相等、转向相同，且作用面平行，则两力偶等效。

由于空间力偶对刚体的作用效应取决于力偶的力偶矩的大小、转向以及力偶作用面的方位，即空间力偶的三要素，所以也可以用一矢量来表示力偶的三要素。如图 3-7 所示，矢量 $\boldsymbol{M}$ 称为表示力偶三要素的力偶矩矢。其与力偶的关系可由右手螺旋法则来确定，即右手四指与力偶的转向一致，拇指所指方向即为力偶矩矢的指向，而力偶矩的大小为

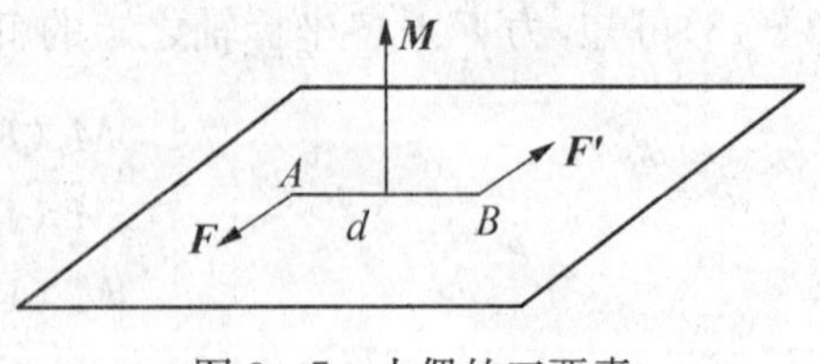

图 3-7 力偶的三要素

$$|\boldsymbol{M}| = F \cdot d$$

式中，d 为力偶的力偶臂。

由空间力偶的等效条件可知，力偶矩矢应为一**自由矢量**。

引入力偶矩矢概念后，空间力偶等效条件又可陈述为：凡力偶矩矢相等的力偶均为等效力偶。

3.3.2 空间力偶系的合成与平衡

若将空间力偶系中各力偶均用其各力偶矩矢来表示，且其均为自由矢量，所以可将空间力偶系中的各力偶矩矢简化为交于一点的矢量系，而矢量的合成应符合平行四边形法则，故最终可将其合成为一合力偶矩矢。

所以，**空间力偶系可合成为一合力偶，且合力偶矩矢等于力偶系中所有各力偶矩矢的矢量和**，即

$$\boldsymbol{M}=\boldsymbol{M}_1+\boldsymbol{M}_2+\cdots+\boldsymbol{M}_n=\sum\boldsymbol{M} \tag{3-16}$$

若空间力偶系处于平衡，则其合力偶矩矢必等于零，即

$$\boldsymbol{M}=\sum\boldsymbol{M}=0$$

上式即为空间力偶系的平衡条件。若将其写成投影形式，则

$$\left.\begin{aligned}\sum M_x=0\\ \sum M_y=0\\ \sum M_z=0\end{aligned}\right\} \tag{3-17}$$

式(3-17)表明，**空间力偶系平衡的必要和充分条件是：力偶系中各力偶矩矢在三个坐标轴各轴上的投影的代数和等于零**。式(3-17)又称为空间力偶系的平衡方程。

3.4 空间任意力系的平衡方程

由上节的讨论可知，当空间任意力系向已知点简化时，可得一力和一力偶，即力系的主矢和对简化中心的主矩。而当其主矢和主矩均为零时，则该空间任意力系为一平衡力系。故也可以说，**空间任意力系平衡的必要和充分条件是：该力系的主矢和对任一点的主矩均为零**。即

$$\boldsymbol{F}'_{\mathrm{R}}=\sum\boldsymbol{F}=0$$

$$\boldsymbol{M}_O=\sum\boldsymbol{M}_O(\boldsymbol{F})=0$$

由式(3-16)、(3-17)可知，上式可表示为投影形式：

$$\left.\begin{aligned}\sum F_x=0\\ \sum F_y=0\\ \sum F_z=0\\ \sum M_x(\boldsymbol{F})=0\\ \sum M_y(\boldsymbol{F})=0\\ \sum M_z(\boldsymbol{F})=0\end{aligned}\right\} \tag{3-18}$$

所以，空间任意力系平衡的必要和充分条件又可表述为：**力系中所有各力在三个坐标轴上**

的投影的代数和分别为零，且力系中各力对三个坐标轴的矩的代数和分别为零。式(3－18)又称为空间任意力系的平衡方程。

空间任意力系为所有力系中最一般的力系，所有其他形式的力系均可看作是它的特殊形式。所以，由空间任意力系又可导出其他力系的平衡方程。例如空间平行力系，若假设力系中各力与 z 轴平行，则不论该力系是否平衡，在式(3－18)中，$\sum F_x=0$，$\sum F_y=0$ 及 $\sum M_z(\boldsymbol{F})=0$ 三式将恒成立，即为恒等式，则空间平行力系只有三个平衡方程，即

$$\left.\begin{aligned}\sum F_z=0\\ \sum M_x(\boldsymbol{F})=0\\ \sum M_y(\boldsymbol{F})=0\end{aligned}\right\} \tag{3-19}$$

同理，对于空间汇交力系、空间力偶系以及平面任意力系的平衡方程亦可由此而得，可自行分析。

同平面力系一样，在应用式(3－18)求解空间力系问题时，还可采用其他形式的平衡方程，如四矩式、五矩式及六矩式方程，且各种形式的方程对投影轴和力矩轴均有一定的限制条件，但在应用时只需保证所列出的方程彼此独立即可。

在分析空间平衡问题时，必然会遇到空间约束。对于在平面问题中常见的约束类型及特性在第1章中已作了详细的介绍，在此基础上仅将常见的空间约束的类型及其产生的约束反力的特性列于表3－1中，以供参考。

表3－1　空间约束类型及约束反力特性

约束反力表示		约束类型
1	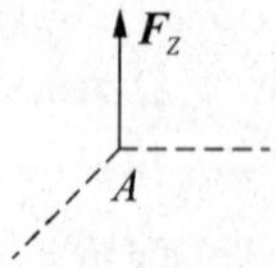 F_Z，A	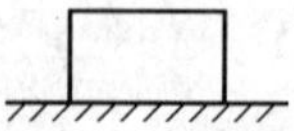 (a) 光滑表面 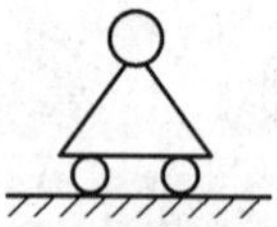　(b) 滚动支座 　(c) 柔索 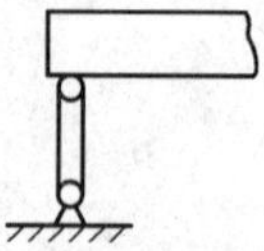　(d) 二力杆
2	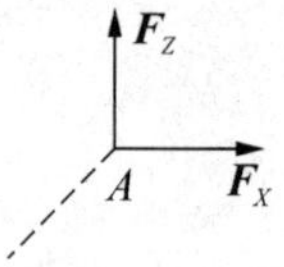 F_Z，F_X，A	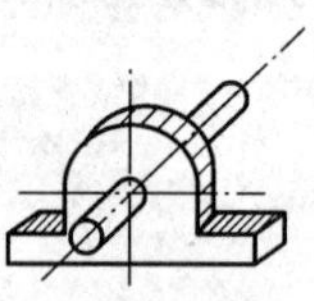 (a) 径向轴承 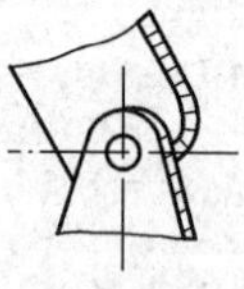　(b) 圆柱铰链 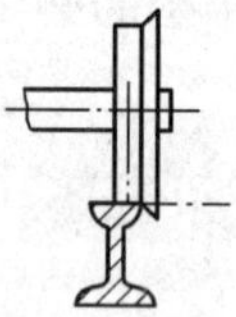　(c) 铁轨 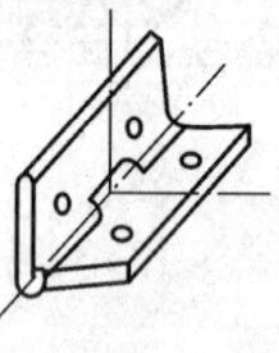　(d) 蝶铰链
3	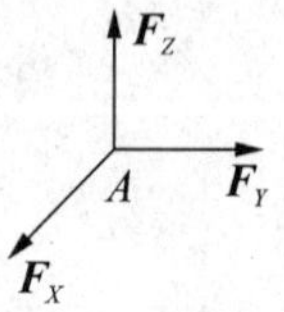 F_Z，F_Y，F_X，A	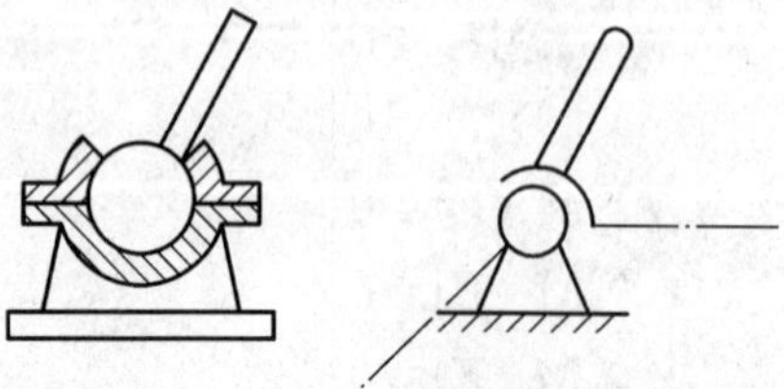 (a) 球形铰链 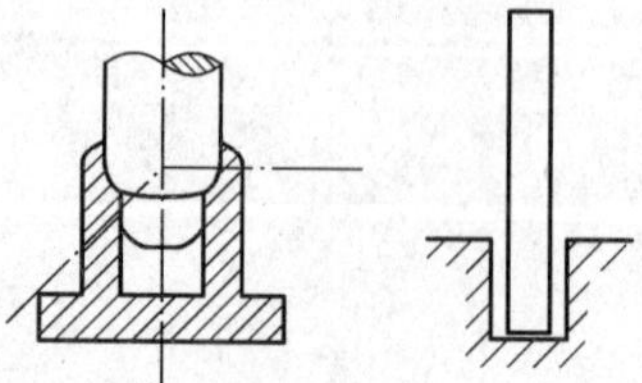　(b) 止推轴承

（续表）

	约束反力表示	约 束 类 型
4	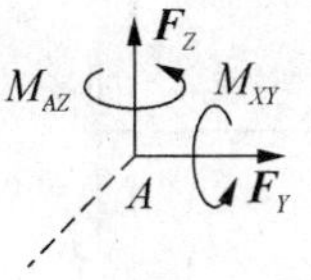 (a) 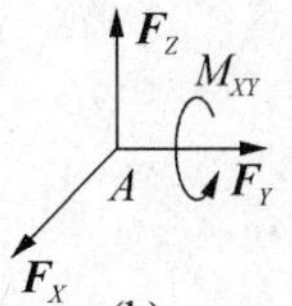 (b)	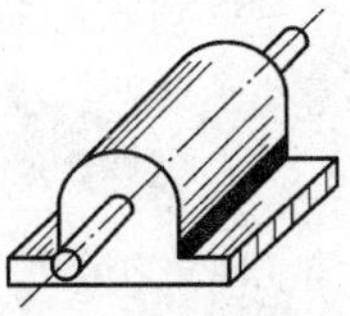 (a) 导向轴承 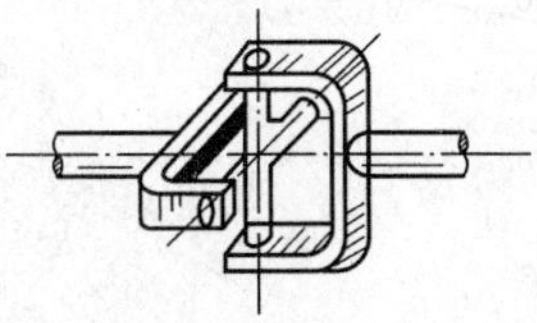　(b) 万向接头
5	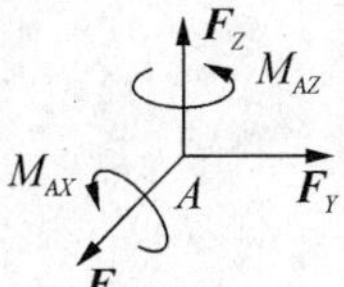 (a) 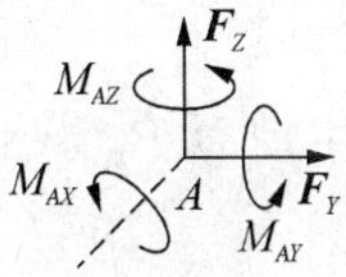 (b)	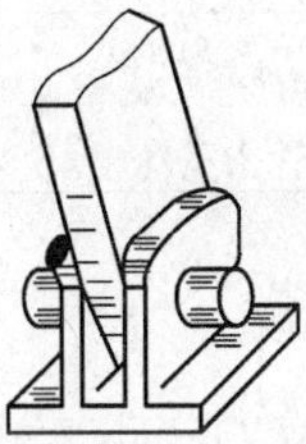 (a) 带有销子的夹板 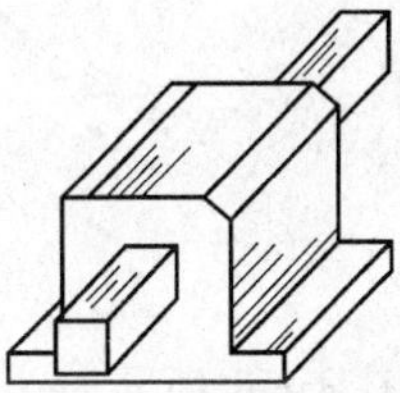　(b) 导轨
6	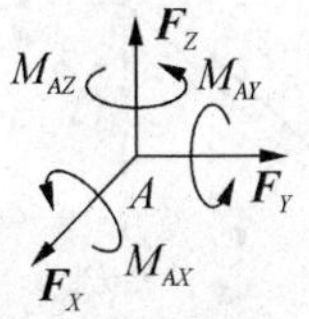	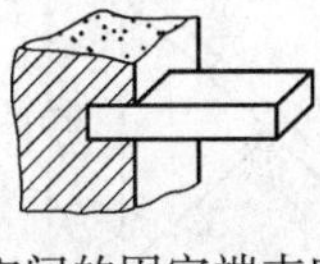 空间的固定端支座

求解空间力系平衡问题的基本方法与步骤同平面力系问题相同。即

(1) 确定研究对象，取分离体，画受力图。

(2) 确定力系类型，列出平衡方程。

(3) 代入已知条件，求解未知量。

例 3.3　如图 3-8(a)所示，AB 杆长 $l = 1\ \text{m}$，自重不计，其 A 端用球形铰支承，并在 D，H 处分别用绳子拉住，使杆保持水平。B 端作用力 $F = 5\ \text{kN}$。已知 $AD = 0.4\ \text{m}$，$AH = 0.6\ \text{m}$。试求 CD，EH 两绳的拉力。

解：取 AB 杆为研究对象，其受力图如图 3-8(b)所示。而 A 点处的约束反力不需求出，所以在选择方程时应尽量避免其出现。

由平衡方程

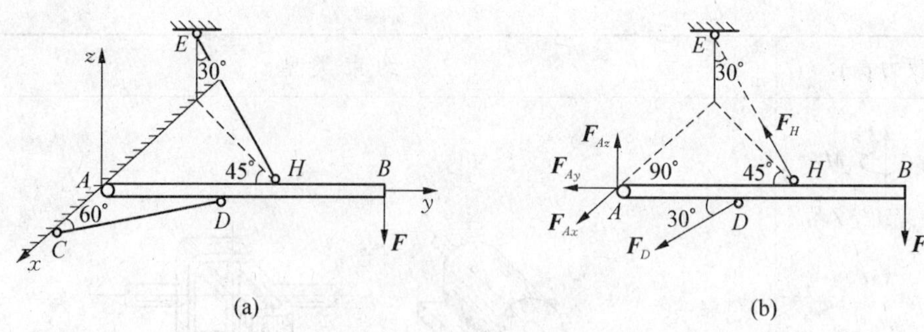

图 3-8　杆受力分析

$$\sum M_x=0: F_H\cos 30°\cdot AH-F\cdot l=0 \quad ①$$

$$\sum M_z=0: F_D\sin 30°\cdot AD-F_H\sin 30°\cdot \sin 45°\cdot AH=0 \quad ②$$

由式①

$$F_H=\frac{Fl}{AH\cos 30°}=\frac{5\,000\times 1}{0.6\times\sqrt{3}/2}=9\,622.5\ \text{N}$$

由式②

$$F_D=\frac{F_H\sin 30°\cdot \sin 45°\cdot AH}{\sin 30°\cdot AD}$$

$$=\frac{9\,622.5\times 0.5\times\sqrt{2}/2\times 0.6}{0.5\times 0.4}$$

$$=10\,204.7\ \text{N}$$

例 3.4　如图 3-9 所示，一平板 $ACDH$ 由六根支承杆支承，已知主动力 $P_1=1$ kN，$P_2=2$ kN。试求各支承杆所受的力。

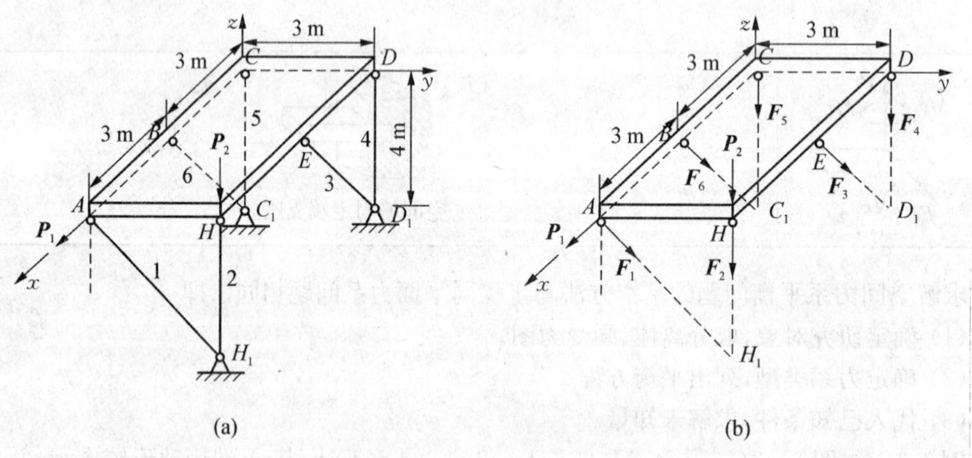

图 3-9　支承杆受力分析

解：取板 $ACDH$ 为研究对象，设各杆均受拉力，其受力图如图 3-9(b)所示。

由平衡方程

$$\sum M_z=0: F_1\cdot\frac{3}{5}\cdot AC=0 \quad ①$$

$$\sum M_{AA_1}=0:\ F_3\cdot\frac{3}{5}\cdot AH=0 \quad ②$$

$$\sum F_x=0:\ P_1-F_3\cdot\frac{3}{5}-F_6\cdot\frac{3}{5}=0 \quad ③$$

$$\sum M_x=0:\ (F_2+P_2)\cdot AH+F_3\cdot\frac{4}{5}\cdot DE+F_4\cdot CD=0 \quad ④$$

$$\sum M_y=0:\ \left(F_1\cdot\frac{4}{5}+F_2+P_2\right)\cdot DH+(F_3+F_6)\cdot\frac{4}{5}\cdot BC=0 \quad ⑤$$

$$\sum F_z=0:\ -F_5-F_1\cdot\frac{4}{5}-F_2-(F_3+F_6)\cdot\frac{4}{5}-F_4=0 \quad ⑥$$

联立求解可得 $F_1=0$, $F_3=0$, $F_6=1.67\text{ kN}$, $F_2=-2.67\text{ kN}$, $F_4=0.67\text{ kN}$, $F_5=-1.67\text{ kN}$。其中,F_2, F_5 的值为负,说明此两杆受压。

3.5 重　心

3.5.1 重心的概念

在对工程实际中的物体进行分析研究时,经常需要确定研究对象重力的中心,即**重心**。我们知道,重力是地球对物体的引力,也就是说,若将物体看作是由无穷多个质点所组成,则每个质点都会受到地球重力的作用,这些力均应汇交于地心,构成一空间汇交力系。但物体在地面附近时,由于物体几何尺寸远小于地球,所以,组成物体的各质点所受的重力可近似看作是一平行力系。而这一同向的平行力系的中心即为物体的重心,且相对物体而言其重心的位置是固定不变的。

3.5.2 重心坐标公式

假设如图 3-10 所示一刚体是由 n 个质点所组成,C 点为刚体的重心。为研究该刚体的坐标,建立图示与刚体固定的空间直角坐标系 $Oxyz$,刚体内一质点 M_i 为组成刚体的 n 个质点中的任一质点。设刚体和该质点的重力分别为 G 和 G_i,且刚体的重心和质点的坐标分别为 $C(x_C, y_C, z_C)$ 和 $M_i(x_i, y_i, z_i)$。

因为刚体的重力 $\boldsymbol{G}$ 等于组成刚体的各个质点的重力 $\boldsymbol{G}_i$ 的合力,即

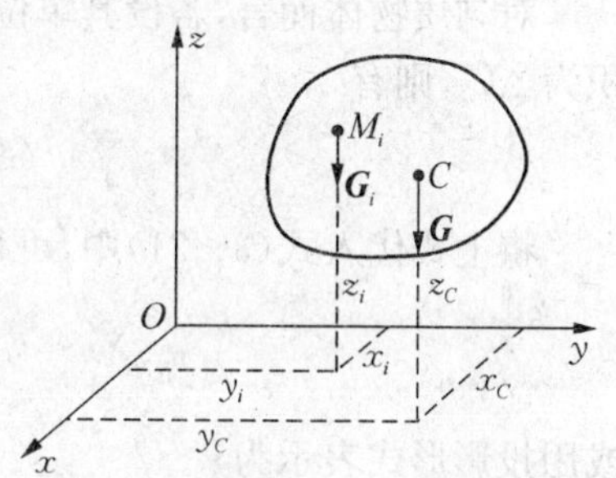

图 3-10　刚体重心及其坐标系

$$\boldsymbol{G}=\sum\boldsymbol{G}_i$$

应用对 y 轴的合力矩定理,则有

$$Gx_C=G_1x_1+G_2x_2+\cdots+G_nx_n=\sum G_ix_i$$

所以

$$x_C=\frac{\sum G_i x_i}{G}$$

同理，若应用对 x 轴的合力矩定理，则有

$$G y_C=\sum G_i y_i$$

即

$$y_C=\frac{\sum G_i y_i}{G}$$

因为物体的重心位置与物体如何放置无关，所以可将物体连同坐标系一起绕 x 轴转动 90°，如图 3-11 所示，再应用合力矩定理对 x 轴取矩，则可得

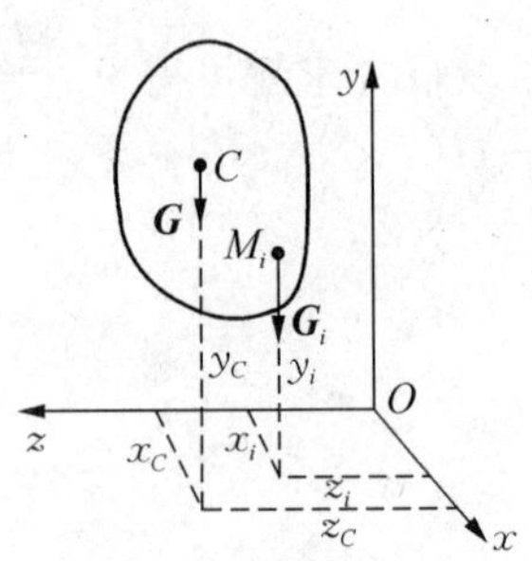

图 3-11 绕 x 轴旋转坐标系

$$z_C=\frac{\sum G_i z_i}{G}$$

综上所述，可知物体重心坐标计算公式为

$$\left.\begin{aligned} x_C&=\frac{\sum G_i x_i}{G}\\ y_C&=\frac{\sum G_i y_i}{G}\\ z_C&=\frac{\sum G_i z_i}{G}\end{aligned}\right\} \tag{3-20}$$

或可将上式写成矢径形式：

$$\boldsymbol{r}_C=\frac{\sum G_i \boldsymbol{r}_i}{G} \tag{3-21}$$

式中，$\boldsymbol{r}_C$ 和 $\boldsymbol{r}_i$ 分别为物体重心和组成物体的任一质点对坐标原点的矢径。

对匀质物体而言，若设其单位体积的重量为 γ，体积为 V，在物体内任取一微小部分的体积为 ΔV_i，则有

$$G=\gamma\cdot V,\qquad G_i=\gamma\cdot\Delta V_i$$

将上式代入式(3-21)中，可得

$$\boldsymbol{r}_C=\frac{\sum \Delta V_i \boldsymbol{r}_i}{V} \tag{3-22a}$$

或用投影形式表示为

$$\left.\begin{aligned} x_C&=\frac{\sum \Delta V_i x_i}{V}\\ y_C&=\frac{\sum \Delta V_i y_i}{V}\\ z_C&=\frac{\sum \Delta V_i z_i}{V}\end{aligned}\right\} \tag{3-22b}$$

对于质量连续分布的物体，可令 ΔV_i 趋于零，则在极限的情况下可得到积分形式为

$$\boldsymbol{r}_C = \frac{\int_V \boldsymbol{r}_i \mathrm{d}V}{V} \tag{3-23a}$$

或用投影形式表示为

$$\left.\begin{aligned} x_C &= \frac{\int_V x \mathrm{d}V}{V} \\ y_C &= \frac{\int_V y \mathrm{d}V}{V} \\ z_C &= \frac{\int_V z \mathrm{d}V}{V} \end{aligned}\right\} \tag{3-23b}$$

由上式可知，对于匀质物体，其重心的位置与其重量无关，而仅与其几何形状有关。物体的几何形状的中心又称为物体的形心。式(3-22)及式(3-23)又称为物体的形心坐标计算公式。也就是说，对于匀质物体，其重心和形心位置是重合的。

同理，我们还可以得到匀质等厚薄板及匀质等截面细长杆件的重心坐标计算公式，见表 3-2。

表 3-2　重心坐标计算公式

形式	匀质物体	匀质等厚薄板或薄壳	匀质等截面细杆
离散形式	$\left.\begin{aligned} x_C&=\frac{\sum \Delta V_i x_i}{V} \\ y_C&=\frac{\sum \Delta V_i y_i}{V} \\ z_C&=\frac{\sum \Delta V_i z_i}{V}\end{aligned}\right\}$ (3-22b)	$\left.\begin{aligned} x_C&=\frac{\sum \Delta A_i x_i}{A} \\ y_C&=\frac{\sum \Delta A_i y_i}{A} \\ z_C&=\frac{\sum \Delta A_i z_i}{A}\end{aligned}\right\}$ (3-24)	$\left.\begin{aligned} x_C&=\frac{\sum \Delta l_i x_i}{l} \\ y_C&=\frac{\sum \Delta l_i y_i}{l} \\ z_C&=\frac{\sum \Delta l_i z_i}{l}\end{aligned}\right\}$ (3-26)
积分形式	$\left.\begin{aligned} x_C&=\frac{\int_V x \mathrm{d}V}{V} \\ y_C&=\frac{\int_V y \mathrm{d}V}{V} \\ z_C&=\frac{\int_V z \mathrm{d}V}{V}\end{aligned}\right\}$ (3-23b)	$\left.\begin{aligned} x_C&=\frac{\int_A x \mathrm{d}A}{A} \\ y_C&=\frac{\int_A y \mathrm{d}A}{A} \\ z_C&=\frac{\int_A z \mathrm{d}A}{A}\end{aligned}\right\}$ (3-25)	$\left.\begin{aligned} x_C&=\frac{\int_l x \mathrm{d}l}{l} \\ y_C&=\frac{\int_l y \mathrm{d}l}{l} \\ z_C&=\frac{\int_l z \mathrm{d}l}{l}\end{aligned}\right\}$ (3-27)

对于具有对称面、对称轴或对称中心的匀质物体，其重心位置一定在此物体的对称面、对称轴或对称中心上。若物体有两个对称面或对称轴，则重心必在它们的交线或交点上。利用物体的这些特性可使求重心坐标的过程大大简化。

但需注意，重心和形心的物理意义不同，是两个不同的概念。只有当物体为匀质物体时，其重心和形心位置才是重合的。若是非匀质物体，则其重心与形心不会重合。

3.5.3 重心位置的求法

对于一般较为复杂的物体，确定其重心位置的方法一般有以下三种。

3.5.3.1 积分法

积分法是求重心位置的基本方法。对于质量连续分布的物体均可利用积分法求解。将常用的部分简单形体的重心列于表 3-3 中，供查用。

表 3-3 部分简单形体的重心列表

图形	重心坐标	图形	重心坐标
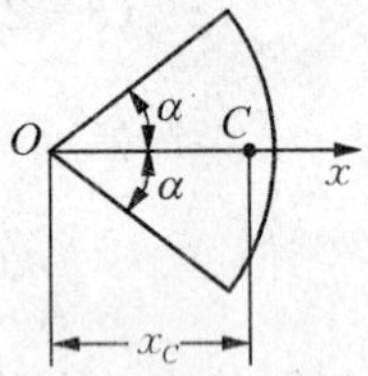 圆弧	$x_C=\dfrac{r\sin\alpha}{\alpha}$ 对于半圆弧 $\alpha=\dfrac{\pi}{2}$，则 $x_C=\dfrac{2r}{\pi}$	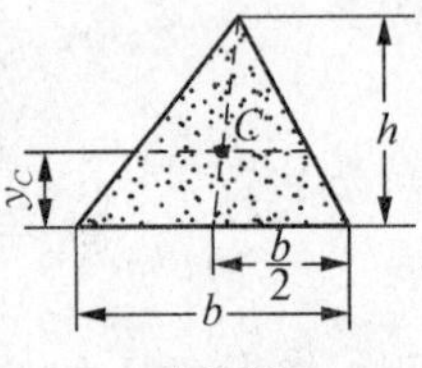 三角形	在中线的交点 $y_C=\dfrac{1}{3}h$
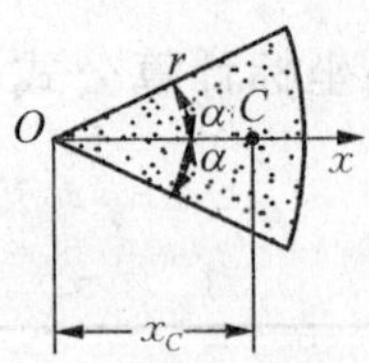 扇形	$x_C=\dfrac{2}{3}\cdot\dfrac{r\sin\alpha}{\alpha}$ 对于半圆弧 $\alpha=\dfrac{\pi}{2}$，则 $x_C=\dfrac{4r}{3\pi}$	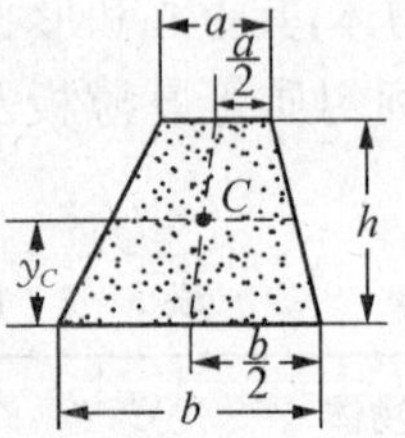 梯形	$y_C=\dfrac{h(2a+b)}{3(a+b)}$
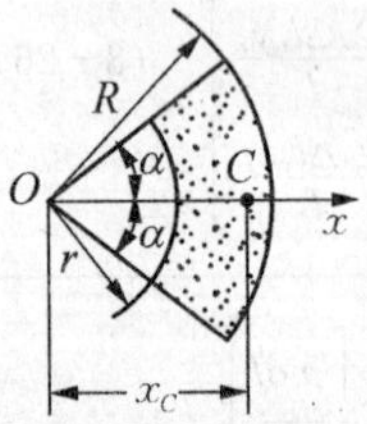 部分圆环	$x_C=\dfrac{2}{3}\dfrac{R^3-r^3}{R^2-r^2}\cdot\dfrac{\sin\alpha}{\alpha}$	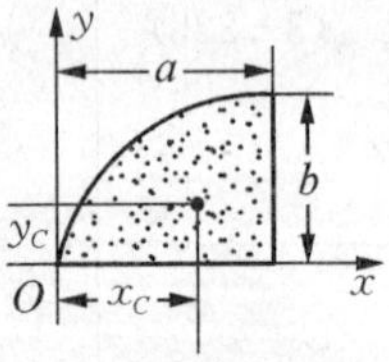 抛物线面	$x_C=\dfrac{3}{5}a$ $y_C=\dfrac{3}{8}b$
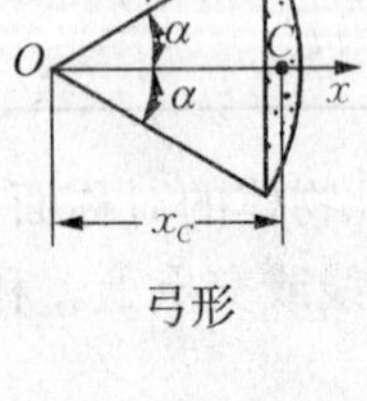 弓形	$x_C=\dfrac{2}{3}\cdot\dfrac{r^3\sin^3\alpha}{A}$ [面积 A 为： $A=\dfrac{r^2(2\alpha-\sin 2\alpha)}{2}$]	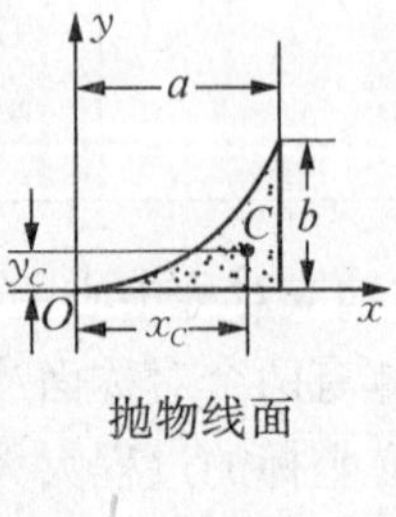 抛物线面	$x_C=\dfrac{3}{4}a$ $y_C=\dfrac{3}{10}b$

(续表)

图形	重心坐标	图形	重心坐标
半圆球	$z_C = \frac{3}{8}r$	正角锥体	$z_C = \frac{1}{4}h$
正圆锥体	$z_C = \frac{1}{4}h$	锥形筒体	$y_C = \frac{4R_1 + 2R_2 - 3t}{6(R_1 + R_2 - t)}$

例 3.5 试求半径为 R、圆心角为 2α 的匀质扇形面积的重心坐标。

解：可建立如图 3-12 所示的坐标，取 x 轴为扇形的对称轴，则重心必在 x 轴上，即 $y_C = 0$，故只需求 x_C。

可任取一微扇形，如图中阴影面积所示，其可近似看作一等腰三角形，由三角形的性质可知其重心 A 应距坐标原点 O 的距离为 $OA = \frac{2}{3}R$，则该三角形的微面积和对 x 轴的坐标为

$$dA = \frac{1}{2}R \cdot d\theta \cdot R$$

$$x = \frac{2}{3}R\cos\theta$$

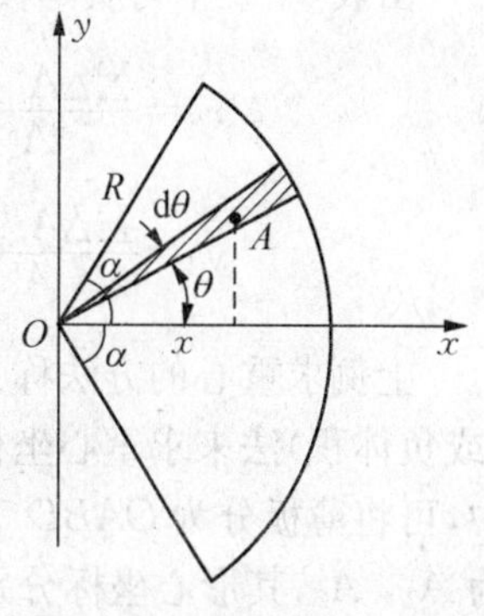

图 3-12 匀质扇形重心坐标

由式(3-25)可得

$$x_C = \frac{\int_A x\,dA}{A} = \frac{\int_A \left(\frac{2}{3}R\cos\theta \cdot \frac{1}{2}R^2\right)d\theta}{\int_A \frac{1}{2}R^2 d\theta} = \frac{\int_{-\alpha}^{\alpha} \frac{1}{3}R^3\cos\theta d\theta}{\frac{1}{2}R^2\int_{-\alpha}^{\alpha} d\theta}$$

$$= \frac{2R \cdot 2\sin\alpha}{3 \times 2\alpha} = \frac{2R\sin\alpha}{3\alpha}$$

所以，在图示坐标系下，该扇形的重心坐标为

$$\begin{cases} x_C = \dfrac{2R\sin\alpha}{3\alpha} \\ y_C = 0 \end{cases}$$

3.5.3.2　组合法

若可将一均质形体分割为几个已知其重心位置的简单图形，则可应用分割法求解该形体的重心坐标。

例 3.6　有一槽形匀质薄板，几何尺寸如图 3-13 所示，求它的重心坐标。

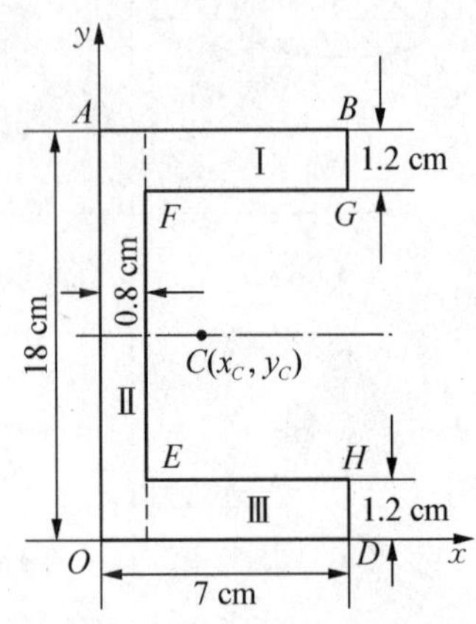

图 3-13　槽形匀质薄板

解：建立如图 3-13 所示的坐标，可将图形用虚线分割为三个矩形Ⅰ、Ⅱ、Ⅲ，设其面积分别为 A_1，A_2，A_3，其形心坐标分别为 $C_1(x_1,\ y_1)$，$C_2(x_2,\ y_2)$，$C_3(x_3,\ y_3)$，则有

$$A_1 = (7-0.8)\times 1.2 = 7.44\ \text{cm}^2,$$
$$x_1 = 3.9\ \text{cm},\ y_1 = 17.4\ \text{cm};$$
$$A_2 = 18\times 0.8 = 14.4\ \text{cm}^2,$$
$$x_1 = 0.4\ \text{cm},\ y_1 = 9\ \text{cm};$$
$$A_3 = (7-0.8)\times 1.2 = 7.44\ \text{cm}^2,$$
$$x_1 = 3.9\ \text{cm},\ y_1 = 0.6\ \text{cm};$$

截面的总面积 $A = 7.44+14.4+7.44 = 29.28\ \text{cm}^2$

由表 3-2 中匀质薄板的离散形式的重心坐标计算公式(4-32)可得

$$x_C=\frac{\sum\Delta A_i\cdot x_i}{A}=\frac{7.44\times 3.9+14.4\times 0.4+7.44\times 3.9}{29.28}=2.18\ \text{cm}$$

$$y_C=\frac{\sum\Delta A_i\cdot y_i}{A}=\frac{7.44\times 17.4+14.4\times 9+7.44\times 0.6}{29.28}=9\ \text{cm}$$

上例求重心的方法称为分割法，对于物体或薄板内有孔洞或空洞的情况，也可用负面积(或负体积)法来求重心坐标，其基本原则是将被切去部分的面积取负值计算。例如在例 3.6 中，可将薄板分为 $OABD$ 和 $EFGH$ 两个矩形，而矩形 $EFGH$ 的面积应取负值，设其面积分别为 A_1，A_2，其形心坐标分别为 $C_1(x_1,\ y_1)$、$C_2(x_2,\ y_2)$，则有

$$A_1 = 18\times 7 = 126\ \text{cm}^2,\ x_1 = 3.5\ \text{cm},\ y_1 = 9\ \text{cm};$$

$$A_2 =-6.2\times 15.6 =-96.72\ \text{cm}^2,\ x_2 = 3.9\ \text{cm},\ y_2 = 9\ \text{cm};$$

由公式得

$$x_C=\frac{\sum\Delta A_i\cdot x_i}{A}=\frac{126\times 3.5-96.72\times 3.9}{29.28}=2.18\ \text{cm}$$

$$y_C=\frac{\sum\Delta A_i\cdot y_i}{A}=\frac{126\times 9-96.72\times 9}{29.28}=9\ \text{cm}$$

事实上，由于在上例中薄板有一对称轴与 x 轴平行(如图中虚线所示)，可以肯定其重心一定在该对称轴上，所以其重心坐标 y_C 可以直接确定而不需求解。

3.5.3.3　实验法

当物体的外形较复杂而不易由公式求其重心位置时，可利用实验的方法测出其重心的位置，一般通过实验手段得到物体重心的方法有悬挂法和称重法两种。

1）悬挂法

对于边界较复杂的如图 3－14 所示的薄板，可先将薄板悬挂于任一点 A，根据二力平衡公理，重心 C 必在通过 A 点的铅垂线上，可先画出此铅垂线，如图 3－14(a)中虚线所示。再将薄板悬挂于另一点 B，同理又得一过 B 点的铅垂线，如图 3－14(b)所示，这两铅垂线的交点 C 即为该薄板的重心。

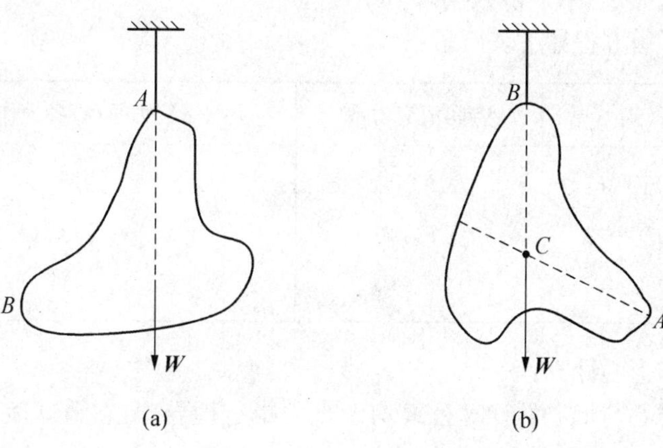

图 3－14　悬挂法测重心

2）称重法

对于某些形状复杂或体积庞大的物体，可用称重法确定其重心位置。例如图 3－15 所示一具有对称轴的构件，可先称出其重量 W，将其如图所示放置，且一端置于磅秤之上，并使其对称轴 AB 保持水平。测出值后，由平衡方程可得

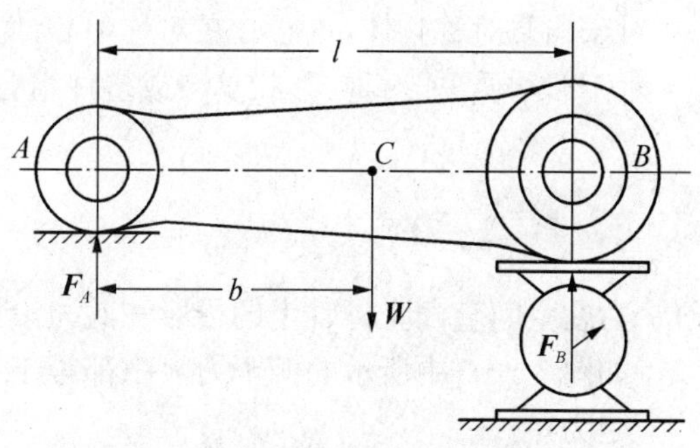

图 3－15　称重法测重心

$$F_B \cdot l - W \cdot b = 0$$

可得

$$b = \frac{F_B \cdot l}{W}$$

在对称轴 AB 线上量取 $AC = b$，而 C 点即为构件的重心。

小　结

(1) 力在空间直角坐标轴上的投影运算方法。

直接投影法：已知力 F 的大小及其与轴 x，y，z 间的夹角分别为 α，β，γ，则有

$$F_x = F\cos\alpha,\ F_y = \cos\beta,\ F_z = \cos\gamma$$

二次投影法：将力 F 先分别投影到某一坐标平面上以及与该坐标平面相垂直的坐标轴上，然后将在坐标平面上的投影矢量再投影至该平面的两个坐标轴上，得到另外两个投影。

合力投影定理：力系合力在轴上的投影等于各分力在同一轴上投影的代数和。即

$$F_{Rx}=\sum F_x,\ F_{Ry}=\sum F_y,\ F_{Rz}=\sum F_z$$

(2) 力使物体绕一轴的转动效应的度量称为力对该轴之矩。它等于力在与转轴垂直的平面上的分力对轴与平面交点之矩。力对轴之矩为代数量，正负号可用右手螺旋法则判定。

合理矩定理：一空间力系的合力 F_R 对某一轴之矩等于力系中各分力对同一轴之矩的代数和。计算空间力对轴之矩，一般采用合力矩定理。

(3) 空间力系平衡方程如下表所示：

空间任意力系	空间汇交力系	空间平行力系（设各力作用线与 z 轴平行）
$\sum F_x=0$　$\sum M_x(F)=0$	$\sum F_x=0$	$\sum F_z=0$
$\sum F_y=0$　$\sum M_y(F)=0$	$\sum F_y=0$	$\sum M_x(F)=0$
$\sum F_z=0$　$\sum M_z(F)=0$	$\sum F_z=0$	$\sum M_y(F)=0$

(4) 物体重心与形心计算：

① 物体重心、质心与形心的计算公式均由合力矩定理导出，在地球表面的均质物体三心重合。

② 对于基本图形的形心可由积分法求得。

对于几个基本图形组合而成的图形可用分割法和负面积法计算。

对于均质对称物体，重心必在对称中心、对称平面或对称轴上。

对于非均质、非对称、形状复杂或多件组合体，可用实验法确定其重心位置。

3.1 力在空间直角坐标轴上的投影和此力沿该坐轴的分力有何区别和联系？

3.2 如图 3-16 中所示的四个力大小都等于 F，尺寸 a 为已知，试问哪个力对哪个坐标轴之矩为零？

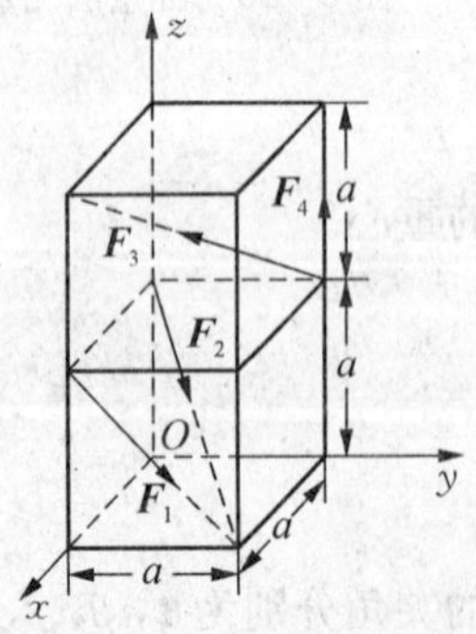

图 3-16　四个等力的矩

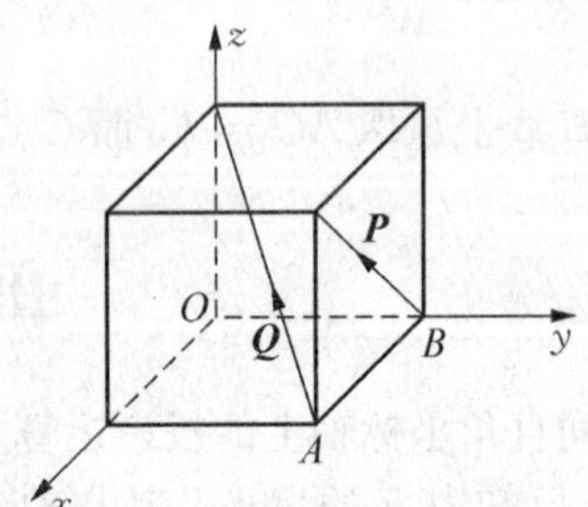

图 3-17　力 Q 和 P 的投影和矩

3.3 在正方体的顶角 A 和 B 处，分别作用力 $\boldsymbol{Q}$ 和 $\boldsymbol{P}$，如图 3－17 所示。求此两力在 x, y, z 轴上的投影和对 x, y, z 轴的矩。

3.4 设有一力 $\boldsymbol{F}$，试问在什么情况下有：

(1) $F_x = 0$, $M_x(\boldsymbol{F}) \neq 0$；

(2) $F_x \neq 0$, $M_x(\boldsymbol{F}) = 0$；

(3) $F_x = 0$, $M_x(\boldsymbol{F}) = 0$；

(4) $F_x \neq 0$, $M_x(\boldsymbol{F}) \neq 0$。

3.5 三个共点力成平衡时，是否一定在同一平面内？为什么？

3.6 位于两相交平面内的两力偶能否等效？能否组成平衡力系？

3.7 试分析下列空间任意力系的独立平衡方程数：

(1) 各力作用线均与一直线相交；

(2) 各力作用线均平行于一确定平面；

(3) 各力作用线分别汇交于两个固定点。

3.8 物体的重心是否一定在物体上？为什么？

3.1 在边长为 a 的正方体上作用有三个力，如图 3－18 所示，已知 $\boldsymbol{F}_1$, $\boldsymbol{F}_2$, $\boldsymbol{F}_3$。试求各力在三个坐标轴上的投影。

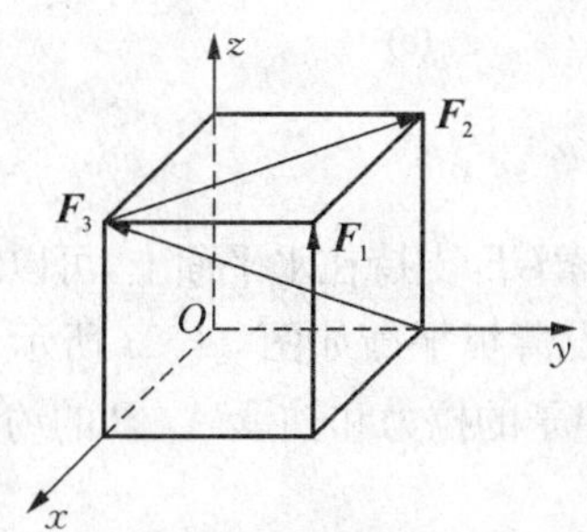

图 3－18　正方体受力投影

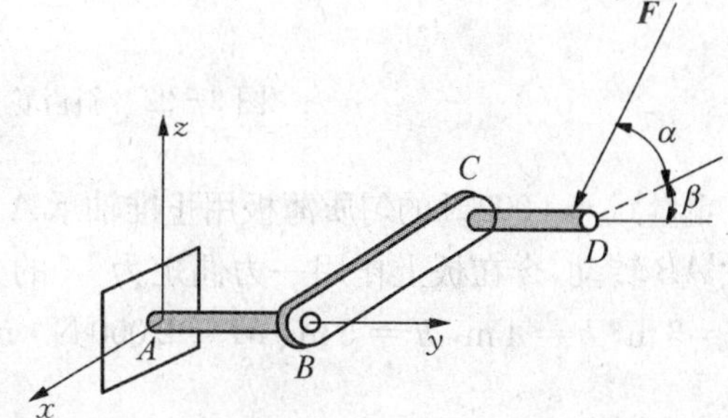

图 3－19　曲拐手柄受力投影

3.2 曲拐手柄如图 3－19 所示，已知作用于手柄上的力 $F = 500$ N, $AB = 20$ cm, $BC = 40$ cm, $CD = 15$ cm, $\alpha = 60°$, $\beta = 45°$。试求力 $\boldsymbol{F}$ 对 x, y, z 轴之矩。

3.3 重物 M 放在光滑的斜面上，用沿斜面的绳 AM 和 BM 拉住，已知物重 $G = 1$ kN，斜面的倾角 $\alpha = 60°$，绳与铅垂面的夹角分别为 $\beta = 30°$ 和 $\gamma = 60°$ 如图 3－20 所示。如物体尺寸可不计，求重物对于斜面的压力和两绳的拉力。

3.4 墙角处吊挂支架由两端铰接杆 OA, OB 和软绳 OC 构成，两杆分别垂直于墙面且由绳 OC维持在水平面内，如图 3－21 所示。结点 O 处悬挂重物，其重为 $G = 500$ N，若 OA =300 mm, $OB = 400$ mm, OC 绳与水平面的夹角为 30°，不计杆重。试求绳子拉力和两杆所受的压力。

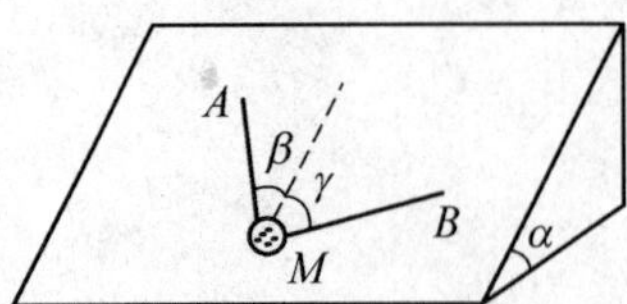

图 3-20 重物对于斜面和绳的作用力分析

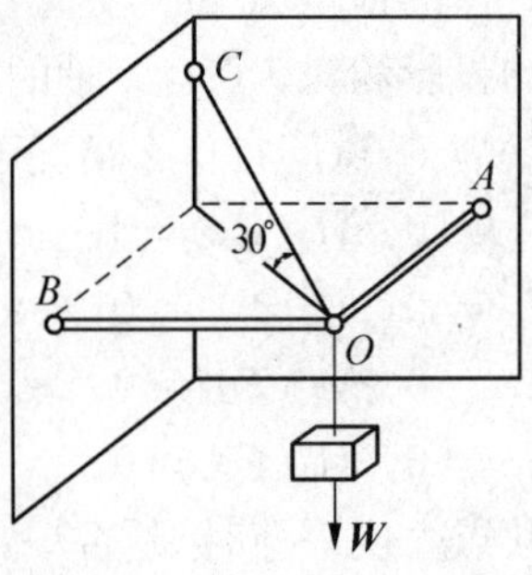

图 3-21 吊挂支架受力分析

3.5 半径为 r 的斜齿轮，其上作用有力 $\boldsymbol{F}$，如图 3-22 所示。已知角 α 和角 β，求力 $\boldsymbol{F}$ 沿坐标轴的投影及力 $\boldsymbol{F}$ 对 y 轴之矩。

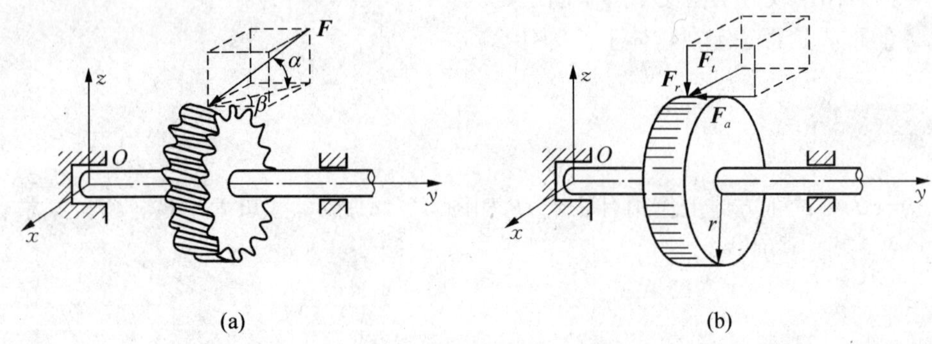

图 3-22 斜齿轮受力分析

3.6 一重量 $G=1\,000\,\mathrm{N}$ 的匀质薄板用止推轴承 A, B 和绳索 CE 支持在水平面上，可以绕水平轴 AB 转动，今在板上作用一力偶矩为 M 的力偶，并设薄板平衡如图 3-23 所示。已知 $a=3\,\mathrm{m}$, $b=4\,\mathrm{m}$, $h=5\,\mathrm{m}$, $M=2\,000\,\mathrm{N\cdot m}$，试求绳子的拉力和轴承 A, B 的约束力。

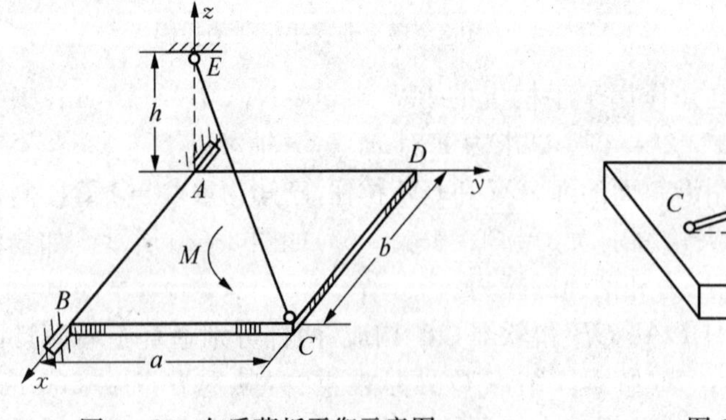

图 3-23 匀质薄板平衡示意图

图 3-24 由铰链约束的三杆

3.7 图 3-24 所示空间构架由 AD, BD, CD 三杆用球铰链连接而成。在 D 处悬挂 $G=10\,\mathrm{kN}$ 的重物，试求 A, B, C 三铰链的约束力(杆重不计)。

3.8 大小均为 F 的 12 个力组成 6 对力偶，作用于正方体的棱边上，棱长为 a，如图 3-25 所示。求合力偶矩的大小和方向。

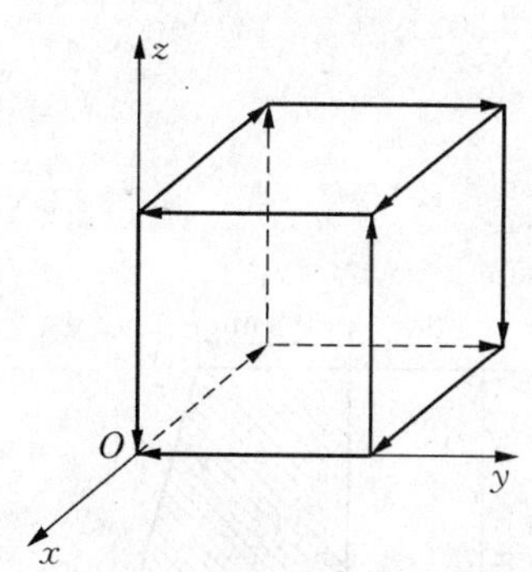

图 3-25 6 对力偶组成的空间力系

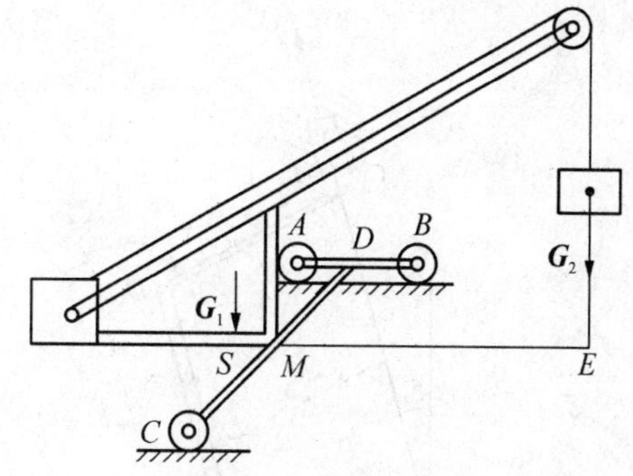

图 3-26 简易起重机

3.9 简易起重机如图 3-26 所示。已知 $\overline{AD}=\overline{BD}=1\,\text{m}$，$\overline{CD}=1.5\,\text{m}$，$\overline{CM}=1\,\text{m}$，$\overline{ME}=4\,\text{m}$，$\overline{MS}=0.5\,\text{m}$，机身重力为 $G_1=100\,\text{kN}$，起吊物体重力为 $G_2=10\,\text{kN}$。试求 A，B，C 三轮对地面的压力。

3.10 如图 3-27 所示重 W 的三条腿的圆桌如图示，从上往下俯视，三腿位置处于桌面边缘 A，B，C 三点。今在桌面边缘介于 B，C 之间的 D 处放一重为 W_1 的物体。计算各条腿压地面之力。当 W_1 为多大时圆桌将翻倒？

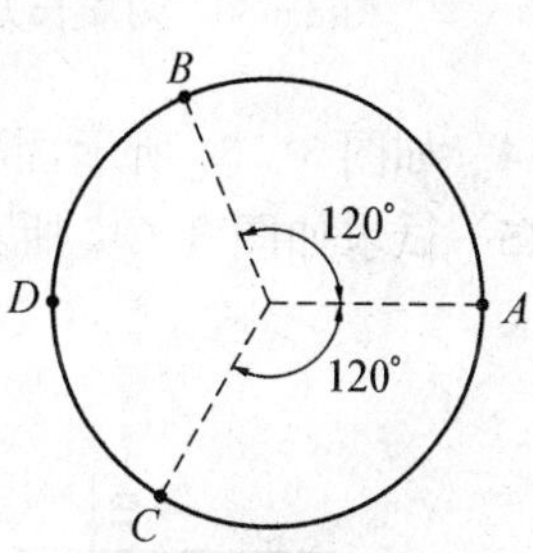

图 3-27 三脚圆桌

3.11 水平轴 AB 作匀速转动，其上装有齿轮 C 及带轮 D。已知胶带紧边的拉力为 200 N，松边的拉力为 100 N，尺寸如图 3-28 所示。求啮合力 $\boldsymbol{F}$ 及轴承 A，B 的约束力。

3.12 如图 3-29 所示，作用在踏板上的竖直向下的力 $\boldsymbol{P}$ 使位于铅垂位置的连杆上产生拉力 $F=400\,\text{N}$。求力 P 的值和轴承 A，B 的约束反力。

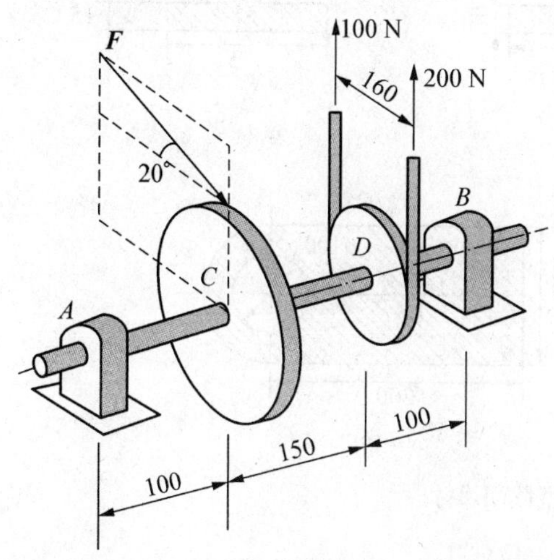

图 3-28 齿轮及带轮受力分析

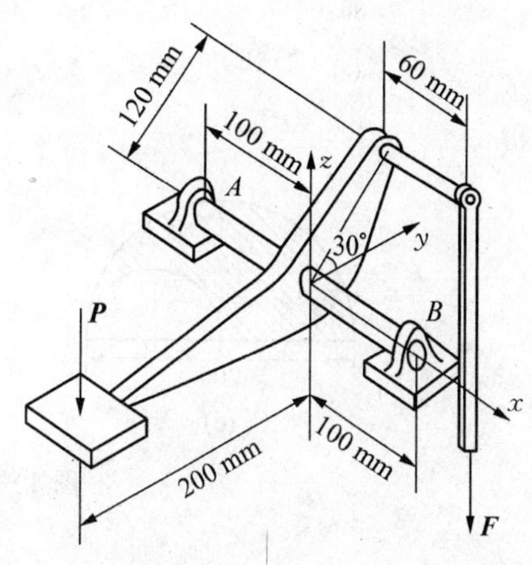

图 3-29 踏板受力分析

3.13 如图 3-30 所示，长 2 m，宽 1 m 的门重 200 N，枢轴 AB 已倾斜 15°，今在门边 CD 的中心作用一垂直于门的力 $\boldsymbol{F}$，使门在图示位置平衡。求 $\boldsymbol{F}$ 及轴承 A，B 处的约束力。

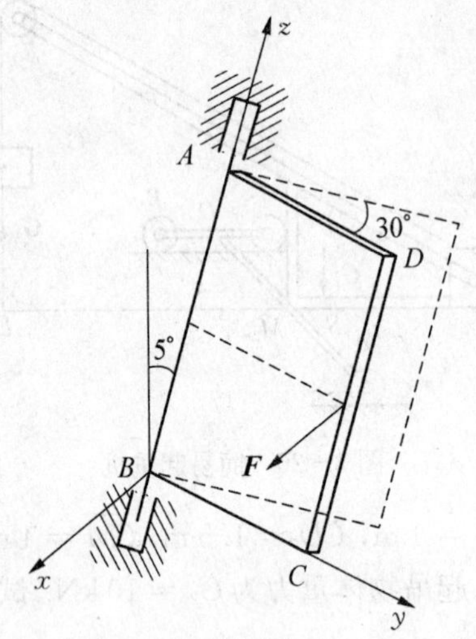

图 3-30　匀质长方形薄板的约束反力

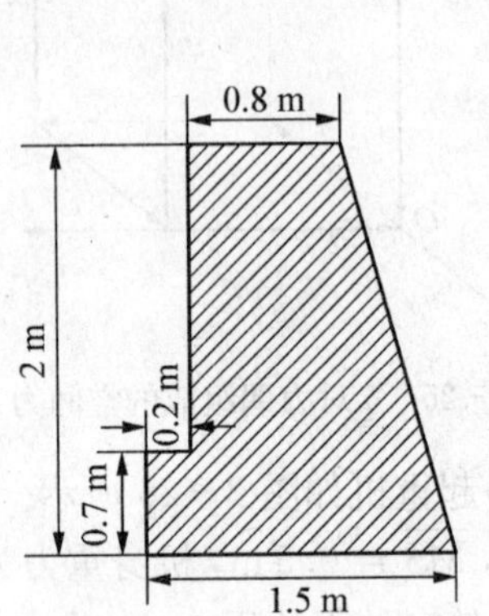

图 3-31　混凝土水坝截面图

3.14 如图 3-31 所示，混凝土水坝截面简图。试求其形心位置。

3.15 试求如图 3-32 所示各类型截面形心的位置。

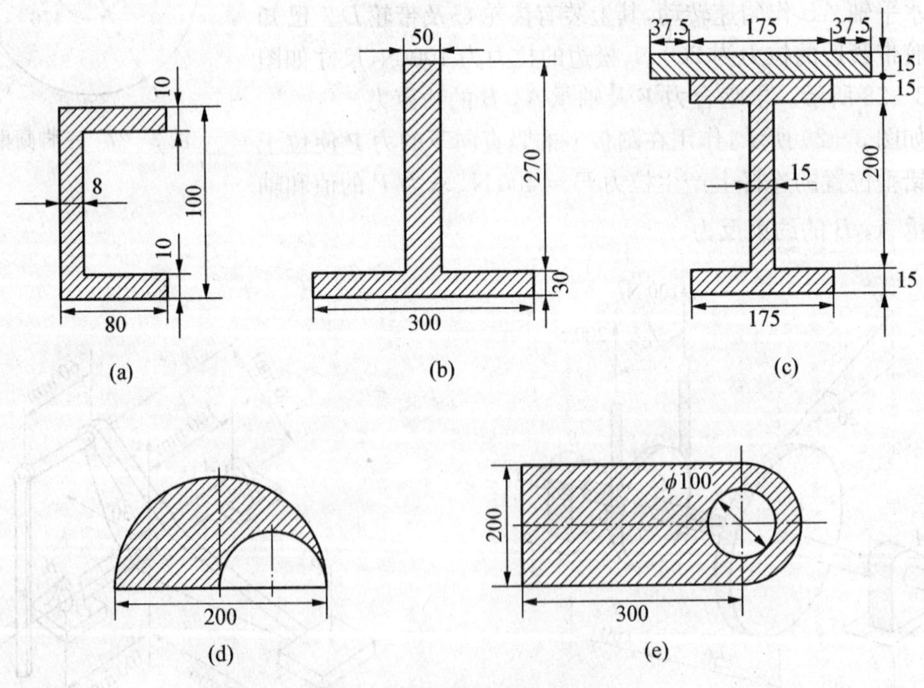

图 3-32　各类型截面尺寸

3.16 求如图 3-33 所示匀质块重心的位置。

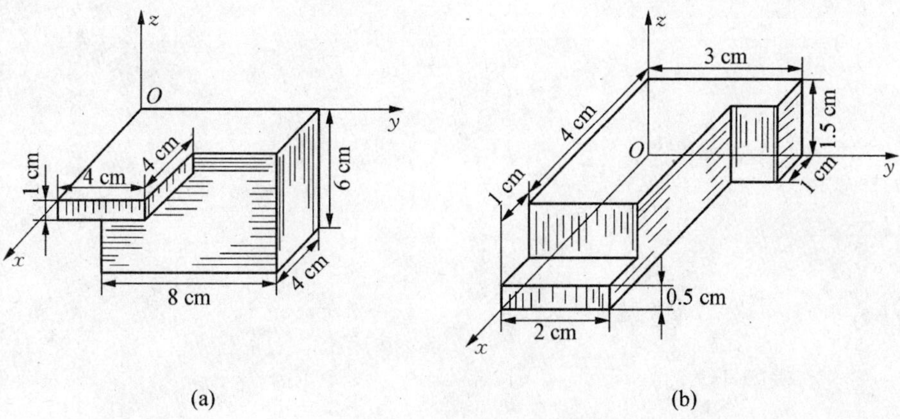

图 3-33 两种匀质块尺寸

第2篇 材料力学

第4章　轴向拉伸与压缩
第5章　扭转
第6章　构件连接的实用计算
第7章　平面弯曲内力
第8章　平面弯曲梁的应力与变形、强度与刚度计算
第9章　应力状态分析与强度理论
第10章　组合变形
第11章　压杆稳定

1) 材料力学的任务

材料力学是研究构件(主要为杆件)的强度、刚度和稳定性的学科,为合理地选择构件的材料、确定构件截面尺寸和形状提供必要的理论基础、计算方法及试验技术。结构物和机械都要受到各种外力的作用,为保证每个构件在荷载作用下能够正常工作,要求构件具有以下性能:

(1) 足够的强度:指的是构件承受荷载或抵抗破坏的能力。

(2) 足够的刚度:指的是构件抵抗变形的能力,正常工作时,变形不能超出其允许值。

(3) 足够的稳定性:指的是构件在工作时能够保持其原有状态下的平衡,不会突然改变其原有的工作性质。

研究构件的强度、刚度和稳定性的问题,要涉及材料的力学性能,而材料的力学性能是由实验来测定的。另一方面,实际问题往往很复杂,也要通过实验来验证理论上的分析。因此,实验在材料力学中占有重要的地位。

2) 材料力学的基本假设

在研究构件的强度、刚度和稳定性时,要根据其主要性质作出一些假设,使其成为一种理想的力学模型,这样可以简化问题,并可得出一般性的理论结果。材料力学有如下几个基本假设:

(1) 连续性假设:认为材料是在整个体积空间内,处处密实无空隙,各点均为连续的。

(2) 均匀性假设:认为从物体内任意一点处取出的体积单元,其力学性能都能代表整个物体的力学性能,即各处的力学性能完全相同。

(3) 各向同性假设:认为材料沿各个方向的力学性能都是相同的。

(4) 小变形假设:认为构件的变形量远小于其外形尺寸。

上述假设是材料力学理论分析的一般基础,后面的章节中除特别说明外,它们都是研究问题的前提。

3) 杆件变形的基本形式

对于长度远大于横向尺寸的构件称为**杆件**,它是一种最基本的构件,也是材料力学研究的重点。杆件所受外力各种各样,而变形一般也比较复杂,归纳起来,杆件变形可分为下列四种基本形式:

(1) 轴向拉伸(压缩):当直杆受到一对大小相等、方向相反、作用线与杆件轴线重合的外力作用时,杆件的主要变形为伸长或缩短。如图(a)所示。

(2) 剪切:当直杆受到一对大小相等、方向相反、作用线与杆件轴线垂直且相距很近的外力作用时,杆件的主要变形为相邻横截面沿外力作用方向发生相对错动。如图(b)所示。

(3) 扭转:当直杆受到一对大小相等、转向相反、作用面与杆件轴线垂直的力偶作用时,杆件的主要变形为其任意两个横截面将绕轴线发生相对转动。如图(c)所示。

(4) 弯曲:当直杆受到一对大小相等、转向相反、作用面与杆件纵向对称面重合的力偶时,杆件的主要变形为其任意两个横截面将绕垂直于纵向对称面的轴相对转动。如图(d)所示。

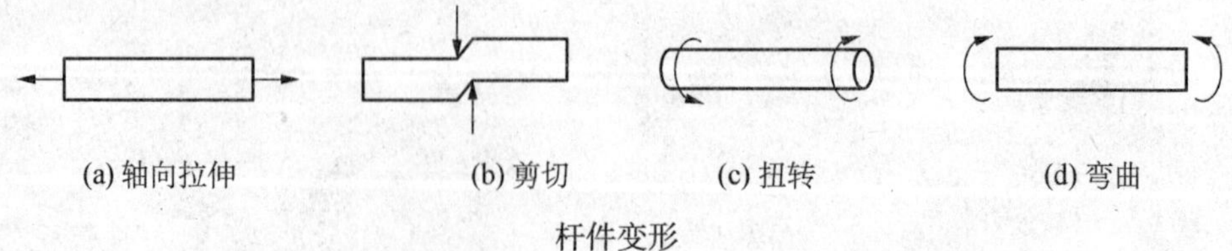

(a) 轴向拉伸　(b) 剪切　(c) 扭转　(d) 弯曲

杆件变形

工程实际中,杆件的变形多为上述几种基本变形的组合,称为**组合变形**。关于杆件的组合变形问题,将在后面的章节进行分析研究。

第4章 轴向拉伸与压缩

工 程 力 学

在建筑物和机械等工程结构中，经常使用受拉伸或压缩的构件。例如图 4-1 所示悬挂着电灯的绳索，工作时主要变形为纵向伸长。图 4-2 所示钢木组合屋架中的各杆，以拉伸(压缩)变形为主。

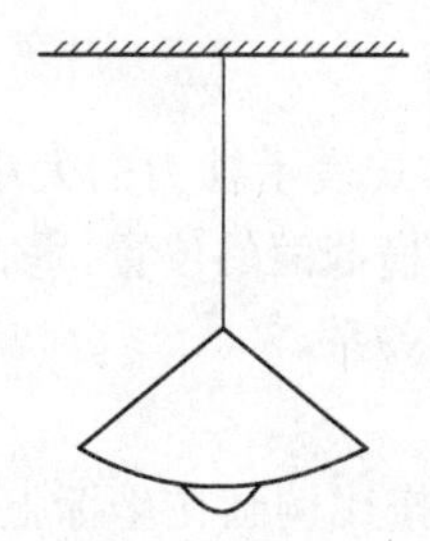

图 4-1 悬挂电灯的绳索

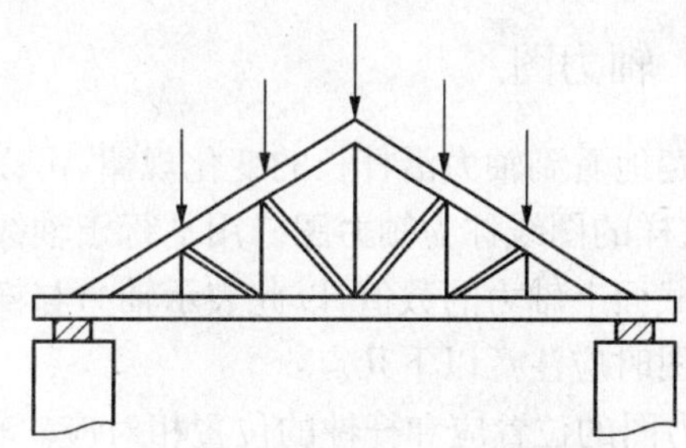

图 4-2 钢木组合屋架

在工程中以拉伸(压缩)为主要变形的构件，称为**拉(压)杆**，若杆件所承受的外力或外力合力作用线与杆轴线重合，称为**轴向拉伸(压缩)**。

4.1 拉(压)杆的内力

4.1.1 拉(压)杆的内力

图 4-3(a)所示的拉杆，在外力 F 作用下保持平衡的同时，杆件要发生伸长变形，因而在杆件的任一截面之间存在着相互作用力，通常称为内力。我们可以用截面法来求拉(压)杆任一横截面上的内力。

为了求得图 4-3(a)所示拉杆上任一横截面上的内力，可假想地用平面 $m-n$ 将杆截分为左、右两部分。截开处一部分对另一部分的作用，分别以内力 F_N 和 F'_N代替。这是一对大小相等、方向相反的作用力与反作用力(见图 4-3(b)、(c))。因杆件整体平衡，故截开后的每一部分也都保持平衡。若取左段作为研究对象，则由该分离体的平衡条件可建立沿轴向的平衡方程

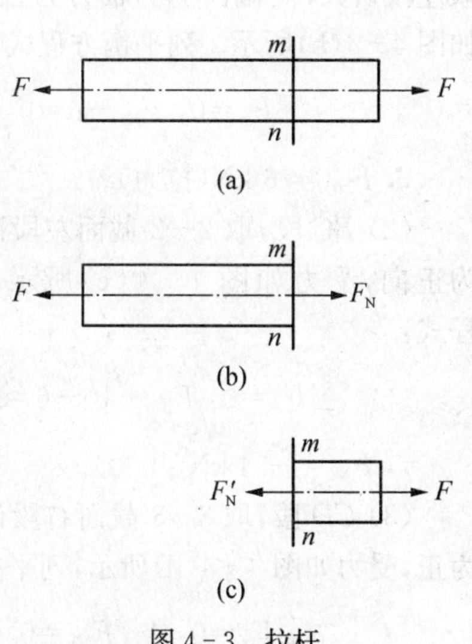

图 4-3 拉杆

$$\sum F_x = 0$$

得
$$F_N = F$$

若取右段作为分离体,同样可得

$$F'_N = F$$

内力 F_N 和 F'_N 的作用线必然沿杆件的轴线方向,并与横截面垂直,通常称为轴力,实质上是横截面上分布内力的合力。**通常规定:轴力 F_N 使杆件受拉为正,受压为负。**

上述求解拉(压)杆轴力的方法称为**截面法**,截面法的基本步骤是:

(1) 假想一个平面,在需要求内力的截面处将杆件分成两部分。

(2) 用内力来代替截开处一部分对另一部分的作用。

(3) 取任一部分作为研究对象,建立该分离体的平衡方程,解出内力。

4.1.2 轴力图

为了清楚地看到轴力沿杆长的变化规律,可以用图线的方式表示轴力的大小与横截面位置的关系,这样的图线称为**轴力图**。用平行于轴线的坐标表示横截面的位置,垂直于杆轴线的坐标表示横截面上轴力的数值,以此表示轴力与横截面位置的关系。

作轴力图时应注意以下几点:

(1) 轴力图的位置应和杆件的位置相对应。轴力的大小,按比例画在坐标上,并在图上标出代表点数值。

(2) 习惯上将正值(拉力)的轴力画在坐标的正向;负值(压力)的轴力画在坐标的负向。

例 4.1 一直杆受外力作用如图 4-4 所示,求此杆各段的轴力,并作轴力图:

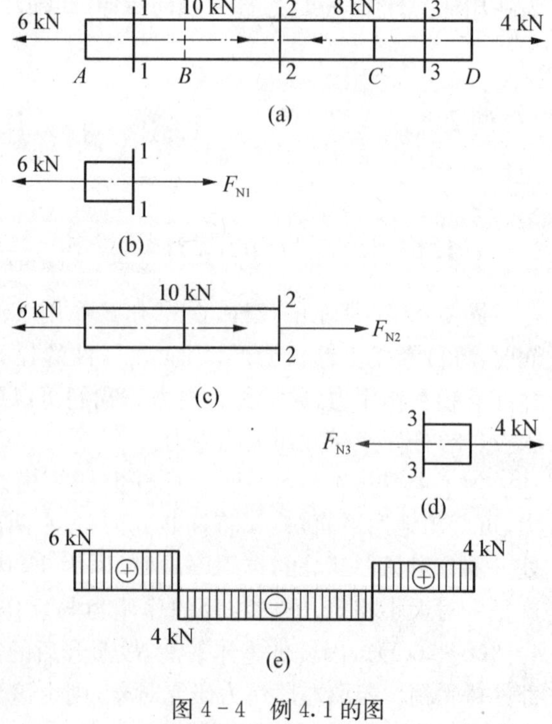

图 4-4 例 4.1 的图

解:根据外力的变化情况,各段内轴力各不相同,应分段计算:

(1) AB 段:用截面 1-1 假想将杆截开,取左段研究,设截面上的轴力为正方向,受力如图 4-4(b)所示。列平衡方程式:

$$\sum F_x = 0: F_{N1} - 6 = 0$$

$\therefore F_{N1} = 6\ \text{kN}$(拉力)。

(2) BC 段,取 2-2 截面左段研究,F_{N2} 设为正向,受力如图 4-4(c)所示,列平衡方程式:

$$\sum F_x = 0: F_{N2} + 10 - 6 = 0$$

$\therefore F_{N2} = -4\ \text{kN}$(压力)。

(3) CD 段,取 3-3 截面右段研究,F_{N3} 设为正,受力如图 4-4(d)所示,列平衡方程式:

$$\sum F_x = 0: 4 - F_{N3} = 0$$

$\therefore F_{N3}=4\ \mathrm{kN}$(拉力)。

根据上述结果,可绘制轴力图,如图 4-4(e)所示。

4.2 轴向拉(压)杆截面上的应力

4.2.1 应力的概念

只根据轴力的大小还不足以判断杆件的受力程度,例如粗细不同而材料相同的两根杆件,在相同的轴向拉力作用下,轴力相同,如果同时加大拉力,则细的那根肯定因强度不够而先破坏。可知,拉(压)杆的强度不仅与轴力的大小有关,而且与横截面的大小有关。从工程实用的角度,把单位面积上内力的大小,作为衡量受力程度的尺度,称为**应力**。为了说明截面上某一点 E 处的应力,可绕 E 点取一微小面积 ΔA,作用在 ΔA 上的内力合力记为 ΔF(见图 4-5(a)),则比值 $P_{m}=\dfrac{\Delta F}{\Delta A}$ 称为 ΔA 上的平均应力。

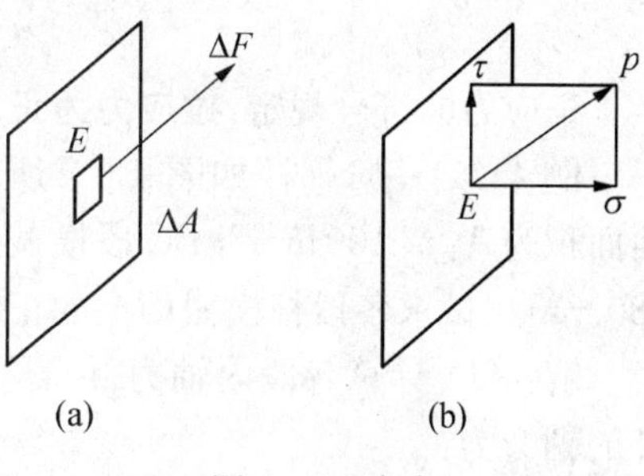

图 4-5 应力

一般情况下,截面上各点处的内力虽然是连续分布的,但不一定均匀,因此,平均应力的值将随 ΔA 的大小而变化,它还不能表明内力在 E 点处的真实强弱程度。只有当 ΔA 无限缩小并趋于零时,平均应力 P_{m} 的极限值 P 才能代表 E 点处的内力集度。

$$P=\lim_{\Delta A\to 0}\frac{\Delta F}{\Delta A}=\frac{\mathrm{d}F}{\mathrm{d}A}$$

P 称为 E 点处的应力。

应力 P 也称为 E 点的总应力。一般情况下应力 P 与截面既不垂直也不相切,力学中总是将它分解为垂直于截面和相切于截面的两个分量(见图 4-5(b))。与截面垂直的应力分量称为**正应力**,用 σ 表示;与截面相切的应力分量称为**切应力**,用 τ 表示。

应力的单位是帕斯卡,简称为帕,符号为"Pa"。

$$1\ \mathrm{Pa}=1\ \mathrm{N/m^2}\quad (1\ 帕=1\ 牛/米^2)$$

$$1\ \mathrm{GPa}=10^3\ \mathrm{MPa}=10^9\ \mathrm{Pa}$$

4.2.2 横截面上的正应力

为了确定拉(压)杆横截面上的应力,必须先了解横截面上分布内力的变化规律。这通常是根据实验观察得到拉(压)杆变形时的表面现象,对杆件内部的变形规律作出假设,再利用变形与分布内力间的物性关系,得到分布内力在横截面上的分布规律。

取一等直杆(见图 4-6(a)),在其侧面作垂直于轴线的两条相邻直线 AB 和 CD,然后在试样两端施加轴向外力 F,使杆件发生伸长变形,可以观察到 AB 和 CD 分别移动到 ab 和 cd(见图 4-6(b))。

根据试验现象,可作设想:**受轴向拉伸的杆件,变形后横截面仍保持为平面,两平面仅仅相对位移了一段距离,称为平面假设**。根据这个假设,可以推论拉杆在其任意两个横截面之间纵向线段的伸长变形是均匀的。根据材料均匀性假设,变形相同,则截面上每点受力相同,即轴力在横截面上分布集度相同(见图 4-6(c)),结论为:**轴向拉压等截面直杆,横截面上正应力均匀分布**,表达为

$$\sigma = \frac{F_N}{A} \quad 或 \quad \int_A \sigma \mathrm{d}A = F_N \qquad (4-1)$$

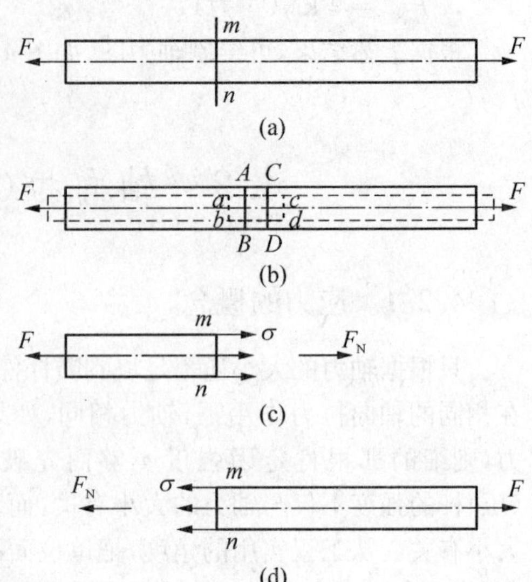

图 4-6 杆体伸长变形

正应力的符号规定:**拉应力为正,压应力为负**。

例 4.2 一阶梯杆如图 4-7 所示,AB 段横截面面积为 $A_1 = 100\,\text{mm}^2$,BC 段横截面面积为 $A_2 = 180\,\text{mm}^2$,试求各段杆横截面上的正应力。

解:(1) 计算各段内轴力:由截面法,求出各段杆的轴力为:

AB 段:$F_{N1} = 8\,\text{kN}$(拉力);

BC 段:$F_{N2} = -15\,\text{kN}$(压力)。

(2) 确定应力:根据公式,各段杆的正应力为:

AB 段:$\sigma_1 = \frac{F_{N1}}{A_1} = \frac{8\times 10^3}{100\times 10^{-6}} = 80(\text{MPa})$(拉应力);

BC 段:$\sigma_2 = \frac{F_{N2}}{A_2} = \frac{-15\times 10^3}{180\times 10^{-6}} = -83.3\,(\text{MPa})$(压应力)

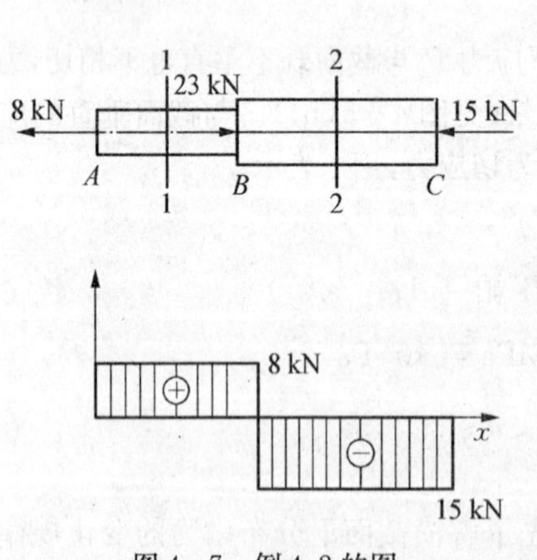

图 4-7 例 4.2 的图

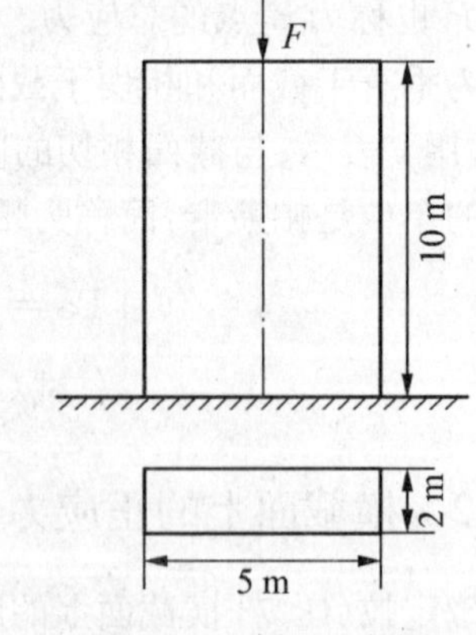

图 4-8 例 4.3 的图

例 4.3 石砌桥墩的墩身高 $h = 10\,\text{m}$,其横截面尺寸如图 4-8 所示。如果荷载 $F = 1\,000\,\text{kN}$,材料的重度 $\gamma = 23\,\text{kN/m}^3$,求墩身底部横截面上的压应力。

解:建筑构件自重比较大时,在计算中应考虑其对应力的影响。

墩身横截面面积:$A = 2\times 5 = 10\,\text{m}^2$

墩身底面应力：

$$\sigma = \frac{F}{A} + \frac{\gamma \cdot AH}{A} = \frac{1\,000 \times 10^3}{10} + 23 \times 10^3 \times 10$$
$$= 33 \times 10^4 (\mathrm{Pa}) = 0.33(\mathrm{MPa})(压)$$

4.2.3 斜截面上的应力

为了后面分析拉(压)杆受力破坏的原因，还必须知道斜截面上的应力情况。仍以拉杆为例，用截面法求与横截面成 α 角的 $n-n$ 斜截面上的内力(见图 4-9)。规定从横截面按逆时针转到斜截面的 α 角为正，反之为负。

利用截面法，得到 α 斜截面上的内力为 $F_\alpha = F_{\mathrm{N}}$，由横截面上正应力为均匀分布的推理过程，可以得到 α 斜截面上的应力同样处处相等。该应力称为总应力，用 p_α 来表示：

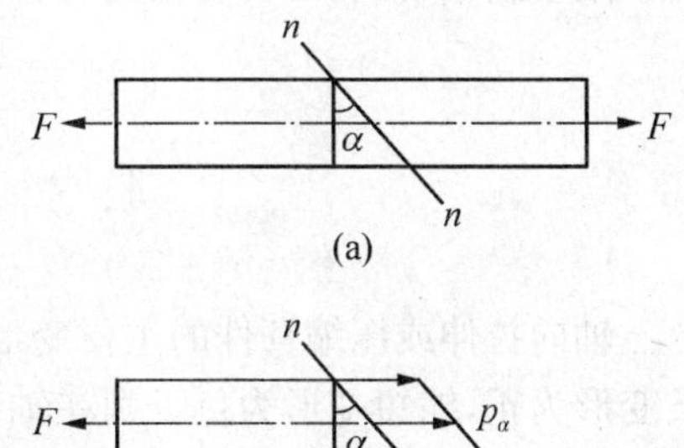

$$p_\alpha = \frac{F_\alpha}{A_\alpha}$$

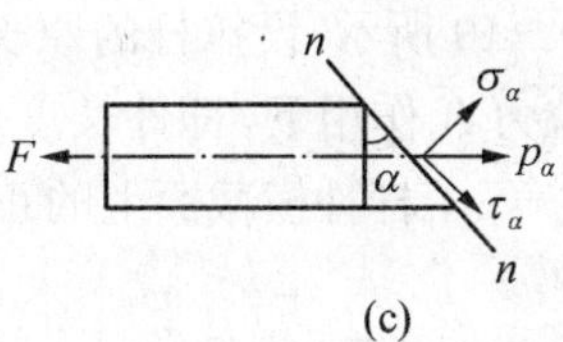

图 4-9 斜截面上的内力

式中，A_α 表示 α 斜截面的面积，$A_\alpha = \dfrac{A}{\cos\alpha}$。则

$$p_\alpha = \frac{F_{\mathrm{N}}}{A}\cos\alpha = \sigma\cos\alpha$$

式中，σ 为横截面上的正应力。

总应力 p_α 一般用它的两个分量来表示，即沿 α 斜截面的法线和切线方向将 p_α 分解为 σ_α 和 τ_α(见图 4-9)。σ_α 是 α 斜截面上的正应力，τ_α 是 α 斜截面上的切应力。切应力的符号规定如下：绕截面内侧任一点有顺时针转动趋势为正，反之为负。σ_α 和 τ_α 表示为

$$\begin{cases} \sigma_\alpha = \sigma\cos^2\alpha \\ \tau_\alpha = \dfrac{1}{2}\sigma\sin 2\alpha \end{cases} \tag{4-2}$$

由上式可得出如下结论：

(1) 杆件横截面上只有正应力，斜截面上既有正应力，也有切应力；与轴线平行的纵截面上既没有正应力，也没有切应力。

(2) 横截面上的正应力最大，$\sigma_{\max} = \sigma$。

(3) 最大的切应力发生在 $\alpha = 45°$ 的斜截面上，$\tau_{\max} = \dfrac{\sigma}{2}$。

这也是我们经常可以在工程实际中看到与构件轴线成夹角为 45°左右的裂痕的原因。

4.2.4 应力集中的概念

轴向拉压杆件，在截面形状和尺寸发生突变处，例如油槽、肩轴、螺栓孔等处，会引起局部应力骤增的现象，称为**应力集中**。应力集中对杆件的工作不利，故设计时尽可能使杆外形平缓

光滑，尽可能避免出现带尖角的槽孔等，以降低因截面尺寸剧变而引起的应力集中。在设计时，从以下三方面考虑应力集中对构件强度的影响。

(1) 在设计脆性材料构件时，应考虑应力集中的影响。

(2) 在设计塑性材料的静强度问题时，通常可以不考虑应力集中的影响。

(3) 设计在交变应力(应力随时间发生周期性变化)作用下的构件时，制造构件的材料无论是塑性材料或脆性材料，都必须考虑应力集中的影响。

限于篇幅，读者可自行参阅有关应力集中的专著，本书不再累述。

4.3 拉(压)杆的变形

轴向拉伸或压缩杆件的主要变形为轴向伸长或缩短，同时横向尺寸缩短或伸长。规定伸长变形为正，缩短变形为负。则在轴向外力作用下，拉(压)杆轴向变形和横向变形恒为异号。

4.3.1 轴向变形与胡克定律

如图 4-10 所示，设拉杆的原长为 l，杆两端作用轴向拉力 F 作用下，杆件长度变为 l_1，伸长了 $\Delta l = l_1 - l_0$，杆件横截面上的正应力为

$$\sigma = \frac{F}{A} = \frac{F_N}{A}$$

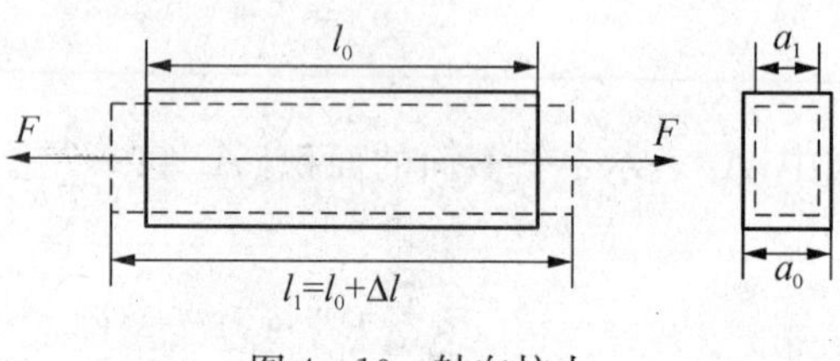

图 4-10 轴向拉力

纵向线应变为

$$\varepsilon = \frac{\Delta l}{l_0} \tag{4-3}$$

实验表明，当横截面上的正应力不超过材料的一定值时，不仅变形是弹性的，而且伸长量与轴力 F_N 和杆长 l_0 成正比，与横截面面积 A 成反比，即

$$\Delta l \propto \frac{F_N l_0}{A}$$

引入比例常数 E，则 Δl 可表示为

$$\Delta l = \frac{F_N l_0}{EA} \tag{4-4}$$

式中，E 称为材料的**弹性模量**，其单位为 Pa，各种材料的弹性模量在设计手册中均可以查到。EA 称为杆的**拉伸(压缩)刚度**。式(4-4)称为**胡克定律**，胡克定律的另一种表达式为

$$\sigma = E \cdot \varepsilon \tag{4-5}$$

4.3.2 横向变形、泊松比

横截面为正方形的等截面直杆，在轴向外力 F 作用下，边长由 a_0 变为 a_1，$\Delta a = a_1 - a_0$，则横向线应变为

$$\varepsilon' = -\frac{\Delta a}{a_0} \tag{4-6}$$

实验结果表明，当正应力不超过材料的一定值时，横向应变 ε' 与轴向应变 ε 之比的绝对值是一个常数。即

$$\nu = \left|\frac{\varepsilon'}{\varepsilon}\right|$$

式中，ν 称为**横向变形因数**或**泊松比**，考虑到杆件轴向正应变和横向正应变的正负号恒相反，故有

$$\varepsilon' = -\nu\varepsilon \tag{4-7}$$

弹性模量 E 和泊松比 ν 都是材料的弹性常数。表 4－1 给出了一些材料的 E，ν，G(切变模量)的约值。

表 4－1　E，ν，G 的约值

材料名称	E/GPa	G/GPa	ν
低碳钢	200 ～ 210	79	0.24 ～ 0.28
合金钢	210	79	0.25 ～ 0.30
灰口铸铁	60 ～ 162	44	0.23 ～ 0.27
轧制纯铜	108	39	0.31～0.34
铝合金	71	25～26	0.32～0.36
木材(顺纹)	9.8 ～ 11.8		0.053 9

4.3.3　拉压杆的位移

等直杆在轴向外力作用下，发生变形，会引起杆上某点处在空间位置的改变，即产生了**位移**。位移与变形密切相关，一根轴向拉压杆的位移可以直接用变形来度量。变形和位移是两个不同的概念，但是它们在数值上有密切的联系。位移在数值上取决于杆件的变形量和杆件受到的外部约束或杆件之间的相互约束。

例 4.4　阶梯形直杆受力如图 4－11(a)所示，试求整个杆的总变形量。已知其横截面面积分别为：$A_{CD} = 300\ \text{mm}^2$，$A_{AC} = 500\ \text{mm}^2$，弹性模量 $E = 200\ \text{GPa}$。

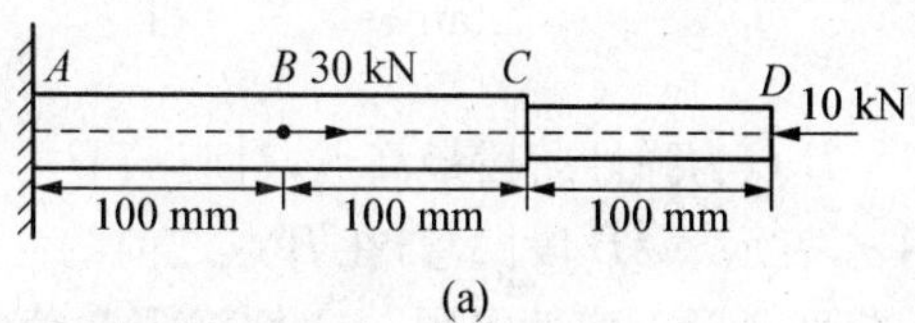

(a)

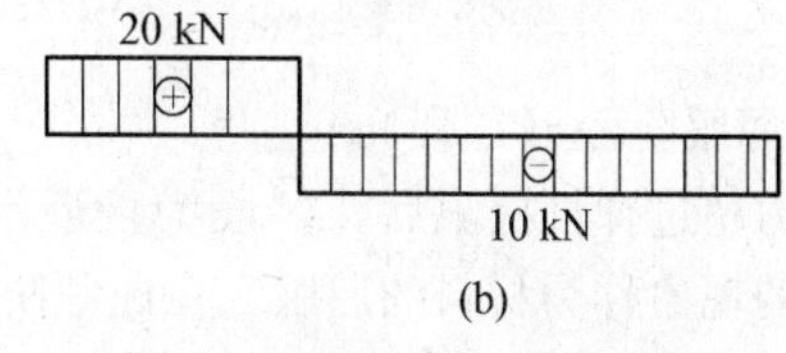

(b)

图 4－11　例 4.4 的图

解：(1) 作轴力图，利用截面法，得

$$F_{CD} = F_{BC} = -10\ \text{kN}(\text{压应力})$$

$$F_{AB} = 20\ \text{kN}(\text{拉应力})$$

轴力图如图 4－11(b)所示。

(2) 计算各段杆的变形，由式(4－4)，得

$$\Delta l_{AB} = \frac{F_{AB} l_{AB}}{EA_{AB}} = \frac{20 \times 10^3 \times 0.1}{200 \times 10^9 \times 500 \times 10^{-6}} = 2 \times 10^{-5} (\mathrm{m})$$

$$\Delta l_{BC} = \frac{F_{BC} l_{BC}}{EA_{BC}} = \frac{-10 \times 10^3 \times 0.1}{200 \times 10^9 \times 500 \times 10^{-6}} = -1 \times 10^{-5} (\mathrm{m})$$

$$\Delta l_{CD} = \frac{F_{CD} l_{CD}}{EA_{CD}} = \frac{-10 \times 10^3 \times 0.1}{200 \times 10^9 \times 300 \times 10^{-6}} = -1.67 \times 10^{-5} (\mathrm{m})$$

(3) 杆的总变形量，杆的总变形等于各段变形之代数和：

$$\Delta l = \Delta l_{AB} + \Delta l_{BC} + \Delta l_{CD} = -0.0067 \ \mathrm{mm}$$

4.4 材料在拉伸、压缩时的力学性能

杆件在外力作用下是否会破坏，除计算工作应力外，还需知道所用材料的强度，才能作出判断。在计算杆件的变形时，要涉及材料的比例极限和弹性模量。这些都是材料受力时在强度和变形方面所表现出来的性能，均属于材料的力学性能。

材料在拉伸和压缩时的力学性能，是通过试验得出的。拉伸与压缩通常在万能材料试验机上进行。本节主要介绍在常温、静载条件下，塑性材料和脆性材料在拉伸和压缩时的力学性能。

4.4.1 低碳钢拉伸时的力学性能

低碳钢为典型的塑性材料，在应力-应变图中(见图 4－12)，呈现如下四个阶段。

1) 弹性阶段(OB 段)

OA 段为直线段，所以正应力和正应变成线性正比关系，即 $\sigma = E \cdot \varepsilon$。$A$ 点对应的应力称为**比例极限**，用 σ_P 表示。设直线的斜角为 α，则可得弹性模量 E 和 α 的关系

$$\tan \alpha = \frac{\sigma}{\varepsilon} = E \tag{4-8}$$

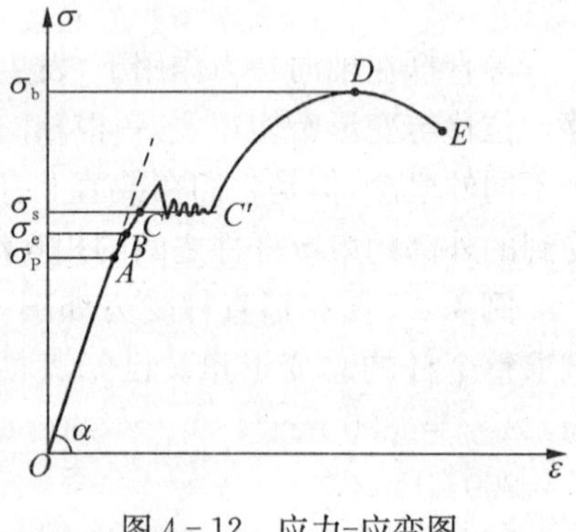

图 4－12 应力-应变图

B 点为弹性阶段最高点，对应的应力称为**弹性极限**，用 σ_e 表示。AB 段微弯，在 B 点之前的应力卸载后，试样无塑性变形。弹性极限与比例极限数值接近，但物理意义不同。

2) 屈服阶段(BC'段)

应力超过弹性极限后，CC' 段为接近水平线的锯齿形线段，这种应力几乎不变，而应变显著增加的现象称为材料的屈服。在屈服阶段，应力有微小的波动，其第一次下降前的最大应力称为上屈服点，除第一次下降的最小应力外，在屈服阶段的最小应力称为下屈服点。工程上常将下屈服点的应力确定为材料的**屈服极限**，以 σ_s 表示。材料屈服时，在试件表面可以观察到与轴线大致成 45°的纹线，称为**滑移线**，(见图 4－13(a))是材料屈服时沿最大切应力面发生滑

移的结果。

3）强化阶段($C'D$ 段)

经过屈服阶段,材料抵抗变形的能力有所增强,要使试件继续伸长就必须再增加拉力,这种现象称为材料的强化。对应于曲线上的 C'点到 D 点这一阶段,称为强化阶段。曲线最高点 D 处的应力,称为**强度极限**,用 σ_b 表示,代表材料破坏前能承受的最大应力。

4）颈缩阶段(DE 段)

(a)　　(b)

图 4－13　材料屈服

当应力增大到 σ_b 以后,即过 D 点后,在试件的某一局部区域,其横截面显著缩小,形成图 4－13(b)所示的"**颈缩**"现象。因局部横截面的收缩,试样再继续变形,所需的拉力逐渐减小,直至试件被拉断。曲线上 E 点为断裂点。

在工程中,**代表材料强度性能的主要指标是屈服极限 $\boldsymbol{\sigma_s}$ 和强度极限 $\boldsymbol{\sigma_b}$。**

通过拉伸试验,可测得表示材料塑性变形能力的两个指标:**伸长率和断面收缩率**。

(1) 伸长率:

$$\delta = \frac{l_1 - l}{l} \times 100\% \tag{4-9}$$

式中,l 为试验前,在试样上确定的标距(一般为 $5d$ 或 $10d$)原长,l_1 为试样拉断后的标距长度,d 为试件横截面直径。

工程上常根据伸长率将材料分为两大类:$\delta \geqslant 5\%$ 的材料称为**塑性材料**,如:钢、铜、化纤等;$\delta < 5\%$ 的材料称为**脆性材料**,如:玻璃、陶瓷、混凝土等。

(2) 断面收缩率:

$$\psi = \frac{A - A_1}{A} \times 100\% \tag{4-10}$$

式中,A 为试验前试样的横截面面积;A_1 为断裂后,断口处的最小横截面面积。

4.4.2　其他材料拉伸时的力学性能

灰口铸铁和玻璃钢都属于典型的脆性材料,其应力-应变曲线如图 4－14(a)所示。灰口铸铁的应力-应变曲线的特点是:应力很小时,应力-应变曲线并不是直线,而是一微弯的线段;无屈服和颈缩阶段;变形较小时试件就断裂,断口平齐(如图 4－14(b)所示),伸长率大致为 0.5%。在工程上通常在一定范围内用割线(如图 4－14(a)中虚线)代替应力-应变曲线的开始

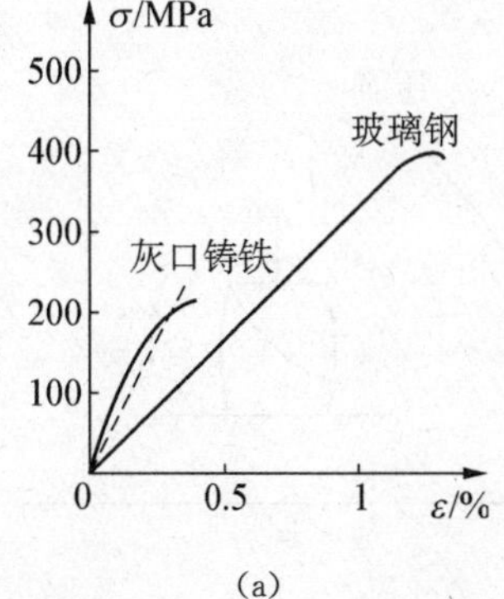

(a)

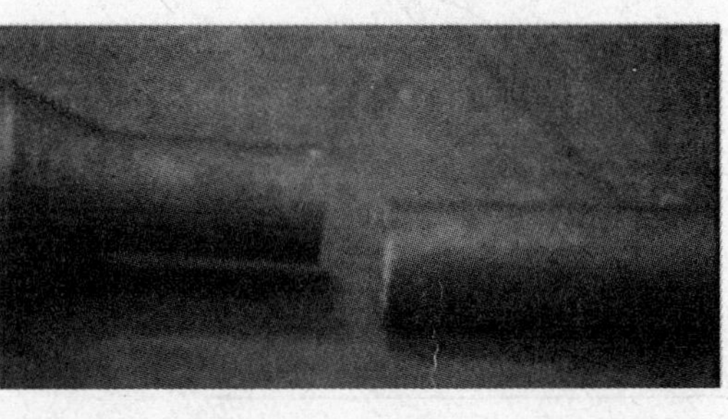

(b)

图 4－14　脆性材料的应力-应变曲线

部分,近似认为材料在这一范围内服从胡克定律,并以此割线的斜率作为弹性模量,称为割线弹性模量。玻璃钢的应力-应变曲线的特点是:直至试件将断裂时,应力和应变始终保持正比关系,即弹性阶段一直持续到试件接近断裂。

图 4-15 和图 4-16 中是几种塑性材料的应力-应变图,从图中可以看出,16Mn 与 Q235 钢的应力-应变曲线相似,具有完整的四个变形阶段;铝合金、球墨铸铁及青铜都没有明显的屈服阶段,但其他三个阶段都存在。

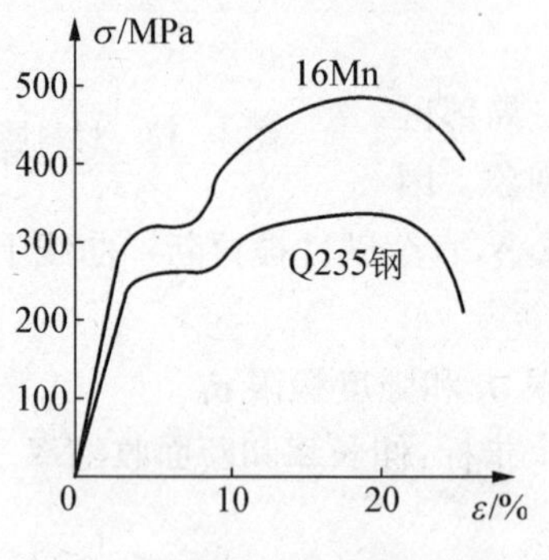

图 4-15 16Mn 与 Q235 钢的应力-应变曲线

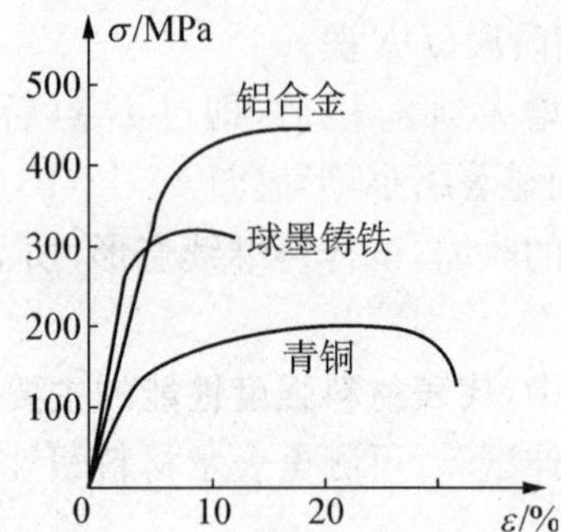

图 4-16 铝合金、球墨铸铁及青铜的应力-应变曲线

对于没有明显屈服阶段的塑性材料,通常规定以产生 0.2% 的塑性应变时,所对应的应力值作为屈服极限,称为**名义屈服极限**,用 $\sigma_{0.2}$ 表示。

4.4.3 材料压缩时的力学性能

金属材料的压缩试件,通常制成短圆柱体,圆柱的高度约为直径的 1.5 ~ 3 倍,试样的上下平面有平行度和光洁度的要求。实验时将试件放在试验机的两压座间,施加轴向压力,并根据实验数据绘制应力-应变曲线。

低碳钢属塑性材料,压缩时的应力-应变曲线,如图 4-17 所示。和拉伸时的曲线相比较,可以看出,在屈服以前,压缩时的曲线和拉伸时的曲线基本重合,屈服以后随着压力的增大,试样被压成“鼓形”,横截面面积越来越大,而试件并不发生断裂,因此无法测定低碳钢压缩时的强度极限。

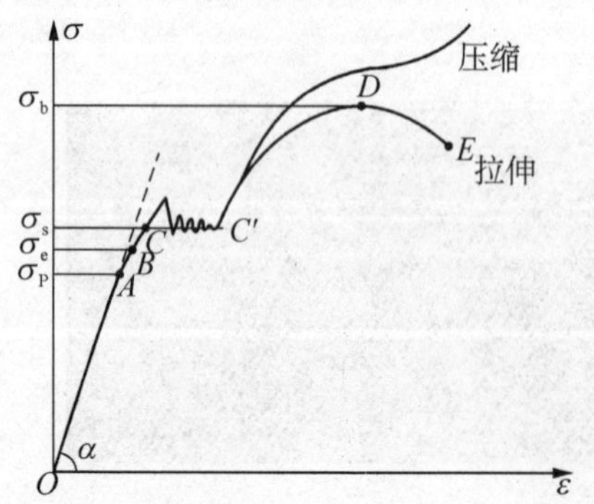

图 4-17 低碳钢压缩时的应力-应变曲线

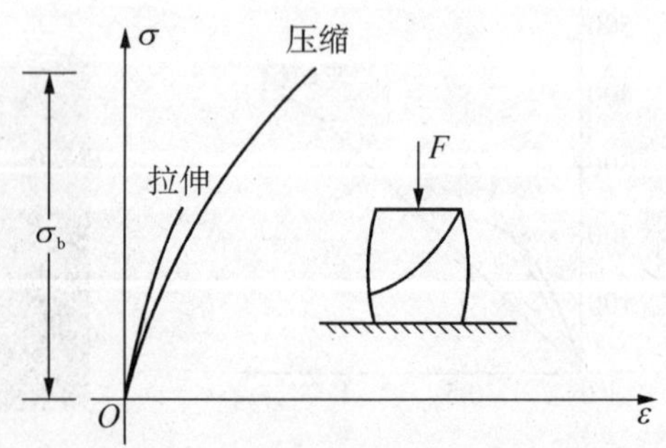

图 4-18 铸铁压缩时的应力-应变曲线

铸铁属脆性材料，拉伸和压缩时的力学性能显著不同，图 4－18 为其压缩时的应力-应变曲线。试样在变形比较小的时候就会突然破坏，压缩时的强度极限远高于拉伸强度极限(约为 3.5 ～ 5 倍)，破坏面与轴线大致成 35°～45°，属于剪切破坏。

建筑工程上使用的混凝土，属脆性材料，实验时通常制成标准的立方体试块，通过压缩试验得到压缩强度，进而可以标定混凝土的标号。压缩时的应力-应变图，如图 4－19 所示，混凝土的弹性模量规定以 $\sigma=0.4\sigma_b$ 时的割线斜率来确定。试件在变形很小时就会突然断裂，破坏形式与其两端面所受摩擦阻力的大小有关，若在试件两端面加润滑剂，摩擦阻力较小，则试件沿纵向开裂(见图 4－20(a))；若试件两端面不加润滑剂，摩擦阻力较大，则试件靠中间剥落而形成两个锥截面。混凝土的拉伸强度远小于压缩强度(约为 1/5～1/20)，因此，混凝土用作弯曲构件时，其受拉部分通常用钢筋加强(即钢筋混凝土)，计算时一般不考虑混凝土的拉伸强度。

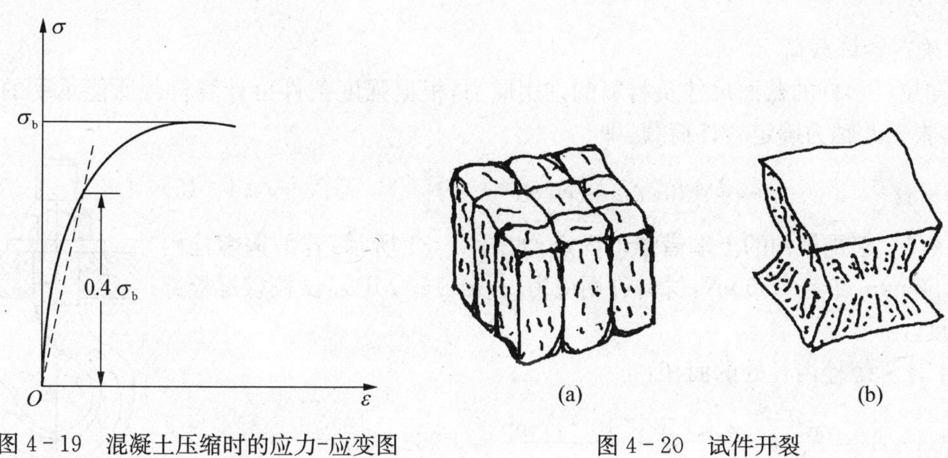

图 4－19　混凝土压缩时的应力-应变图

图 4－20　试件开裂

4.5　强度计算

由前面的分析可知，对于塑性材料，当工作应力达到屈服极限时，构件将出现显著的塑性变形；对于脆性材料，当工作应力达到强度极限时，构件将发生断裂破坏。因而把屈服极限 σ_s 和强度极限 σ_b 分别作为塑性材料和脆性材料的强度指标，统称为材料的极限应力，以 σ_u 表示。

为保证构件在工作中有足够的强度，不能用极限应力作为工作应力的限值，为确保安全，在强度计算中，把极限应力 σ_u 除以一个大于 1 的因数，得到的应力值作为工作应力的最大容许值，称为**许用应力**，以$[\sigma]$表示，即

$$[\sigma]=\frac{\sigma_u}{n} \tag{4-11}$$

式中，n 称为**安全因数**。

为确保拉(压)杆能够安全工作，须使杆件内最大工作应力不超过许用应力，即：

$$\sigma_{max}\leqslant[\sigma] \tag{4-12}$$

式(4 - 12)称为拉(压)杆的**强度条件**。对于等直杆,上式可表示为

$$\sigma_{\max}=\frac{F_{\mathrm{N,\,max}}}{A}\leqslant[\sigma] \tag{4-13}$$

应用**强度条件**可进行以下三类强度问题的计算。

1) 强度校核

已知拉(压)杆的受力、横截面尺寸和材料的许用应力,可检验构件能否满足强度条件,能否安全工作。

2) 截面选择

已知拉(压)杆的受力及材料的许用应力,可根据强度条件确定横截面的面积或尺寸,即

$$A\geqslant\frac{F_{\mathrm{N,\,max}}}{[\sigma]} \tag{4-14}$$

3) 确定容许载荷

已知拉(压)杆的截面尺寸及材料的许用应力,根据强度条件可计算杆件所能承受的最大轴力,再根据此轴力确定容许荷载,即

$$F_{\mathrm{N,\,max}}\leqslant A[\sigma] \tag{4-15}$$

例 4.5 起重吊钩的上端借螺母固定,如图 4 - 21 所示,若吊钩螺栓内径 $d=50\ \mathrm{mm}$,$F=150\ \mathrm{kN}$,材料许用应力$[\sigma]=150\ \mathrm{MPa}$。试校核螺栓部分的强度。

解:计算螺栓内径处的面积:

$$A=\frac{\pi d^2}{4}=\frac{\pi\times(50\times10^{-3})^2\ \mathrm{m}^2}{4}=1\,962.5\ \mathrm{mm}^2$$

$$\sigma=\frac{F_{\mathrm{N}}}{A}=\frac{150\times10^3\ \mathrm{N}}{1\,962.5\ \mathrm{mm}^2}=76.4\ \mathrm{MPa}<[\sigma]=150\ \mathrm{MPa}$$

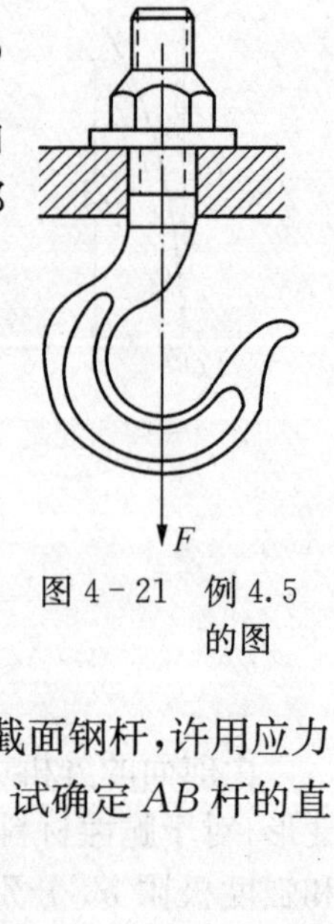

图 4 - 21 例 4.5 的图

吊钩螺栓部分安全。

例 4.6 如图 4 - 22(a)所示的三角形托架,$F=75\ \mathrm{kN}$,AB 杆为圆形截面钢杆,许用应力为$[\sigma_1]=160\ \mathrm{MPa}$;$BC$ 杆为正方形截面木杆,许用应力为$[\sigma_2]=10\ \mathrm{MPa}$,试确定 AB 杆的直径 d 和 BC 杆横截面的边长 a。

解:(1) 求 F_{NAB} 和 F_{NBC}。

取 B 点为研究对象,受力图如图 4 - 22(b)所示。

$$\sum F_x=0,\ F_{NBC}\cos45^\circ-F_{NAB}=0$$

$$\sum F_y=0,\ F-F_{NBC}\sin45^\circ=0$$

解得

$$\begin{cases}F_{NAB}=75\ \mathrm{kN}\\F_{NBC}=106.1\ \mathrm{kN}\end{cases}$$

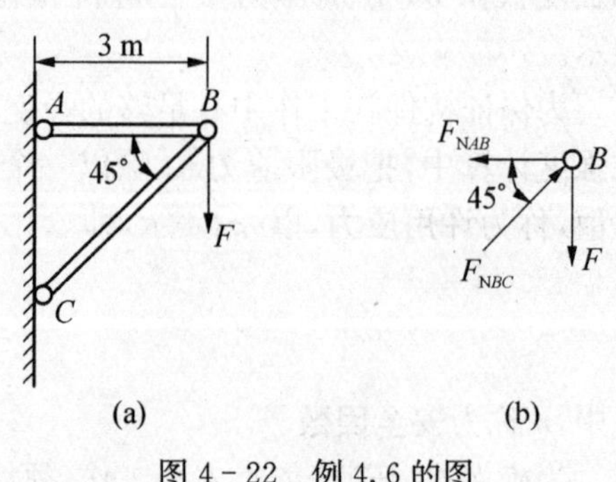

图 4 - 22 例 4.6 的图

(2) 确定 AB 杆和 BC 杆的尺寸：

$$A_{AB} \geqslant \frac{F_{NAB}}{[\sigma_1]} = \frac{75 \times 10^3}{160 \times 10^6} = 0.469 \times 10^{-3}(\mathrm{m}^2)$$

$$d \geqslant \sqrt{\frac{4A_{AB}}{\pi}} = \sqrt{\frac{4 \times 0.469 \times 10^{-3}}{3.14}} = 0.025(\mathrm{m})$$

$$A_{BC} \geqslant \frac{F_{NBC}}{[\sigma_2]} = \frac{106.1 \times 10^3}{10 \times 10^6} = 10.61 \times 10^{-3}(\mathrm{m}^2)$$

$$a \geqslant \sqrt{A_{BC}} = \sqrt{10.61 \times 10^{-3}} = 0.0103(\mathrm{m})$$

例 4.7 三角架如图 4-23(a)所示，已知 AC 杆横截面面积为 $A_1 = 6\ \mathrm{cm}^2$，$[\sigma_1] = 160\ \mathrm{MPa}$；$BC$ 杆横截面面积为 $A_2 = 100\ \mathrm{cm}^2$，$[\sigma_2] = 7\ \mathrm{MPa}$。试求此三角架能承受的容许荷载$[F]$。

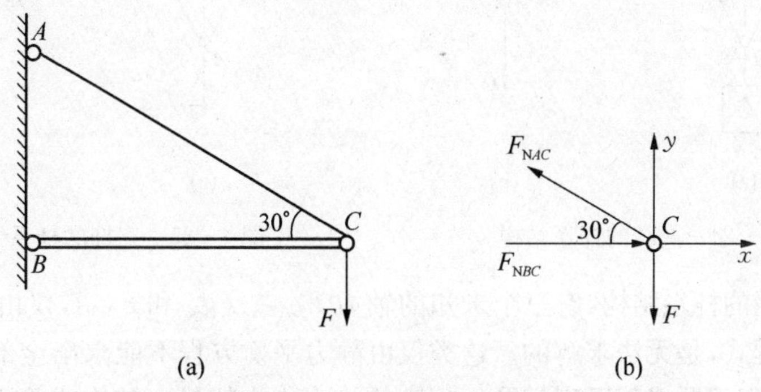

图 4-23 例 4.7 的图

解：(1) 先由 AC 杆的最大内力求出容许荷载$[F]_1$。

$$F_{NAC} \leqslant A_1[\sigma_1] = 6 \times 10^{-4} \times 160 \times 10^6 = 96(\mathrm{kN})$$

取 C 点为研究对象，分析受力，如图 4-23(b)所示。由静力平衡，得

$$\sum F_y = 0,\ F_{NAC}\sin 30° - [F]_1 = 0,$$

得 $[F]_1 = 48\ \mathrm{kN}$。

(2) 再由 BC 杆的最大内力求出容许荷载$[F]_2$。

$$F_{NBC} \leqslant A_2[\sigma_2] = 100 \times 10^{-4} \times 7 \times 10^6 = 70(\mathrm{kN})$$

由静力平衡，得

$$\sum F_x = 0,\ F_{NBC} - F_{NAC}\cos 30° = 0$$

$$\sum F_y = 0,\ F_{NAC}\sin 30° - [F]_2 = 0$$

得 $[F]_2 = 40.4\ \mathrm{kN}$。

(3) 比较$[F]_1$和$[F]_2$。

$\because [F]_2 = 40.4\ \mathrm{kN} < [F]_1 = 48\ \mathrm{kN}$，取小者，

∴ 此三脚架所能承受的允许载荷 $[F]=40.4\ \text{kN}$。

4.6 拉(压)超静定问题、装配应力、温度应力

4.6.1 拉(压)超静定问题

图 4 - 24 所示杆系结构,两杆的轴力 F_{NAB} 和 F_{NAC} 由节点 A 的平衡方程即可求出。凡结构的约束反力或内力仅静力平衡方程就可求出的称为**静定问题**。这样的结构称为静定结构。

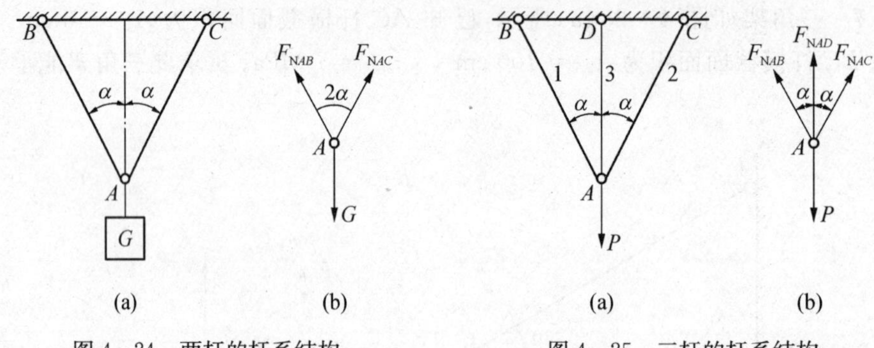

图 4 - 24 两杆的杆系结构　　图 4 - 25 三杆的杆系结构

图 4 - 25 所示的杆系结构,有三个未知的轴力 F_{NAB}、F_{NAC} 和 F_{NAD},仅由节点 A 建立的两个独立的平衡方程式,是无法求解的。这类仅由静力平衡方程不能求出全部约束反力和内力的问题,称为**超静定问题或静不定问题**。相应的结构称为超静定结构或静不定结构。未知力个数与独立的平衡方程数之差称为超静定次数或静不定次数。

求解超静定问题,除了根据静力平衡条件列出平衡方程外,还必须根据杆件变形之间的相互关系,即变形协调条件,列出变形的几何方程,再由力和变形之间的物理条件(胡克定律)建立所需的补充方程。即:

(1) 根据分离体的平衡条件,建立独立的平衡方程。

(2) 根据变形协调条件,建立变形几何方程。

(3) 利用胡克定律,将变形几何方程改写成补充方程。

(4) 将补充方程与平衡方程联立求解。

下面通过例题来说明其解法。

例 4.8 如图 4 - 26 所示为两端固定的等直杆。在横截面 C, D 两端处有一对力 F 作用,杆的横截面面积为 A,弹性模量为 E,求 A, B 处支座反力。

解:假设 A, B 处的约束反力如图 4 - 26(b)所示:

据此列出平衡方程:

$$\sum F_x=0,\ F_A-F+F-F_B=0$$

得

$$F_A=F_B \qquad ①$$

因式中含有两个未知量,不能解出,还需列一个补充方程。显然,杆件各段变形后,由于约

束的限制，总长度保持不变，故变形谐调条件为

$$\Delta l_1 + \Delta l_2 + \Delta l_3 = 0$$

式中，Δl_1、Δl_2、Δl_3 分别为 AC、CD、DB 段变形，依胡克定律，有

$$\Delta l_1 = -\frac{F_A l}{EA},\ \Delta l_2 = \frac{(F-F_A)l}{EA},\ \Delta l_3 = -\frac{F_B l}{EA}$$

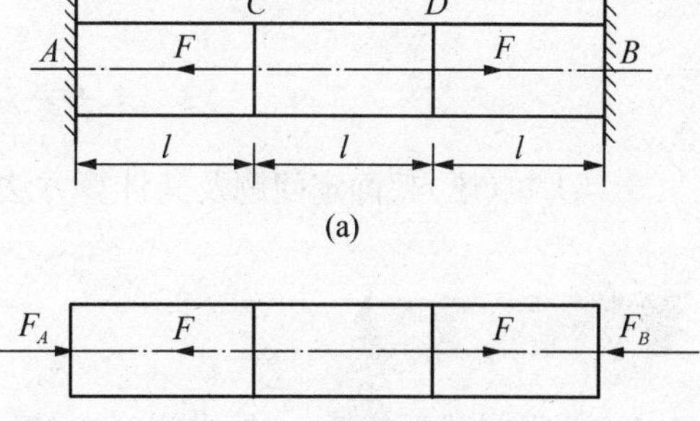

图 4-26 例 4.8 的图

代入谐调方程，得到变形的几何方程为

$$\frac{-F_A l}{EA} + \frac{(F-F_A)l}{EA} + \frac{-F_B l}{EA} = 0$$

整理后得 $$2F_A + F_B = F \qquad ②$$

将①式代入②式，可解得 $F_A = F_B = \dfrac{F}{3}$。

4.6.2 装配应力、温度应力

1) 装配应力

杆件在制成后，其尺寸有微小误差往往是难免的。在静定问题中，这种误差本身只会使结构的几何形状略有改变，并不会在杆中产生附加的内力。但在超静定问题中，由于有了多余约束，就将产生附加的内力，像这种附加的内力称为**装配内力**。与之相应的应力则称为**装配应力**。实质上，装配应力是杆件在荷载作用之前就已经具有的应力，也称为初应力。

2) 温度应力

在工程实际中，结构物或其部分杆件往往会遇到温度变化。若杆的同一截面上各点处的温度变化相同，则杆将仅发生伸长或缩短变形。在静定问题中，由于杆能自由变形，由温度所引起的变形不会在杆中产生内力。但在超静定问题中，由于有了多余约束，杆由温度变化所引起的变形受到限制，从而将在杆中产生内力。这种内力称为**温度内力**。与之相应的应力则称为**温度应力**。

小 结

(1) 拉(压)杆的轴力采用截面法求得。拉(压)杆横截面上的正应力 σ 的计算公式为

$$\sigma = \frac{F_N}{A}$$

(2) 拉(压)杆的变形、应力及应变：

$$\Delta l = \frac{F_N l_0}{EA} \quad \sigma = E\varepsilon \quad \varepsilon' = -\mu\varepsilon$$

(3) 低碳钢的拉伸应力-应变曲线分为弹性阶段、屈服阶段、强化阶段和颈缩阶段四个阶段。强度指标有 σ_s 和 σ_b；塑性指标有 δ 和 φ。

(4) 轴向拉(压)的强度条件为

$$\sigma_{max} = \frac{F_{N,\,max}}{A} \leqslant [\sigma]$$

(5) 拉(压)超静定问题及其计算方法;装配应力与温度应力的概念。

4.1 两根圆截面拉杆,一根为铜杆,一根为钢杆,两杆的拉压刚度 EA 相同,并受相同的轴向拉力 F。试问它们的伸长量 Δl 和横截面上的正应力 σ 是否相同?

4.2 如何判断塑性材料和脆性材料?试比较塑性材料和脆性材料的力学性能特点。

4.3 试问在低碳钢试样的拉伸图上,试样被拉断时的应力为什么反而比强度极限低?

4.4 何谓许用应力?安全因数的确定和工程有哪些密切关系?利用强度条件可以解决工程中的什么问题?

4.1 试求如图 4-27 所示各杆上的轴力,并作出轴力图。

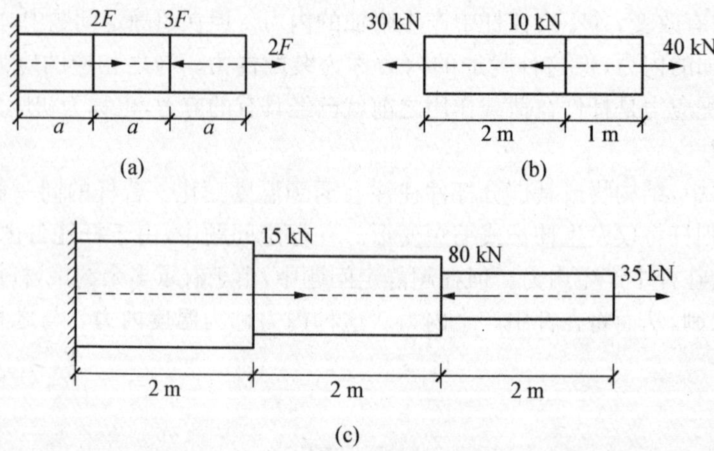

图 4-27 习题 4.1 的图

4.2 等直杆如图 4-28 所示,横截面面积 $A = 400\,mm^2$,试作出轴力图,并求各指定截面上的应力。

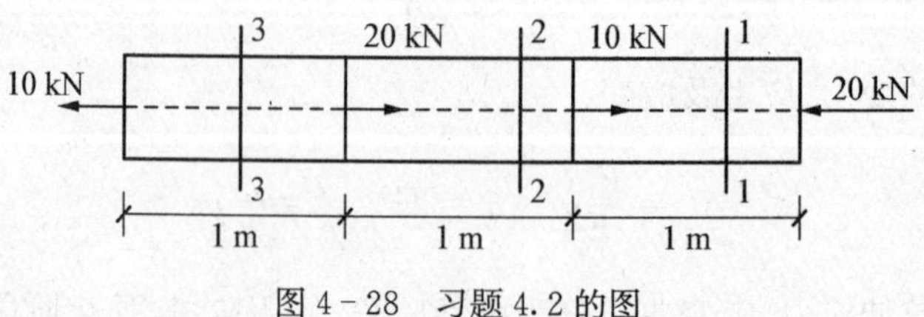

图 4-28 习题 4.2 的图

4.3 已知圆截面钢杆，长 $l = 3\ \text{m}$，直径 $d = 25\ \text{mm}$，两端受轴向拉力 $F = 100\ \text{kN}$，杆件伸长 $\Delta l = 2.5\ \text{mm}$，试求杆横截面上正应力 σ 和纵向线应变 ε。

4.4 一等直杆受力如图 4-29 所示，已知横截面面积 A 和弹性模量 E，试求自由端 A 的位移。

图 4-29　习题 4.4 的图

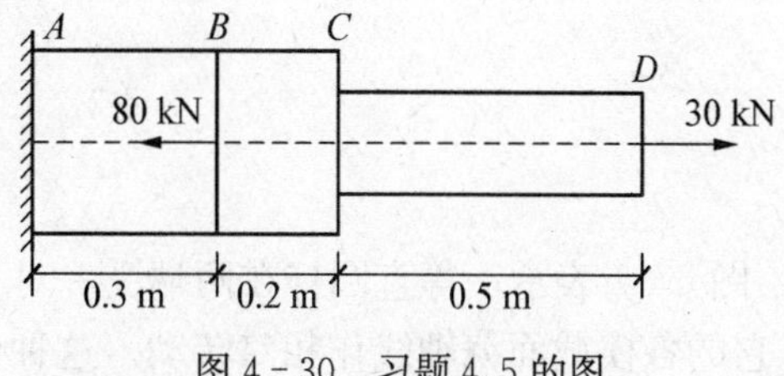

图 4-30　习题 4.5 的图

4.5 一变截面杆受力如图 4-30 所示，已知 AC 段横截面面积 $A_{AC} = 0.001\ \text{m}^2$，$CD$ 段横截面面积 $A_{CD} = 0.0005\ \text{m}^2$，材料弹性模量 $E = 200\ \text{GPa}$。试求杆件的总变形 Δl_{AD}。

4.6 三角支架受力如图 4-31 所示，已知斜杆 AB 用两根 63 mm×40 mm×4 mm 不等边角钢组成，材料的许用应力 $[\sigma] = 170\ \text{MPa}$。试校核斜杆 AB 的强度。

4.7 如图 4-32 所示，三角架中杆 AB 为直径为 $d = 16\ \text{mm}$ 的圆钢杆，许用应力 $[\sigma]_1 = 150\ \text{MPa}$，杆 BC 为边长 $a = 100\ \text{mm}$ 的方形木杆，许用应力 $[\sigma]_2 = 4.5\ \text{MPa}$。试求许用荷载 $[F]$。

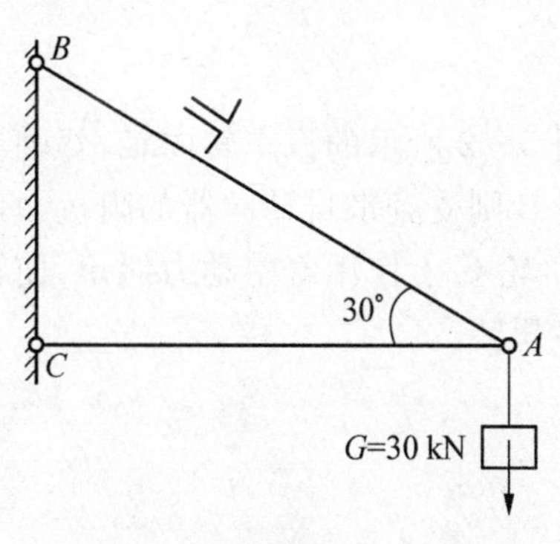

图 4-31　习题 4.6 的图

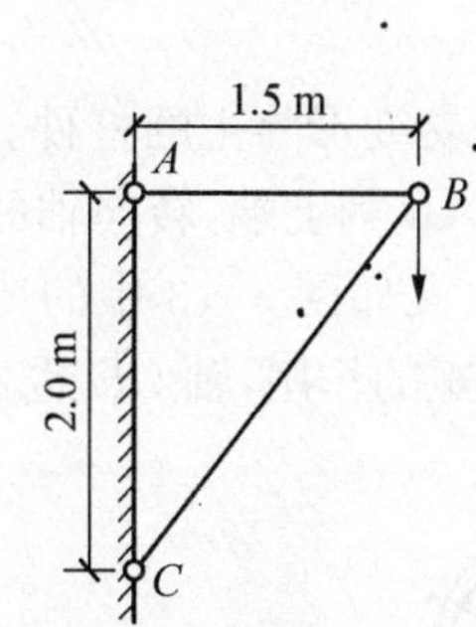

图 4-32　习题 4.7 的图

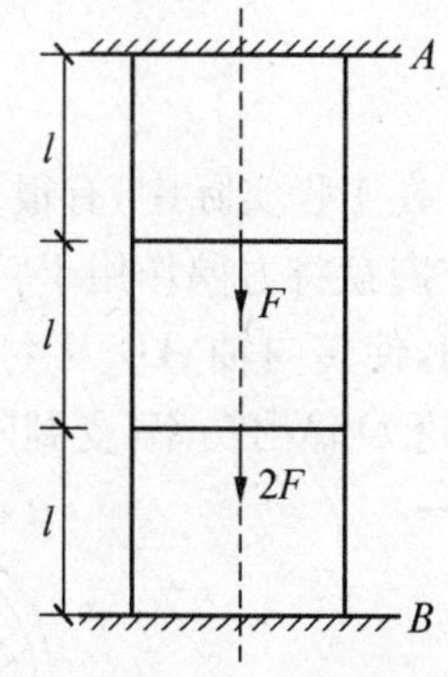

图 4-33　习题 4.8 的图

4.8 一等直杆两端固定，受力如图 4-33 所示，试求两端的支座反力。

第5章 扭转

工 程 力 学

图 5－1 表示一等直圆杆在两端受一对大小相等、方向相反、作用面垂直于轴线的力偶作用，它的各横截面绕轴线作相对转动。这种变形形式称为**扭转**。任意两横截面绕轴线转动的相对角位移，称为**扭转角**。图 5－1 中的 ϕ_{AB} 就是右端面相对于左端面的扭转角。同时，杆表面上的纵向线均将变成螺旋线，纵向线的倾斜角 γ 称为**剪切角**或**切应变**。

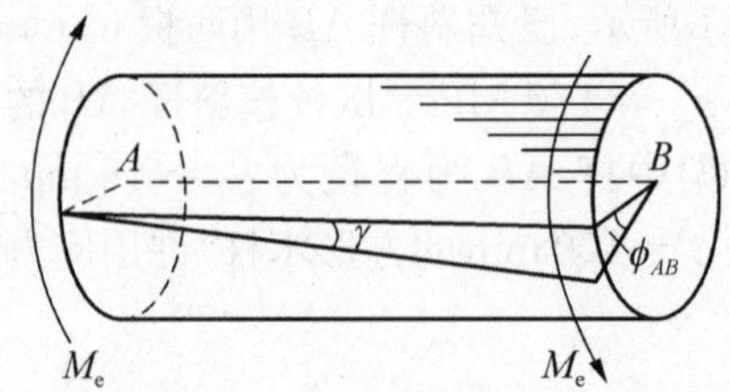

图 5－1　扭转变形

在工程实际中，有很多以扭转变形为主的杆件。如图 5－2 所示的汽车转向轴，驾驶员操纵方向盘将力偶作用于转向轴 AB 的上端，转向轴的下端 B 则受到来自转向器的阻抗力偶的作用，使转向轴 AB 发生扭转。又如图 5－3 中的传动轴，轮 C 上作用着主动力偶矩，使轴转动；轮 D 输出功率，受到阻力偶矩的作用，轴 CD 也将发生扭转。

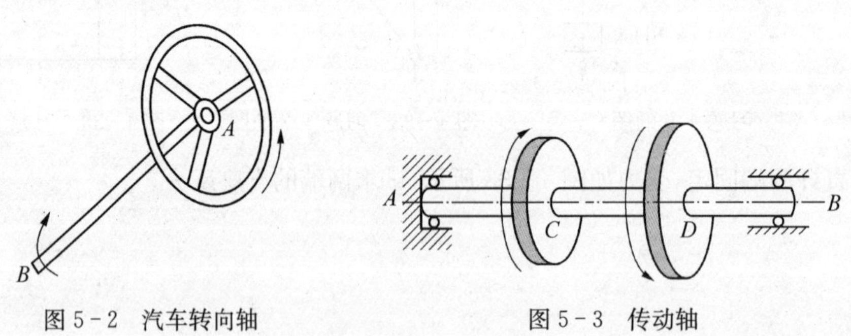

图 5－2　汽车转向轴　　　　图 5－3　传动轴

图 5－4 所示的房屋雨篷，由雨篷梁和雨篷板组成(图 5－4(a))。雨篷梁承受由雨篷板传给的均布力矩，而雨篷梁嵌固的两端产生大小相等、方向相反的力矩(图 5－4(b))来保持平衡，雨篷梁处于受扭状态。

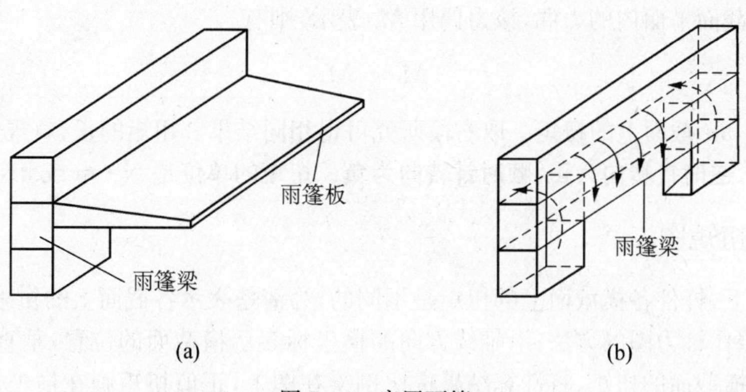

图 5-4　房屋雨篷

5.1　外力偶矩的计算、扭矩及扭矩图

5.1.1　外力偶矩的计算

作用在杆件上的外力偶矩，一般通过横向力及其到轴线的距离来计算。而对于机械中常用的传动轴(见图 5-5)，其外力偶矩一般不直接给出，通常只知道它所传递的功率和它的转速。下面给出外力偶矩、功率和转速之间的关系为

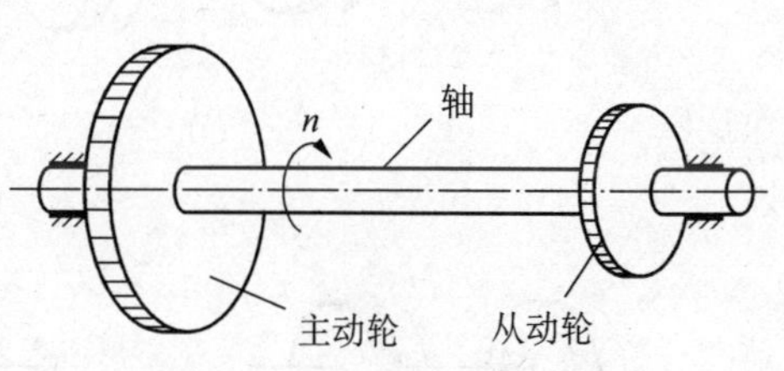

图 5-5　常用的传动轴

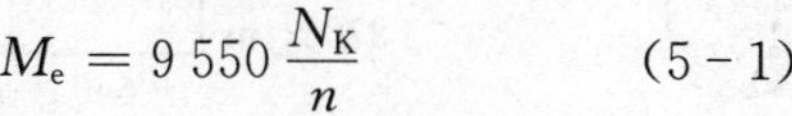

$$M_e = 9\,550\,\frac{N_K}{n} \tag{5-1}$$

式中，M_e—作用在轴上的外力偶矩，单位为 N·m；

N_K—轴传递的功率，单位为 kW；

n—轴的转速，单位为 r/min。

5.1.2　扭矩

研究圆截面杆受扭时横截面上的内力，所用的方法仍为截面法。例如，设一等直圆杆如图 5-6(a)所示，外力偶矩为 M_e，求任意横截面 $m-m$ 上的内力。假设在 $m-m$ 截面将杆 AB 截开，取左段为研究对象(见图 5-6(b))，根据分离体的平衡条件，可得 $m-m$ 截面上的内力必然

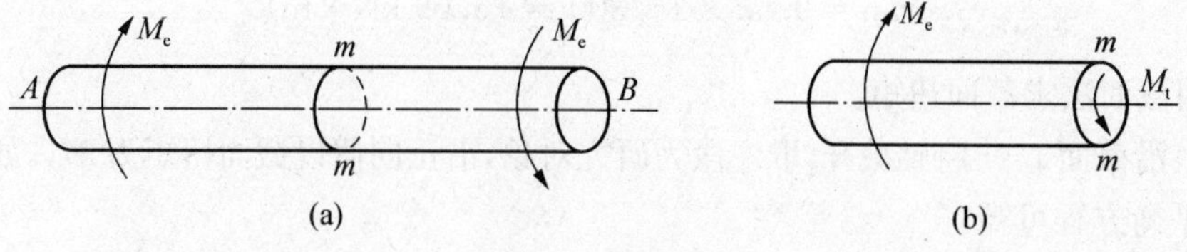

图 5-6　圆杆扭矩

为一个位于横截面平面内的力偶，该力偶用 M_t 表示，则有

$$M_t = M_e$$

式中，M_t 为 $m-m$ 截面上的**扭矩**。取右段研究可得相同结果。扭矩的正、负规定：**自截面的外法线向截面看，逆时针转向为正，顺时针转向为负**。扭矩的单位是 N·m 或 kN·m。

5.1.3 扭矩图

通常情况下，杆件各横截面上的扭矩是不同的，为清楚表示各截面上的扭矩沿轴线变化的规律，可以仿照作轴力图的方法，沿轴线方向的横坐标表示横截面的位置，垂直于轴线方向的坐标表示相应横截面的扭矩，将计算结果按比例绘在图上，正值扭矩画在横坐标轴上方，负值画在下方，即为**扭矩图**。

例 5.1 传动轴如图 5-7(a)所示，已知转速 $n=300$ r/min，主动轮 A 输入功率 $N_{KA}=400$ kW，三个从动轮输出的功率分别为：$N_{KB}=N_{KC}=120$ kW，$N_{KD}=160$ kW，试作轴的扭矩图。

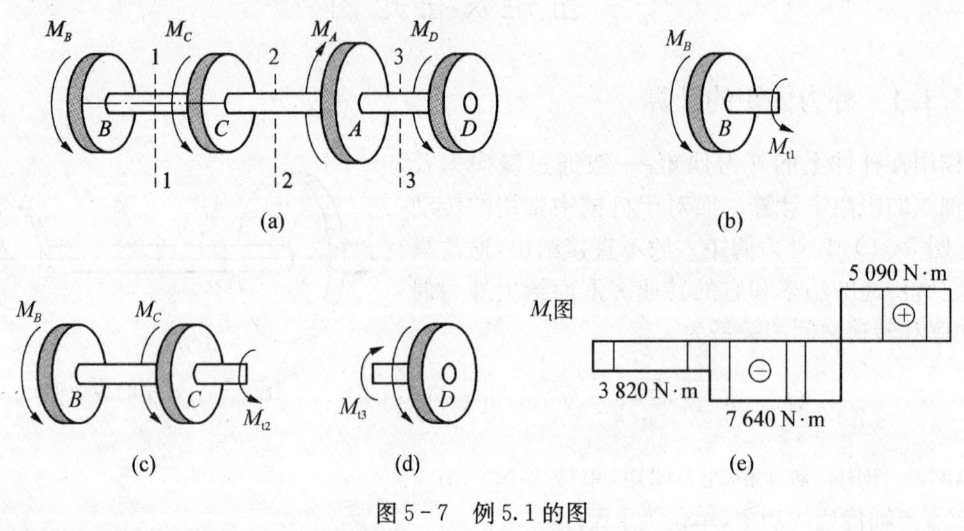

图 5-7 例 5.1 的图

解：(1) 计算外力偶矩。

由式(5-1)，可得：

$$M_A = 9.55\times 400/300 = 12.73(\text{kN}\cdot\text{m})$$

$$M_B = M_C = 9.55\times 120/300 = (3.82\ \text{kN}\cdot\text{m})$$

$$M_D = 9.55\times 16/300 = (5.09\ \text{kN}\cdot\text{m})$$

(2) 用截面法求截面扭矩。

BC 段：沿截面 1-1 将轴截开，取左段为研究对象，沿正向假设截面扭矩为 M_{t1}，如图 5-7(b)所示。由平衡方程可知有

$$\sum M = M_{t1} + M_B = 0$$

得到 $M_{t1}=-3.82\ \text{kN}\cdot\text{m}$

同理可得到 $M_{t2}=-7.64\ \text{kN}\cdot\text{m}$

$M_{t3}=5.09\ \text{kN}\cdot\text{m}$

(3) 作扭矩图。

扭矩图如图 5-7(e)所示，由图可知，该轴的最大扭矩 $|M_t|_{max}=7.64\ \text{kN}\cdot\text{m}$，作用在 CA 段上。

5.2 等直圆杆的扭转

5.2.1 切应力互等定理及剪切胡克定律

5.2.1.1 切应力互等定理

对等直圆杆进行扭转试验，如图 5-8(a)所示，在等直圆杆横截面上会产生切应力，因杆件并无轴向变形，所以横截面上没有正应力产生。取相距 $\mathrm{d}x$ 的两横截面间任一点 A，围绕点 A 取一单位厚度的微元研究(见图 5-8(b))。其左右两面为横截面，横截面上作用的应力均为 τ，且方向如图 5-8(b)所示，这两个面上的剪力值均为 $\tau\mathrm{d}y$，它们组成一个力偶，其值为 $(\tau\mathrm{d}y)\mathrm{d}x$。要保持微元的平衡，在上下两各过轴线的径截面上必有切应力，设为 τ'。根据微元的力矩平衡条件可得

$$(\tau\mathrm{d}y)\mathrm{d}x=(\tau'\mathrm{d}x)\mathrm{d}y$$

即

$$\tau'=\tau \tag{5-2}$$

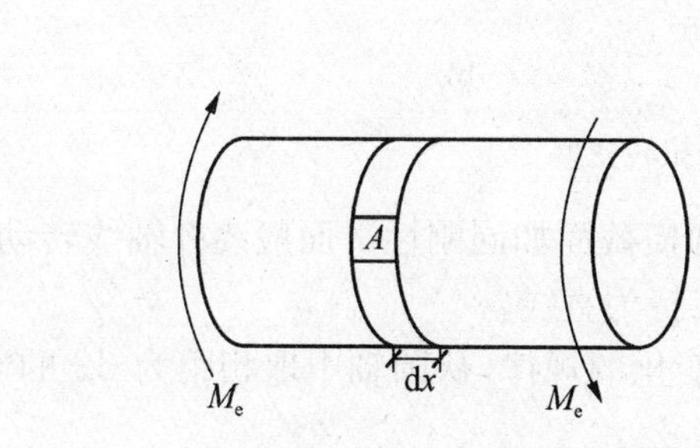

(a)

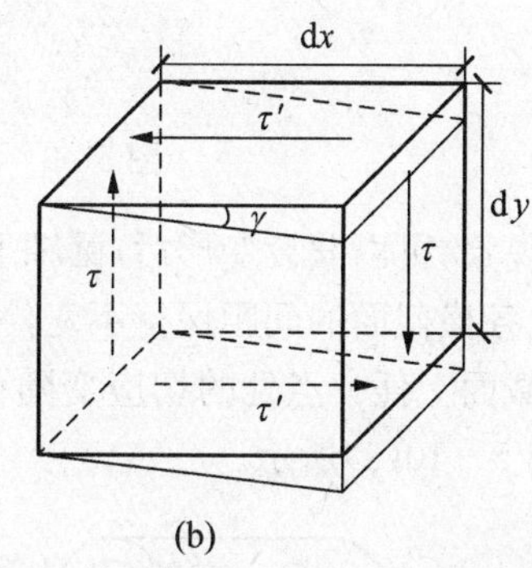

(b)

图 5-8 等直圆杆扭转

这一关系称为**切应力互等定理**：它表明物体内任一点处两个相互垂直的截面上，切应力总是同时存在的，数值相等，方向均指向或背离两截面的交线。

5.2.1.2 剪切胡克定律

通过对低碳钢等塑性材料进行扭转试验，可知，当材料变形处于弹性范围之内时，切应力 τ 和切应变 γ 成线性关系，即

$$\tau\propto\gamma$$

引入比例常数 G，则有

$$\tau = G\gamma \tag{5-3}$$

上式称为材料的**剪切胡克定律**。G 称为材料的切变模量，其值因材料而异，由实验测定，常用单位为 GPa。

切变模量 G、弹性模量 E 及泊松比 ν 均为材料的弹性常数，三者有如下关系

$$G = \frac{E}{2(1+\nu)} \tag{5-4}$$

5.2.2 横截面上的应力

在小变形条件下，等直圆杆在扭转时横截面上也只有切应力。为了得到圆杆在扭转时横截面上切应力的计算公式，需要从研究变形的几何关系入手，再利用切应力与切应变之间的物理关系，最后通过静力学关系，把切应力和扭矩联系起来，方能得到横截面上切应力的计算公式。下面就按照几何、物理和静力学这三方面来进行分析。

1) 几何方面

如图 5-9(a)所示，取一实心圆轴，在其表面均匀地划上圆周线和纵向线，使圆轴扭转产生变形(见图 5-9(b))，可以看到各圆周线的形状、大小和间距均未改变，仅绕轴线相对转动一定角度，各纵向线均倾斜了一微小角度，即切应变 γ。

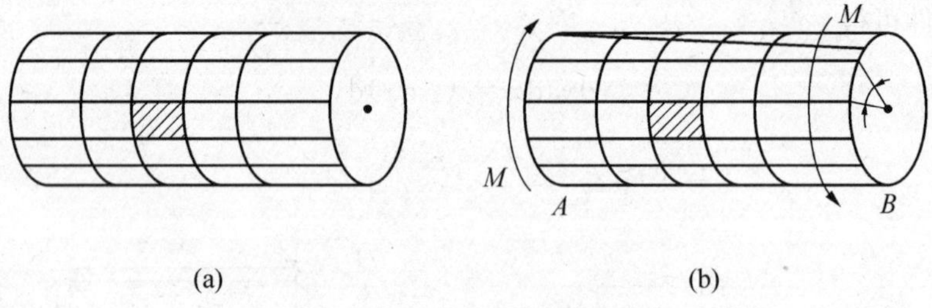

图 5-9　实心圆轴扭转变形

根据上述现象，可以假设变形后，圆轴上所有的横截面如同刚性平面般绕杆轴线转动，即**平面假设**；而且各横截面的间距保持不变，半径仍保持为直线。

为确定横截面上任一点处的切应变随位置而变化的规律，从圆轴中取相距为 $\mathrm{d}x$ 的微段进行研究，如图 5-10(a)所示。

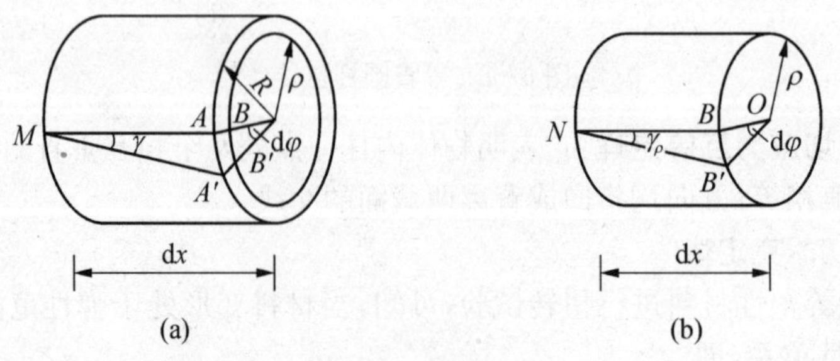

图 5-10　微段研究

设半径 R，杆件发生扭转变形后，纵向线段$\overline{MA}$变为$\overline{MA'}$，$\overline{MA}$和$\overline{MA'}$所成夹角为切应变 γ，弧 AA'对应横截面的圆心角 $d\varphi$。为了研究横截面上任意点的切应变，从圆轴截面内取半径为 ρ 的微段，如图 5－10(b)所示。在小变形的条件下可以建立如下关系：

$$\gamma_\rho = \rho \frac{\mathrm{d}\varphi}{\mathrm{d}x} \tag{5-5}$$

由上式可知，等直圆杆横截面上任一点的切应变随该点到圆心的距离 ρ 成正比。

2) 物理方面

根据剪切胡克定律，在线弹性范围之内，切应力和切应变成正比，即

$$\tau = G\gamma$$

将式(5－5)代入上式，得

$$\tau_\rho = G\gamma_\rho = G\rho \frac{\mathrm{d}\varphi}{\mathrm{d}x} \tag{5-6}$$

由上式可知，圆杆横截面上的切应力 τ_ρ 和 ρ 成正比，即切应力沿半径方向按线性规律变化，到圆心相同距离的各点处，切应力大小相等，分布如图 5－11 所示。

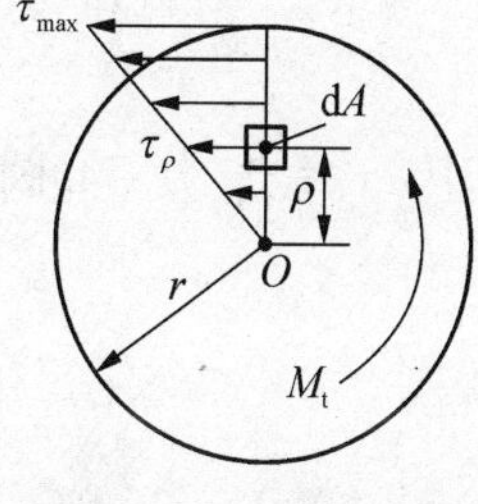

图 5－11　切应力分布

3) 静力学方面

根据图 5－11 所示，由静力学中的合力矩定理可得

$$\int_A \rho\tau_\rho \mathrm{d}A = M_t$$

将式(5－6)代入上式，得

$$G \frac{\mathrm{d}\varphi}{\mathrm{d}x}\int_A \rho^2 \mathrm{d}A = M_t$$

式中，$\int_A \rho^2 \mathrm{d}A$ 仅与横截面的几何性质有关，称为横截面的**极惯性矩**，用 I_P 表示，其单位为 m^4，得

$$\frac{\mathrm{d}\varphi}{\mathrm{d}x} = \frac{M_t}{GI_P} \tag{5-7}$$

将式(5－7)代入式(5－6)，得到等直圆杆扭转横截面上任意点切应力公式

$$\tau_\rho = \frac{M_t \cdot \rho}{I_P} \tag{5-8}$$

当 $\rho = R$ 时，表示圆截面边缘处的切应力最大

$$\tau_{max} = \frac{M_t R}{I_P}$$

上式中，引入 $W_P = \dfrac{I_P}{R}$，则有

$$\tau_{max} = \frac{M_t}{W_P} \tag{5-9}$$

上式中，W_P 称为**抗扭截面系数**，其单位为 m^3。

5.2.3 极惯性矩和抗扭截面系数

对于截面的极惯性矩 I_P 和抗扭截面系数 W_P，按其定义进行积分，可以分别求出实心圆杆和空心圆杆的极惯性矩 I_P 和抗扭截面系数 W_P。

对于图 5－12(a)所示的实心圆杆，有

$$I_P = \int_A \rho^2 \mathrm{d}A = 2\pi \int_0^{\frac{D}{2}} \rho^3 \mathrm{d}\rho = \frac{\pi D^4}{32} \tag{5-10}$$

$$W_P = \frac{I_P}{D/2} = \frac{\pi D^4/32}{D/2} = \frac{\pi D^3}{16} \tag{5-11}$$

对于图 5－12(b)所示的空心圆杆，有

$$I_P = \int_A \rho^2 \mathrm{d}A = 2\pi \int_{\frac{d}{2}}^{\frac{D}{2}} \rho^3 \mathrm{d}\rho = \frac{\pi}{32}(D^4 - d^4) = \frac{\pi D^4}{32}(1 - \alpha^4) \tag{5-12}$$

式中，$\alpha = \dfrac{d}{D}$ 为空心圆杆内外径之比。空心圆轴截面的抗扭截面系数为

$$W_P = \frac{I_P}{D/2} = \frac{\pi D^3}{16}(1 - \alpha^4) \tag{5-13}$$

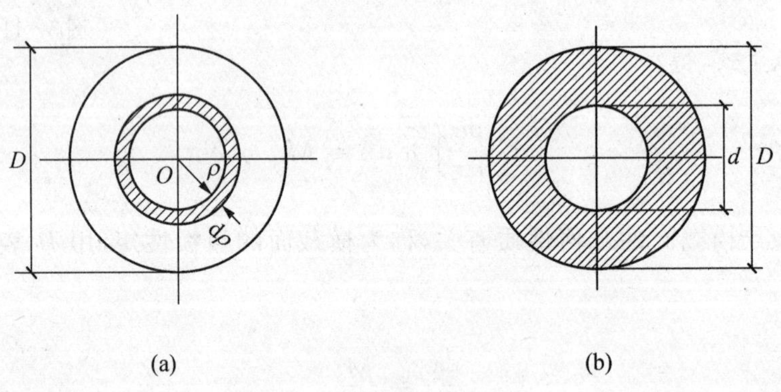

图 5－12 实心圆杆与空心圆杆

5.3 强度计算

5.3.1 等直圆杆扭转强度条件

圆轴在受扭时，杆内各点都处于纯剪切应力状态，其强度条件就是要求圆轴扭转时，横截面上的最大工作切应力不超过材料的许用切应力[τ]，即

$$\tau_{max} = \left(\frac{M_t}{W_P}\right)_{max} \leqslant [\tau] \tag{5-14}$$

对于等直圆杆，表示为

$$\tau_{max} = \frac{M_{t\,max}}{W_P} \leqslant [\tau] \tag{5-15}$$

上式即等直圆杆扭转强度条件。利用圆轴扭转强度条件可以解决强度校核、选择截面尺寸及确定容许荷载等三类问题。

例 5.2 汽车的主传动轴，由 45 号钢的无缝钢管制成，外径 $D = 100$ mm，壁厚 $\delta = 2.5$ mm，工作时的最大扭矩 $M_t = 1.5$ kN·m，若材料的许用切应力$[\tau] = 50$ MPa，试校核该轴的强度。

解：(1) 计算抗扭截面系数。

主传动轴的内外径之比：

$$\alpha = \frac{d}{D} = \frac{100 - 2 \times 2.5}{100} = 0.95$$

抗扭截面系数为

$$W_P = \frac{\pi D^3}{16}(1 - \alpha^4) = \frac{\pi \times 100^3}{16}(1 - 0.95^4)\text{mm}^3 = 3.64 \times 10^4\ \text{mm}^3$$

(2) 计算轴的最大切应力。

$$\tau_{max} = \frac{M_t}{W_P} = \frac{1.5 \times 10^6\ \text{N} \cdot \text{mm}}{3.64 \times 10^4\ \text{mm}^3} = 41.2\ \text{MPa}$$

(3) 强度校核。

$$\tau_{max} = 41.2\ \text{MPa} < [\tau]，主传动轴安全。$$

例 5.3 机床变速箱第Ⅱ轴如图 5-13 所示，轴传递的功率为 $N_K = 5.5$ kW，转速 $n = 200$ r/min，材料为 45 号钢，$[\tau] = 40$ MPa，试按强度条件初步设计直径 d。

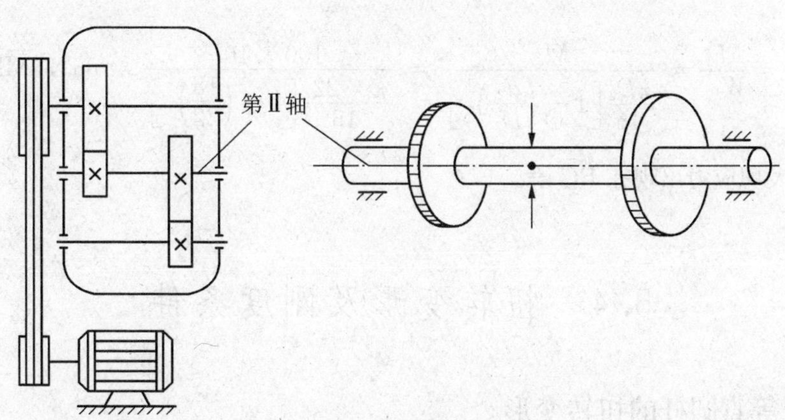

图 5-13 例 5.3 的图

解：计算外力偶矩：

$$M = 9\,550 N_K / n = 9\,550 \times 5.5/200 = 262.6(\text{N} \cdot \text{m})$$

设计轴径：

$$\frac{M_t}{\frac{\pi d^3}{16}} \leqslant [\tau]$$

$$\therefore d \geqslant \sqrt[3]{16 M_t / \pi[\tau]} = \sqrt[3]{16 \times 262.6 \times 10^3 / \pi \times 40} = 32.2(\text{mm})$$

取 $d = 33$ mm。

例 5.4 空心圆轴如图 5-14(a)所示，在 A, B, C 三处受外力偶作用。已知 $M_A = 150$ N·m, $M_B = 50$ N·m, $M_C = 100$ N·m，材料 $G = 80$ GPa，试求轴内的最大切应力 τ_{max}。

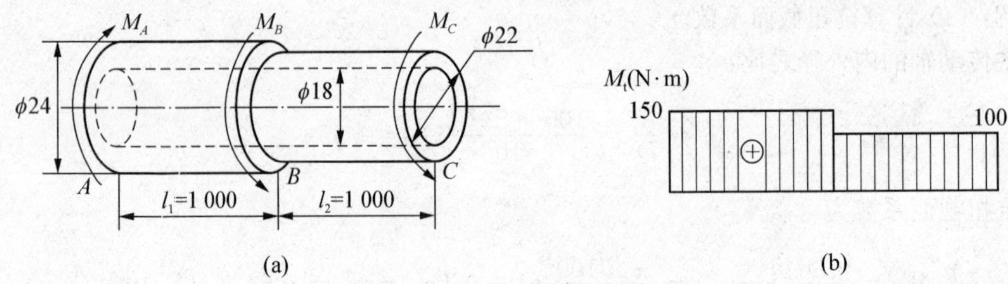

图 5-14 例 5.4 的图

解：(1) 作扭矩图如图 5-14(b)所示。

(2) 计算各段切应力。虽然 AB 段扭矩较大，但 BC 段横截面较小，故应分别计算出各段的最大切应力，再加以比较。由式(5-9)有：

AB 段：

$$\tau_{max1} = \frac{M_{t1}}{W_{P1}} = \frac{M_{t1}}{\frac{\pi D_1^3}{16}\left[1-\left(\frac{d_1}{D_1}\right)^4\right]} = \frac{150 \times 10^3}{\frac{\pi \times 24^3}{16}\left[1-\left(\frac{18}{24}\right)^4\right]} = 80.8(\text{MPa})$$

BC 段：

$$\tau_{max2} = \frac{M_{t2}}{W_{P2}} = \frac{M_{t2}}{\frac{\pi D_2^3}{16}\left[1-\left(\frac{d_2}{D_2}\right)^4\right]} = \frac{100 \times 10^3}{\frac{\pi \times 22^3}{16}\left[1-\left(\frac{18}{22}\right)^4\right]} = 86.7(\text{MPa})$$

可见，此轴最大切应力出现在 BC 段。

5.4 扭转变形及刚度条件

5.4.1 等直圆杆的扭转变形

等直圆杆的扭转变形，是用两个横截面绕杆轴线转动的**相对扭转角** φ 来表示，由(5-7)式可得相距 dx 的两横截面间的相对扭转角为

$$d\varphi = \frac{M_t}{GI_P}dx$$

则相距长度为 l 的两横截面相对扭转角为

$$\varphi = \int_l d\varphi = \int_l \frac{M_t}{GI_P}dx = \frac{M_t l}{GI_P} \tag{5-16}$$

式中，φ 的单位为 rad。GI_P 为等直圆杆的**扭转刚度**，它表示圆杆抵抗扭转变形的能力。

在工程中，对于受扭转圆轴的刚度通常用相对扭转角沿杆长度的变化率 $d\varphi/dx$ 来度量，用 θ 表示，称为**单位长度扭转角**。即：

$$\theta = \frac{d\varphi}{dx} = \frac{M_t}{GI_P} \tag{5-17}$$

5.4.2 等直圆杆扭转刚度条件

等直圆杆扭转时，除要满足强度条件，还要满足刚度条件。工程中轴类构件，如，汽车车轮轴的扭转角过大，汽车在高速行驶或紧急刹车时就会跑偏而造成交通事故；车床传动轴扭转角过大，会降低加工精度，对于精密机械，刚度的要求比强度更严格。下式为圆轴的刚度条件：

$$\theta_{max} \leqslant [\theta] \tag{5-18}$$

在工程中，$[\theta]$的单位为(°)/m，将上式中的弧度换算为度，得

$$\theta_{max} = \left(\frac{M_t}{GI_P}\right)_{max} \times \frac{180}{\pi} \leqslant [\theta] \tag{5-19}$$

对于等直圆杆，表示为

$$\theta_{max} = \frac{M_{t\,max}}{GI_P} \times \frac{180}{\pi} \leqslant [\theta] \tag{5-20}$$

许用扭转角$[\theta]$的数值，是根据作用在轴上的荷载性质及轴的工作条件等因素确定的，对一般传动轴，$[\theta]$可放宽在 2(°)/m 左右，而对于精密机器的轴，$[\theta]$常取在 0.15～0.30(°)/m 之间。

例 5.5 一主传动轴，传递功率 $P = 60$ kW，转速 $n = 200$ r/min，传动轴的许用切应力 $[\tau] = 40$ MPa，许用单位长度扭转角$[\theta] = 0.5$(°)/m，切变模量 $G = 80$ GPa，试计算传动轴所需的直径。

解：(1) 计算轴的扭矩。

$$M_t = 9\,550\,\frac{60\text{ kW}}{200\text{ r/min}} = 2\,864\text{ N}\cdot\text{m}$$

(2) 根据强度条件求所需直径。

$$\tau = \frac{M_t}{W_P} = \frac{16T}{\pi d^3} \leqslant [\tau]$$

$$d \geqslant \sqrt[3]{16M_t/(\pi[\tau])} = \sqrt[3]{16 \times 2\,864 \times 10^3/(\pi \times 40)} = 71.5(\text{mm})$$

(3) 根据圆轴扭转的刚度条件，求直径。

$$\theta = \frac{M_t}{GI_P} \times \frac{180}{\pi} \leqslant [\theta]$$

$$\begin{aligned} d &\geqslant \sqrt[4]{32 \times 180 \times M_t/(G\pi^2[\theta])} \\ &= \sqrt[4]{32 \times 180 \times 2\,864 \times 10^3/(80 \times 10^3 \times 0.5 \times 10^{-3} \times \pi^2)} \\ &= 80.35(\text{mm}) \end{aligned}$$

故应按刚度条件确定传动轴直径，取 $d = 81$ mm。

小结

(1) 等直圆杆横截面上的切应力 τ_ρ 和 ρ 成正比，即切应力沿半径方向按线性规律变化，到圆心相同距离的各点处，切应力大小相等，在圆心处为零。最大切应力发生在截面外周边各点处，其计算公式如下：

$$\tau_\rho = \frac{M_t \rho}{I_P},\ \tau_{\max} = \frac{M_{t\max}}{W_P}$$

(2) 扭转的强度条件为

$$\tau_{\max} = \frac{M_{t\max}}{W_P} \leqslant [\tau]$$

(3) 扭转变形的计算公式为

$$\varphi = \frac{M_t l}{GI_P}$$

扭转的刚度条件是

$$\theta_{\max} = \frac{M_t}{GI_P} \times \frac{180}{\pi} \leqslant [\theta]$$

5.1 若两轴上的外力偶矩及各段轴长相等，而截面尺寸不同，其扭矩图相同吗？

5.2 直径相同，材料不同的两根等长的实心圆杆，在相同的扭矩作用下，其最大切应力 $\tau_{\max}$ 和最大单位扭转角 $\theta_{\max}$ 是否相同？

5.3 横截面面积相同的空心圆杆和实心圆杆相比，为什么空心圆杆的强度和刚度都较大？

5.4 扭转圆轴横截面上切应力的计算公式有什么使用条件？

5.1 如图 5-15 所示传动轴，转速 $n = 300$ r/min，A 轮为主动轮，输入功率 $N_{KA} = 10$ kW，B、

C、D 为从动轮，输出功率分别为 $N_{KB}=4.5\,\mathrm{kW}$，$N_{KC}=3.5\,\mathrm{kW}$，$N_{KD}=2.0\,\mathrm{kW}$，试求各段扭矩，并作出扭矩图。

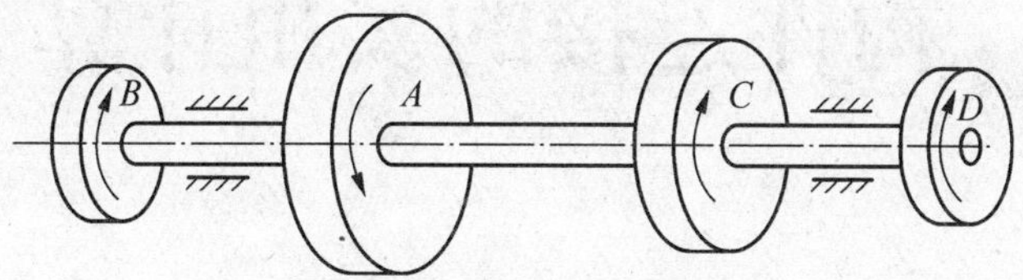

图 5-15　习题 5.1 的图

5.2　试作图 5-16 所示各杆的扭矩图。

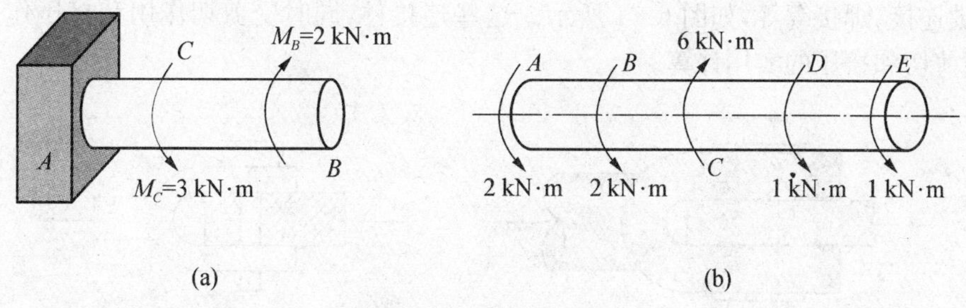

图 5-16　习题 5.2 的图

5.3　一实心圆杆直径 $d=100\,\mathrm{mm}$，扭矩 $M_t=100\,\mathrm{kN\cdot m}$，试求距圆心 $\dfrac{d}{4}$ 和 $\dfrac{d}{2}$ 处的切应力。

5.4　如图 5-17 所示，实心圆杆 AB，直径 $d=100\,\mathrm{mm}$，长 $l=1\,\mathrm{m}$，两端受外力偶矩 $M_e=14\,\mathrm{kN\cdot m}$，材料的切变模量 $G=80\,\mathrm{GPa}$。试求圆杆上最大切应力及两端截面的相对扭转角，并求出图示 K 截面上 C 点处的切应力及切应变。

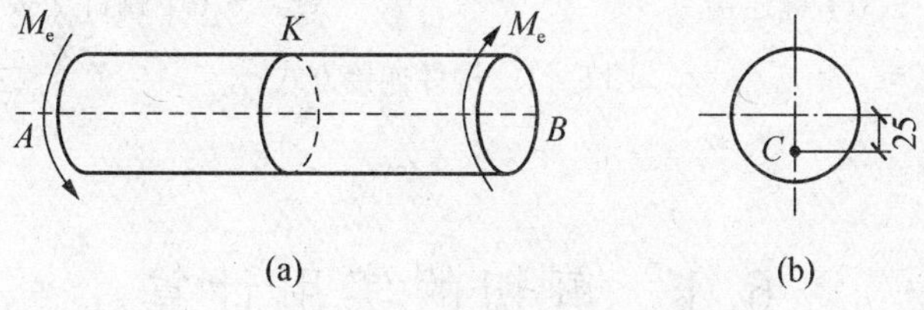

图 5-17　习题 5.4 的图

5.5　空心钢制圆杆，外径 $D=100\,\mathrm{mm}$，内径 $d=50\,\mathrm{mm}$，已知间距为 $l=2.7\,\mathrm{m}$ 的两横截面的相对扭转角 $\varphi=1.8°$，材料的切变模量 $G=80\,\mathrm{GPa}$，试求轴内的最大切应力。

5.6　如图 5-18 所示，一钢制阶梯圆杆，AB 段为外径 $D_1=100\,\mathrm{mm}$，内径为 $d_1=80\,\mathrm{mm}$ 的空心圆杆。BC 段为 $d_2=80\,\mathrm{mm}$ 的实心圆杆，若材料的许用切应力为 $[\tau]=100\,\mathrm{MPa}$，试校核该圆杆的强度。

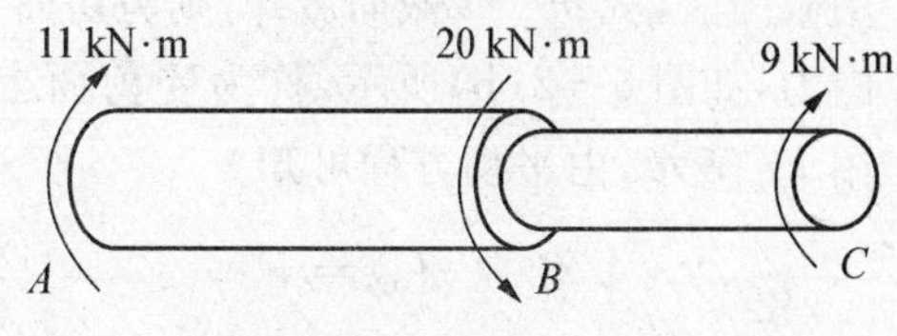

图 5-18　习题 5.6 的图

5.7　实心圆轴的转速 $n=300\,\mathrm{r/min}$，传递的功率 $N_K=330\,\mathrm{kW}$，材料的许用切应力 $[\tau]=60\,\mathrm{MPa}$，切变模量 $G=80\,\mathrm{GPa}$，要求在 2 m 长度内的相对扭转角不超过 1°，试求该轴的直径。

构件连接的实用计算

构件之间需要彼此连接起来，就钢结构和机械中的连接而言，其连接方式有螺栓连接、销钉连接、键连接、焊接等等，如图 6-1 所示。这些连接件，同时受剪切作用和挤压作用。本章主要介绍剪切和挤压的实用计算。

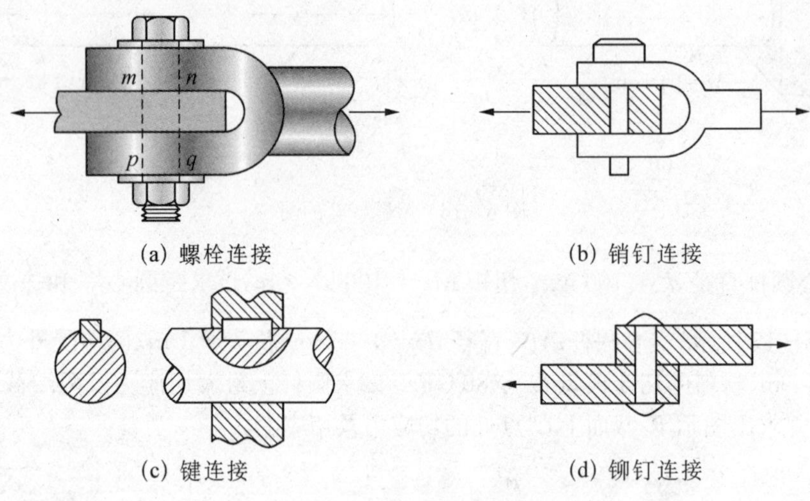

图 6-1 构件连接方式

6.1 剪切的实用计算

铆钉受剪面上的内力，可用截面法求得。铆钉的受力如图 6-2(a)所示。在外力作用下，铆钉沿 $m-m$ 截面(**剪切面**)将发生相对错动，利用截面法，从 $m-m$ 截面截开，则剪切面上的切向内力，如图 6-2(b)所示，称为**受剪面上的剪力**，用 F_Q 表示，由平衡方程可知

$$F_Q = F$$

在剪切面上，假设切应力均匀分布，得到**名义切应力**，即

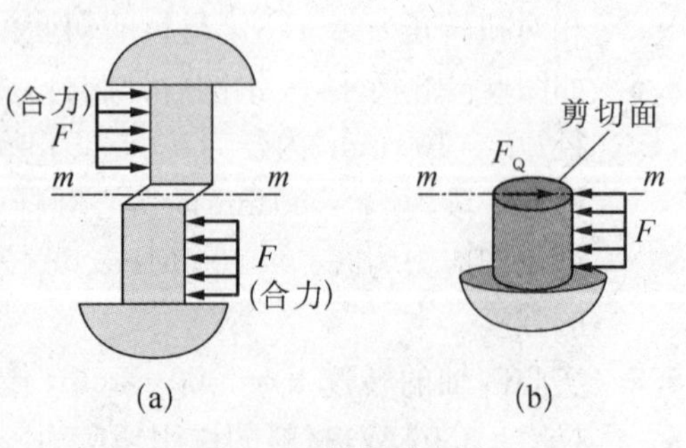

图 6-2 铆钉受力图

$$\tau = \frac{F_Q}{A} \tag{6-1}$$

式中,A 为剪切面面积。

为确保构件不发生剪切破坏,由(6-1)式计算的工作切应力应当不超过材料的许用切应力$[\tau]$。**剪切强度条件**为

$$\tau = \frac{F_Q}{A} \leqslant [\tau] = \frac{\tau_b}{n_\tau} \tag{6-2}$$

式中,τ_b 为材料的剪切强度;n_τ 是大于1的剪切安全因数,它为构件抵抗剪切破坏提供了必要的安全储备。而对于剪板、冲孔等,则要求需要时应保证工件被剪断,故应满足**剪断条件**:

$$\tau = \frac{F_Q}{A} > \tau_b \tag{6-3}$$

例6.1 冲压加工如图6-3所示。冲头材料的容许正应力为$[\sigma] = 500\ \text{MPa}$,被冲剪钢板的剪切强度$\tau_b = 320\ \text{MPa}$,冲压力$F = 400\ \text{kN}$。试确定在$F$作用下所能冲出的最小圆孔直径$d$及最大钢板厚度$t$。

解:冲头和被冲剪下来的钢板(落料)受力如图6-3所示。冲头受压,落料受剪。

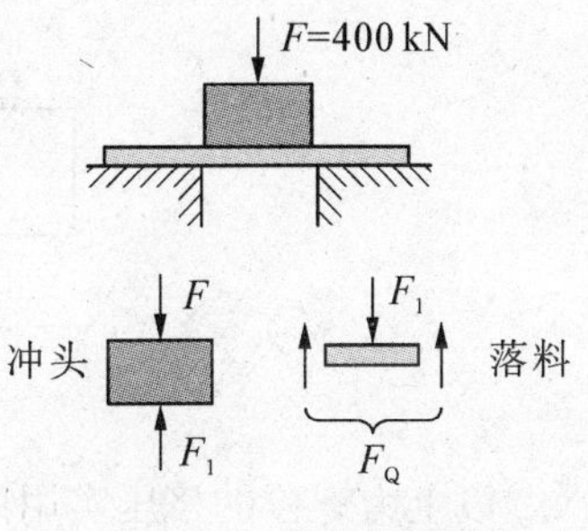

图6-3 例6.1的图

(1) 考虑冲头强度。

设冲头直径为d。轴力$F_N = F$;虽然冲孔直径越小,冲头压应力越大,但应满足拉(压)强度条件,故有

$$\sigma = \frac{4F}{\pi d^2} \leqslant [\sigma]$$

得
$$d \geqslant \sqrt{\frac{4F}{\pi[\sigma]}} = \sqrt{\frac{4 \times 400 \times 10^3}{3.14 \times 500}} = 32(\text{mm})$$

(2) 考虑板的剪切。

沿剪切面将板截开,取落料部分研究。受力如图6-3所示,可知剪力$F_Q = F$,由剪断条件(6-3)式知应有:

$$\tau = \frac{F_Q}{A} = \frac{F}{\pi dt} > \tau_b$$

得
$$t < \frac{F}{\pi d \tau_b} = \frac{400 \times 10^3}{3.14 \times 32 \times 320} = 12.4(\text{mm})$$

故最小冲孔直径为$d = 32\ \text{mm}$,且此时可冲剪的最大板厚为$t = 12\ \text{mm}$。

6.2 挤压的实用计算

连接件与被连接件在互相传递力时,接触表面是相互压紧的,接触表面上的压力称为**挤压力**,用F_{bs}表示,相应的应力称为**挤压应力**,用σ_{bs}表示。实际上,挤压应力在连接件上分布很复

杂。如图 6-4(a)所示，螺栓与钢板在挤压面上相互作用挤压力，挤压力 $F_{bs}=F$，实际的挤压面是半圆柱面，但在实用计算中用其直径平面(图 6-4(b)中的阴影部分)来代替，面积用 A_{bs} 表示，称为**计算挤压面面积**。挤压力除以计算挤压面面积，得到名义挤压应力，即

$$\sigma_{bs}=\frac{F_{bs}}{A_{bs}}=\frac{F_{bs}}{td} \tag{6-4}$$

式中，t 为钢板厚度，d 为螺栓孔的直径。螺栓连接的挤压强度条件为

$$\sigma_{bs}=\frac{F_{bs}}{A_{bs}}\leqslant[\sigma_{bs}] \tag{6-5}$$

式中，$[\sigma_{bs}]$为材料的允许挤压应力。

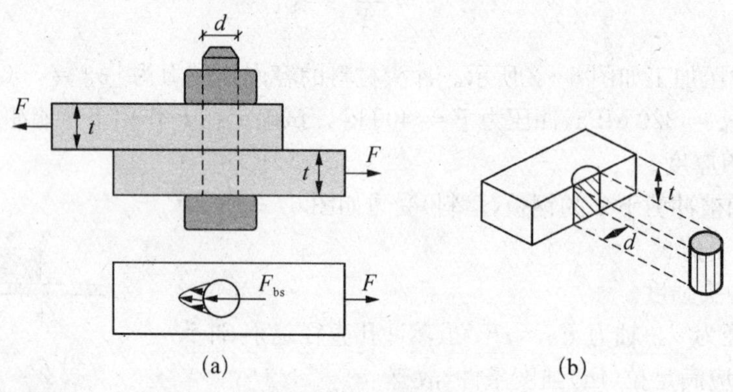

图 6-4　挤压应力

以上为螺栓的挤压实用计算方法，对于铆钉连接和销钉连接也完全适用；对于键连接和榫齿连接，其挤压面为平面，挤压面面积按实际挤压面计算。

例 6.2　图 6-5(a)所示销钉连接，$t=10$ mm，作用于被连接件上的拉力 $F=20$ kN，销钉材料的许用剪应力$[\tau]=40$ MPa，许用挤压应力$[\sigma_{bs}]=160$ MPa，试确定销钉的直径 d。

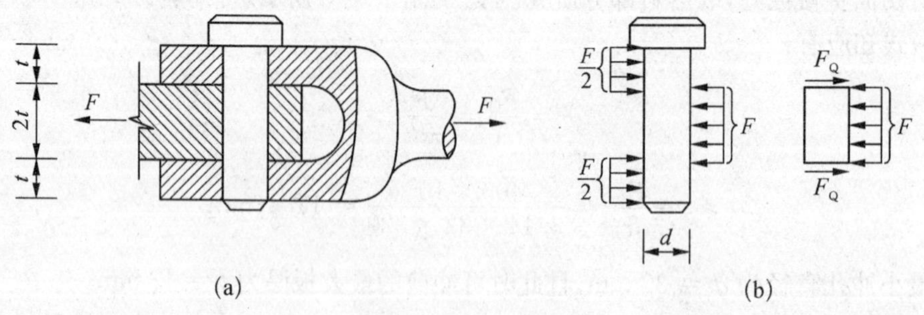

图 6-5　例 6.2 的图

解：销钉的受力情况如图 6-5(b)所示，属于双剪。

(1) 确定销钉的直径 d：

由 $\tau=\dfrac{F_Q}{A}\leqslant[\tau]$，可得

$$\frac{F/2}{\pi d^2/4} \leqslant [\tau]$$

则 $$d \geqslant \sqrt{\frac{2F}{\pi[\tau]}} = \sqrt{\frac{2 \times 20 \times 10^3}{3.14 \times 40}} = 17.85(\text{mm})$$

取 $d = 18$ mm。

(2) 对销钉进行挤压强度校核：

$$\sigma_{bs} = \frac{F_{bs}}{A_{bs}} = \frac{F}{2dt} = \frac{20 \times 10^3}{2 \times 18 \times 10} = 55.55(\text{MPa}) < 160(\text{MPa})$$

满足强度要求，故选定的销钉直径为 18 mm。

小 结

(1) 连接件的剪切实用计算：

名义剪应力

$$\tau = \frac{F_Q}{A}$$

剪切强度条件为

$$\tau = \frac{F_Q}{A} \leqslant [\tau] = \frac{\tau_b}{n_\tau}$$

(2) 连接件的挤压实用计算：

名义挤压应力

$$\sigma_{bs} = \frac{F_{bs}}{A_{bs}} = \frac{F_{bs}}{td}$$

挤压强度条件为

$$\sigma_{bs} = \frac{F_{bs}}{A_{bs}} \leqslant [\sigma_{bs}]$$

6.1 压缩和挤压有什么区别？

6.2 剪切和挤压的实用计算中用了什么假设？

6.1 如图 6-6 所示，正方形截面的混凝土柱，其横截面边长为 200 mm，其基底为边长 1 m 的正方形混凝土板，柱承受轴向压力 $F = 100$ kN。设地基对混凝土板的支反力为均匀分

布，混凝土的许用切应力 $[\tau]=1.5\ \text{MPa}$。试设计混凝土板的最小厚度 δ 为多少时，才不至于使柱穿过混凝土板？

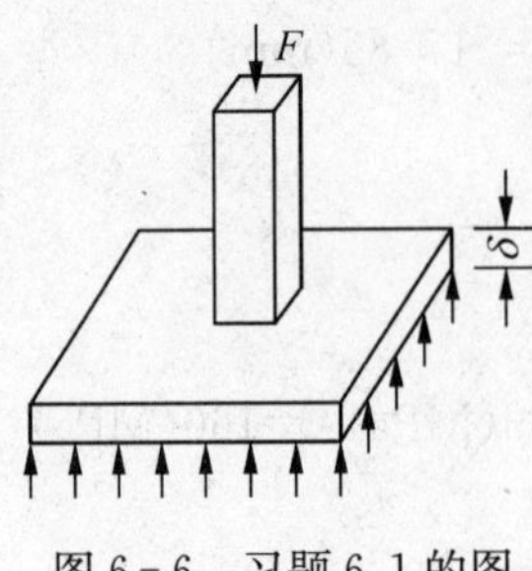

图 6-6　习题 6.1 的图

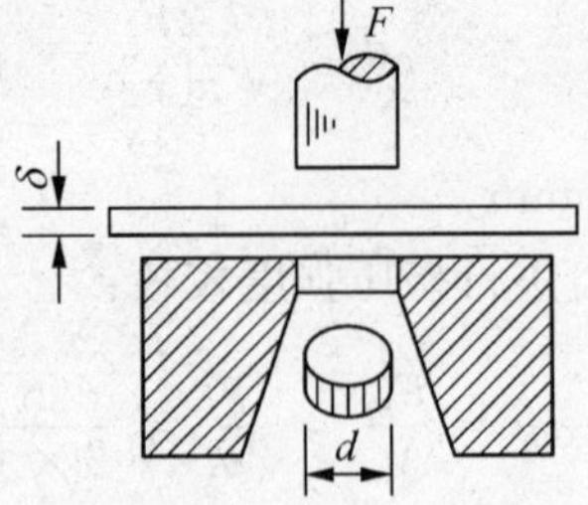

图 6-7　习题 6.2 的图

6.2　如图 6-7 所示，钢板的厚度 $\delta=5\ \text{mm}$，其剪切极限应力 $\tau_u=400\ \text{MPa}$，问要加多大的冲剪力 F，才能在钢板上冲出一个直径 $d=18\ \text{mm}$ 的圆孔。

6.3　电机车挂钩的销钉联接如图 6-8 所示，已知挂钩厚度 $t=8\ \text{mm}$，销钉的许用剪应力 $[\tau]=60\ \text{MPa}$，许用挤压应力 $[\sigma_{bs}]=200\ \text{MPa}$，电机车的牵引力 $F=15\ \text{kN}$，试选择销钉的直径 d。

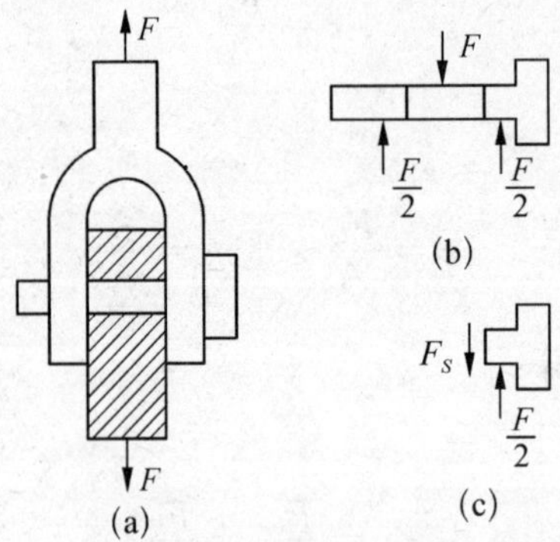

图 6-8　习题 6.3 的图

第7章 平面弯曲内力

在进行结构设计时，结构的各个构件应具有一定的强度、刚度和稳定性，要解决强度、刚度和稳定性问题，就必须先确定构件的内力。内力计算是工程力学的重要基础知识，也是进行结构设计的重要环节。本章将讨论构件的内力计算问题。

7.1 平面弯曲的概念

7.1.1 梁平面弯曲的概念

等直杆在其包含杆轴线的纵向平面内，若受到垂直于杆轴线的横向载荷的作用，杆件发生变形，轴线由直线变成曲线，这种变形称为**弯曲**。以弯曲为主要变形的杆件统称为**梁**。在各类工程结构中，经常用梁来承受荷载。例如，如图 7-1(a)和图 7-2(a)，分别为桥梁和阳台挑梁。图 7-1(b)和图 7-2(b)分别为桥梁和阳台挑梁的受力及变形简图。

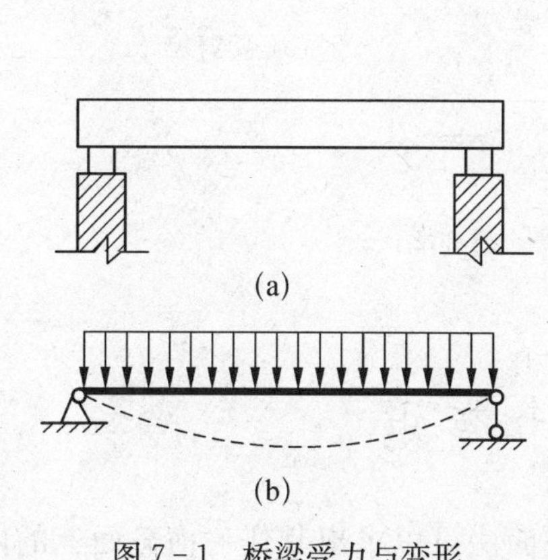

图 7-1 桥梁受力与变形

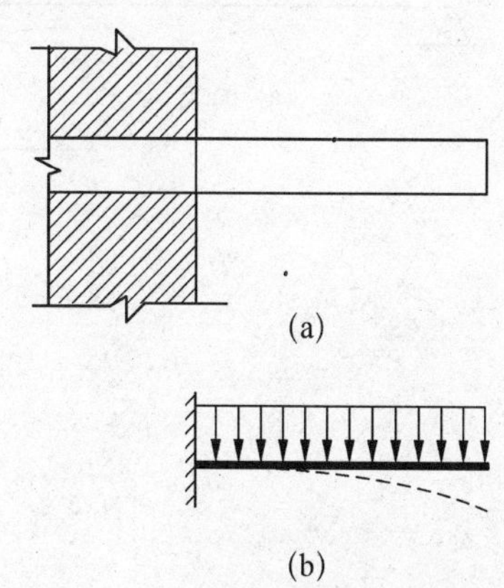

图 7-2 阳台挑梁受力与变形

工程中常用的梁的横截面通常采用对称形状，如矩形、工字形、T 形以及圆形等，如图7-3所示。横截面一般具有一对称轴，因此梁就有一个过轴线的纵向对称面，如图 7-4 所示。当所有荷载都作用在此纵向对称面内时，梁的轴线也将在此对称面内弯曲，这种在变形后梁的轴线所在平面与外力作用面重合的弯曲称为**平面弯曲**。平面弯曲是工程中最基本也是最常见的弯曲问题。

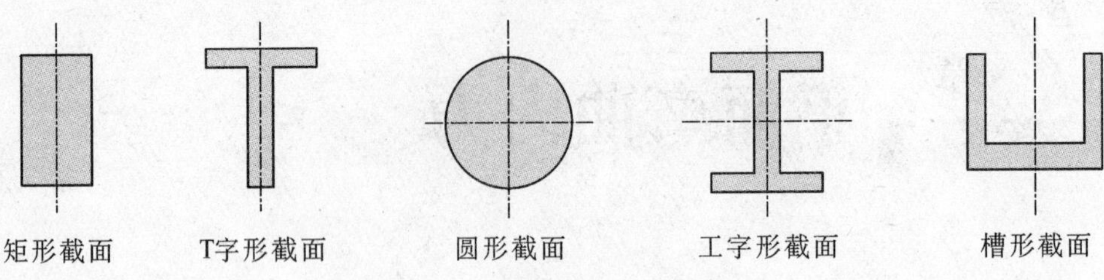

图 7-3　工程中常用梁的横截面

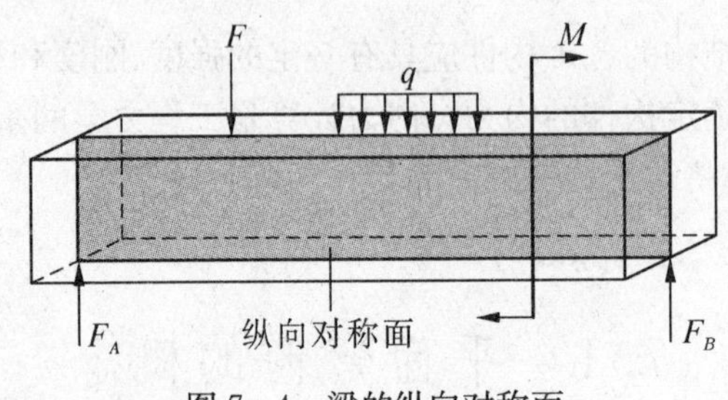

图 7-4　梁的纵向对称面

7.1.2　单跨静定梁的类型

梁的约束反力能用静力平衡条件完全确定的梁，称为静定梁。根据约束情况的不同，单跨静定梁可分为简支梁（见图 7-5(a)）、悬臂梁（见图 7-5(b)）和外伸梁（见图 7-5(c)）三种形式。

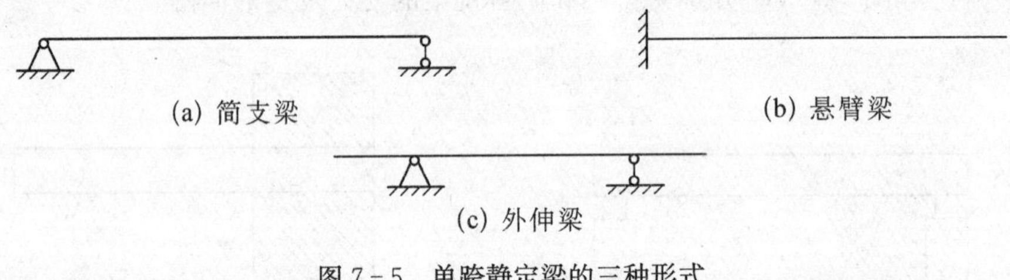

图 7-5　单跨静定梁的三种形式

7.2　剪力和弯矩

当作用在梁上的全部荷载均为已知时，利用截面法可以求出其任一横截面上的内力。图 7-6(a)所示简支梁在外力作用下处于平衡状态，由整个梁的平衡条件，可求得支座反力为

$$F_A = \frac{Fb}{l} \quad 和 \quad F_B = \frac{Fa}{l}$$

要求出距 A 端为 x 处横截面 $m-n$ 上的内力，可以按截面法在横截面 $m-n$ 处假想地将梁截开，因整个梁处于平衡状态，则被截出的一段梁也应处于平衡状态。若取左段梁作为分离体来研究，则右段梁对左段梁的作用以截开面上的内力来代替，因分离体保持平衡，在横截面 $m-n$ 上，必然存在与截面相切的内力 F_Q 和绕横截面形心 C 转动的力偶 M，如图 7-6(b)所示。根

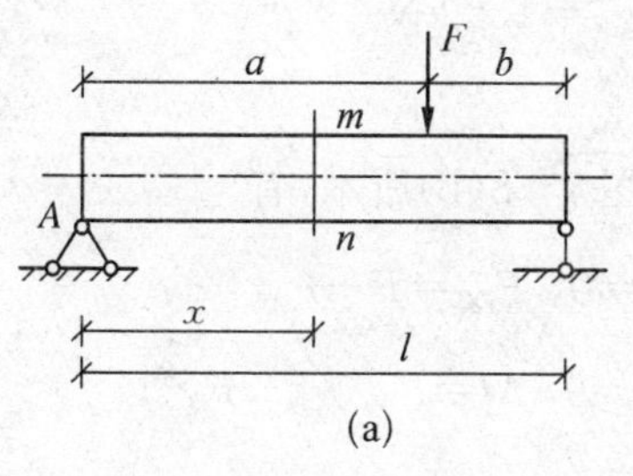

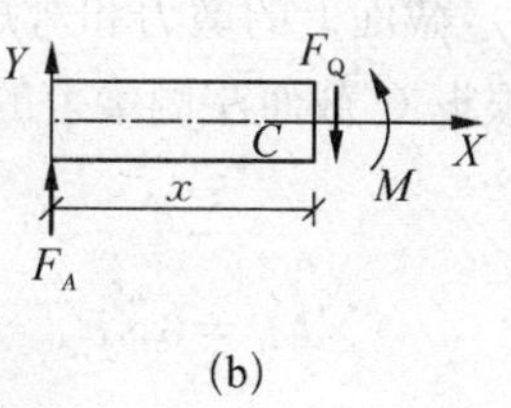

图 7-6 简支梁的剪力与弯矩

据分离体的平衡条件，有

$$\sum F_Y=0,\ F_A-F_Q=0$$

$$\sum M_C=0,\ M-F_Ax=0$$

得
$$F_Q=F_A,\ M=F_Ax$$

F_Q 称为横截面上的**剪力**，M 称为横截面上的**弯矩**。为计算方便，通常对剪力和弯矩的正负号作如下规定：**剪力 F_Q 对其所在横截面一侧分离体上所有点的力矩若为顺时针，剪力 F_Q 为正；反之为负**。在图 7-7(a)所示的变形情况下，**当微段的弯曲为向下凸即该微段的下侧受拉时，横截面上的弯矩为正号；反之为负号**，如图 7-7(b)所示。根据此规定，在图 7-6(b)中的剪力 F_Q 和弯矩 M 均为正值。

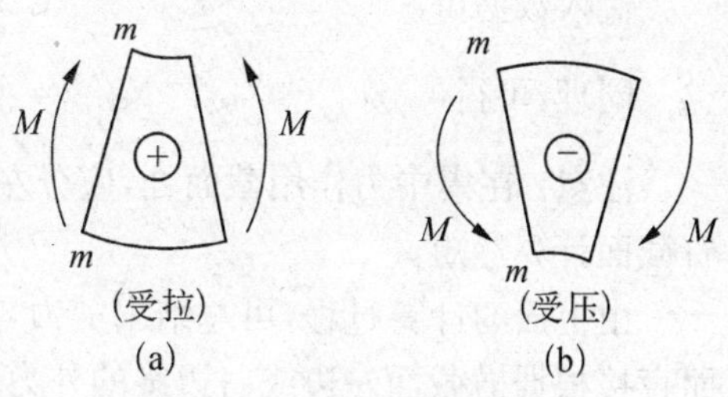

图 7-7 剪力和弯矩的正负号

例 7.1 一外伸梁，受荷载如图 7-8 所示，试求截面 C、截面 B 左和截面 B 右上的剪力和弯矩。

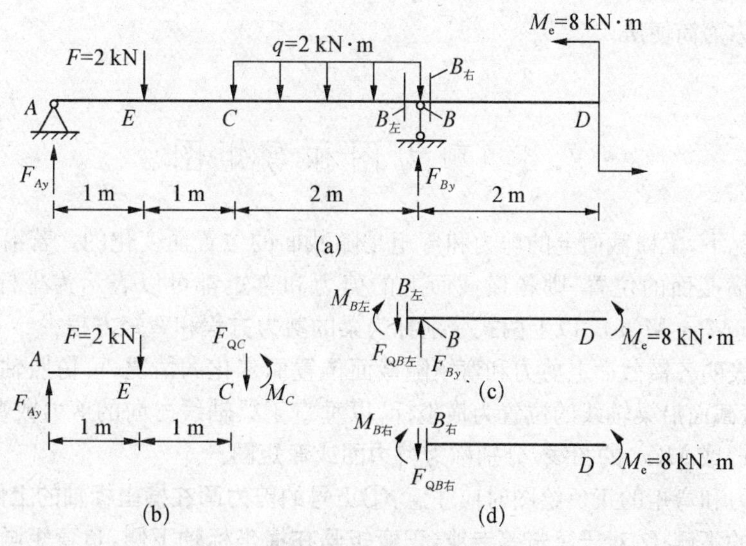

图 7-8 例 7.1 的图

解：(1) 计算约束反力。

$$F_{Ay}=4.5\ \text{kN},\ F_{By}=1.5\ \text{kN}$$

(2) 求指定截面上的剪力和弯矩。

截面 C:根据 C 截面左侧梁上的平衡条件,如图 7-8(b)所示,有

$$\sum F_Y=0,\ F_{Ay}-F-F_{QC}=0,\ F_{QC}=F-F_{Ay}$$

$$\sum M_C=0,\ F_{Ay}\times 2-F\times 1-M=0,\ M=F_{Ay}\times 2-F\times 1$$

代入数据得

$$F_{QC}=2.5\ \text{kN} \text{ 和 } M_C=7\ \text{kN}\cdot\text{m}$$

截面 B 左:根据 B 左截面右侧梁的平衡条件,如图 7-8(c)所示,有

$$\sum F_Y=0,\ F_{By}-F_{QB左}=0\quad F_{QB左}=F_{By}$$

$$\sum M_{B左}=0,\ M_e-M_{B左}=0\quad M_{B左}=M_e$$

代入数据得 $F_{QB左}=1.5\ \text{kN}$ 和 $M_{B左}=8\ \text{kN}\cdot\text{m}$

同理,可得 $F_{QB右}=0$ 和 $M_{B右}=8\ \text{kN}\cdot\text{m}$

注意:在集中力作用截面处,应分左、右截面计算剪力;在集中力偶作用截面处也应分左、右截面计算弯矩。

由上面的计算过程,可总结出剪力与弯矩计算的规律,应用该规律,可不必列出平衡方程,而直接根据横截面左边或右边梁的外力求该截面上的剪力和弯矩:

(1) 梁上任一截面上剪力,其数值等于该截面任一侧(左侧或右侧)梁上所有横向外力的代数和。

(2) 梁上任一截面上弯矩,其数值等于该截面任一侧(左侧或右侧)梁上所有外力对截面形心的力矩的代数和。

此规律常称为**简便法**。

7.3 剪力图和弯矩图

在一般情况下,梁横截面上的剪力和弯矩是随截面的位置而变化的。若沿梁轴线方向选取坐标 x 表示横截面的位置,则各横截面上的剪力和弯矩都可以表示为坐标 x 的函数,即 $F_Q=F_Q(x)$ 和 $M=M(x)$,以上两式分别称为梁的**剪力方程**和**弯矩方程**。

为能清楚表明各横截面上剪力和弯矩随截面位置而变化的情况,可仿照轴力图和扭矩图的作法,以梁横截面沿梁轴线的位置为横坐标,以垂直于梁轴线方向的剪力或弯矩为纵坐标,绘制表示 $F_Q(x)$或 $M(x)$的图线,分别称为**剪力图**或**弯矩图**。

在根据剪力和弯矩的正负绘图时应注意:**①正号的剪力画在横坐标轴的上侧,负号的剪力画在横坐标轴的下侧;②对于建筑等专业,正弯矩画在横坐标轴下侧,负弯矩画在横坐标轴上侧,也就是把弯矩画在梁受拉的一侧,即 M 轴向下为正;③对于机械、船舶等专业,正弯矩画在横坐标轴上侧,负弯矩画在横坐标轴下侧,即 M 轴向上为正。**

例 7.2 如图 7-9 所示，悬臂梁受集中力 F 作用，试列出该梁的剪力方程和弯矩方程，并作出剪力图和弯矩图。

解：(1) 列剪力方程和弯矩方程。

以梁左端 A 点为 x 轴坐标原点，则剪力方程和弯矩方程分别为

$$F_Q(x) = -F \quad (0 < x < l) \quad ①$$

$$M(x) = -Fx \quad (0 \leqslant x < l) \quad ②$$

(2) 作剪力图和弯矩图。

式①表明，梁各横截面上的剪力均相同，所以剪力图是一条平行于 x 轴的直线，且位于 x 轴下方，如图 7-9(b)所示。

式②表明，$M(x)$ 为 x 的线性函数，所以弯矩图是一条倾斜直线，只需确定梁上两点弯矩值，例如，$x=0$，$M(0)=0$ 和 $x=l$，$M(l)=Fl$，便可绘出弯矩图。若 M 轴向下为正，弯矩图如图 7-9(c)所示；若 M 轴向上为正，弯矩图则如图 7-9(d)所示。

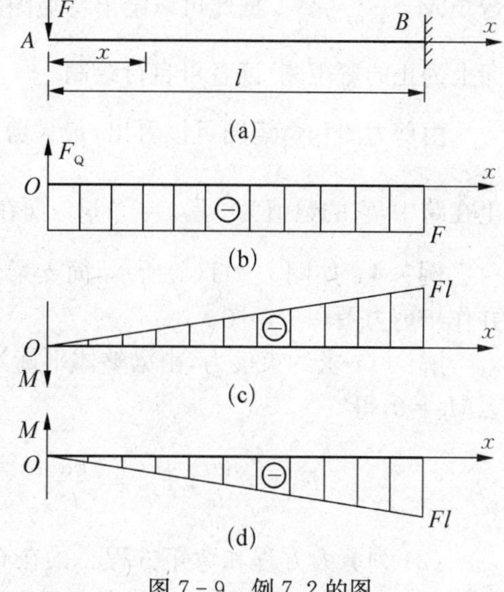

图 7-9 例 7.2 的图

由剪力图和弯矩图可知，剪力在全梁各截面都相等，在梁右端的固定端截面上，弯矩的绝对值最大，所以有 $|F_Q|_{max} = F$ 和 $|M|_{max} = Fl$，绘图时应将剪力图、弯矩图与计算简图的相应位置对齐，注明控制点值及正负号。

例 7.3 如图 7-10(a)所示，简支梁受均布荷载作用，试列出该梁的剪力方程和弯矩方程，并作出剪力图和弯矩图。

解：(1) 求约束反力，由对称关系，可得

$$F_{Ay} = F_{By} = \frac{1}{2}ql$$

(2) 列剪力方程和弯矩方程，以梁左端 A 点为坐标原点，则有

$$F_Q(x) = F_{Ay} - qx$$

$$= \frac{1}{2}ql - qx \quad (0 < x < l) \quad ①$$

$$M(x) = F_{Ay}x - \frac{1}{2}9x^2$$

$$= \frac{1}{2}qlx - \frac{1}{2}qx^2 \quad (0 \leqslant x < l) \quad ②$$

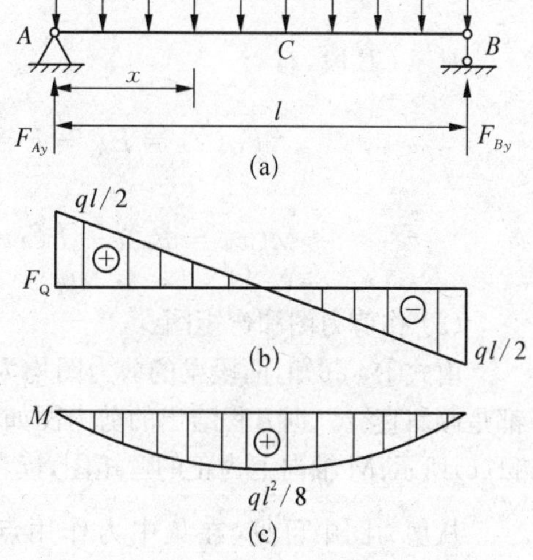

图 7-10 例 7.3 的图

(3) 作剪应力图和弯矩图。

由式①知，剪力图是一条倾斜直线，只需确定两点即可，$F_Q(0) = \frac{ql}{2}$ 和 $F_Q(l) = -\frac{ql}{2}$，则绘出剪力图，如图 7-10(b)所示。

由式②知，弯矩图为一条二次抛物线，要绘出此曲线，至少需确定曲线上的三个点，有 $M(0)=0$ 和 $M(l)=0$，因外荷载对称于梁的中点，故抛物线的顶点必在跨中，该横截面上的弯矩 $M\left(\dfrac{l}{2}\right)=\dfrac{ql^2}{8}$，据此可以绘出弯矩图。若 M 轴向下为正，弯矩图如图 7-10(c)所示；M 轴向上为正的弯矩图，读者可自行绘制。

由剪力图和弯矩图可以看出，最大剪力发生在梁端，其值为 $F_{Q,\max}=\dfrac{1}{2}ql$，而最大弯矩发生在跨中，它的数值为 $M_{\max}=\dfrac{1}{8}ql^2$，而在此截面上的剪力 $F_Q=0$。

例 7.4 如图 7-11(a)所示，简支梁受集中力作用，试列出该梁的剪力方程和弯矩方程，并作出剪力图和弯矩图。

解：(1) 求约束反力，由梁整体平衡 $\sum M_A=0$ 和 $\sum M_B=0$，得

$$F_{Ay}=\frac{Fb}{l},\ F_{By}=\frac{Fa}{l}$$

(2) 列剪力方程和弯矩方程。梁在 C 处有集中力作用，故 AC 段和 CB 段的剪力方程和弯矩方程不相同，必须分段列出。

对于 AC 段，有

$$F_Q(x)=F_{Ay}=\frac{Fb}{l}\qquad(0<x<a)\qquad①$$

$$M(x)=F_{Ay}x=\frac{Fb}{l}\qquad(0\leqslant x\leqslant a)\qquad②$$

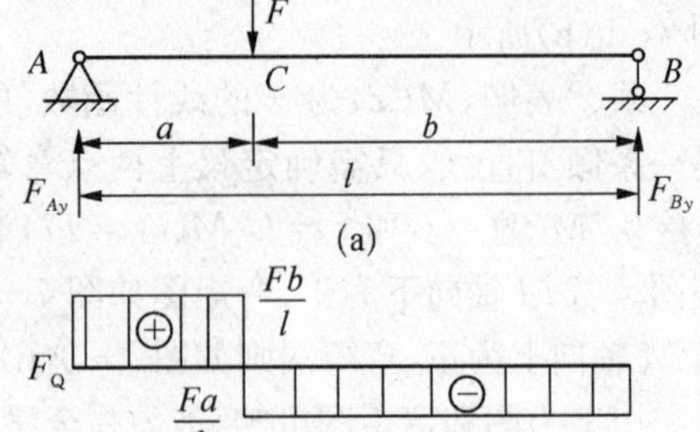

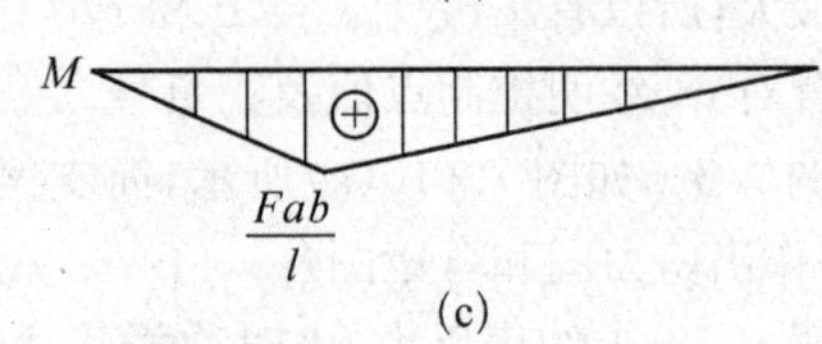

图 7-11 例 7.4 的图

对于 CB 段，有

$$F_Q(x)=F_{Ay}-F=\frac{Fb}{l}-F=\frac{Fa}{l}\qquad(a<x<l)\qquad③$$

$$M(x)=F_{Ay}x-F(x-a)=\frac{Fa}{l}(l-x)\qquad(0\leqslant x\leqslant l)\qquad④$$

(3) 作剪力图和弯矩图。

由式①、③知，两段梁的剪力图均为平行于 x 轴的直线，由式②、④知，两段梁的弯矩图都是倾斜直线。据方程绘出的剪力图如图 7-11(b)所示；若 M 轴向下为正，弯矩图如图 7-11(c)所示；M 轴向上为正的弯矩图，读者可自行绘制。

从剪力图中可见，在集中力作用点 C 稍左的截面上 $F_{QC左}=\dfrac{Fb}{l}$；C 点稍右的截面上 $F_{QC左}=\dfrac{-Fa}{l}$。可见，剪力图在集中力作用截面处发生突变，其突变值为该集中力的大小 F；而弯矩图在截面 C 处发生转折。

例 7.5 如图 7-12(a)所示，简支梁受集中力偶作用，试列出该梁的剪力方程和弯矩方程，并作出剪力图和弯矩图。

解：(1) 求约束反力，由平衡方程得

$$F_{Ay}=\frac{M_e}{l},\ F_{By}=\frac{M_e}{l}$$

(2) 列剪力方程和弯矩方程，因在梁的 C 截面有集中力偶 M_e 作用，分两段列弯矩方程，有

对于 AB 段：

$$F_Q(x)=\frac{M_e}{l}\qquad(0<x<l)$$

对于 AC 段：

$$M(x)=F_{Ay}x=\frac{M_e}{l}x\qquad(0\leqslant x\leqslant a)$$

对于 CB 段：

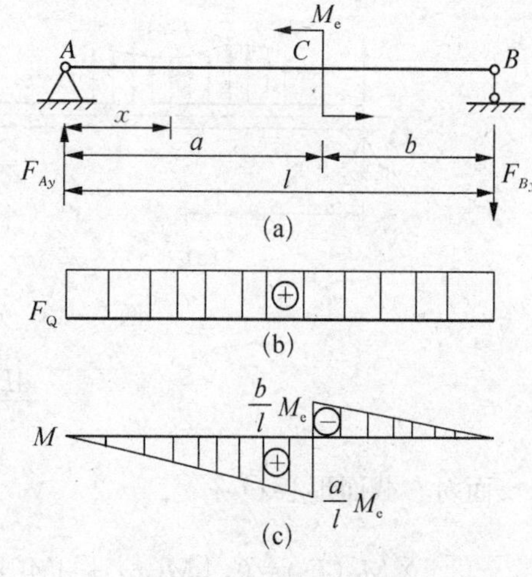

图 7-12 例 7.5 的图

$$M(x)=F_{Ay}x-M_e=\frac{M_e}{l}x-M_e\qquad(a<x\leqslant l)$$

根据上述方程，绘出剪力图如图 7-12(b)所示；若 M 轴向下为正，弯矩图如图 7-12(c)所示；M 轴向上为正的弯矩图，读者可自行绘制。

由弯矩图看出，在集中力偶 M_e 的作用点 C 处，弯矩图发生突变，突变值为该集中力偶 M_e。

7.4 剪力、弯矩与荷载集度之间的关系及其应用

7.4.1 分布荷载集度(q)与剪力(F_Q)、弯矩(M)之间的微分关系

从例题 7.3 可见，将剪力函数 $F_Q(x)$ 对 x 求导数，得到 $\frac{dF_Q(x)}{dx}=-q$，q 为均布荷载的集度值；将弯矩函数 $M(x)$ 对 x 求导数，则得到 $\frac{dM(x)}{dx}=F_Q(x)$。实际上，上述关系在直梁中是普遍存在的。

如图 7-13(a)所示，梁上作用有任意分布荷载，荷载集度为 $q(x)$，并规定向上为正。现以梁左端为坐标原点，用坐标为 x 和 $x+dx$ 处的两个横截面，由梁中截取微段 dx。微段上的分布荷载 $q(x)$ 可视为均匀分布，左截面上内力为 $M(x)$ 和 $F_Q(x)$，右截面上则为 $M(x)+dM(x)$ 和 $F_Q(x)+dF_Q(x)$，假设内力均为正值，如图 7-13(b)所示。由微段的平衡条件，有

$$\sum F_y=0,\ F_Q(x)+q(x)dx-[F_Q(x)+dF_Q(x)]=0$$

可得

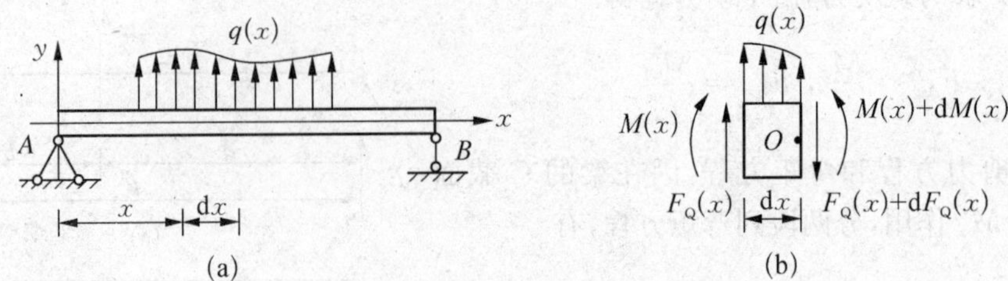

图 7-13　分布荷载集度,剪力与弯矩

$$\frac{\mathrm{d}F_{\mathrm{Q}}(x)}{\mathrm{d}x}=q(x) \tag{7-1}$$

而对右截面形心 O,有

$$\sum M_O(F_i)=0,\ [M(x)+\mathrm{d}M(x)]-M(x)-F_{\mathrm{Q}}(x)\mathrm{d}x-q(x)\mathrm{d}x\,\frac{\mathrm{d}x}{2}=0$$

略去二阶无穷小,得

$$\frac{\mathrm{d}M(x)}{\mathrm{d}x}=F_{\mathrm{Q}}(x) \tag{7-2}$$

由式(7-1)和式(7-2)又可得

$$\frac{\mathrm{d}^2M(x)}{\mathrm{d}x^2}=q(x) \tag{7-3}$$

以上三式就是剪力 $F_{\mathrm{Q}}(x)$、弯矩 $M(x)$和荷载集度 $q(x)$间的微分关系式。

应用这些关系,以及有关剪力图和弯矩图的规律,可以检验所作内力图的正确性,也可直接作梁的剪力图和弯矩图。现将有关剪力、弯矩与荷载之间的关系以及剪力图和弯矩图的一些特征,整理汇总为表 7-1,以供参考。**请读者注意,下面的内容及例题中,凡涉及弯矩图的,我们均以 M 轴向下为正,不再重复说明。**

表 7-1　梁的剪力图、弯矩图与荷载之间的关系

荷载 / 内力图	无荷载分布 $q(x)=0$			$q(x)<0$	$q(x)>0$	集中荷载		集中力偶	
	$F_{\mathrm{Q}}=0$	$F_{\mathrm{Q}}>0$	$F_{\mathrm{Q}}<0$			F↓	↑F		
剪力图								无影响	
弯矩图									

下面举例来说明上述关系的应用。

例 7.6　一简支梁如图 7-14 所示,试用剪力、弯矩和荷载集度间的微分关系作此梁的剪力图和弯矩图。

解：(1) 求约束反力，得

$$F_{Ay}=60\text{ kN},\ F_{By}=20\text{ kN}$$

(2) 作剪力图，各控制点处的剪力值可由简便法计算如下：

$$F_{QA右}=F_{QC左}=60\text{ kN}$$
$$F_{QC右}=F_{QD左}=20\text{ kN}$$
$$F_{QB左}=-20\text{ kN}$$

作剪力图如图 7-14(b)所示，从图中确定 $F_Q=0$ 的截面位置。

(3) 作弯矩图，各控制点处的弯矩值可由简便法计算如下：

$$M_A=M_{D右}=M_B=0$$
$$M_C=60\text{ kN}\cdot\text{m}$$
$$M_{D左}=80\text{ kN}\cdot\text{m}$$

在 $F_Q=0$ 截面弯矩有极值：

$$M_E=10\text{ kN}\cdot\text{m}$$

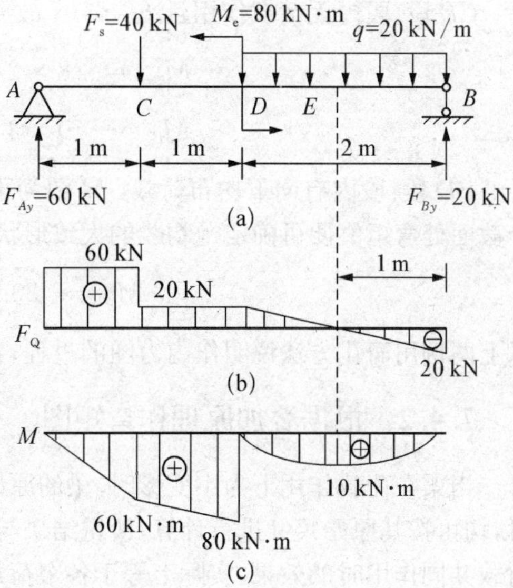

画出弯矩图如图 7-14(c)所示。

图 7-14　例 7.6 的图

例 7.7　一外伸梁如图 7-15(a)所示，试用剪力、弯矩和荷载集度间的微分关系作此梁的剪力图和弯矩图。

解：(1) 求约束力，得

$$F_{Ay}=8\text{ kN},\ F_{By}=28\text{ kN}$$

(2) 画内力图，根据梁上荷载情况，将梁分为 AC，CB，BD 三段。

① 剪力图：ACB 段：段内有一集中力偶，集中力偶处剪力无变化，因此 F_Q 图为一水平直线，只需确定此段内任一截面上的 F_Q 值即可。

$$F_{QA右}=-8\text{ kN}$$

BD 段：段内有向下的均布荷载，F_Q 图为右下斜直线。

$$F_{QB右}=(10\text{ kN/m})\times 2\text{ m}=20\text{ kN}$$

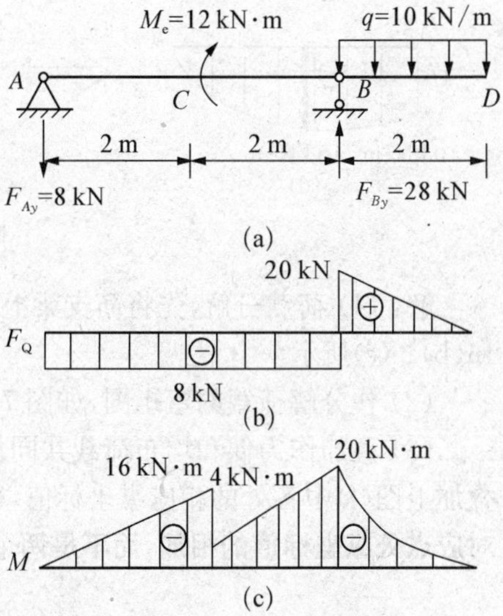

由以上分析和计算，作梁的剪力图如图 7-15(b)所示。

图 7-15　例 7.7 的图

② 弯矩图：AC 段：段内无荷载作用，$F_Q<0$，故 M 图为一右上斜直线。

$$M_A = 0, \ M_{C左} = -8 \times 2 = -16 \text{ kN} \cdot \text{m}$$

CB 段:段内无荷载作用且 $F_Q < 0$,故 M 图为一右上斜直线,在 C 处弯矩有突变。

$$M_{C右} = -8 \times 2 + 12 = -4(\text{kN} \cdot \text{m})$$

$$M_B = -10 \times 2 \times 1 = -20(\text{kN} \cdot \text{m})$$

BD 段:段内有向下均布荷载,M 图为下凸抛物线,因无剪力为 0 的截面,故确定此段两个截面处弯矩值便可确定抛物线的大致形状。

$$M_B = -20 \text{ kN} \cdot \text{m}, \ M_D = 0$$

以上两例用简化方法说明作内力图的过程,熟练掌握后,可方便直接作图。

7.4.2 根据叠加原理作弯矩图

当梁在荷载作用下为小变形时,梁的原始尺寸的改变可以略去不计,因此在求解梁的受力时,均可按其原始尺寸进行计算,所得结果与梁上荷载成线性关系。在这种情况下,梁在几项荷载共同作用时的效果,实际上等于各个荷载单独作用下产生的效果之和。这是一个普遍性的原理,即**叠加原理**。由于弯矩可以叠加,故弯矩图也可以应用叠加原理来绘制。应用叠加原理作弯矩图的方法称为叠加法。

例 7.8 简支梁所受荷载如图 7-16(a)所示,试用叠加原理作 M 图。

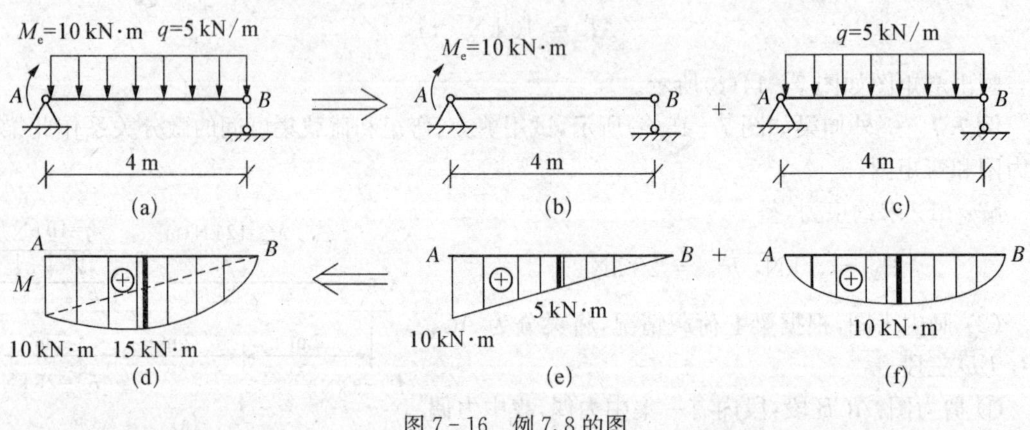

图 7-16 例 7.8 的图

解:(1) 荷载分解,先将简支梁上的荷载分解成力偶和均布荷载单独作用在梁上,如图 7-16(b)、(c)所示。

(2) 作分解荷载的弯矩图,如图 7-16(e)、(f)所示。

(3) 叠加作力偶和均布荷载共同作用下的弯矩图,先作出(e)图,以该图的斜直线为基线,叠加上图(f)中各处的相应纵坐标值,得图 7-16(d)即为所求弯矩图。**注意:弯矩图的叠加,是对应点处纵坐标值的相加,而不是两个图形的简单叠加。**

小 结

(1) 平面弯曲的概念;静定单跨梁的类型。

(2) 梁的弯曲内力：剪力 F_Q 和弯矩 M。

(3) 剪力图和弯矩图；剪力、弯矩和荷载之间的微分关系；叠加法。

7.1 剪力和弯矩的正负是如何规定的?

7.2 如何理解在集中力作用处，剪力图有突变；集中力偶作用处，弯矩图有突变?

7.3 如何根据荷载、剪力和弯矩的微分关系对内力图进行校核?

7.1 试列出图 7－17 所示各梁的剪力方程和弯矩方程，并作出剪力图和弯矩图。

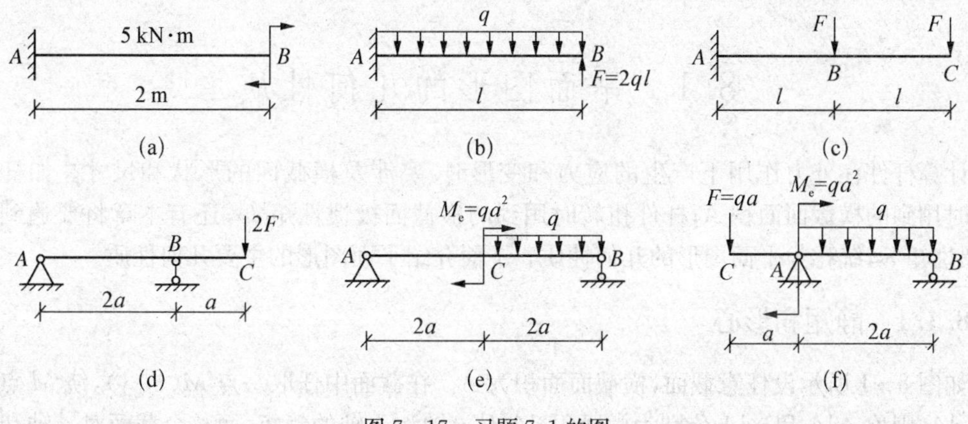

图 7－17 习题 7.1 的图

7.2 试根据荷载、剪力和弯矩的微分关系作图 7－18 所示各梁的剪力图和弯矩图。

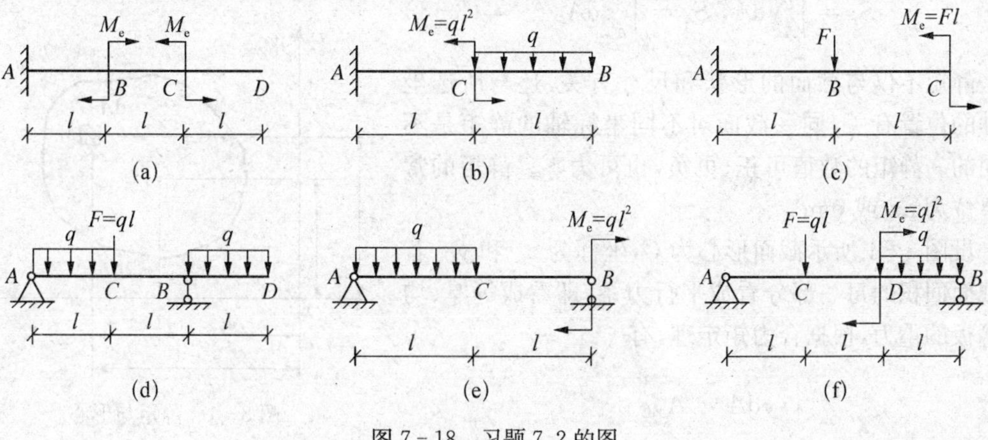

图 7－18 习题 7.2 的图

第8章 平面弯曲梁的应力与变形、强度与刚度计算

工程力学

一般来说，在梁的横截面上既有剪力又有弯矩，剪力是横截面上与切应力 τ 有关的切向分布内力的合力，而弯矩是横截面上与正应力 σ 有关的法向分布内力构成的合力偶矩，故梁的横截面上既有切应力又有正应力。本章研究正应力 σ 和剪应力 τ 的分布规律，以及梁的弯曲变形，从而对平面弯曲梁的强度和刚度进行计算。

8.1 平面图形的几何性质

计算杆件在外力作用下产生的应力和变形时，要涉及横截面的形状和尺寸。如杆件拉(压)时用到的横截面面积 A；杆件扭转时用到的横截面极惯性矩 I_P；还有本章将要遇到的静矩、惯性矩等，统称为平面图形的几何性质。下面介绍平面图形的主要几何性质。

8.1.1 静矩和形心

如图 8-1 所示设任意截面，横截面面积为 A。在截面中任取一点 $M(z, y)$，绕 M 点取微面积 dA，则称 ydA 和 zdA 分别为微面积 dA 对 z 轴和 y 轴的**静矩**，而整个截面对 z 轴和 y 轴的静矩分别为

$$S_z = \int_A y\mathrm{d}A,\ S_y = \int_A z\mathrm{d}A \tag{8-1}$$

静矩不仅与截面的形状和尺寸有关，还与所选坐标轴的位置有关，同一截面对不同坐标轴的静矩是不相同的。静矩的数值可正、可负，也可为零。静矩的常用单位为 m^3 或 mm^3。

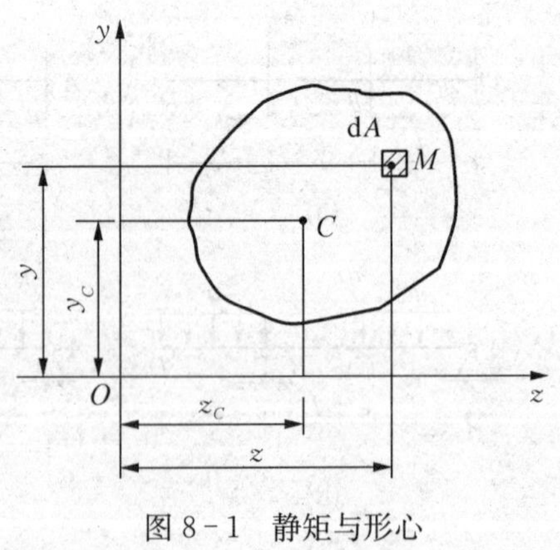

图 8-1 静矩与形心

设图 8-1 所示截面形心为 C，坐标为 z_C 和 y_C，若将截面面积的每一部分看成平行力系，即看成等厚、均质薄板的重力，根据合力矩定理，有

$$\int_A y\mathrm{d}A = Ay_C$$

$$\int_A z\mathrm{d}A = Az_C$$

由式(8-1)，可得

$$y_C = \frac{\int_A y\mathrm{d}A}{A} = \frac{S_z}{A},\ z_C = \frac{\int_A z\mathrm{d}A}{A} = \frac{S_y}{A} \tag{8-2}$$

由式(8-2)可知，当坐标轴过形心时，截面对该轴的静矩为零。

当截面由若干个简单图形(如矩形、圆形等)组合而成时，截面对坐标轴的静矩，等于各简单图形对该轴静矩的代数和，为

$$S_z = \sum_{i=1}^{n} A_i y_{Ci},\ S_y = \sum_{i=1}^{n} A_i z_{Ci} \tag{8-3}$$

由式(8-3)可得组合图形的形心坐标公式，为

$$y_C = \frac{\sum_{i=1}^{n} A_i y_{Ci}}{\sum_{i=1}^{n} A_i},\ z_C = \frac{\sum_{i=1}^{n} A_i z_{Ci}}{\sum_{i=1}^{n} A_i} \tag{8-4}$$

式(8-3)和(8-4)中，A_i 代表任一简单图形的面积，而 z_{Ci} 和 y_{Ci} 代表任一简单图形的形心坐标。

8.1.2 惯性矩和平行移轴定理

对于图 8-1 中的截面，将 $y^2\mathrm{d}A$ 和 $z^2\mathrm{d}A$ 分别称为微面积 $\mathrm{d}A$ 对 z 轴和 y 轴的**惯性矩**，而整个截面对 z 轴和 y 轴的惯性矩分别为记为 I_z 和 I_y，表达式为

$$I_z = \int_A y^2\mathrm{d}A, \qquad I_y = \int_A z^2\mathrm{d}A \tag{8-5}$$

由式(8-5)可知，惯性矩恒为正值，常用单位为 m^4 或 mm^4。

一些简单图形(如矩形、圆形等)的惯性矩可以通过积分的方法计算，表 8-1 给出了常见简单截面的惯性矩和抗弯截面系数(见 8.2 节)。

表 8-1 常见简单截面的惯性矩和抗弯截面系数

截 面	惯性矩	抗弯截面系数
矩形 (b, h, O, z, y)	$I_z = \frac{bh^3}{12}$ $I_y = \frac{hb^3}{12}$	$W_z = \frac{bh^2}{6}$ $W_y = \frac{hb^2}{6}$
圆形 (d, O, z, y)	$I_z = I_y = \frac{\pi d^4}{64}$	$W_z = W_y = \frac{\pi d^3}{32}$

同一截面对不同坐标轴的惯性矩是不同的，而当有两对坐标轴相互平行，且其中有一对坐标轴为截面的形心轴(通过形心的坐标轴)时，截面对这两对坐标轴的惯性矩之间存在一定的关系。下面将讨论这一关系。

如图8-2所示设任意截面，横截面面积为A，形心为C，截面上任一微面积$\mathrm{d}A$，矩形心轴z_C和y_C分别为y_C和z_C。形心C距另一对坐标轴z和y距离分别为b和a，则有

$$z = z_C + a \qquad \text{(a)}$$
$$y = y_C + b$$

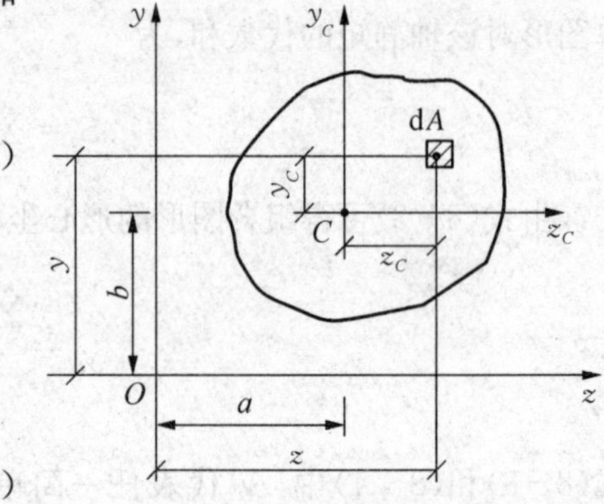

图8-2 同一截面对不同坐标轴的关系

由式(8-5)，得

$$I_z = \int_A y^2 \mathrm{d}A = \int_A (y_C + b)^2 \mathrm{d}A$$
$$= \int_A y_C^2 \mathrm{d}A + 2b\int_A y_C \mathrm{d}A + b^2 \int_A \mathrm{d}A \qquad \text{(b)}$$
$$I_y = \int_A z^2 \mathrm{d}A = \int_A (z_C + a)^2 \mathrm{d}A$$
$$= \int_A z_C^2 \mathrm{d}A + 2a\int_A z_C \mathrm{d}A + a^2 \int_A \mathrm{d}A$$

式(b)中第一项为截面对形心轴的惯性矩，第三项为面积的常数倍，而第二项为截面对形心轴的静矩的2倍。因截面对其本身的形心轴的静矩为零，所以第二项为零，得到

$$\begin{aligned} I_z &= I_{Z_C} + b^2 A \\ I_y &= I_{Z_y} + a^2 A \end{aligned} \qquad (8-6)$$

式(8-6)称为惯性矩的**平行移轴定理**。也就是说，截面对于平行于形心轴的轴的惯性矩，等于该截面对形心轴的惯性矩再加上其面积乘以两轴间距离的平方。

例8.1 试求图8-3所示T形截面的形心，并计算该截面对形心轴Z_C的惯性矩。

解：(1) 确定截面形心位置，由式(8-4)，可得

$$y_C = \frac{A_1 y_1 + A_2 y_2}{A_1 + A_2}$$
$$= \frac{500 \times 5 + 500 \times (10 + 25)}{500 + 500}$$
$$= 20(\mathrm{cm})$$

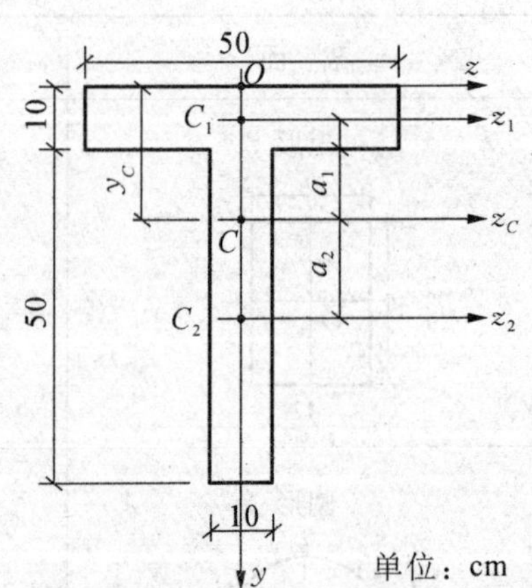

图8-3 例8.1的图

(2) 计算截面惯性矩，由式(8-6)，有

$$I_{Z_{C1}} = I_{Z_1} + a_1^2 A_1 = \frac{50 \times 10^3}{12} + (20 - 5)^2 \times 500$$
$$= 1.17 \times 10^5 (\mathrm{cm}^4)$$

$$I_{Z_{C2}} = I_{Z_2} + a_2^2 A_2 = \frac{10 \times 50^3}{12} + (35 - 20)^2 \times 500$$
$$= 2.17 \times 10^5 (\mathrm{cm}^4)$$

则整个截面对形心轴 Z_C 的惯性矩为 $I_{Z_C} = I_{Z_{C1}} + I_{Z_{C2}} = 3.34 \times 10^5 (\text{cm}^4)$。

8.2 梁的弯曲正应力

首先，以横截面上只有弯矩而无剪力的**纯弯曲梁**作为研究对象，将从几何、物理和静力学这三方面来分析梁横截面上的正应力。

8.2.1 几何方面

可通过试验来研究梁弯曲时的变形规律，取一具有对称截面的矩形截面梁，在其一侧面上，先画两条垂直于梁轴线的横线 ab 和 cd，再在两横线间靠近上、下边缘处画两条纵线 ac 和 bd，如图 8-4(a)所示。然后在梁的两端施加一对位于纵向对称面内的力偶 M_e，使梁发生纯弯曲(见图 8-4(b))。此时可观察到下列现象：两相邻横线 ab 和 cd 仍保持为直线，只是有相对转动；两纵线变为曲线，同时靠近梁顶面的纵线 ac 缩短，靠近梁底面的纵线 bd 伸长。

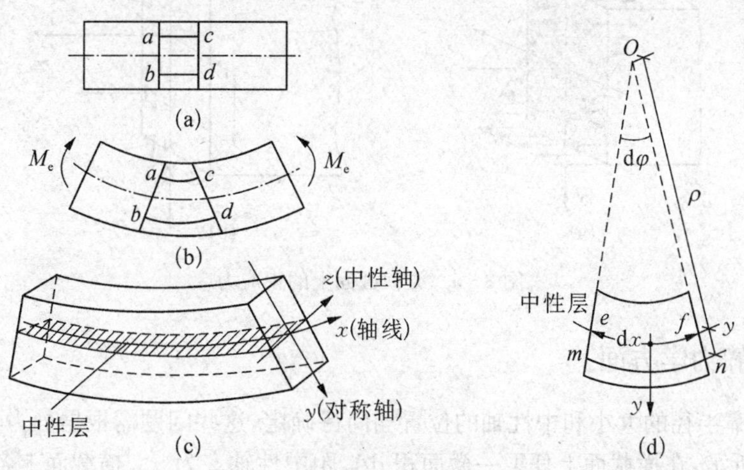

图 8-4 矩形截面梁的受力

由实验现象，可作如下变形假设：变形后，横截面仍保持平面，且仍与纵线正交，称为梁纯弯曲时的**平面假设**。根据平面假设，梁弯曲时部分纤维伸长，部分纤维缩短，由于变形的连续性，从伸长区到缩短区，其间必存在一层纵向纤维弯曲后长度不变，这一层称为**中性层**(见图 8-4(c))。中性层与横截面的交线称为**中性轴**(见图 8-4(c))。对于具有对称截面的梁，在平面弯曲时，由于受力及变形都对称于纵向对称面，因此中性轴与截面的对称轴必垂直。

从梁中截取一微段 $\mathrm{d}x$，根据平面假设，变形前相距为 $\mathrm{d}x$ 的两个横截面，变形后绕中性轴相对旋转了一个角度 $\mathrm{d}\varphi$，且仍保持为平面。设中性层的曲率半径为 ρ(见图 8-4(d))，有

$$ef = \mathrm{d}x = \rho \mathrm{d}\varphi \quad ①$$

对于纵线段 mn，变形前后的伸长量为

$$\Delta mn = (\rho + y)\mathrm{d}\varphi - \mathrm{d}x \quad ②$$

由①、②两式，可得 mn 的纵向线应变为

$$\varepsilon=\frac{(\rho+y)\mathrm{d}\varphi-\rho\mathrm{d}\varphi}{\rho\mathrm{d}\varphi}=\frac{y}{\rho} \quad ③$$

由上式可知，纵向线段的线应变与其到中性层的距离成正比。

8.2.2 物理方面

根据胡克定律，可得

$$\sigma=E\varepsilon=E\frac{y}{\rho} \quad ④$$

由上式可知，梁横截面上任一点处的正应力与其到中性轴的距离成正比，并且以中性轴为界，一侧为拉应力，一侧为压应力，如图 8-5(a)所示。

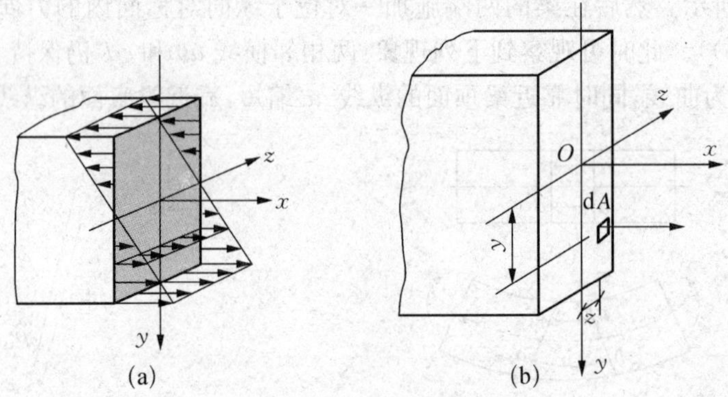

图 8-5 梁横截面上的正应力

8.2.3 静力学方面

式④中曲率半径的大小和中性轴的位置均尚待确定，这些问题需根据静力学关系来解决。如图 8-5(b)所示，在横截面上任取一微面积 $\mathrm{d}A$，距中性轴 z 为 y。横截面上各点处的法向微内力 $\sigma\mathrm{d}A$ 组成一空间平行力系，而且由于横截面上没有轴力，仅有位于纵向对称面内的弯矩 M，因此有

$$F_{\mathrm{N}}=\int_A\sigma\mathrm{d}A=0 \quad ⑤$$

$$M_y=\int_A z\sigma\mathrm{d}A=0 \quad ⑥$$

$$M_z=\int_A y\sigma\mathrm{d}A=M \quad ⑦$$

由④和⑤，可得

$$\int_A\sigma\mathrm{d}A=\frac{E}{\rho}\int_A y\mathrm{d}A=\frac{E}{\rho}S_z=0 \quad ⑧$$

上式中，$\frac{E}{\rho}$不可能为零，即静距 S_z 等于零，也就是说 z 轴必通过截面的形心。由式④和⑦，

可得

$$M = \int_A y\sigma \mathrm{d}A = \frac{E}{\rho}\int_A y^2 \mathrm{d}A = \frac{E}{\rho} I_z \tag{⑨}$$

即

$$\frac{1}{\rho} = \frac{M}{EI_z} \tag{8-7}$$

式(8-7)中，EI_z 称为梁的**抗弯刚度**，EI_z 愈大，则曲率愈小，梁愈不易变形。再由式(8-7)和式④，可得纯弯曲梁横截面上任意点处的正应力的计算公式

$$\sigma = \frac{M}{I_z} y \tag{8-8}$$

式中，M 为横截面上的弯矩，y 为所求应力点至中性轴的距离。

当弯矩为正值时，以中性层为界，梁下部纤维伸长，产生拉应力；上部纤维缩短，产生压应力。当弯矩为负值时，则与上述情况相反。在利用(8-8)式计算正应力时，通常不考虑弯矩 M 和 y 的正负号，均以绝对值代入，正应力是拉应力还是压应力，可由梁的变形来判断。

以上公式的建立，是以纯弯曲矩形截面梁为例，其横截面具有对称轴，外力偶作用在该对称轴构成的纵向对称面内，但在公式推导过程中并未涉及矩形的特殊几何性质，因此，以上公式对于工字形、T 字形和圆形截面梁等具有纵向对称面的梁，也同样适用。同时，在工程实际中，梁大多数受横向力作用，横截面上既有剪力也有弯矩，但对一般细长梁来说，剪力对正应力的分布影响很小。因此，以上公式也适用于非纯弯曲情况。

由式(8-8)可知，在 $y = y_{\max}$ 时，也就是在由距中性轴最远的各点处，有最大的正应力，其值为

$$\sigma_{\max} = \frac{M}{I_z} y_{\max} \tag{8-9}$$

式(8-9)中，引入记号 $W_z = \dfrac{I_z}{y_{\max}}$，则可得

$$\sigma_{\max} = \frac{M}{W_z} \tag{8-10}$$

式(8-10)中，W_z 的值与截面的形状与尺寸有关，称为**抗弯截面系数**。

例 8.2 悬臂梁如图 8-6 所示，自由端 A 承受集中荷载 $F = 10\ \mathrm{kN}$ 作用，$a = 2\ \mathrm{m}$，$h = 100\ \mathrm{mm}$，$b = 120\ \mathrm{mm}$，$y = 30\ \mathrm{mm}$。求 B 截面上 K 点的正应力。

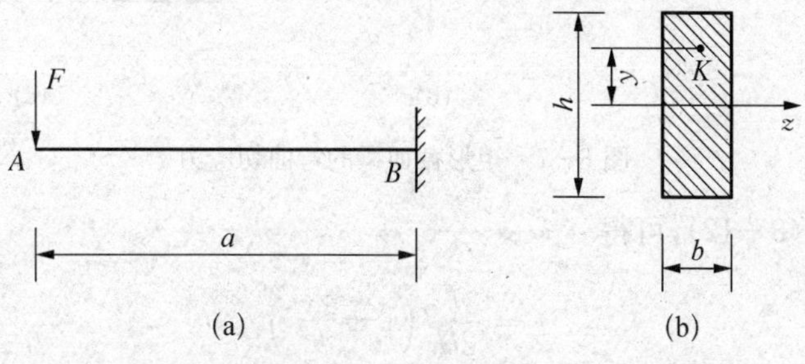

图 8-6 例 8.2 的图

解：先计算 B 截面上的弯矩：

$$M_B = -Fa = -10 \times 2 = -20(\text{kN} \cdot \text{m})$$

截面对中性轴的惯性矩：

$$I_z = \frac{bh^3}{12} = \frac{120 \times 100^3}{12} = 1 \times 10^7(\text{mm}^4)$$

则

$$\sigma_K = \frac{M_B}{I_z}y = \frac{20 \times 10^6}{1 \times 10^7} \times 30 = 60(\text{MPa})$$

B 截面上的弯矩为负，K 点是在中性轴的上边，所以为拉应力。

8.3 梁的弯曲切应力

某矩形截面，如图 8-7 所示，截面宽度为 b，高度为 h，截面上作用沿 y 轴方向的剪力 F_Q。若 $h > b$，可作如下假设：截面上任一点切应力 τ 的方向与 F_Q 的相同；距中性轴距离相等的点处的切应力相等。由上述假设，可以证明梁的弯曲切应力的计算公式为

$$\tau = \frac{F_Q S_z^*}{bI_z} \tag{8-11}$$

式中，I_z 为横截面对中性轴的惯性矩；S_z^* 为过所求应力点的弦线以外部分的横截面面积(图 8-7(b)中的阴影部分面积)对中性轴的静矩，其值为

$$S_z^* = b\left(\frac{h}{2} - y\right) \times \frac{1}{2}\left(\frac{h}{2} + y\right) = \frac{b}{2}\left(\frac{h^2}{4} - y^2\right) \tag{8-12}$$

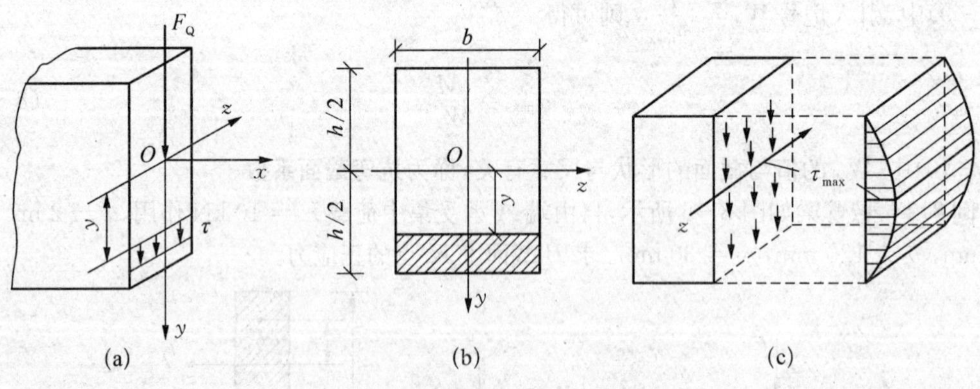

图 8-7 矩形截面梁的弯曲切应力

由式(8-11)和(8-12)，可得

$$\tau = \frac{3F_Q}{2bh}\left(1 - \frac{4y^2}{h^2}\right) \tag{8-13}$$

由式(8－13)可知，矩形截面梁的弯曲切应力沿截面高度呈抛物线分布(见图8－7(c))；在截面的上、下边缘，即 $y=\pm\dfrac{h}{2}$ 处，切应力 $\tau=0$；在中性轴，即 $y=0$ 处，有最大的切应力，其值为

$$\tau_{\max}=\frac{3}{2}\frac{F_{Q}}{bh}=\frac{3}{2}\frac{F_{Q}}{A} \tag{8-14}$$

对于工程上常见的圆形、工字和薄壁圆环形等截面梁，式(8－11)也同样适用，最大切应力也发生在中性轴上，其值分别为

圆形截面：
$$\tau_{\max}=\frac{4}{3}\frac{F_{Q}}{A} \tag{8-15}$$

工字形截面：
$$\tau_{\max}=\frac{F_{Q}S_{z\max}^{*}}{dI_{z}} \tag{8-16}$$

薄壁圆环形截面：
$$\tau_{\max}=\frac{2F_{Q}}{A} \tag{8-17}$$

8.4 梁的强度条件

为保证梁能够安全工作，必须使梁横截面上的最大应力不超出材料在弯曲时的许用正应力$[\sigma]$和许用切应力$[\tau]$。

8.4.1 弯曲正应力强度条件

对于塑性材料，其许用拉应力与许用压应力相等，因此有

$$\sigma_{\max}=\frac{M_{\max}}{W}\leqslant[\sigma] \tag{8-18}$$

对于脆性材料，其许用拉应力与许用压应力不等，所以有

$$\begin{aligned}\sigma_{\mathrm{t}\max}&\leqslant[\sigma_{\mathrm{t}}]\\ \sigma_{\mathrm{c}\max}&\leqslant[\sigma_{\mathrm{c}}]\end{aligned} \tag{8-19}$$

8.4.2 弯曲切应力强度条件

$$\tau_{\max}=\frac{F_{Q\max}S_{z\max}^{*}}{bI_{z}}\leqslant[\tau] \tag{8-20}$$

利用上述强度条件，可以对梁进行正应力强度校核、截面选择和确定容许荷载这三类强度计算问题。

一般情况下，梁的最大弯曲正应力远大于最大弯曲切应力，故强度的计算通常由正应力强度条件控制。但是，对于薄壁截面梁与弯矩较小而剪力却较大的梁，或者如短而粗的梁、集中荷载作用在支座附近的梁等，弯曲切应力强度条件也将起控制作用。

例 8.3 一 T 形截面外伸梁，由铸铁制成，如图 8-8 所示。作用均布荷载，荷载集度为 $q=25\,\text{kN/m}$，$y_1=45\,\text{mm}$，$y_2=95\,\text{mm}$，$I_z=8.84\times10^{-6}\,\text{m}^4$，许用拉应力$[\sigma_t]=38\,\text{MPa}$，许用压应力$[\sigma_c]=130\,\text{MPa}$，试校核该梁的强度。

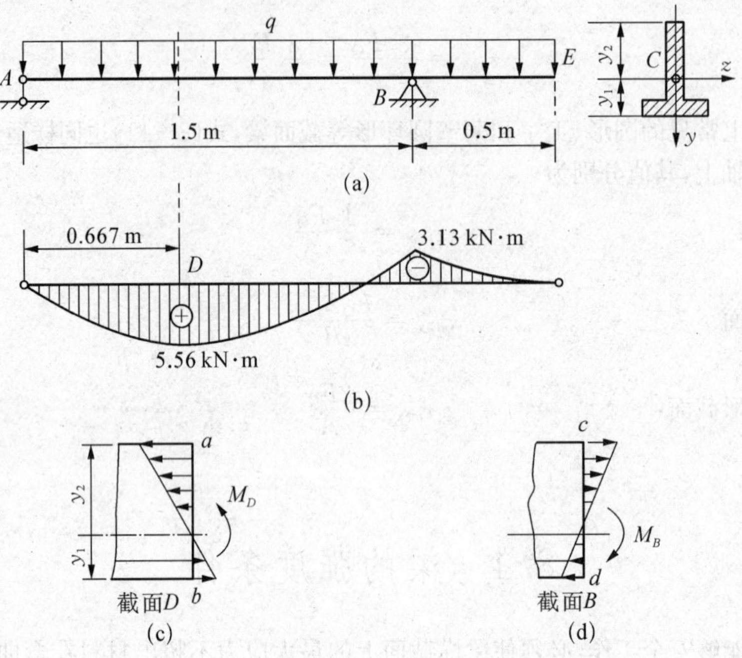

图 8-8 例 8.3 的图

解：(1) 作梁的弯矩图，如图 8-8(b)所示，截面 D 作用有最大正弯矩，而截面 B 上作用有最大负弯矩，其值为

$$M_D=5.56\,\text{kN}\cdot\text{m},\ M_B=3.13\,\text{kN}\cdot\text{m}$$

这两个截面均为危险截面，其上的正应力分布如图 8-8(c)与(d)所示。截面 D 的 a 点与截面 B 的 d 点受压，截面 D 的 b 点与截面 B 的 c 点受拉。因 $|M_D|>|M_B|$，$|y_a|>|y_d|$，由式(8-8)，可知 $|\sigma_a|>|\sigma_d|$，即最大压应力发生在截面 D 的 a 点处。

而最大拉应力发生在 b 点还是 c 点处，须计算后才能确定。

(2) 强度校核，由式(8-8)可得 a，b，c 三点处的正应力，为

$$\sigma_a=\frac{M_D y_2}{I_z}=\frac{5.56\times10^3\times95\times10^{-3}}{8.84\times10^{-6}}=59.8(\text{MPa})$$

$$\sigma_b=\frac{M_D y_1}{I_z}=28.3\,\text{MPa}$$

$$\sigma_c=\frac{M_B y_2}{I_z}=33.6\,\text{MPa}$$

由此可得

$$\sigma_{\text{t max}}=\sigma_c=33.6\,\text{MPa}<[\sigma_t]$$
$$\sigma_{\text{c max}}=\sigma_a=59.8\,\text{MPa}<[\sigma_c]$$

因此，该梁满足强度要求。

例 8.4 一矩形截面悬臂钢梁 AB，如图 8-9 所示，长 $l=1\,\mathrm{m}$，在自由端作用集中荷载 F，$b=60\,\mathrm{mm}$，$h=100\,\mathrm{mm}$，已知材料的许用应力 $[\sigma]=170\,\mathrm{MPa}$，忽略梁的自重，

(1) 试确定 $[F]$；

(2) 若梁截面为圆形，集中荷载为问题(1)中得到的 $[F]$，试确定截面直径 d 的范围。

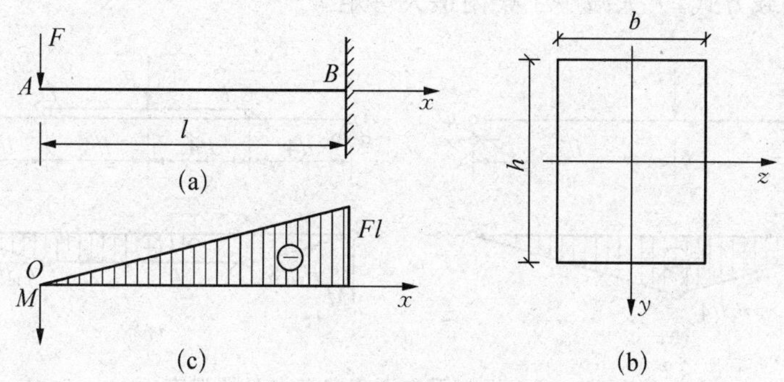

图 8-9 例 8.4 的图

解：(1) 确定 $[F]$。

作梁的弯矩图，如图 8-9(c)所示，最大弯矩在靠近固定端处，其值为

$$M_{\max}=Fl=F$$

由式(8-18)，有

$$\sigma_{\max}=\frac{M_{\max}y_{\max}}{I_z}=\frac{F\times 0.05}{\dfrac{0.06\times 0.1^3}{12}}\leqslant[\sigma]=170(\mathrm{MPa})$$

得到

$$[F]=17\,\mathrm{kN}$$

(2) 确定 d。

由式(8-18)，有

$$\sigma_{\max}=\frac{M_{\max}}{W_z}=\frac{17\times 10^3\times 1}{\dfrac{\pi d^3}{32}}\leqslant[\sigma]=170(\mathrm{MPa})$$

得到 $$d\geqslant 100.6\,\mathrm{mm}。$$

8.5 提高梁强度的措施

按强度要求设计梁时，主要是依据梁的正应力强度条件：

$$\sigma_{\max}=\frac{M_{\max}}{W}\leqslant[\sigma]$$

由此条件可知，降低最大弯矩、提高抗弯截面系数，或局部加强弯矩较大的梁段，都可以降低梁内部的最大正应力，从而提高梁的承载能力。下面将介绍几种工程中常用的措施。

8.5.1 合理配置梁的荷载和支座

合理配置梁的荷载，可以降低梁的最大弯矩值。例如，图(8-10)中受集中荷载作用的简支梁，通过改变加载方式，大大减少了梁内最大弯矩。

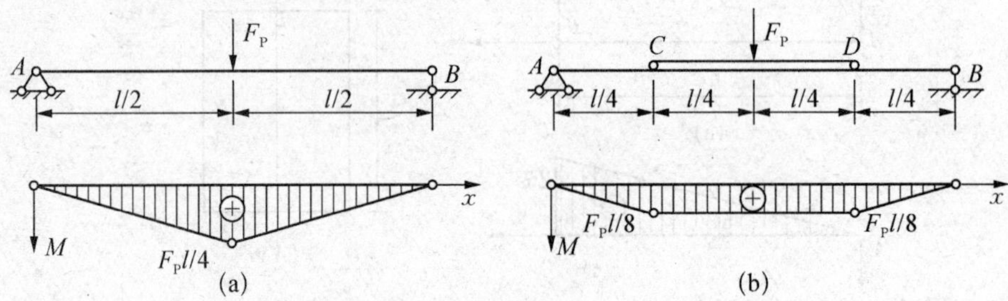

图 8-10 提高受集中荷载简支梁的强度

同理，合理安排支座，将显著减小梁内的最大弯矩。例如，图(8-11)中受均布荷载作用的简支梁，若将梁两端的铰支座各向内移动少许，则梁内最大弯矩明显减小。

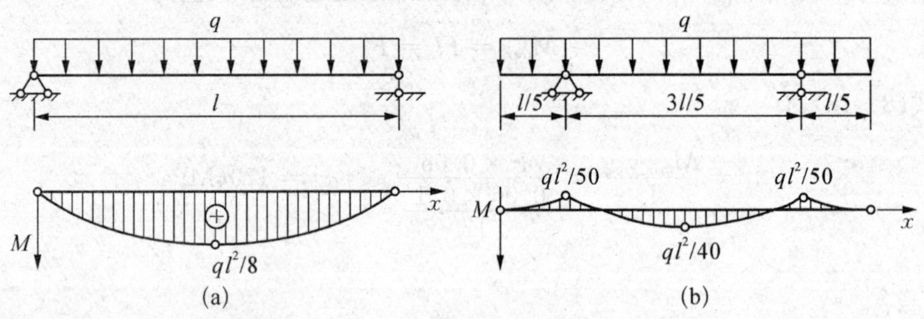

图 8-11 提高受均布荷载简支梁的强度

8.5.2 合理选取截面形状

从梁弯曲的强度条件分析，当弯矩确定时，横截面上的最大正应力与抗弯截面系数成反比。而较合理的截面形状，应该是用较小的截面面积，却能获得较大抗弯截面系数。所以，应尽量增大横截面的抗弯截面系数与其面积的比值，比值愈大，所采用的截面就愈经济合理。

从正应力分布规律分析，正应力沿截面高度线性分布，当离中性轴最远各点处的正应力，达到许用应力值时，中性轴附近各点处的正应力仍很小。因此，在离中性轴较远的位置，配置较多的材料，将提高材料的应用率。

根据上述原则，对于塑性材料梁，其横截面宜采用以中性轴为对称轴，如矩形、圆形、工字形截面等；而对于脆性材料梁，则最好采用中性轴偏于受拉一侧的截面，例如 T 字形和槽形截面等。

8.5.3 合理设计梁的外形

根据前面几节的分析，对于等截面梁，当最大弯矩所在截面上的最大应力达到材料的许用应力时，其余截面的最大正应力还小于材料的许用应力，即材料的强度未得到充分利用。因此，在工程实际中，常根据弯矩沿梁轴线的变化情况，将梁也相应设计成变截面的。横截面沿梁轴线变化的梁，称为**变截面梁**，如图 8-12(a)和(b)所示的悬挑梁和鱼腹梁。若将变截面梁设计为使每个横截面上最大正应力都等于材料的许用应力值，这种梁称为**等强度梁**，是最合理的。

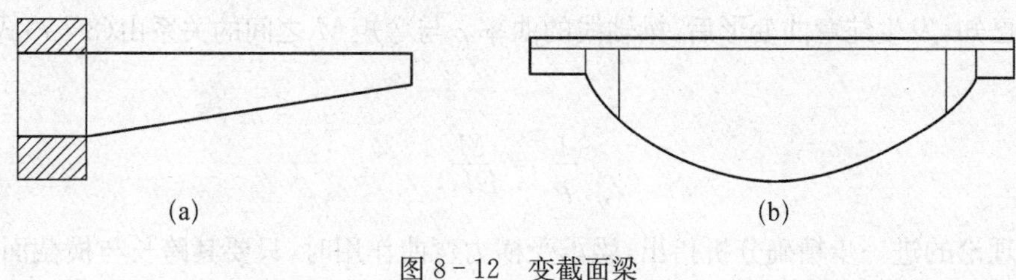

图 8-12 变截面梁

8.6 梁的弯曲变形

8.6.1 梁的挠度和转角

现在研究梁在平面弯曲下的变形。先以图 8-13 所示的简支梁为例，进一步讨论梁的变形的描述。

取梁变形前的水平轴线为 x 轴，y 轴垂直向下。如前所述，若 xOy 平面为梁的纵向对称面，且荷载均作用于此平面内，则弯曲变形后梁的轴线将成为 xOy 面内的一条曲线，称之为**挠曲线**。梁弯曲时，各截面形心在 xOy 面内垂直方向的位移，可用坐标 $y(x)$表示，y 的值称为梁的**挠度**。各横截面在 xOy 面内的角位移$\theta(x)$，称为该截面的**转角**。由于转动后的横截面仍然垂直于梁的轴线(即变形后的挠曲线)，故截面在 x 处的转θ，等于挠曲线在 x 处的切线与 x 轴的夹角，如图 8-13 所示。梁的挠度 $y(x)$和截面的转角 $\theta(x)$，二者都是梁截面位置 x 的函数，它们描述了梁的弯曲变形。

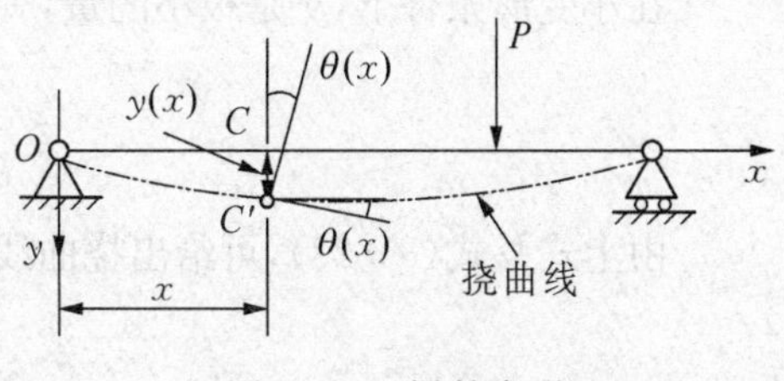

图 8-13 梁的变形

一般说来，梁的挠度 y 远小于梁的跨长，故挠曲线是一条平坦的小挠度曲线。从数学上不难证明，梁截面形心的水平位移与其挠度相比是高阶小量，因此可略去不计。

8.6.2 梁的挠曲线近似微分方程

在图 8-13 中所选取的坐标系下，梁的挠曲线方程可表示为

$$y = y(x) \tag{8-21}$$

式中，x 为梁变形前水平轴线上任一点的横坐标，y 为该点的挠度(横截面形心在垂直方向的位移)。由于挠曲线十分平坦，转角 θ 是一个小量，故

$$\theta \approx \tan\theta = \frac{\mathrm{d}y}{\mathrm{d}x} \tag{8-22}$$

即截面转角近似地等于挠曲线上与该截面对应点处的斜率。

因此，只要知道梁的挠曲线方程 $y = y(x)$，就可以确定梁在各截面 x 处的挠度 y 和转角 θ。在图 8-13 所示的坐标系中，挠度向下为正，反之为负；横截面从变形前到变形后的转角顺时针时为正，反之为负。图 8-13 所示 C 处的挠度、转角均为正。

前节已知，发生纯弯曲变形后，梁轴线的曲率 ρ 与弯矩 M 之间的关系由(8-7)式给出，即

$$\frac{1}{\rho} = \frac{M}{EI_z}$$

弹性理论的进一步精确分析指出，梁承受横力弯曲作用时，只要其跨长与横截面高度之比足够大，则剪力 F_Q 对梁弯曲变形的影响可以忽略不计。故可将上式推广应用于细长梁的横力弯曲。对于 EI_z 不变的梁段，有

$$\frac{1}{\rho(x)} = \frac{M(x)}{EI_z} \tag{8-23}$$

式中，$\frac{1}{\rho(x)}$ 为梁轴线上任一点 x 处挠曲线的曲率，$M(x)$为作用在该点相应截面上的弯矩。在数学分析中已给出曲线 $y(x)$的曲率 $\frac{1}{\rho(x)}$ 为

$$\frac{1}{\rho(x)} = \pm\frac{y''(x)}{[1+y'^2(x)]^{3/2}}$$

在小变形条件下，y'是很小的量，y'^2 就更小，略去二阶小量，得到

$$\frac{1}{\rho(x)} = \pm\, y''(x)$$

由上式及式(8-23)，可给出挠曲线的近似微分方程为

$$y''(x) = \pm\frac{M(x)}{EI_z} \tag{8-24}$$

式中的正负号与坐标的取向有关。前面已经作出了截面弯矩的符号规定，即使梁弯曲成凹弧形的弯矩为正，使梁弯曲成凸弧形的弯矩为负。若取挠度 y 向下为正，凹弧形曲线的二阶导数 y''为负值，凸弧形曲线的二阶导数 y''为正。因此，y''与 $M(x)$的正负号应当差一负号。于是，梁的挠曲线近似微分方程可写为

$$y''(x) = -\frac{M(x)}{EI_z}$$

若取挠度 y 向上为正，则结果正相反，读者可自行推得。

由于忽略了剪力和高阶小量 y'^2 对变形的影响，故上式只是挠曲线的近似微分方程，适用于小挠度下的细长梁。

如同抗拉刚度 EA、抗扭刚度 GI_ρ 一样，EI_z 称为梁的抗弯刚度。抗弯刚度 EI_z 越大，弯曲后梁的变形(挠度和转角)越小，梁抵抗弯曲变形的能力越强。

8.6.3 用积分法求梁的变形

将梁的挠曲线近似微分方程(8-24)写为

$$EI_z y'' = -M(x) \tag{8-25}$$

对于等刚度梁($EI_z=$常数)，将上式直接积分，即得梁的挠度和转角为

$$EI_z\theta = EI_z y' = -\int M(x)\mathrm{d}x + C_1$$

$$EI_z y = -\iint M(x)\mathrm{d}x\mathrm{d}x + C_1 x + C_2$$

上面两式中的积分常数 C_1、C_2 可利用梁的边界条件确定。

梁的几种常见的边界条件如下：

1) 固定铰支座与可动铰支座

无论固定铰支座还是可动铰支座，由于梁在支承处不可能出现 y 方向的位移，故边界条件为

$$y = 0$$

如图 8-14(a)所示，铰链 A，B 二处均有 $y=0$，但两处的转角并不一定等于零。

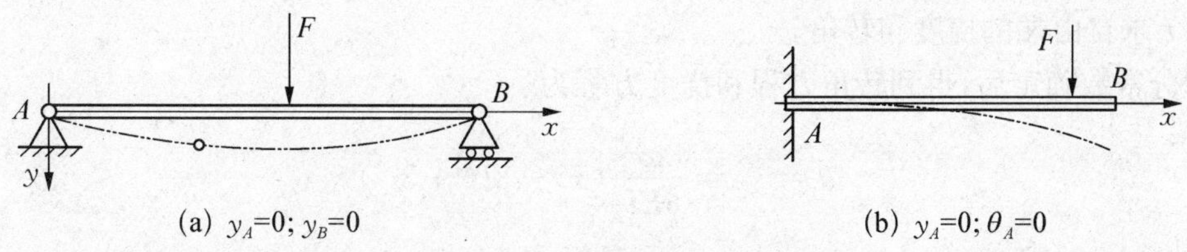

图 8-14　梁的几种常见的边界条件

2) 固定端

固定端限制梁任何形式的变形(截面在该处既不能移动也不能转动)，如图 8-14(b)所示，有两个边界条件，即

$$y=0, \qquad \theta = y' = 0$$

注意，式(8-22)已表明，转角 θ 等于挠度 y 的一阶导数。

3) 自由端

如图 8-14(b)所示，自由端(B 端)对梁的变形无约束，故无边界约束条件(或称为自由边界条件)。

对于静定梁，约束一定会限制约束处的移动或转动，总有两个边界条件可用来确定挠曲线二阶微分方程求解时的两个积分常数。

如果弯矩是分段描述的，或梁的抗弯刚度变化，则求变形时需分段积分；多分一段将多出两个积分常数。但在梁不发生破坏前，分段处应保持连续，即分段处左右两边应有相同的挠度和转角。由此，每一分段处可补充两个连续性方程，仍然足以确定多出的积分常数。

例 8.5 求图 8-15 所示受均布荷载作用之悬臂梁的挠曲线方程 $y(x)$ 及转角方程 $\theta(x)$，并求自由端 B 的挠度 y_B 和转角 θ_B。

解：(1) 求固定端的约束力，写弯矩方程。

$$F_A = ql\,,\ M_A = \frac{ql^2}{2}$$

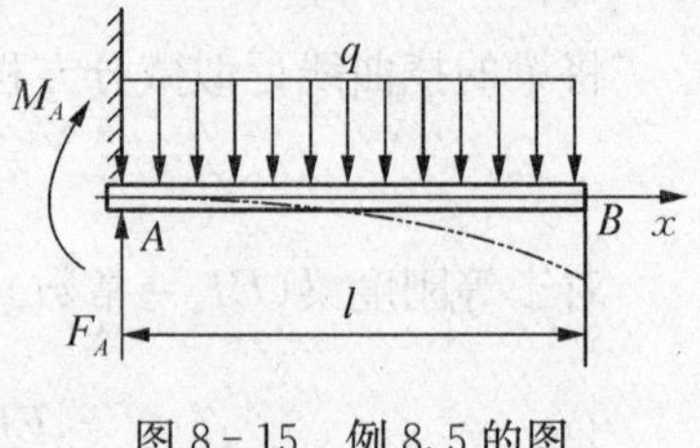

图 8-15 例 8.5 的图

弯矩方程为

$$M(x) = -\frac{1}{2}qx^2 + qlx - \frac{1}{2}ql^2$$

(2) 对挠曲线的近似微分方程积分。

将上述 $M(x)$ 代入方程(8-25)并积分两次，得到

$$EI_z y' = \frac{1}{6}qx^3 - \frac{1}{2}qlx^2 + \frac{1}{2}ql^2x + C_1$$

$$EI_z y = \frac{1}{24}qx^4 - \frac{1}{6}qlx^3 + \frac{1}{4}ql^2x^2 + C_1x + C_2$$

(3) 利用边界条件，确定积分常数。

在固定端 A 处，有 $x=0$ 时，$y=0$ 及 $x=0$ 时，$\theta=0$。代入后不难求得

$$C_1 = 0,\ C_2 = 0$$

(4) 求自由端的挠度和转角。

积分常数确定后，得到转角方程和挠度方程为

$$\theta = y' = \frac{qx}{6EI_z}(x^2 - 3lx + 3l^2)$$

$$y = \frac{qx^2}{24EI_z}(x^2 - 4lx + 6l^2)$$

自由端处，$x=l$，代入上式即得自由端 B 处的挠度与转角为

$$y_B = \frac{ql^4}{8EI_z}(\downarrow),\ \theta_B = \frac{ql^3}{6EI_z}(\curvearrowright)$$

例 8.6 简支梁 AB 受集中力作用如图 8-16 所示。试写出梁的挠度方程与转角方程。

解：(1) 求约束力，列出弯矩方程。

由平衡方程求得

$$F_A = \frac{Fb}{l},\ F_B = \frac{Fa}{l}$$

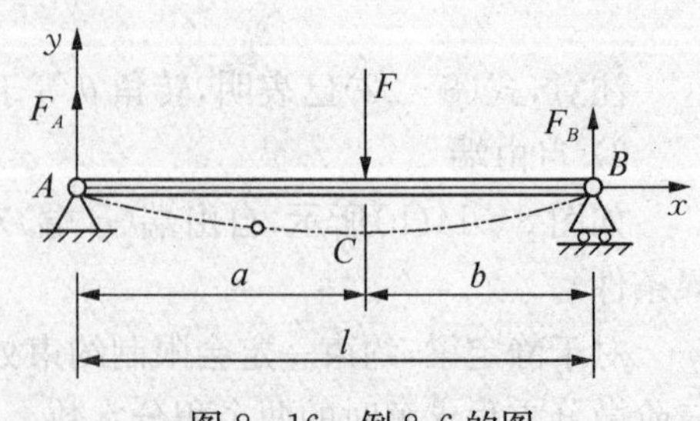

图 8-16 例 8.6 的图

梁的弯矩方程为

AC 段：
$$M_1(x)=\frac{Fbx}{l}\qquad(0\leqslant x\leqslant a)$$

CB 段：
$$M_2(x)=\frac{Fbx}{l}-F(x-a)\qquad(a\leqslant x\leqslant l)$$

(2) 求挠度方程和转角方程。

根据挠曲线近似微分方程，分段积分如下：

AC 段($0\leqslant x\leqslant a$)有

$$EI_z y_1'=-\frac{Fb}{2l}x^2+C_1$$

$$EI_z y_1=-\frac{Fb}{6l}x^3+C_1x+C_2$$

CB 段($a\leqslant x\leqslant l$)有

$$EI_z y_2'=-\frac{Fb}{2l}x^2+\frac{F}{2}(x-a)^2+D_1$$

$$EI_z y_2=-\frac{Fb}{6l}x^3+\frac{F}{6}(x-a)^3+D_1x+D_2$$

(3) 确定积分常数。

由于分段积分，本题出现了4个待定积分常数。

两端为铰链，两个边界条件为：在 $x=0$ 处，$y_1=0$；在 $x=l$ 处，$y_2=0$。

注意到梁变形后的挠曲线应是一条连续且光滑的曲线，故在分段处($x=a$)，左右两边应当有相同的挠度和转角，即还有如下两个连续条件：

当 $x=a$ 时，有 $y_1=y_2$ 和 $y_1'=y_2'$

将上述4个条件代入相应的挠度、转角方程，即可求得四个积分常数为

$$C_1=D_1=-\frac{Fb(b^2-l^2)}{6l},\ C_2=D_2=0$$

故得到梁的挠度方程和转角方程为

AC 段($0\leqslant x\leqslant a$)有

$$y_1'=-\frac{Fb}{6EI_zl}(3x^2+b^2-l^2),\ y_1=-\frac{Fbx}{6EI_zl}(x^2+b^2-l^2)$$

CB 段($a\leqslant x\leqslant l$)有

$$y_2'=-\frac{Fb}{6EI_zl}(3x^2+b^2-l^2)-\frac{F}{2EI_z}(x-a)^2$$

$$y_2=-\frac{Fbx}{6EI_zl}(x^2+b^2-l^2)-\frac{F}{6EI_z}(x-a)^3$$

利用积分法，笔者给出了梁在简单荷载作用下的挠曲线方程、端截面转角和最大挠度，如表8-2所示，某些复杂荷载作用下的梁的转角及最大挠度请读者参阅参考文献。

表 8-2 简单荷载作用下梁的挠度和转角

序号	梁上荷载及弯矩图	挠曲线方程	转角和最大挠度
1		$\omega=\dfrac{M_e x^2}{2EI}$	$\theta_B=\dfrac{M_e l}{EI}$ $\omega_B=\dfrac{M_e l^2}{2EI}$
2		$\omega=\dfrac{Fx^2}{6EI}(3l-x)$	$\theta_B=\dfrac{Fl^2}{2EI}$ $\omega_B=\dfrac{Fl^3}{3EI}$
3		$\omega=\dfrac{qx^2}{24EI}(x^2+6l^2-4lx)$	$\theta_B=\dfrac{ql^3}{6EI}$ $\omega_B=\dfrac{ql^4}{8EI}$
4		$\omega=\dfrac{M_B x}{6EIl}(l^2-x^2)$	$\theta_A=\dfrac{M_e l}{6EI}$ $\theta_B=-\dfrac{M_e l}{3EI}$ $\omega_C=\dfrac{M_e l^2}{16EI}$
5		$\omega=\dfrac{qx}{24EI}(l^3-2lx^2+x^3)$	$\theta_A=\dfrac{ql^3}{24EI}$ $\theta_B=-\dfrac{ql^3}{24EI}$ $\omega_C=\dfrac{5ql^4}{384EI}$
6		$\omega=\dfrac{Fx}{48EI}(3l^2-4x^2)\left(0\leqslant x\leqslant\dfrac{l}{2}\right)$	$\theta_A=\dfrac{Fl^2}{16EI}$ $\theta_A=-\dfrac{Fl^2}{16EI}$ $\omega_C=\dfrac{Fl^3}{48EI}$

8.6.4 叠加法求梁的变形

由于梁的变形微小，梁变形后其跨度的改变可略去不计，且梁的材料在线弹性范围内工作，因而，梁的挠度和转角均与作用在梁上的荷载成线性关系。在这种情况下，梁在几项荷载（如集中力、集中力偶或分布力）同时作用下某一横截面的挠度和转角，就分别等于每项荷载单独作用下该截面的挠度和转角的叠加。

例 8.7 已知悬臂梁受力如图所示，q，l，EI 均为已知。求 A 截面的变形 ω_A；

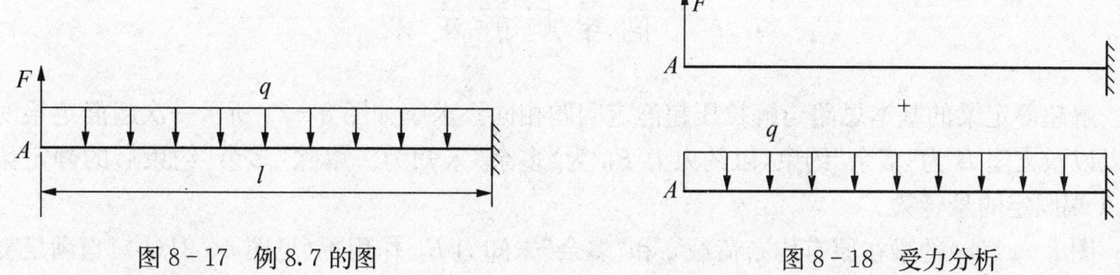

图 8-17 例 8.7 的图　　图 8-18 受力分析

解：将梁上荷载分解为两项简单的荷载，如图 8-18 所示。由表 8-2 中查出两者分别作用时梁的变形，然后按叠加原理，即得所求的变形值。

$$\omega_{A,F} = -\frac{Fl^3}{3EI}(\uparrow) \qquad \omega_{A,q} = \frac{ql^4}{8EI}(\downarrow)$$

$$\omega_A = \omega_{A,F} + \omega_{A,q} = -\frac{Fl^3}{3EI} + \frac{ql^4}{8EI}$$

例 8.8 一抗弯刚度为 EI 的简支梁受荷载如图 8-19 所示。试按叠加原理求梁跨中点的挠度 ω_C 和支座处横截面的转角 θ_A、θ_B。

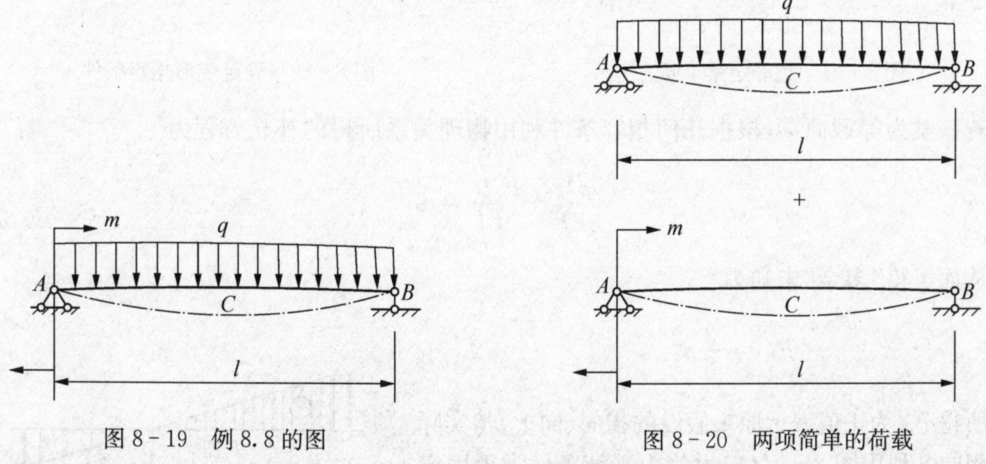

图 8-19 例 8.8 的图　　图 8-20 两项简单的荷载

解：将梁上荷载分为两项简单的荷载，如图 8-20 所示。由表 8-2 中查出两者分别作用时梁的位移，然后按叠加原理，即得所求的变形值。

$$f_C = f_{Cq} + f_{Cm} = \frac{5ql^4}{384EI} + \frac{ml^2}{16EI}(\downarrow)$$

$$\theta_A = \theta_{Aq} + \theta_{Am} = \frac{ql^3}{24EI} + \frac{ml}{6EI}(\circlearrowright)$$

$$\theta_B = \theta_{Bq} + \theta_{Bm} = -\frac{ql^3}{24EI} - \frac{ml}{3EI}(\circlearrowleft)$$

8.7 简单超静定梁

解超静定梁的基本思路与解拉压超静定问题相同。求解如图 8－21 所示一次超静定梁时可以以铰支座 B 为“多余”约束，以约束力 F_B 为“多余”未知力。解除“多余”约束后的静定梁为 A 端固定的悬臂梁。

图 8－21(b)的梁在原有均布荷载 q 和“多余”未知力 F_B 作用下(见图 8－21(b))当满足变形相容条件(参见图 8－22)。

$$\omega_{Bq}+\omega_{BB}=0 \tag{8-26}$$

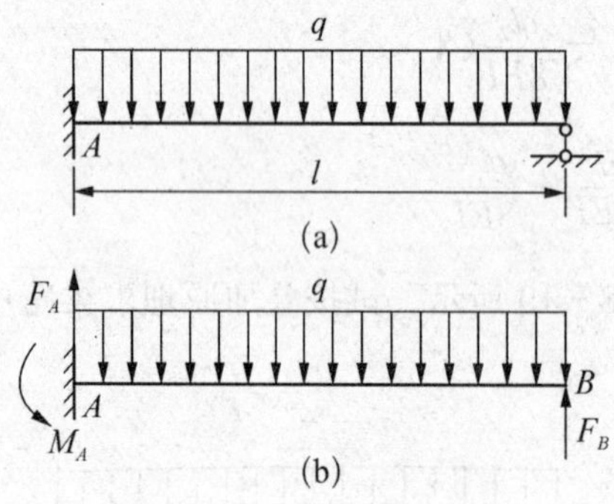

图 8－21　超静定梁求解

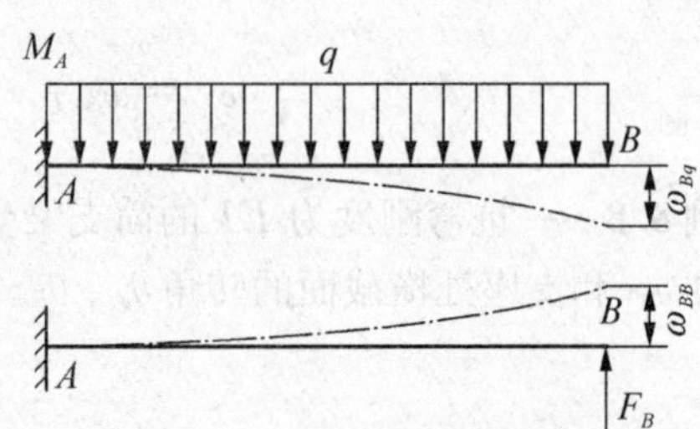

图 8－22　满足变形相容条件

若该梁为等截面梁，根据几何相容条件利用物理关系所得的补充方程为

$$\frac{ql^4}{8EI}-\frac{F_Bl^3}{3EI}=0$$

从而解得“多余”未知力

$$F_B=\frac{3}{8}ql$$

所得 F_B 为正值表示原来假设的指向(向上)与实际指向相同。利用图 8－21(b)由静力平衡条件求得固定端的两个约束力为

$$F_A=\frac{5}{8}ql(\uparrow),\ M_A=\frac{1}{8}ql^2(\curvearrowleft)$$

该超静定梁的剪力图和弯矩图亦可由图 8－21(b)求得，如图 8－23 所示。

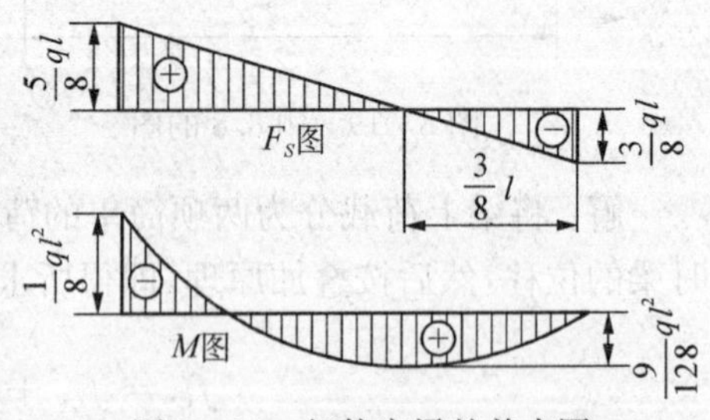

图 8－23　超静定梁的剪力图和弯矩图

小　结

(1) 截面几何性质中，掌握形心位置、静矩和惯性矩的计算。

(2) 梁平面弯曲时，横截面上一般有两种应力——切应力和正应力。切应力与截面相切，而正应力与截面垂直。

(3) 梁平面弯曲时正应力计算公式为 $\sigma=\dfrac{M}{I_z}y$。

(4) 梁平面弯曲时切应力计算公式为 $\tau=\dfrac{F_QS_z^*}{I_zb}$。

(5) 梁的强度条件：$\sigma_{\max}=\dfrac{M_{\max}}{W_z}\leqslant[\sigma]$，$\tau_{\max}=\dfrac{F_{Q\max}S_{z\max}^*}{I_zb}\leqslant[\tau]$。

(6) 梁的变形以挠度 y 与转角 θ 表示。梁挠曲线的近似微分方程为：

$$EI_zy''=M(x)$$

对上述微分方程积分，即可得到梁的挠度方程和转角方程；积分常数可由梁支承处的边界条件和积分分段处的连续条件确定。

EI_z 是抗弯刚度，EI_z 越大，弯曲变形(挠度和转角)越小。

8.1 推导梁弯曲正应力公式时作了哪些假设？在什么条件下这些假设才是正确的？

8.2 直梁平面弯曲时，为什么中性轴通过截面形心？

8.3 梁横截面上的最大正应力和最大切应力发生在横截面的什么位置？

8.4 材料相同，面积相同的两个直杆，一个为实心圆杆，另一个为空心圆杆，试问在相同荷载作用下，哪根杆的抗弯性能比较好？

8.5 提高梁的强度和刚度有哪些措施？

8.6 用积分法求梁的变形时，是否一定有足够的补充方程确定积分常数？为什么？如果梁的变形不满足连续性条件，会发生什么现象？

8.1 求图 8-24 所示(a)、(b)各图形的形心，并求出(a)图形对形心轴 z_C 的惯性矩。

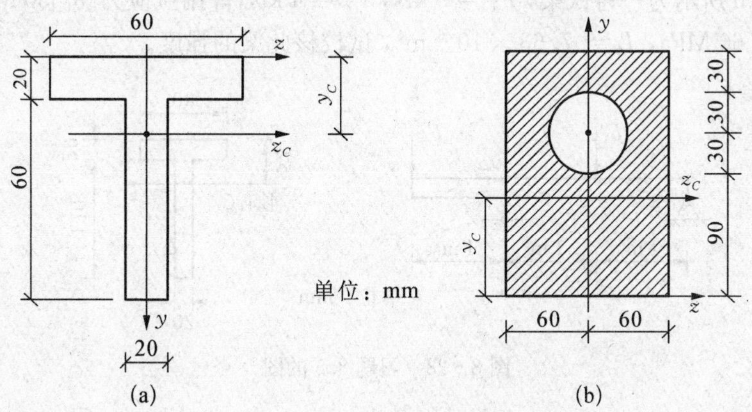

图 8-24 习题 8.1 的图

8.2 如图 8-25 所示悬臂梁，试求 C 截面上 a，b 两点的正应力和该截面最大拉、压应力。

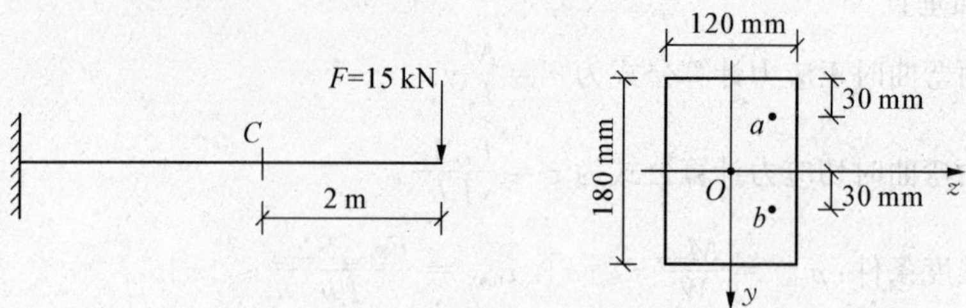

图 8-25　习题 8.2 的图

8.3 如图 8-26 所示矩形截面简支梁，已知：$L = 2\ \mathrm{m}$，$h = 150\ \mathrm{mm}$，$b = 100\ \mathrm{mm}$，$h_1 = 30\ \mathrm{mm}$，$q = 3\ \mathrm{kN/m}$。试求 A 支座截面上 K 点处的切应力及该截面的最大切应力。

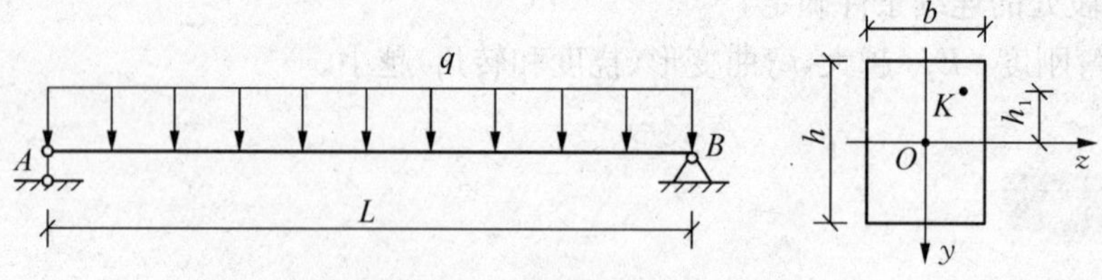

图 8-26　习题 8.3 的图

8.4 如图 8-27 所示矩形截面外伸梁，已知材料的许用正应力 $[\sigma] = 10\ \mathrm{MPa}$，许用切应力 $[\tau] = 2\ \mathrm{MPa}$，试校核该梁的强度。

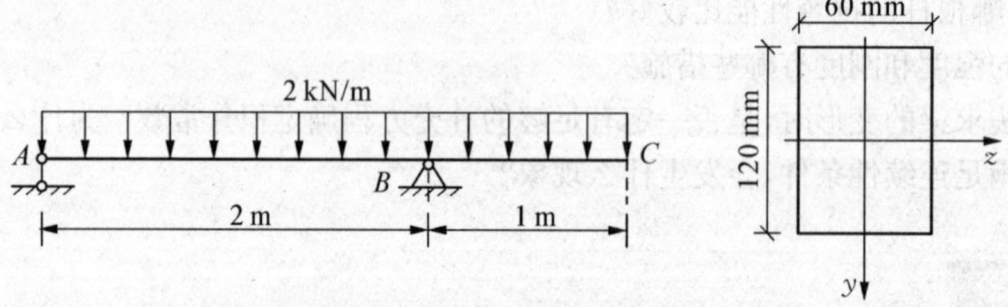

图 8-27　习题 8.4 的图

8.5 如图 8-28 所示为一铸铁梁，$F_1 = 9\ \mathrm{kN}$，$F_2 = 4\ \mathrm{kN}$，许用拉应力$[\sigma_t]$30 MPa，许用压应力$[\sigma_c] = 60\ \mathrm{MPa}$，$I_z = 7.63 \times 10^{-6}\ \mathrm{m^4}$，试校核此梁的强度。

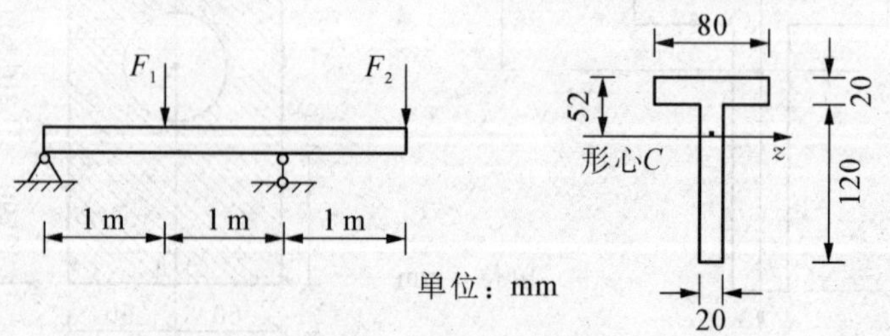

图 8-28　习题 8.5 的图

8.6 用积分法求如图 8-29 集中力作用下的悬臂梁 B 端的转角和挠度大小。

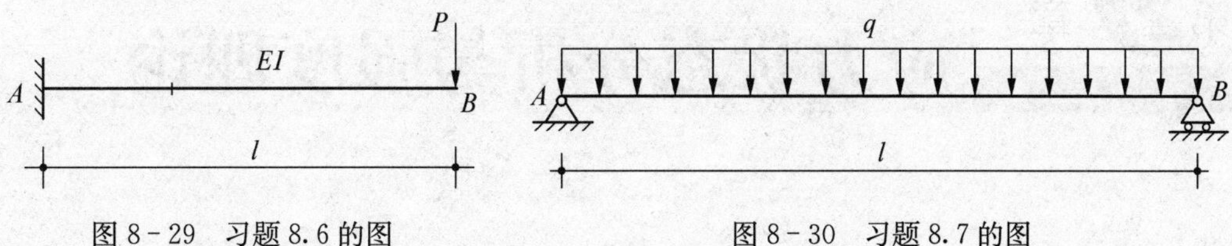

图 8-29 习题 8.6 的图　　　　图 8-30 习题 8.7 的图

8.7 用积分法求如图 8-30 分布力作用下的简支梁端的转角和跨中挠度大小。

8.8 一抗弯刚度为 EI 的外伸梁受荷载如图 8-31 所示，试按叠加原理并利用表 8-2，求截面 B 的转角 θ_B 以及 BC 中点 D 的挠度 ν_D。

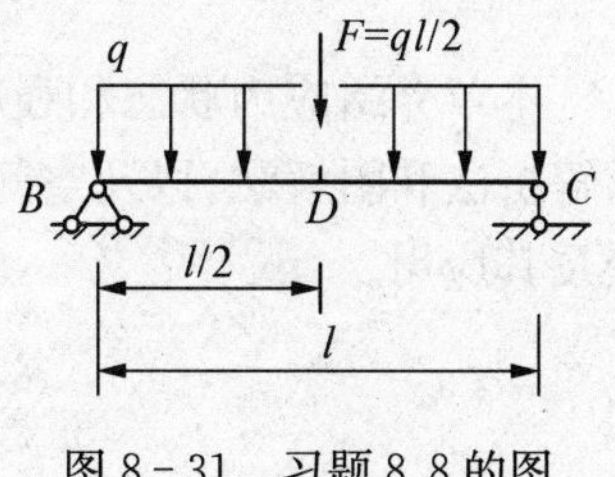

图 8-31 习题 8.8 的图

第9章 应力状态分析与强度理论

工 程 力 学

本章介绍应力状态和强度理论。应力状态主要讲述应力状态的概念、平面应力状态分析的解析法和图解法，以及空间应力状态和广义胡克定律，强度理论主要讲述几种常见的强度理论及其应用。

9.1 应力状态的概念

以前有关各章中求的应力实际上是横截面上的应力，但过一点可以选取无数个斜截面，斜截面上也有应力，包括正应力和切应力。一般将"**过一点沿不同方位截面上的应力情况的集合**"称为一点的应力状态，其大小和方向一般与横截面上的应力不同，有时可能首先达到危险值，使材料发生破坏。实践也给予证明，如混凝土梁的弯曲破坏，除了在跨中底部发生竖向裂缝外，在其他底部部位还会发生斜向裂缝。又如铸铁受压破坏，裂缝是沿着与杆轴成45°角的方向。为了对构件进行强度计算，必须了解构件受力后在通过它的哪一个截面和哪一点上的应力最大。因此必须研究通过受力构件内任一点的各个不同截面上的应力情况，即研究一点的应力状态。

9.1.1 单元体的概念

为了研究某点应力状态，可围绕该点取出一微小的正六面体——单元体来研究。因单元体的边长是无穷小量，可以认为：作用在单元体的各个方面上的应力都是均匀分布的；在任意一对平行平面上的应力是相等的，且代表着通过所研究的点并与上述平面平行的面上的应力。因此单元体三对平面上的应力就代表通过所研究的点的三个互相垂直截面上的应力，只要知道了这三个面上的应力，则其他任意截面上的应力都可通过截面法求出，这样，该点的应力状态就可以完全确定。因此，可用单元体的三个互相垂直平面上的应力来表示一点的应力状态。

图9.1(a)表示一轴向拉伸杆，若在任意A, B两点处各取出一单元体，如选的单元体的一个面为横截面，则在它们的三对平行平面上作用的应力都可由前面的公式算出，故A点的应力状态是完全确定的。其他点也一样。又如图9.1(b)表示一受横力弯曲的梁，若围绕A, B, C, D等点各取出一单元体，如单元体的一个面为横截面，则在它们的三对平行平面上的应力也可由前面的公式算出，故这些点的应力状态也是完全确定的。

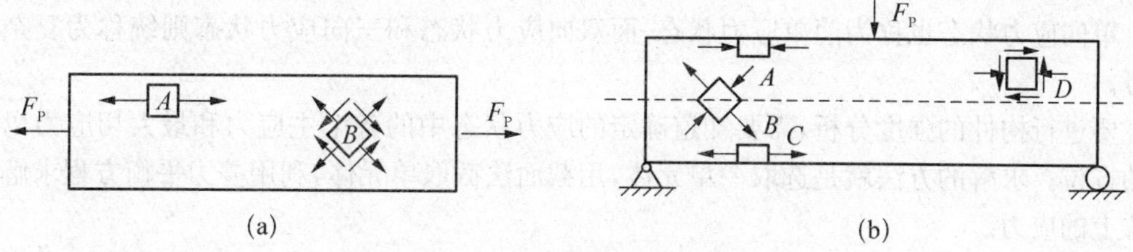

图 9-1 轴向拉伸杆的受力

9.1.2 主平面、主应力的概念

根据一点的应力状态中各应力在空间的不同位置，可以将应力状态分为空间应力状态和平面应力状态。全部应力位于同一平面内时，称为平面应力状态；全部应力不在同一平面内，在空间分布的，称为空间应力状态。

过某点选取的单元体，其各面上一般都有正应力和切应力。根据弹性力学中的研究，通过受力构件的每一点，都可以取出一个这样的单元体，在三对相互垂直的相对面上切应力等于零，而只有正应力。这样的单元体称为主单元体，这样的单元体面称为主平面。即切应力为零的平面称为主平面，主平面上的正应力称为主应力。我们通常用字母 σ_1，σ_2 和 σ_3 代表分别作用在这三对主平面上的主应力，其中 σ_1 代表数值最大的主应力，σ_3 代表数值最小的主应力。容易知道，在图 9-1(a)中的点 A 及图 9-1(b)中的 A，C 两点处所取的单元体的各平行平面上的切应力都等于零，这样的单元体即为主单元体，主平面上的正应力即为主应力。

9.1.3 应力状态分类

实际上，在受力构件内任意一点总可以找到相互垂直的三个主平面，而所取出的主单元体上，不一定在三个相对面上都存在有主应力，故应力状态又可分下列三类：

(1) 单向应力状态。在三个相对面上三个主应力中只有一个主应力不等于零。如图 9-1(a)中点 A 和图 9-1(b)中 A，C 两点的应力状态都属于单向应力状态。

(2) 双向应力状态(平面应力状态)。在三个相对面上三个主应力中有两个主应力不等于零。如图 9-1(b)所示 B，D 两点的应力状态。在平面应力状态里，有时会遇到一种特例，此时，单元体的四个侧面上只有切应力而无正应力，这种状态称为纯剪切应力状态。例如，在纯扭转变形中，如选取横截面为一个面的单元体就是这种情况。

(3) 三向应力状态(空间应力状态)。其三个主应力都不等于零。例如列车车轮与钢轨接触处附近的材料就是处在三向应力状态下，如图 9-2 所示。

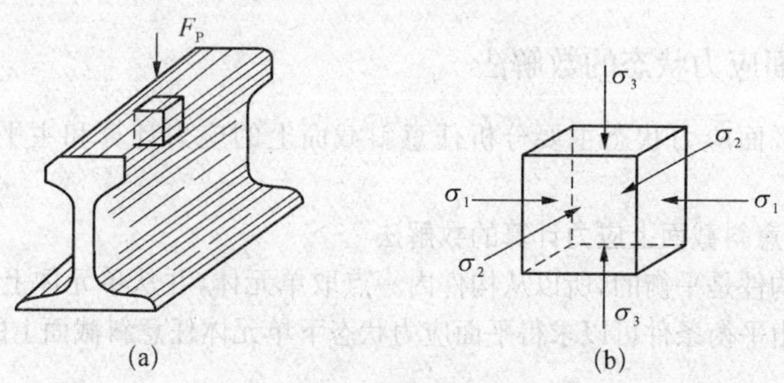

图 9-2 三向应力状态

单向应力状态也称为简单应力状态，而双向应力状态和三向应力状态则统称为复杂应力状态。

要进行构件的强度分析，需要知道确定的应力状态中的各个主应力和最大切应力以及它们的方位。求解的方法就是选取一单元体，用截面法截取单元体，利用静力平衡方程求解各个方位上的应力。

9.2 平面应力状态分析

如图 9-3(a)所示的单元体，外法线与 z 轴重合的平面上其切应力、正应力均为零，说明该单元体至少有一个主应力等于零，因此该单元体处于平面应力状态。为便于研究，取平面 $abcd$ 来代替单元体的受力情况，如图 9-3(b)所示。任意斜截面的表示方法及有关规定如下：

(1) 用 x 轴与截面外法线 n 间的夹角 α 表示该截面方位。

(2) α 的正负号：由 x 轴向 n 旋转，逆时针方向为正，顺时针方向为负(图 9-3(b)的 α 为正)。

(3) 为了清楚的表示不同平面上的应力，在 σ 及 τ 右下角表示一个该应力作用平面名称的脚标，例如在 x，y，α 平面上的正应力及切应力分别表示为 σ_x，σ_y，σ_α 及 τ_x，τ_y，τ_α。

(4) σ_α 的正负号：拉应力为正，压应力为负(图的 σ_x，σ_y，σ_α 均为正值)。

(5) τ_α 的正负号：τ_α 对截面内侧任一点的力矩转向，顺时针方向为正，逆时针方向为负(图 9-3(c)的 τ_x，τ_α 为正值，τ_y 为负值)。

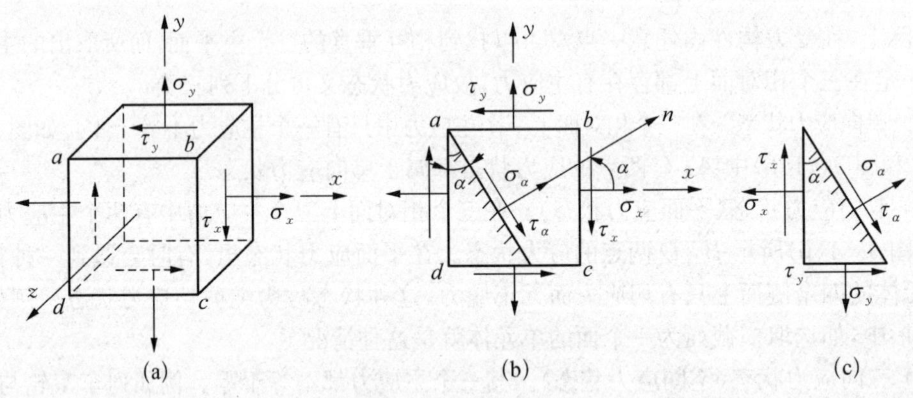

图 9-3 平面应力状态

9.2.1 平面应力状态的数解法

数解法解析平面应力状态主要分析任意斜截面上的应力计算和主平面上的主应力的计算。

9.2.1.1 任意斜截面上应力计算的数解法

因为研究的构件是平衡的，所以从构件内一点取单元体，并从单元体上取一部分，则该部分也处于平衡。由平衡条件可以求得平面应力状态下单元体任意斜截面上的应力计算公式：

$$\sigma_\alpha = \frac{\sigma_x + \sigma_y}{2} + \frac{\sigma_x - \sigma_y}{2}\cos 2\alpha - \tau_x \sin 2\alpha \qquad (9-1)$$

$$\tau_\alpha = \frac{\sigma_x - \sigma_y}{2}\sin 2\alpha + \tau_x \cos 2\alpha \qquad (9-2)$$

应用上式计算 σ_α, τ_α 时,各已知应力 σ_x, σ_y, τ_x 和 α 均用其代数值。

例 9.1 求如 9-4 图所示各点应力状态下指定斜截面上的应力(各应力单位是 MPa),并用图表示出来。

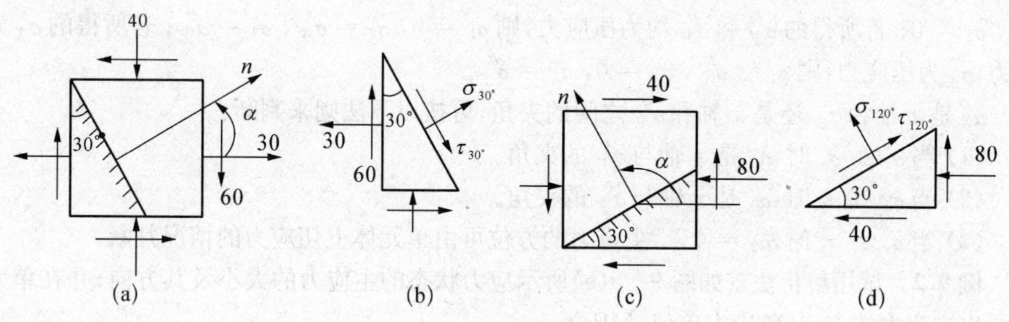

图 9-4 例 9.1 的图

解:(1) 已知:$\sigma_x = 30$ Mpa, $\sigma_y = -40$ Mpa, $\tau_x = 60$ Mpa, $\alpha = 30°$, 将各数值代入公式,得斜截面上的应力:

$$\sigma_{30°} = \frac{30 + (-40)}{2} + \frac{30 - (-40)}{2}\cos(2\times 30°) - 60\sin(2\times 30°) = -39.46(\text{Mpa})$$

$$\tau_{30°} = \frac{30 + (-40)}{2}\sin(2\times 30°) + 60\cos(2\times 30°) = 60.31(\text{Mpa})$$

将 $\sigma_{30°}$, $\tau_{30°}$ 方向画在斜截面上如图 9-4(b)所示。

(2) 已知:$\sigma_x = -80$ Mpa, $\sigma_y = 0$ Mpa, $\tau_x = -40$ Mpa, $\alpha = 120°$, 则

$$\sigma_{120°} = \frac{-80}{2} + \frac{-80}{2}\cos(2\times 120°) - (-40)\sin(2\times 120°) = -54.64(\text{Mpa})$$

$$\tau_{120°} = \frac{-80}{2}\sin(2\times 120°) + (-40)\cos(2\times 120°) = 54.64(\text{Mpa})$$

将 $\sigma_{120°}$, $\tau_{120°}$ 方向画在斜截面上如图 9-4(d)所示。

9.2.1.2 主平面及主应力计算的数解法

令 $\tau_\alpha = 0$, 便可得出单元体主平面与 x 平面之间的夹角 α_0 的计算公式如下:

$$\tan 2\alpha_0 = \frac{-2\tau_x}{\sigma_x - \sigma_y} \qquad (9-3)$$

α_0 和 $\alpha_0 + 90°$ 都是主平面的方位角,也就是说,与 x 平面成 α_0 和 $\alpha_0 + 90°$ 的两个相互垂直的平面都是主平面。

主应力是主平面上的正应力,它是 σ_α 的极值,其计算式为

$$\sigma'_{主}=\frac{\sigma_x+\sigma_y}{2}+\sqrt{\left(\frac{\sigma_x-\sigma_y}{2}\right)^2+\tau_x^2} \quad (9-4)$$

$$\sigma''_{主}=\frac{\sigma_x+\sigma_y}{2}-\sqrt{\left(\frac{\sigma_x-\sigma_y}{2}\right)^2+\tau_x^2} \quad (9-5)$$

$\sigma'_{主}$ 和 $\sigma''_{主}$ 是平面应力状态中的两个主应力。由于平面应力状态至少有一个主应力为 0，因此，在确定一点的三个主应力值时，不仅要考虑由上式计算所得的 $\sigma'_{主}$ 和 $\sigma''_{主}$，而且还要考虑把为 0 的那个主应力也排列进去。若按上式得到的 $\sigma'_{主}$ 和 $\sigma''_{主}$ 均为拉应力，那么，$\sigma_1=\sigma'_{主}$，$\sigma_2=\sigma''_{主}$，$\sigma_3=0$；若所得的 $\sigma'_{主}$ 和 $\sigma''_{主}$ 均为压应力，则 $\sigma_1=0$，$\sigma_2=\sigma'_{主}$，$\sigma_3=\sigma''_{主}$；若所得的 $\sigma'_{主}$ 为拉应力，$\sigma''_{主}$ 为压应力，则 $\sigma_1=\sigma'_{主}$，$\sigma_2=0$，$\sigma_3=\sigma''_{主}$。

α_0 是 x 轴和 $\sigma'_{主}$ 还是 x 轴和 $\sigma''_{主}$ 之间的夹角，可按以下法则来判断：

(1) 当 $\sigma_x>\sigma_y$ 时，α_0 是 x 轴与 $\sigma'_{主}$ 的夹角。

(2) 当 $\sigma_x<\sigma_y$ 时，α_0 是 x 轴与 $\sigma''_{主}$ 的夹角。

(3) 当 $\sigma_x=\sigma_y$ 时，$\alpha_0=45°$，主应力的方位可由单元体上切应力的情况判断。

例 9.2 试用解析法求如图 9-5(a)所示应力状态的主应力的大小及其方向，并在单元体上画出主应力的方向(各应力单位：MPa)。

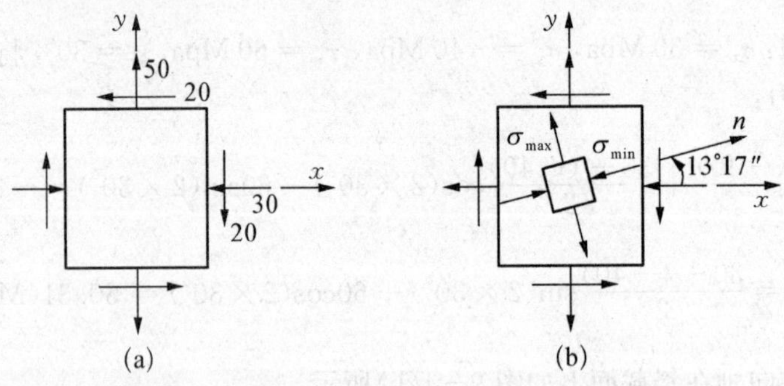

图 9-5 例 9.2 的图

解：

$$\sigma'_{主}=\frac{\sigma_x+\sigma_y}{2}+\sqrt{\left(\frac{\sigma_x-\sigma_y}{2}\right)^2+\tau_x^2}=\frac{-30+50}{2}+\sqrt{\left(\frac{-30-50}{2}\right)^2+(20)^2}=54.7(\text{Mpa})$$

$$\sigma''_{主}=\frac{\sigma_x+\sigma_y}{2}-\sqrt{\left(\frac{\sigma_x-\sigma_y}{2}\right)^2+\tau_x^2}=\frac{-30+50}{2}-\sqrt{\left(\frac{-30-50}{2}\right)^2+(20)^2}=-34.7(\text{Mpa})$$

$$\tan 2\alpha_0=\frac{-2\tau_x}{\sigma_x-\sigma_y}=\frac{-2\times(20)}{-30-50}=0.5，\alpha=13°17''$$

9.2.2 平面应力状态的图解法

9.2.2.1 任意斜截面上应力计算的图解法

用图解法计算斜截面上的应力，需要先作“应力圆”。

将式(9-1)改写为

$$\sigma_{\alpha}-\frac{\sigma_{x}+\sigma_{y}}{2}=\frac{\sigma_{x}-\sigma_{y}}{2}\cos 2\alpha-\tau_{x}\sin 2\alpha \tag{9-6}$$

再将上式和式(9-2)两边平方，然后相加，并应用 $\sin^{2}2\alpha+\cos^{2}2\alpha=1$，便可得出

$$\left(\sigma_{\alpha}-\frac{\sigma_{x}+\sigma_{y}}{2}\right)^{2}+\tau_{\alpha}^{2}=\left(\frac{\sigma_{x}-\sigma_{y}}{2}\right)^{2}+\tau_{x}^{2} \tag{9-7}$$

对于所研究的单元体，σ_x，σ_y，τ_x 是常量，σ_α，τ_α 是变量(随 α 的变化而变化)，故令 $\sigma_\alpha=x$，$\tau_\alpha=y$，$\frac{\sigma_x+\sigma_y}{2}=a$，$\sqrt{\left(\frac{\sigma_x-\sigma_y}{2}\right)^2+\tau_x^2}=R$，则上式变为如下形式：

$$(x-a)^{2}+y^{2}=R^{2}$$

由解析几何可知，上式代表的是圆心坐标为$(a,\ 0)$，半径为 R 的圆。代表一个圆方程；若取 σ 为横坐标，τ 为纵坐标，则该圆的圆心是 $\left(\frac{\sigma_x+\sigma_y}{2},\ 0\right)$，半径 $R=\sqrt{\left(\frac{\sigma_x-\sigma_y}{2}\right)^2+\tau_x^2}$，这个圆称为“应力圆”。应力圆是德国学者莫尔(O. Mohr)于 1882 年最先提出的，所以又叫莫尔圆。应力圆上任一点坐标代表所研究单元体上任一截面的应力，因此应力圆上的点与单元体上的截面有着一一对应关系。

应力圆的画法：取坐标轴为 σ、τ 的直角坐标系，如图 9-6(b)所示，按一定的比例尺量取 $OA=\sigma_x$，$AD_1=\tau_x$，$OB=\sigma_y$，$BD_2=\tau_y$；连接 D_1、D_2，与 σ 轴交于 C 点，以 C 为圆心，CD_1(或 CD_2)为半径画圆，容易证明，这个圆即为所求的应力圆。

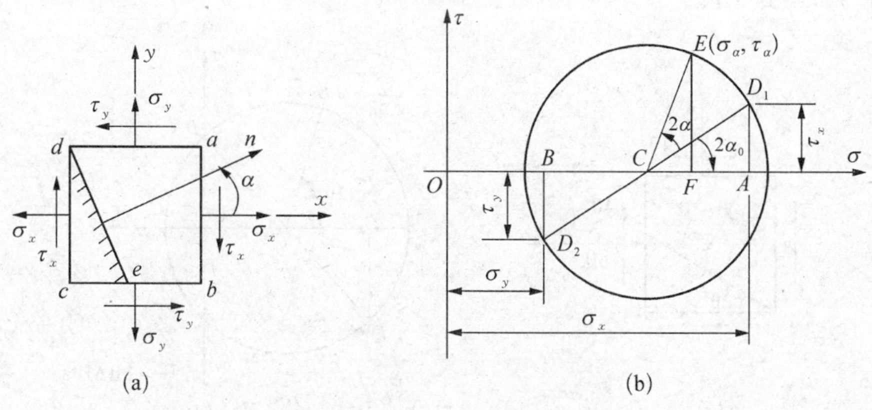

图 9-6　应力圆

利用应力圆可求出所研究单元体上任意一个 α 截面上的应力。由于应力圆参数表达式(9-1)、式(9-2)的参变量是 2α，所以单元体上任意两斜截面外法线之间的夹角对应于应力圆上两点之间圆弧所对的圆心角，该圆心角为两斜截面外法线之间夹角的两倍。如要确定如图(a)所示斜截面 de 的应力，由应力圆上的 D_1 点(该点对应于截面 ab)沿逆时针量取圆心角 $\angle D_1CE=2\alpha$，则 E 点的横、纵坐标分别代表 de 截面上的 σ_α，τ_α。

作应力圆时，需要注意以下几点对应关系：

(1) 点面对应：应力圆上的一点，对应于单元体中一个截面。

(2) 倍角对应：应力圆圆周上两点间圆弧所对应的圆心角是单元体相应两截面间夹角的

两倍。

(3) 转向对应:倍角对应关系中的两个角的转向应相同。

例 9.3 用图解法求解例 9.1。

解:(1) 按单元体上的已知应力作应力圆如图 9-7(b)所示。指定斜截面的外法线与 σ_x 间的夹角 $\alpha = 30°$,从应力圆上的 D_1 点逆时针量取圆心角 60°得 E 点,量出 E 点的横、纵坐标得 $\sigma_E = -40$ MPa、$\tau_E = 60$ MPa。

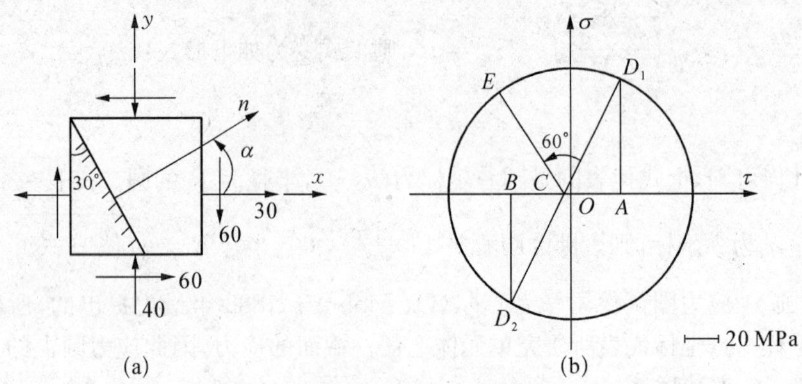

图 9-7 例 9.3 的图

(2) 作应力圆如图 9-8(b)所示。指定斜截面的外法线与 σ_x 间的夹角 $\alpha = 120°$,也可以是 $\alpha = -60°$,从 D_1 点逆时针量取圆心角 240°或顺时针量取 $-120°$,得 E 点,量得 $\sigma \sigma_E = -55$ MPa,$\tau_E = 55$ MPa。

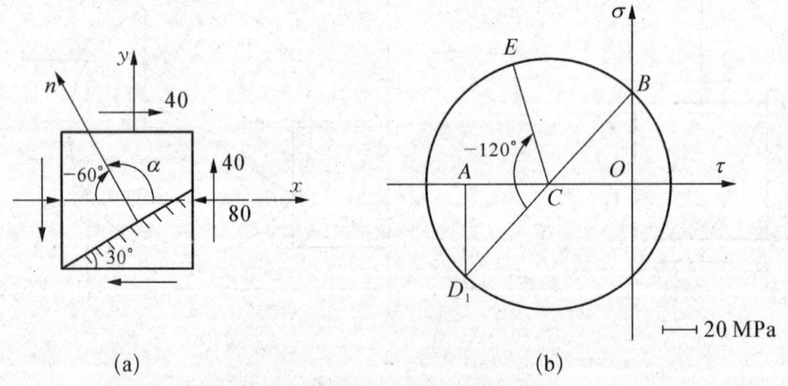

图 9-8 图解应力

用图解法解题,简洁明快,但精度有限,如果要求较高的精度,则需用解析法。

9.2.2.2 主平面及主应力计算的图解法

如图 9-6(a)所示单元体,利用应力圆很容易确定该单元体的主应力与主平面方向。应力圆与 σ 轴的交点 A_1,A_2 的纵坐标 τ 等于零,如图 9-9(b)所示,所以 A_1,A_2 点对应于单元体上两个主平面,其横坐标即为主应力的值。又因 $OA_1 > OA_2$,故 A_1,A_2 分别对应 $\sigma'_主$ 和 $\sigma''_主$。由于 D_1 代表单元体上的 x 平面,则圆心角 $\angle D_1CA_1$ 的一半——也就是圆周角 $\angle DA_2A_1$ 为 $\sigma'_主$ 所在平面的方位角。

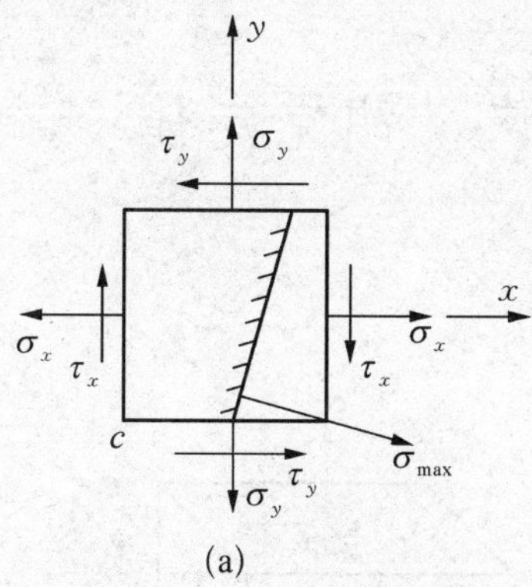

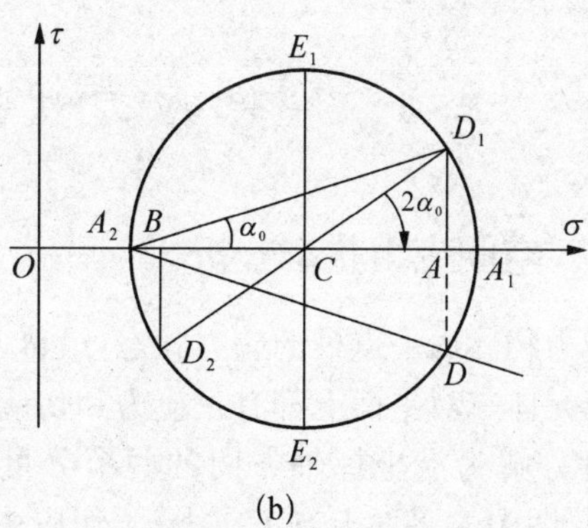

图 9-9 主平面及主应力的图解

例 9.4 试用图解法计算例 9.2。

解：根据已知条件画出应力圆如图 9-10 所示。

量得 $OA_1=\sigma'_{主}=55$ Mpa，$OA_2=\sigma''_{主}=-35$ Mpa。

因 D_1 点对应于 x 截面，所以 D_1A_2 弧所对的圆周角 $\angle D_1A_1A_2$ 即为 $\sigma''_{主}$ 的方位角，量得 $\alpha=13°$，主应力的方向同图 9-5(b)。

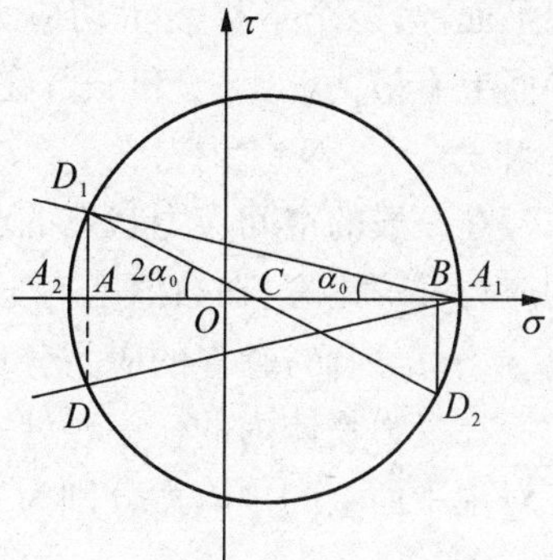

图 9-10 例 9.4 的图

9.2.2.3 最大切应力的确定

(1) 解析法

对式(9-2)令 $\frac{d\tau_\alpha}{d\alpha}=0$，则可求得切应力极值所在平面的方位角 α_1 的计算公式：

$$\tan 2\alpha_1=\frac{\sigma_x-\tau_y}{2\tau_x} \tag{9-8}$$

上式可确定相差 90°的两个面，分别作用着最大切应力和最小切应力，其值可由下式计算：

$$\tau_{\substack{max\\min}}=\pm\sqrt{\left(\frac{\sigma_x-\sigma_y}{2}\right)^2+\tau_x^2} \tag{9-9}$$

如果已知主应力，则切应力极值的另一形式计算公式为

$$\tau_{\substack{max\\min}}=\pm\frac{\sigma_1-\sigma_3}{2} \tag{9-10}$$

$\tan 2\alpha_1=-\cot 2\alpha_0$。即 $\alpha_1=\alpha_0+45°$，说明切应力的极值平面与主平面成 45°角。

(2) 图解法

应力圆上最高点 E_1 及最低点 E_2 显然是 τ_{max}，τ_{min} 对应的位置，因此两点的纵标分别等于 τ_{max}，τ_{min} 的值；其方位角由 D_1E_1 弧和 D_1E_2 弧所对的圆心角之半(或该弧所对的圆周角)量得。

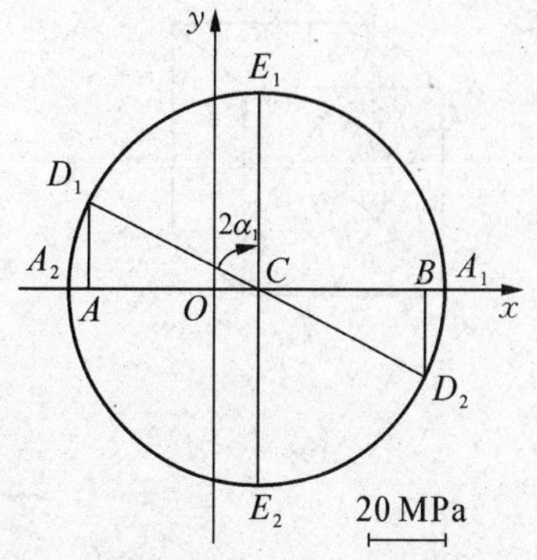

图 9-11 应力的图解

9.3 空间应力状态与广义胡克定律

9.3.1 空间应力状态分析

对于受力物体内一点处的应力状态，最普遍的情况是所取单元体三对平面上都有正应力和切应力，而且切应力可分解为沿坐标轴方向的两个分量，如图 9－12所示。图中 x 平面上有正应力 σ_x、切应力 τ_{xy} 和 τ_{xz}。切应力的两个下标中，第一个下标表示切应力所在平面，第二个下标表示切应力的方向。同理，在 y 平面上有应力 σ_y，τ_{yx} 和 τ_{yz}；在 z 平面上有应力 σ_z，τ_{zx} 和 τ_{zy}。

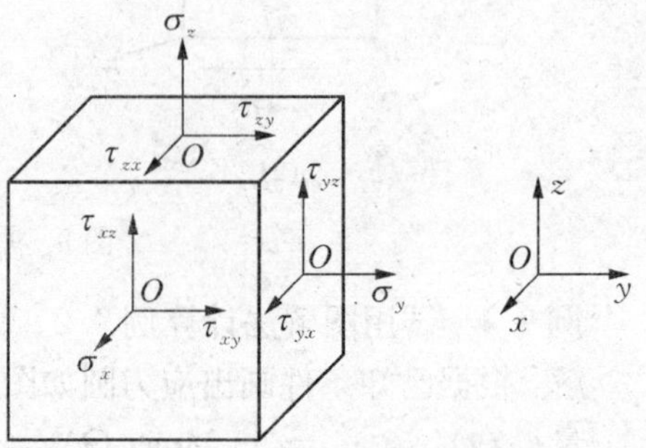

图 9－12　空间应力状态

在一般的空间应力状态的 9 个应力分量中，根据切应力互等定理，在数值上有 $\tau_{xy}=\tau_{yx}$，$\tau_{yz}=\tau_{zy}$ 和 $\tau_{zx}=\tau_{xz}$，因而，独立的应力分量是 6 个，即 σ_x，σ_y，σ_z，τ_{xy}，τ_{yz}，τ_{zx}。

在受力物体内的任一点处一定可以找到一个单元体，其三对相互垂直的平面均为主平面，三对主平面上的主应力分别为 σ_1，σ_2，σ_3。

9.3.2 三向应力状态的最大应力

如图 9－13(a)所示，一单元体受 3 个主应力 σ_1，σ_2，σ_3 均为已知，首先研究与 σ_3 所在主平面垂直的各斜截面上的应力。为此，沿斜截面 $abcd$ 将单元体截开，并研究左边部分的平衡(如图 9－13(b)所示)，由于主应力 σ_3 在两平面上自相平衡，因此，该斜截面上的应力 σ，τ 与 σ_3 无关，仅由 σ_1 和 σ_2 决定。于是该斜截面上的应力，可按平面应力状态由 σ_1 和 σ_2 作出的应力圆上的点表示(如图 9－13(c)所示)。同理，与 σ_1(或 σ_2)所在主平面垂直的斜截面上的应力 σ，τ，

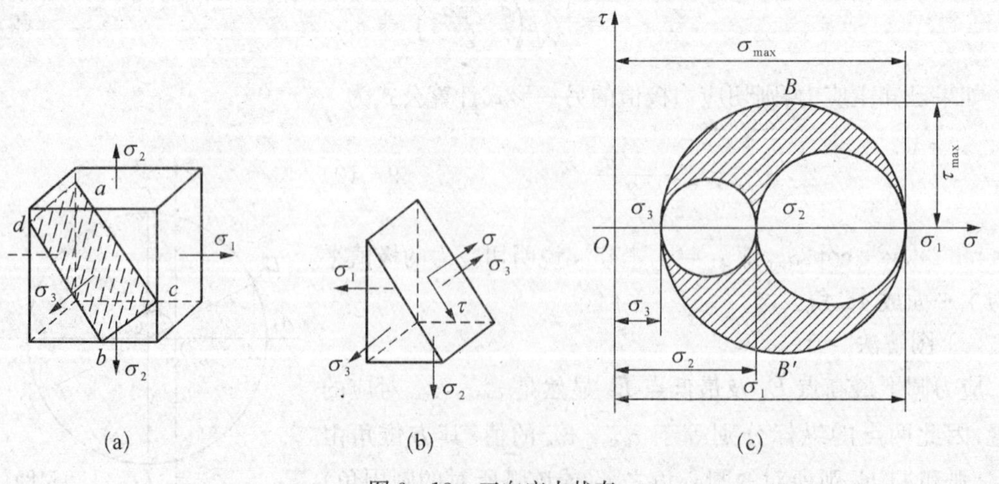

图 9－13　三向应力状态

可由σ_2，σ_3（或σ_1，σ_3）作出的应力圆上的点表示（如图 9-13(c)所示）。可以证明，对于与三个主平面斜交的任意斜截面上的应力σ，τ，必可以用上述三个应力圆所围成的阴影线内的点表示（如图 9-13(c)所示）。

由此可见，在三向应力状态下，最大正应力为

$$\sigma_{\max} = \sigma_1$$

最大切应力为

$$\tau_{\max} = \frac{\sigma_1 - \sigma_3}{2}$$

由于最大切应力在和σ_1和σ_3所决定的应力圆上，因此，最大切应力所在截面与σ_2所在主平面垂直，并与σ_1和σ_3所在的主平面各成 45°角。

9.3.3 基本变形时的胡克定律

对于各向同性材料，在线弹性范围内、小变形条件下，空间应力状态下应力分量与应变分量间的关系，通常称为广义胡克定律。在线弹性范围内、小变形条件下，沿坐标轴方向，正应力只引起线应变，而切应力只引起一平面内的切应变。

线应变ε_x，ε_y，ε_z与正应力σ_x，σ_y，σ_z之间的关系，可应用叠加原理求得。在σ_x，σ_y和σ_z分别单独存在时，x方向的线应变ε_x依次分别为

$$\varepsilon_x' = \frac{\sigma_x}{E}，\varepsilon_x'' = -\nu\frac{\sigma_y}{E}，\varepsilon'''_x = -\nu\frac{\sigma_z}{E} \tag{9-11}$$

于是，在σ_x，σ_y和σ_z同时存在时，可得x方向的线应变，同理，可得y和z方向的线应变，分别为

$$\left.\begin{aligned} \varepsilon_x &= \frac{1}{E}[\sigma_x - \nu(\sigma_y + \sigma_z)] \\ \varepsilon_y &= \frac{1}{E}[\sigma_y - \nu(\sigma_z + \sigma_x)] \\ \varepsilon_z &= \frac{1}{E}[\sigma_z - \nu(\sigma_x + \sigma_y)] \end{aligned}\right\} \tag{9-12}$$

而切应变γ_{xy}，γ_{yz}，γ_{zx}与切应力τ_{xy}，τ_{yz}，τ_{zx}，之间的关系，则分别为

$$\left.\begin{aligned} \gamma_{xy} &= \frac{1}{G}\tau_{xy} \\ \gamma_{yz} &= \frac{1}{G}\tau_{yz} \\ \gamma_{zx} &= \frac{1}{G}\tau_{zx} \end{aligned}\right\} \tag{9-13}$$

上两式即为一般空间应力状态下，在线弹性范围内、小变形条件下的广义胡克定律。在平面应力状态下，设$\sigma_z = 0$，$\tau_{zx} = 0$，$\tau_{yz} = 0$，则上两式可得

$$\left.\begin{aligned}\varepsilon_x &= \frac{1}{E}[\sigma_x - \nu\sigma_y]\\ \varepsilon_y &= \frac{1}{E}[\sigma_y - \nu\sigma_x]\\ \varepsilon_z &= -\frac{1}{E}\nu(\sigma_x + \sigma_y)\end{aligned}\right\} \tag{9-14}$$

$$\gamma_{xy} = \frac{1}{G}\tau_{xy}$$

若已知空间应力状态下单元体的三个主应力 σ_1，σ_2，σ_3，则沿主应力方向只有线应变，而无切应变。与主应力 σ_1，σ_2，σ_3 相应的线应变分别记为 ε_1，ε_2，ε_3，称为主应变。主应变为一点处各方位线应变中的最大与最小值。广义胡克定律可用主应力与主应变表示为

$$\begin{aligned}\varepsilon_1 &= \frac{1}{E}[\sigma_1 - \nu(\sigma_2 + \sigma_3)]\\ \varepsilon_2 &= \frac{1}{E}[\sigma_2 - \nu(\sigma_3 + \sigma_1)]\\ \varepsilon_3 &= \frac{1}{E}[\sigma_3 - \nu(\sigma_1 + \sigma_2)]\end{aligned} \tag{9-15}$$

9.3.4 应力分析中的一些规律

(1) 主应力 σ_1 和 σ_2 分别是杆件中某点处的最大正应力和最小正应力。在该点其他任何地方的截面上的正应力数值一定都 σ_1 和 σ_2 在之间。

(2) 在平面应力状态中，互相垂直的两平面上的正应力之和是常数，即

$$\sigma_x + \sigma_y = \sigma_\alpha + \sigma_\beta = \sigma'_{主} + \sigma''_{主} \tag{9-16}$$

(3) 两个互相垂直平面上的切应力绝对值相等，而其方向则共同指向(或背离)这两平面的交线——即切应力互等定律。

(4) 应力圆与单元体的对应关系是:“点面对应，倍角对应，转向对应”。

(5) 梁在平面弯曲时，横截面一般将产生正应力 σ_x 和切应力 τ_x；而纵截面上由于无挤压，因此，正应力 $\sigma_y = 0$。故梁上任一点的主应力计算式为

$$\sigma_1 = \frac{\sigma_x}{2} + \sqrt{\left(\frac{\sigma_x}{2}\right)^2 + \tau_x^2} \tag{9-17}$$

$$\sigma_y = 0 \tag{9-18}$$

$$\sigma_3 = \frac{\sigma_x}{2} - \sqrt{\left(\frac{\sigma_x}{2}\right)^2 + \tau_x^2} \tag{9-19}$$

由上式可知，无论 σ_x 是正还是负，σ_1 必为正值，而 σ_3 必为负值。所上，上述平面弯曲梁内主应力的特点是:除处于单向拉伸或压缩(上下边缘)的一些点外，其余各点处的主应力必然是一个主拉应力 σ_1 和一个主压应力 σ_3，而 $\sigma_2 = 0$。

9.3.5 主应力轨迹线的概念

对于平面结构,可求出结构内任一点处的两个主应力大小及其方向。在工程结构的设计中,往往需要知道结构内各点主应力方向的变化规律。

例如,钢筋混凝土结构,由于混凝土的抗拉能力很差,因此,设计时需知道结构内各点主拉应力方向的变化情况,以便配置钢筋。为了知道结构内各点的主应力方向,需绘制主应力轨迹线。

所谓主应力轨迹线,是两组正交的曲线;其中一组曲线是主拉应力轨迹线,在这些曲线上,每点的切线方向表示该点的主拉应力方向;另一组曲线是主压应力轨迹线,在这些曲线上,每点的切线方向表示该点的主压应力方向。

已知梁内各点处的主应力方向,即可绘制出梁的主应力轨迹线如图 9-14(a)所示。图中实线为主拉应力轨迹线,虚线为主压应力轨迹线。梁的主应力轨迹线有如下特点:主拉应力轨迹线和主压应力轨迹线互相正交;所有的主应力轨迹线在中性层处与梁的轴线成45°角;在弯矩最大而剪力等于零的截面上,主应力轨迹线的切线是水平的;在梁的上、下边缘处,主应力轨迹线的切线与梁的上、下边界线平行或正交。

主应力轨迹线在工程中是非常有用的。例如在垂直于主拉应力轨迹线的位置容易产生混凝土的拉裂裂缝,所以如图 9-14(a)所示的简支梁,可根据主拉应力轨迹线,在下部配置纵向钢筋和弯起钢筋,防止裂缝的产生,如图 9-14(b)所示。

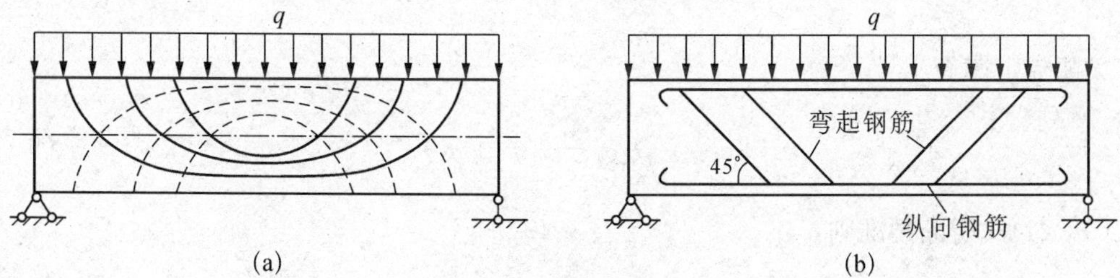

图 9-14 主应力轨迹

9.4 强度理论

材料在不同应力状态下产生某种形式破坏的共同原因的各种假设,这些假设称为强度理论。

9.4.1 最大拉应力理论(第一强度理论)

这一理论认为最大拉应力是引起断裂的主要因素。即认为无论材料处于何种应力状态,只要最大拉应力达到与材料性质有关的某一极限值,则材料就发生脆性断裂破坏。这一极限值用单向应力状态来确定。这一理论也可以表述为:材料在复杂应力状态下达到危险状态的标志是它的最大拉应力 σ_1 达到该材料在简单拉伸时最大拉应力的危险值。

根据这一理论,其强度条件为

$$\sigma_1 \leqslant [\sigma] \tag{9-20}$$

式中：σ_1—材料在复杂应力状态下的最大拉应力。

$[\sigma]$—材料在简单拉伸时的许用拉应力。

铸铁等脆性材料在单向拉伸下，断裂发生于拉应力最大的横截面。脆性材料的扭转也是沿拉应力最大的斜面发生断裂。这些都与最大拉应力理论相符。实践证明，此理论对于某些脆性材料受拉伸而断裂的情况比较符合，但对塑性材料受拉时就不符合。这一理论没有考虑其他两个应力的影响，且对没有拉应力的应力状态（如单向压缩、三向压缩等）不适用。

9.4.2 最大拉应变理论（第二强度理论）

这一理论认为最大拉应变是引起断裂的主要因素。即认为无论材料处于何种应力状态，只要构件内危险点处的最大拉应变 ε_1 达到与材料性质有关的某一极限，材料即发生脆性断裂破坏。ε_1 的极限值是由单向拉伸来确定。设单向拉伸直到断裂仍可用胡克定律计算应变，则拉断时拉应变的极限值为 $\varepsilon_1 = \frac{\sigma_b}{E}$。这一理论也可表述为：材料在复杂应力状态下达到危险状态的标志是它的最大拉应变 ε_1 达到该材料在简单拉伸时最大拉应变的危险值。在任意应力状态下，只要 ε_1 达到极限值 $\frac{\sigma_b}{E}$，材料就发生断裂。故得断裂准则为

$$\varepsilon_1 = \frac{\sigma_b}{E} \tag{9-21}$$

由广义胡克定律有

$$\varepsilon_1 = \frac{1}{E}[\sigma_1 - \nu(\sigma_2 + \sigma_3)] \tag{9-22}$$

代入(9-21)式得断裂准则：

$$\sigma_1 - \nu(\sigma_2 + \sigma_3) = \sigma_b$$

于是第二强度理论的强度条件是

$$\sigma_1 - \nu(\sigma_2 + \sigma_3) \leqslant [\sigma] \tag{9-23}$$

式中：σ_1，σ_2，σ_3—材料在复杂应力状态下的三个主应力。

$[\sigma]$—材料在简单拉伸时的许用拉应力，即 σ_b 除以安全因数得到许用应力。

这一理论能很好地解释石料或混凝土等脆性材料受轴向压缩时，沿纵向发生的断裂破坏，因为最大拉应变发生在横向。

9.4.3 最大切应力理论（第三强度理论）

这一理论认为最大切应力是引起塑性屈服的主要因素，只要最大切应力 τ_{max} 达到与材料性质有关的某一极限值，材料就发生塑性屈服。这一理论也可表述为：材料在复杂应力状态下，材料达到危险状态的标志是构件内危险点处的最大切应力达到该材料在简单拉伸或压缩时最大切应力的危险值。单向拉伸下，当与轴线成45°的斜截面上的 $\tau_{max} = \sigma_s/2$ 且横截面上的正应力为 σ_s 时，材料发生塑性屈服。可见，$\sigma_s/2$ 就是导致屈服的最大切应力的极限值。在任

意应力状态下：

$$\tau_{\max} = \frac{\sigma_1 - \sigma_3}{2}$$

于是得屈服准则：

$$\frac{\sigma_1 - \sigma_3}{2} = \frac{\sigma_s}{2}$$

即

$$\sigma_1 - \sigma_3 = \sigma_s$$

按第三强度理论建立的强度条件为

$$\sigma_1 - \sigma_3 \leqslant [\sigma] \tag{9-24}$$

式中：σ_1，σ_3—材料在复杂应力状态下的主应力。

$[\sigma]$—材料在简单拉伸时的许用拉应力。

最大切应力理论较为满意地解释了塑性材料的屈服现象，因为一般塑性材料达到的危险状态是塑性流动，而这正是切应力引起的。例如，低碳钢拉伸时，沿与轴线成45°的方向出现滑移线，是材料内部这一方向滑移的痕迹。沿这一方向的斜面上切应力也恰为最大值。在机械和钢结构设计中常用此理论。

9.4.4 形状改变比能理论(第四强度理论)

弹性体在外力作用下产生变形，在变形过程中，荷载在相应位移上做功。根据能量守恒定律可知，如果所加的外力是静荷载，则静荷载所做的功全部转化为积蓄在弹性体内部的位能，即所谓应变能。处在外力作用下的单元体，其体积和形状一般均发生改变，故应变能又可分解为形状改变能和体积改变能。单位体积内的应变能称比能，单位体积内的形状改变能称为形状改变比能。

第四强度理论认为形状改变比能是引起塑性屈服的主要因素。即认为无论在何种应力状态下，只要单元体形状改变比能 u_f 达到材料在简单拉伸或压缩时单元体的形状改变比能的危险值(某一极限值)时，材料就发生塑性屈服。单向拉伸时，屈服应力为 σ_s，相应的形状改变比能 $\frac{1+\nu}{3E}(\sigma_s)^2$。这就是导致屈服的形状改变比能的极限值。故形状改变比能屈服准则为

$$u_f = \frac{1+\nu}{3E}(\sigma_s)^2 \tag{9-25}$$

在单向应力状态下，$\sigma_1 = \sigma_s$。

在复杂应力状态下，单元体的形状改变比能为

$$u_f = \frac{1+\nu}{6E}[(\sigma_1 - \sigma_2)^2 + (\sigma_2 - \sigma_3)^2 + (\sigma_3 - \sigma_1)^2]$$

代入(9-25)式，整理后得屈服准则为

$$\sqrt{\frac{1}{2}[(\sigma_1-\sigma_2)^2+(\sigma_2-\sigma_3)^2+(\sigma_3-\sigma_1)^2]}=\sigma_s$$

于是，按第四强度理论得到其强度条件为

$$\sqrt{\frac{1}{2}[(\sigma_1-\sigma_2)^2+(\sigma_2-\sigma_3)^2+(\sigma_3-\sigma_1)^2]}\leqslant[\sigma] \qquad (9-26)$$

式中：σ_1，σ_2，σ_3—材料在复杂应力状态下的三个主应力。

$[\sigma]$—材料在简单拉伸时的许用拉应力。

实践证明，形状改变比能屈服准则对如钢、铜、铝等几种塑性材料比较适用，比第三强度理论更接近实际情况。所以，在机械和钢结构设计中常用这一理论。

综合以上强度理论所建立的强度条件，可以写出统一的形式：

$$\sigma_r\leqslant[\sigma] \qquad (9-27)$$

式中，σ_r 称为相当应力。它由三个主应力按一定形式组合而成。按照第一强度理论到第四强度理论和莫尔强度理论的顺序，相当应力分别为

$$\sigma_{r1}=\sigma_1$$
$$\sigma_{r2}=\sigma_1-\nu(\sigma_2+\sigma_3)$$
$$\sigma_{r3}=\sigma_1-\sigma_3$$
$$\sigma_{r4}=\sqrt{\frac{1}{2}[(\sigma_1-\sigma_2)^2+(\sigma_2-\sigma_3)^2+(\sigma_3-\sigma_1)^2]}$$

例 9.5 一铸铁零件，在危险点处的应力状态主应力 $\sigma_1=24$ MPa，$\sigma_2=0$，$\sigma_3=-36$ MPa。已知材料的 $[\sigma_1]=35$ MPa，$\nu=0.25$，试校核其强度。

解：因为铸铁是脆性材料，因此选用第二强度理论，其相当应力

$$\sigma_2=\sigma_1-\nu(\sigma_2+\sigma_3)=24-0.25\times(-36)=33(\text{MPa})<[\sigma_1]=35\text{ MPa}$$

所以零件是安全的。

如果采用第三强度理论，其相当应力

$$\sigma_3=\sigma_1-\sigma_3=24-(-36)=60(\text{MPa})>[\sigma_1]=35\text{ MPa}$$

即按第三强度理论计算，零件不安全，但实际是安全的，这是因为铸铁属脆性材料，不适合于应用第三强度理论。

小 结

(1) 应力状态是指通过“一点”不同截面上的应力情况，它可以用围绕该点三对相互垂直的微面构成的微正六面体来表示，如果作用于三对微面上的应力分量已知，则该点的应力状态即为已知。

(2) 应力分析即根据已知应力状态求解任意指定斜截面上应力及相应方位微元体的三对微面上的应力。本单元着重对平面一般应力状态作应力分析，其基本方法为数解法，利用平衡

条件可求得平行 z 轴且与 x 轴成 α 倾角的斜截面上应力表达式：

$$\sigma_\alpha = \frac{\sigma_x + \sigma_y}{2} + \frac{\sigma_x - \sigma_y}{2}\cos 2\alpha - \tau_x \sin 2\alpha$$

$$\tau_\alpha = \frac{\sigma_x - \sigma_y}{2}\sin 2\alpha + \tau_x \cos 2\alpha$$

(3) 主应力即正应力极值，或剪应力为零的微面上的正应力，平面一般应力状态一般有两个非零主应力：

$$\sigma'_{主} = \frac{\sigma_x + \sigma_y}{2} + \sqrt{\left(\frac{\sigma_x - \sigma_y}{2}\right)^2 + \tau_x^2}$$

$$\sigma''_{主} = \frac{\sigma_x + \sigma_y}{2} - \sqrt{\left(\frac{\sigma_x - \sigma_y}{2}\right)^2 + \tau_x^2}$$

位于与 x 平面成 α_0 和 $\alpha_0 + 90°$ 的两个相互垂直的主平面上：

$$\tan 2\alpha_0 = \frac{-2\tau_x}{\sigma_x - \sigma_y}$$

(4) 应力分析除了上述解析法外，图解法(应力圆法)也非常简洁方便。应力圆法的理论基础是式

$$\left(\sigma_\alpha - \frac{\sigma_x + \sigma_y}{2}\right)^2 + \tau_\alpha^2 = \left(\frac{\sigma_x - \sigma_y}{2}\right)^2 + \tau_x^2$$

按一定步骤可以方便地作出相应平面一般应力状态的应力圆。

(5) 正确掌握微元体上的“面”与应力圆上的“点”的对应关系是应用应力圆法求解指定截面上应力的关键。

(6) 广义胡克定律描述线弹性材料在弹性范围内，小变形条件下的应力分量与应变分量的关系。对于各向同性材料，主应力形式的表达式为

$$\varepsilon_1 = \frac{1}{E}[\sigma_1 - \nu(\sigma_2 + \sigma_3)]$$

$$\varepsilon_2 = \frac{1}{E}[\sigma_2 - \nu(\sigma_3 + \sigma_1)]$$

$$\varepsilon_3 = \frac{1}{E}[\sigma_3 - \nu(\sigma_1 + \sigma_2)]$$

(7) 强度理论是关于引起材料破坏原因的假设。常用的四个强度理论表达式统一为：$\sigma_r \leqslant [\sigma]$，相当应力分别为

$$\sigma_{r1} = \sigma_1$$
$$\sigma_{r2} = \sigma_1 - \nu(\sigma_2 + \sigma_3)$$
$$\sigma_{r3} = \sigma_1 - \sigma_3$$
$$\sigma_{r4} = \sqrt{\frac{1}{2}[(\sigma_1 - \sigma_2)^2 + (\sigma_2 - \sigma_3)^2 + (\sigma_3 - \sigma_1)^2]}$$

其公式的选用主要是取决于材料类别及材料上危险点所处的应力状态。

9.1 试问在何种情况下，平面应力状态下的应力圆符合以下特征：①一个点圆；②圆心在原点；③与 τ 轴相切？

9.2 对于一应力单元体而言，下列结论中正确的有 （ ）

A. 最大主应力的作用平面与最小主应力的作用平面相互垂直；

B. 最大切应力作用平面与最大主应力作用平面成 45°角；

C. 最大切应力作用平面与中间主应力作用平面成 90°角；

D. 最大切应力 $\tau_{\max} = \dfrac{\sigma_1 - \sigma_3}{2}$，在其作用平面上的正应力 $\sigma_0 = \dfrac{\sigma_1 + \sigma_3}{2}$。

9.3 一个二向应力状态与另一个二向应力状态相叠加，则下列结论中正确的有 （ ）

A. 其结果一定仍为二向应力状态；

B. 其结果若不是二向应力状态，则一定为三向应力状态；

C. 其结果可能是二向应力状态或在三向应力状态；

D. 其结果可能是单向、二向或三向应力状态。

9.4 对于一平面应力状态，下列结论中正确的有 （ ）

A. 应力圆的圆心坐标是 $\left(\dfrac{\sigma_x + \sigma_y}{2}, 0\right)$；

B. 应力圆的半径 $R = \dfrac{\sigma_x + \sigma_y}{2}$；

C. 主应力 σ_3 一定小于零；

D. 主应力 σ_1 的作用平面与 σ_x 的作用平面的夹角一定小于 45°。

9.1 对于一应力单元体而言，下列结论中正确的有 （ ）

A. 在最大正应力的作用平面上切应力必为零；

B. 在最大切应力作用平面上正应力必为零；

C. 主应力是主平面上的正应力；

D. 主平面上的切应力有可能是大于零、小于零或等于零。

9.2 已知平面应力状态中相互垂直的一对平面（x 平面和 y 平面）上的应力为：$\sigma_x < 0$，$\tau_x = -\tau_y$，$\sigma_y = 0$。则下列结论中正确的有 （ ）

A. 其主应力 $\sigma_1 < 0$，$\sigma_2 < 0$，$\sigma_3 < 0$；

B. 其主应力 $\sigma_1 > 0$，$\sigma_2 = 0$，$\sigma_3 < 0$；

C. 其主应力 $\sigma_1 = 0$，$\sigma_2 < 0$，$\sigma_3 < 0$；

D. $\sigma_1 - \sigma_3 > 0$。

9.3 图 9-15 为一平面应力状态单元体，$\sigma_x = 30\ \text{MPa}$，$\sigma_y = 20\ \text{MPa}$，$\tau_x = 30\ \text{MPa}$，试求与 x 轴成 30°角的斜截面上的应力。

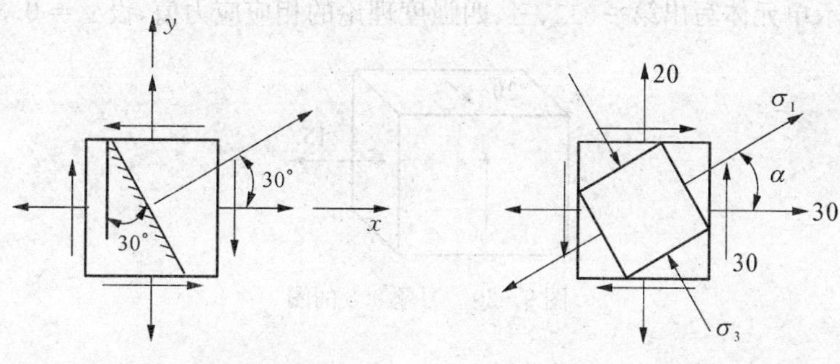

图 9-15　习题 9.3 的图　　图 9-16　习题 9.4 的图

9.4 图示为某构件某一点的应力状态，$\sigma_x = 30\text{ MPa}$，$\sigma_y = 20\text{ MPa}$，$\tau_x = -30\text{ MPa}$ 试确定该点的主应力的大小及方位。

9.5 对图所示单元体，$\sigma_x = 200\text{ MPa}$，$\sigma_y = -200\text{ MPa}$，$\tau_x = -300\text{ MPa}$，试用解析法求：

(1) 主应力值；

(2) 主平面的方位(用单元体图表示)。

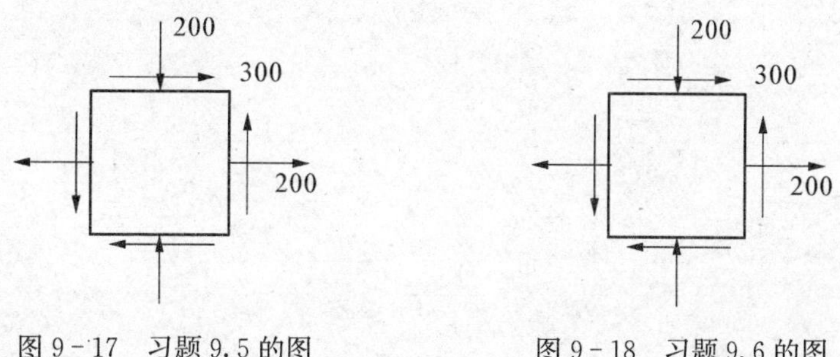

图 9-17　习题 9.5 的图　　图 9-18　习题 9.6 的图

9.6 试用图解法求解图示应力状态单元体的主应力，其中 $\sigma_x = 200\text{ MPa}$，$\sigma_y = -200\text{ MPa}$，$\tau_x = -300\text{ MPa}$。

9.7 如图所示一简支工字组合梁，由钢板焊成。已知：$F = 500\text{ kN}$，$l = 4\text{ m}$。求：

(1) 在危险截面上位于翼缘与腹板交界处的 A、B 两点的主应力值，并指出它们的作用面的方位；

(2) 根据第三、四强度理论，求出相应应力值。

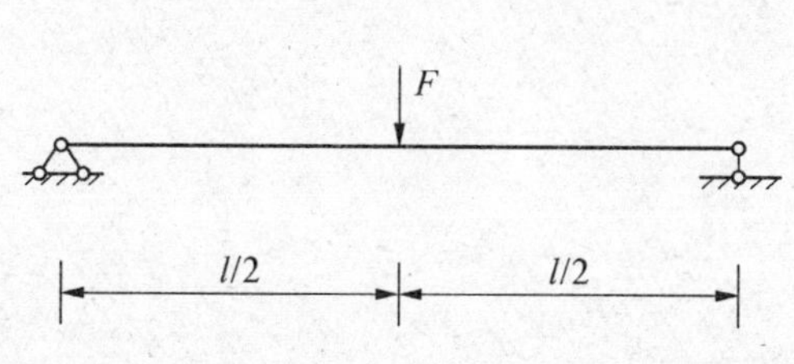

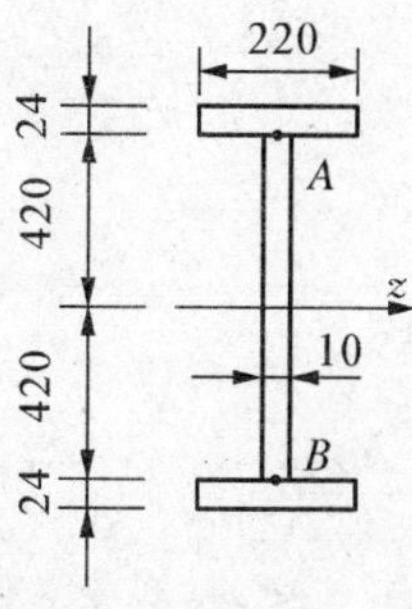

图 9-19　习题 9.7 的图

9.8 试对图所示单元体写出第一、二、三、四强度理论的相应应力值，设 $\nu = 0.3$。

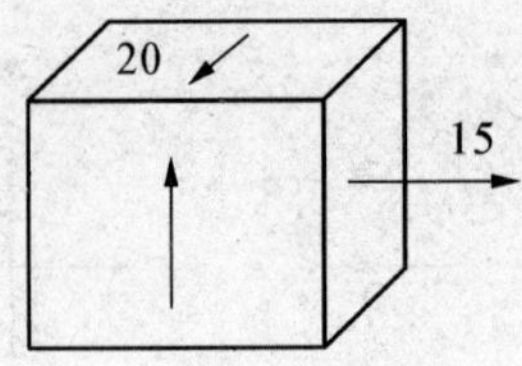

图 9-20 习题 9.8 的图

第10章 组合变形

工程力学

前面几章研究过杆件的基本变形和应力状态及强度理论，本章在此基础上介绍构件在荷载作用下同时发生的两种基本变形的组合及其应力和强度计算。

10.1 组合变形的概念

10.1.1 组合变形的概念

在工程实际中，由于结构所受荷载是复杂的，**大多数构件在荷载作用下往往会发生两种或两种以上的基本变形，称这类变形为组合变形**。如图10-1所示的烟囱，除由本身的自重而引起压缩变形外，还由于水平方向的风力的作用而产生弯曲变形。在建筑和机械结构中，同时发生几种基本变形的构件是很多的。

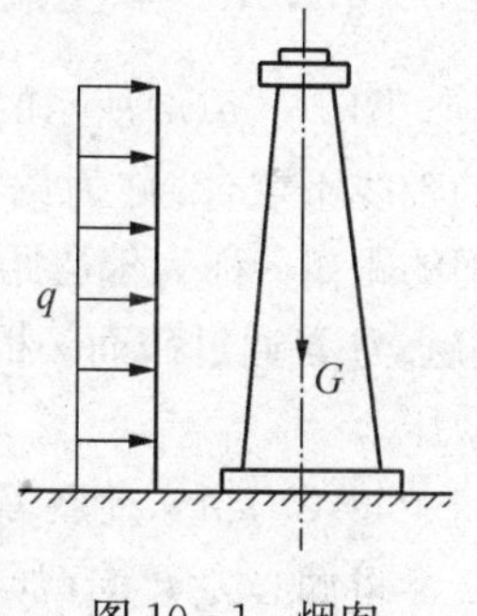

图10-1 烟囱

图10-2所示，工业厂房中的柱子，由于承受的压力 F_1 并不通过柱的轴线，加上桥式吊车的小车水平刹车力、风荷等 F_2，也产生了压缩与弯曲的联合作用；图10-3所示，屋架上的檩条，由于荷载不是作用在檩条的纵向对称平面内，因而产生了非平面弯曲变形；图10-4所示传动轴，受到不在同平面内的荷载 F_{p1}、F_{p2} 的作用，也产生了同样的非平面弯曲。雨篷过梁(参见图5-4(b))也同时发生了扭转和弯曲两种变形。

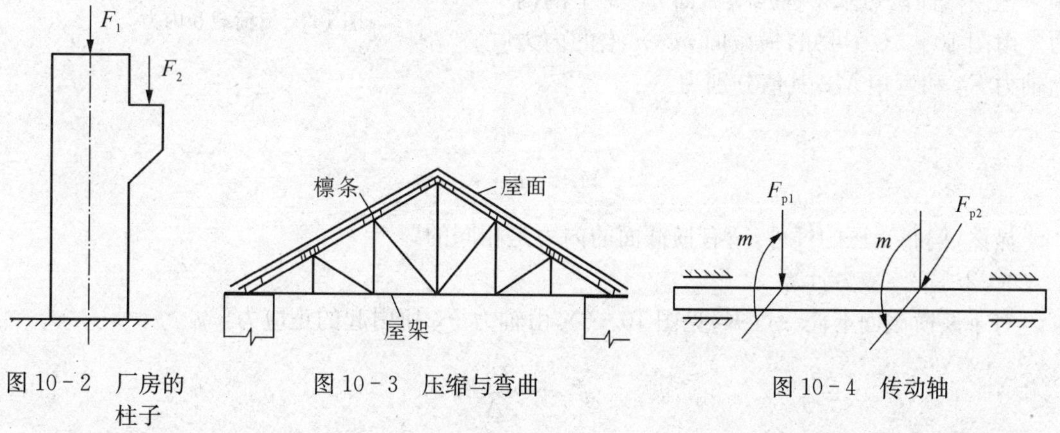

图10-2 厂房的柱子

图10-3 压缩与弯曲

图10-4 传动轴

10.1.2 组合变形的分析方法及计算原理

在小变形和材料服从胡克定律的前提下，组合变形的分析方法是，首先将构件的组合变形分解为基本变形；然后计算构件在每一种基本变形情况下的应力；最后将同一点的应力叠加起来，便可得到构件在组合变形情况下的应力。

组合变形计算的基本原理是叠加原理，即在材料服从胡克定律，构件产生小变形，所求力学量为荷载的一次函数的情况下，每一种基本变形都是各自独立、互不影响的。因此计算组合变形时可以将几种变形单独计算，然后再叠加，即得组合变形杆件的内力、应力和变形。本章着重讨论组合变形杆件的强度计算方法。

10.2 杆件偏心压缩(拉伸)的强度计算

作用在杆件上的外力，当其作用线与杆的轴线平行但不重合时，杆件就受到偏心受压(拉伸)。对这类问题，运用叠加原理来解决。

10.2.1 单向偏心压缩(拉伸)

图 10-5(a)所示的柱子，荷载 F 的作用与柱的轴线不重合，称为偏心力，其作用线与柱轴线间的距离 e 称为偏心距。设柱子横截面为矩形，偏心力 F 通过截面一根对称轴时，称为单向偏心受压。

10.2.1.1 荷载简化和内力计算

将偏心力 F 向截面形心平移，得到一个通过柱轴线的轴向压力 F 和一个力偶矩 $m=F\cdot e$ 的力偶，如图 10-5(b) 所示。可见，偏心压缩实际上是轴向压缩和平面弯曲的组合变形。

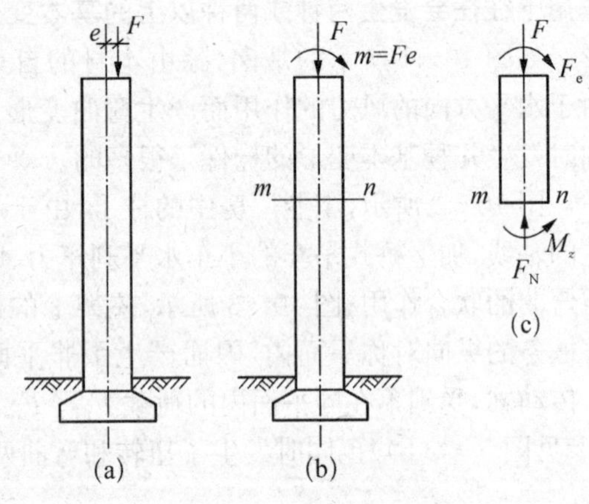

图 10-5 荷载和内力

运用截面法可求得任意横截面 $m-n$ 上的内力。由图 10-5(c)可知，横截面 $m-n$ 上的内力为轴力 F_N 和弯矩 M_z，其值分别为：

$$F_N = F$$
$$M_z = F\cdot e$$

显然，偏心受压的杆件，所有横截面的内力是相同的。

10.2.1.2 应力计算

对于该横截面上任一点 K(见图 10-6)，由轴力 F_N 所引起的正应力

$$\sigma' = -\frac{F_N}{A}$$

由弯矩 M_z 所引起的正应力

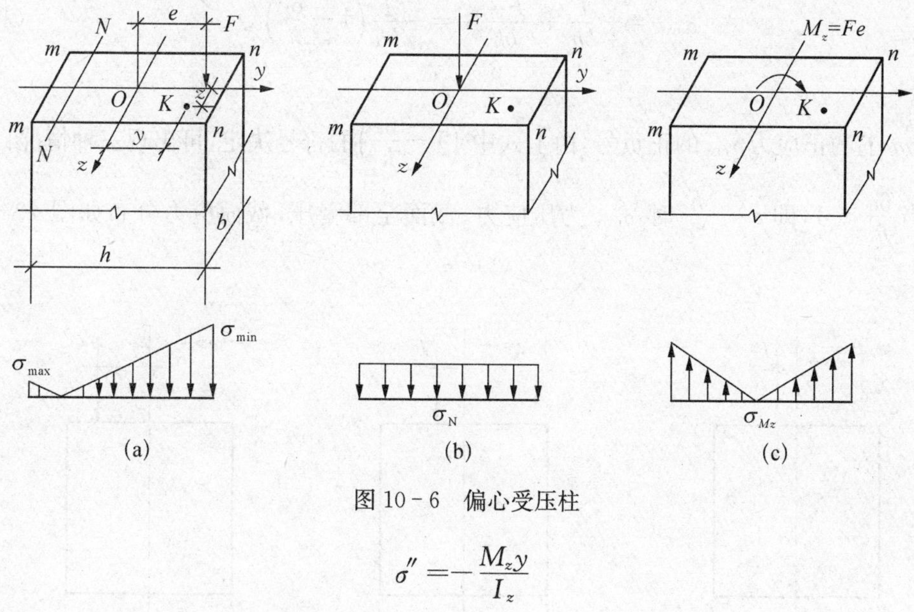

图 10－6　偏心受压柱

$$\sigma'' = -\frac{M_z y}{I_z}$$

根据叠加原理，K 点的总应力

$$\sigma = \sigma' + \sigma'' = -\frac{F_N}{A} - \frac{M_z y}{I_z} \tag{10-1}$$

式中弯曲正应力 σ''的正负号由变形情况判定。当 K 点处于弯曲变形的受压区时取负值，处于受拉区时取正号。

10.2.1.3　强度条件

从图 10－6(a)中可知：最大压应力发生在截面与偏心力 F 较近的边线 $n-n$ 线上；最大拉应力发生在截面与偏心 F 较远的边线 $m-m$ 线上。其值分别为

$$\left.\begin{aligned}\sigma_{\min} &= \sigma_{\mathrm{cmax}} = -\left(\frac{F}{A} + \frac{M_z}{W_z}\right)\\ \sigma_{\max} &= \sigma_{\mathrm{lmax}} = -\frac{F}{A} + \frac{M_z}{W_z}\end{aligned}\right\} \tag{10-2}$$

截面上各点均处于单向应力状态，所以单向偏心压缩的强度条件为

$$\left.\begin{aligned}\sigma_{\min} &= \sigma_{\mathrm{cmax}} = \left|\frac{F}{A} + \frac{M_z}{W_z}\right| \leqslant [\sigma_c]\\ \sigma_{\max} &= \sigma_{\mathrm{lmax}} = -\frac{F}{A} + \frac{M_z}{W_z} \leqslant [\sigma_t]\end{aligned}\right\} \tag{10-3}$$

10.2.1.4　讨论

下面来讨论当偏心受压柱是矩形截面时，截面边缘线上的最大正应力和偏心距 e 之间的关系。

图10－6(a)所示的偏心受压柱，截面尺寸为 $b \cdot h$，$A = bh$，$W_z = \dfrac{bh^2}{6}$，$M_z = F \cdot e$，将各值代入式(10－2)，得

$$\sigma_{\max}=-\frac{F}{bh}+\frac{F\cdot e}{\frac{bh^2}{6}}=-\frac{F}{bh}\left(1-\frac{6e}{h}\right) \tag{10-4}$$

边缘 $m-m$ 上的正应力 $\sigma_{\max}$ 的正负号，由上式中 $\left(1-\frac{6e}{h}\right)$ 的符号决定，可出现三种情况：

① 当 $\frac{6e}{h}<1$，即 $e<\frac{h}{6}$ 时，$\sigma_{\max}$ 为压应力。截面全部受压，截面应力分布如图 10-7(a) 所示。

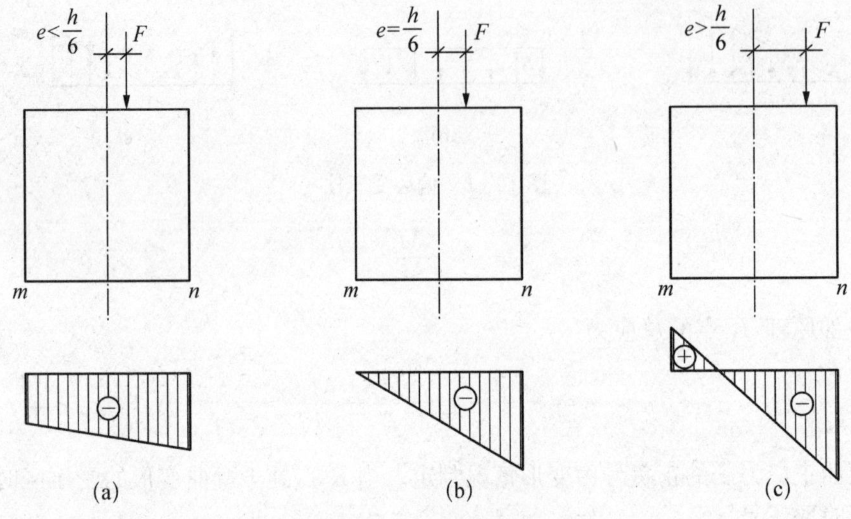

图 10-7 截面应力分布

② 当 $\frac{6e}{h}=1$，即 $e=\frac{h}{6}$ 时，$\sigma_{\max}$ 为零。截面全部受压，而边缘 $m-m$ 上的正应力恰好为零，截面应力分布如图 10-7(b) 所示。

③ 当 $\frac{6e}{h}>1$，即 $e>\frac{h}{6}$ 时，$\sigma_{\max}$ 为拉应力。截面部分受拉，部分受压，应力分布如图 10-7(c) 所示。

可见，截面上应力分布情况随偏心距 e 而变化，与偏心力 F 的大小无关。当偏心距 $e\leqslant\frac{h}{6}$ 时，截面全部受压；当偏心距 $e>\frac{6e}{h}$ 时，截面上出现受拉区。

例 10.1 如图 10-8 所示矩形截面柱，屋架传来的压力 $F_1=100\ \text{kN}$，吊车梁传来的压力 $F_2=50\ \text{kN}$，F_2 的偏心距 $e=0.2\ \text{m}$。已知截面宽 $b=200\ \text{mm}$，试求：

(1) 若 $h=300\ \text{mm}$，则柱截面中的最大拉应力和最大压应力各为多少？

(2) 欲使柱截面不产生拉应力，截面高度 h 应为多少？在确定的 h 尺寸下，柱截面中的最大压应力为多少？

解：(1) 内力计算。

将荷载向截面形心简化，柱的轴向压力为

$$F_{\mathrm{N}}=F_1+F_2=(100+50)\text{kN}=150\ \text{kN}$$

截面的弯矩为

$$M_z = F_2 \cdot e = 50 \times 0.2\ \text{kN} \cdot \text{m} = 10\ \text{kN} \cdot \text{m}$$

(2) 计算 σ_{lmax} 和 σ_{cmax}。

由式(10－2)得

$$\sigma_{\text{lmax}} = -\frac{F_{\text{N}}}{A} + \frac{M_z}{W_z} = \left(-\frac{150 \times 10^3}{200 \times 300} + \frac{10 \times 10^6}{\frac{200 \times 300^2}{6}}\right) \text{MPa}$$

$$= (-2.5 + 3.33)\text{MPa} = 0.83\ \text{MPa}$$

$$\sigma_{\text{cmax}} = \frac{-F_{\text{N}}}{A} - \frac{M_z}{W_z} = (-2.5 - 3.33)\text{MPa} = -5.83\ \text{MPa}$$

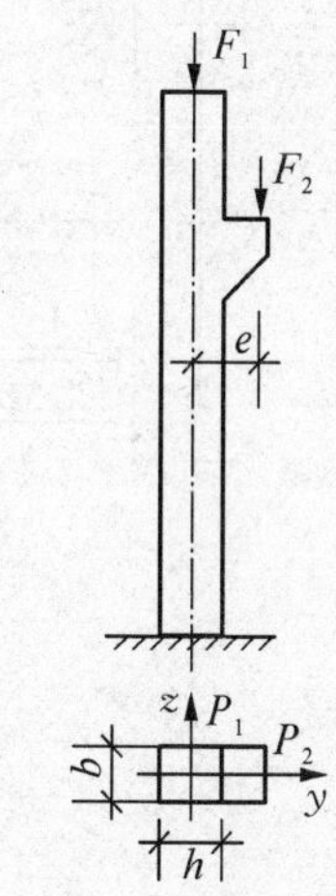

图 10－8　例 10.1 的图

(3) 确定 h 和计算 σ_{cmax}。

欲截面不产生拉应力，应满足 $\sigma_{\text{lmax}} \leqslant 0$，即

$$-\frac{F_{\text{N}}}{A} + \frac{M_z}{W_z} \leqslant 0$$

$$-\frac{150 \times 10^3}{200h} + \frac{10 \times 10^6}{\frac{200h^2}{6}} \leqslant 0$$

则取：$h \geqslant 400$ mm，$h = 400$ mm。

当 $h = 400$ mm 时，截面的最大压应力为

$$\sigma_{\text{cmax}} = -\frac{F_{\text{N}}}{A} - \frac{M_z}{W_z} = \left(-\frac{150 \times 10^3}{200 \times 400} - \frac{10 \times 10^6}{\frac{200 \times 400^2}{6}}\right) \text{MPa}$$

$$= (-1.875 - 1.875)\text{MPa} = -3.75\ \text{MPa}$$

对于工程中常见的另一类构件，除受轴向荷载外，还有横向荷载的作用，构件产生弯曲与压缩的组合变形。这一类问题与偏心压缩(拉伸)相类似，下面通过例题来说明。

例 10.2　图(a)所示的悬臂式起重架，在横梁的中点 D 作用集中力 $F = 15.5$ kN，横梁材料的许用应力 $[\sigma] = 170$ MPa。试按强度条件选择横梁工字钢的型号(自重不考虑)。

解：(1) 分析横梁的外力和变形。

横梁的受力图如图(b)所示。为了计算方便，将拉杆 BC 的作用力 F_{BC} 分解为 F_{Bx} 和 F_{By} 两个分力。由平衡方程解得

$$F_{Ay} = F_{By} = \frac{F}{2} = 7.75\ \text{kN}$$

$$F_{Ax} = F_{Bx} = F_{By} \cot \alpha = 7.75 \times \frac{3.4}{1.5}\ \text{kN} = 17.57\ \text{kN}$$

横梁在 F_{Ay}，F 和 F_{By} 作用下，产生平面弯曲，在 F_{Ax}，F_{Bx} 作用下产生轴向压缩，横梁发生的是压弯组合变形。

(2) 计算横梁内力。

在平面弯曲中，横梁中点截面 D 的弯矩最大，其值为

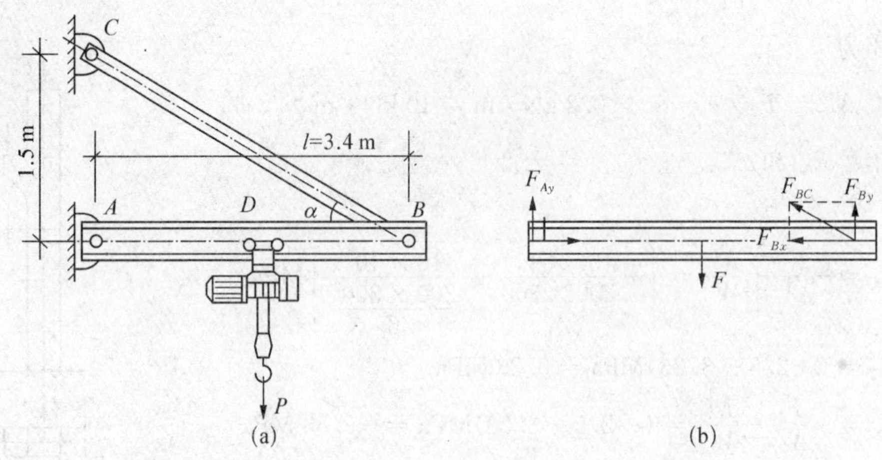

图 10-9　例 10.2 的图

$$M_{\max}=\frac{Fl}{4}=\frac{15.5\times 3.4}{4}\ \text{kN}\cdot\text{m}=13.18\ \text{kN}\cdot\text{m}$$

横梁在轴向压缩中，各截面的轴力都相等，其值为：

$$F_{\mathrm{N}}=F_{Ax}=17.57\ \text{kN}$$

(3) 选择工字钢型号。

由式(10-3)，有：

$$\sigma_{\mathrm{cmax}}=\left|-\frac{F_{\mathrm{N}}}{A}-\frac{M_{\max}}{W_z}\right|\leqslant[\sigma]$$

由于式中 A 和 W_z 都是未知的，无法求解。因此，可先不考虑轴力 F_{N} 的影响，仅按弯曲强度条件初步选择工字钢型号，再按照弯压组合变形强度条件进行校核。由

$$\sigma_{\max}=\frac{M_{\max}}{W_z}\leqslant[\sigma]$$

得 $$W_z\geqslant\frac{M_{\max}}{[\sigma]}=\frac{13.18\times 10^6}{170}\ \text{mm}^3=77.5\times 10^3\ \text{mm}^3=77.5\ \text{cm}^3$$

查型钢表，选择 14 号工字钢，$W_z=102\ \text{cm}^3$，$A=21.5\ \text{cm}^2$。

根据式(10-3)校核，有

$$\sigma_{\mathrm{cmax}}=\left|-\frac{F_{\mathrm{N}}}{A}-\frac{M_{\max}}{W_z}\right|=\left|-\frac{17.57\times 10^3}{21.5\times 10^2}-\frac{13.18\times 10^6}{102\times 10^3}\right|\text{MPa}=137\ \text{MPa}<[\sigma]$$

结果表明：强度足够，横梁选用 14 号工字钢。若强度不够，则还需重新选择。

10.3　斜弯曲

10.3.1　斜弯曲的概念

在前面章节已经讨论了平面弯曲问题，对于横截面具有竖向对称轴的梁，当所有外力或外

力偶作用在梁的纵向对称面内时，梁变形后的轴线是一条位于外力所在平面内的平面曲线，因而称之为平面弯曲。如图 10－10(a)所示屋架上的檩条梁，其矩形截面具有两个对称轴。从屋面板传送到檩条梁上的荷载垂直向下，荷载作用线虽通过横截面的形心，但不与两对称轴重合。如果我们将荷载沿两对称轴分解(见图 10－10(b))，此时梁在两个分荷载作用下，分别在横向对称平面(Oxz 平面)和竖向对称平面(Oxy 平面)内发生平面弯曲，这类梁的弯曲变形称为**斜弯曲**，它是两个互相垂直方向的平面弯曲的组合。

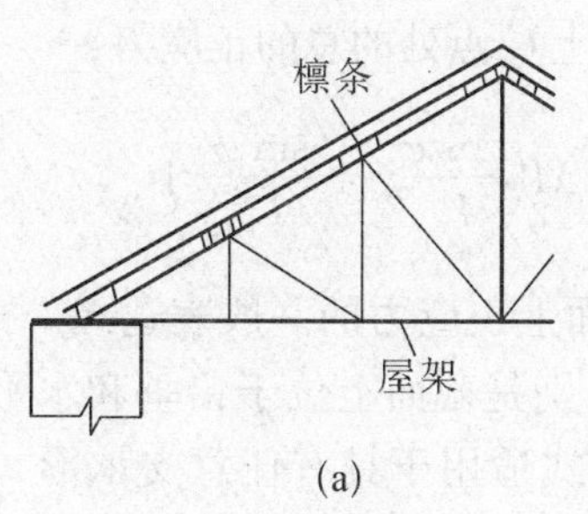

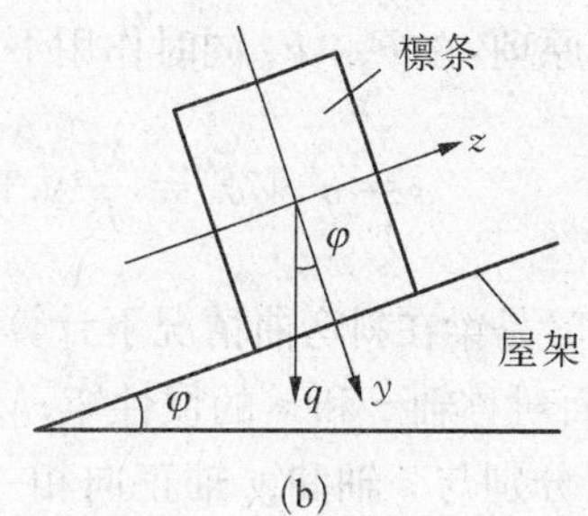

图 10－10　斜弯曲

10.3.2　斜弯曲时杆件的内力、应力的计算

现以矩形截面悬臂梁为例，如图 10－11(a)所示。矩形截面上的 y, z 轴为对称轴。设在梁的自由端受一集中力 F 的作用，力 F 作用线垂直于梁轴线，且与纵向对称轴 y 成一夹角 φ，当梁发生斜弯曲时，求梁中距固定端为 x 的任一截面 mm 上，点 $C(y, z)$处的应力。

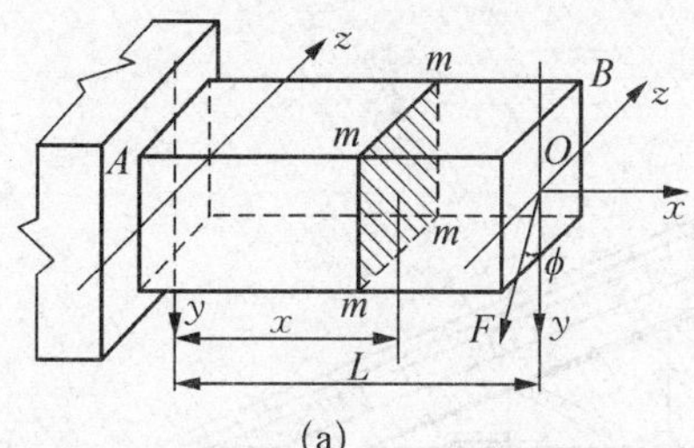

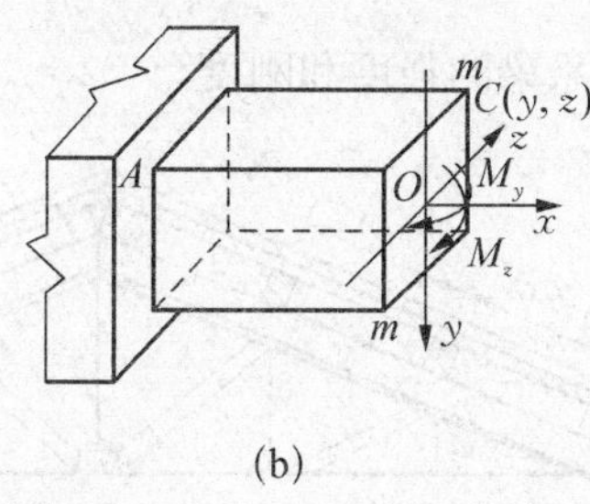

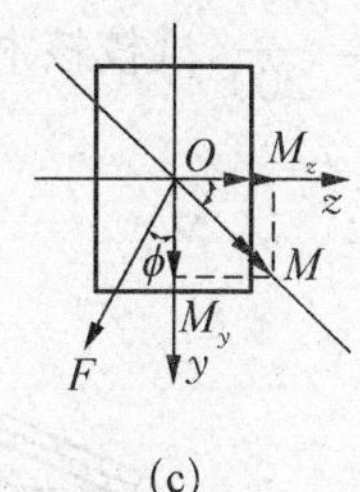

图 10－11　斜弯曲时杆件的内力、应力

将力 F 沿对称轴分解为

$$F_y = F\cos\varphi,\ F_z = F\sin\varphi$$

由 F_y 和 F_z 在截面 mm 上产生的弯矩为

$$\left.\begin{aligned} M_z &= F_y(l-x) = F(l-x)\cos\varphi = M\cos\varphi \\ M_y &= F_z(l-x) = F(l-x)\sin\varphi = M\sin\varphi \end{aligned}\right\}$$

$$M = \sqrt{M_z^2 + M_y^2}$$

M_z 和 M_y 的转向如图 10－11(b)所示，分弯矩与总弯矩的矢量合成关系用右手螺旋法则的双箭头表示，如图 10－11(c)所示。在截面 mm 上还存在剪力 F_{Qy}、F_{Qz}，但对一般实体截面梁而言，引起切应力数值较小，故在强度和刚度计算中可不必考虑。

图 10－11 梁的任意横截面 mm 上任一点 $C(y,\ z)$处，由弯矩 M_z 和 M_y 引起的正应力分别为

$$\sigma' = \frac{M_z}{I_z}y = \frac{M\cos\varphi}{I_z}\cdot y$$

$$\sigma'' = \frac{M_y}{I_y}\cdot z = \frac{M\sin\varphi}{I_y}\cdot z$$

于是，由叠加原理，在 F_y，F_z 同时作用下，截面 mm 上 C 点处的总的正应力：

$$\sigma = \sigma' + \sigma'' = \frac{M_z}{I_z}y + \frac{M_y}{I_y}\cdot z = M\left(\frac{\cos\varphi}{I_z}y + \frac{\sin\varphi}{I_y}z\right) \tag{10-5}$$

式(10－5)是梁在斜弯曲情况下计算任一横截面上正应力的一般表达式。式中，I_z 和 I_y 分别为横截面对称轴 z 和 y 的惯性矩；M_z 和 M_y 分别是截面上位于铅垂和水平对称平面的弯矩，其矩矢分别与 z 轴和 y 轴正向相一致。该公式适用于具有任意支承形式和在通过截面形心且垂直于梁轴的任意荷载作用下的梁。在应用此公式时，可以先不考虑弯矩 M_z，M_y 和坐标 y，z 的正负号，以其绝对值代入式中，σ'和σ''的正负号可根据杆件弯曲变形情况确定，即求应力的点位于弯曲拉伸区，则该项应力为拉应力，取正号；若位于压缩区，则为压应力，取负号。

例 10.3　图 10－12(a)所示屋架结构，已知屋面坡度为 1∶2，两屋架之间的距离为 4 m，木檩条梁的间距为 1.5 m，屋面重(包括檩条)为 1.4 kN/m²。若松木檩条梁采用 120 mm × 180 mm 的矩形截面，所用松木的弹性模量为 $E = 10$ GPa，许用应力$[\sigma] = 10$ MPa，许可挠度 $[f] = \frac{l}{200}$，试校核木檩条梁的强度和刚度。

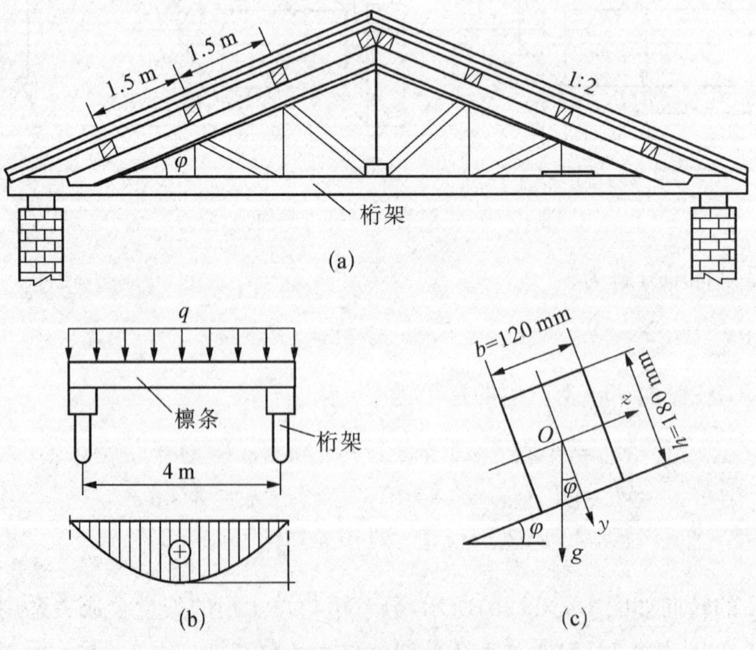

图 10－12　例 10.3 的图

解：(1) 确定计算简图。

屋面的重量是通过檩条传给桁架的。檩条简支在桁架上，其计算跨度等于二桁架间的距离 $l=4\text{ m}$，檩条上承受的均布荷载 $q=1.4\times1.5=2.1\text{ kN/m}$，其计算简图如图 10-7(b) 和 (c) 所示。

(2) 内力及惯性矩的计算。

$$M_{\max}=\frac{ql^2}{8}=\frac{2.1\times10^3\times4^2}{8}=4.2(\text{kN}\cdot\text{m})$$

屋面坡度为 1∶2，即 $\tan\varphi=\dfrac{1}{2}$ 或 $\varphi=26°34'$。故

$$\sin\varphi=0.447\,2,\ \cos\varphi=0.894\,4$$

$$I_z=\frac{bh^3}{12}=\frac{120\times180^3}{12}=0.583\,2\times10^8(\text{mm}^4)$$

$$=0.583\,2\times10^{-4}\ \text{m}^4$$

$$I_y=\frac{hb^3}{12}=\frac{180\times120^3}{12}=0.259\,2\times10^8(\text{mm}^4)$$

$$=0.259\,2\times10^{-4}(\text{m}^4)$$

$$y_{\max}=\frac{h}{2}=90\text{ mm},\ z_{\max}=\frac{b}{2}=60\text{ mm}$$

(3) 强度校核。

将上列数据代入式(10-5)，可得

$$\sigma_{\max}=\left|M_{\max}\left(\frac{z_{\max}}{I_y}\sin\varphi+\frac{y_{\max}}{I_z}\cos\varphi\right)\right|$$

$$=4\,200\times\left(\frac{60\times10^{-3}}{0.259\,2\times10^{-4}}\times0.447\,2+\frac{90\times10^{-3}}{0.583\,2\times10^{-4}}\times0.894\,4\right)$$

$$=4\,200\times(1\,035+1\,380)=10.14\times10^6(\text{N/m}^2)$$

$$=10.14(\text{MPa})$$

$\sigma_{\max}=10.14\text{ MPa}$ 虽稍大于 $[\sigma]=10\text{ MPa}$，但所超过的数值小于 $[\sigma]$ 的 5%，故满足强度要求。

(4) 刚度校核。

最大挠度发生在跨中。

$$f_y=\frac{5(q\cos\varphi)l^4}{384EI_z}=\frac{5\times2.1\times10^3\times0.894\,4\times4^4}{384\times10\times10^9\times0.583\,2\times10^{-4}}$$

$$=0.010\,7(\text{m})=10.7(\text{mm})$$

$$f_z=\frac{5(q\sin\varphi)l^4}{384EI_y}=\frac{5\times2.1\times10^3\times0.447\,2\times4^4}{384\times10\times10^9\times0.259\,2\times10^{-4}}$$

$$=0.012\,1(\text{m})=12.1(\text{mm})$$

总挠度 $f=\sqrt{f_y^2+f_z^2}=\sqrt{10.7^2+12.1^2}=16.2(\text{mm})<[f]=\dfrac{4\,000}{200}=20(\text{mm})$，满足

刚度要求。

10.4 扭转与弯曲的组合

工程实际中，许多构件都是在弯曲与扭转的组合变形下工作。如图 10-13 中所示的直角曲杆，与前面几种组合变形不同的是，杆件内的危险点不处于单向应力状态，而处于复杂应力状态，需用强度理论进行分析。下面，先进行应力状态分析再建立强度条件。

设有一实心圆轴 AB，A 端固定，B 端连一手柄 BC，在 C 处作用一铅直方向力 $\boldsymbol{F}$，如图 10-13(a)所示，圆轴 AB 承受扭转与弯曲的组合变形。略去自重的影响，将力 $\boldsymbol{F}$ 向 AB 轴端截面的形心 B 简化后，即可将外力分为两组，一组是作用在轴上的横向力 $\boldsymbol{F}$，另一组为在轴端截面内的力偶矩 $M_e = Fa$（如图 10-13(b) 所示），前者使轴发生弯曲变形，后者使轴发生扭转变形。分别作出圆轴 AB 的弯矩图和扭矩图（如图 10-13(c) 和(d) 所示），可见，轴的固定端截面是危险截面，其内力分量分别为

$$M = Fl,\ T = M_e = Fa$$

在截面 A 上弯曲正应力 σ 和扭转切应力 τ 均按线性分布（如图 10-13(e)(f)所示）。危险截面上铅垂直径上下两端点 C_1 和 C_2 处是截面上的危险点，因在这两点上正应力和切应力均

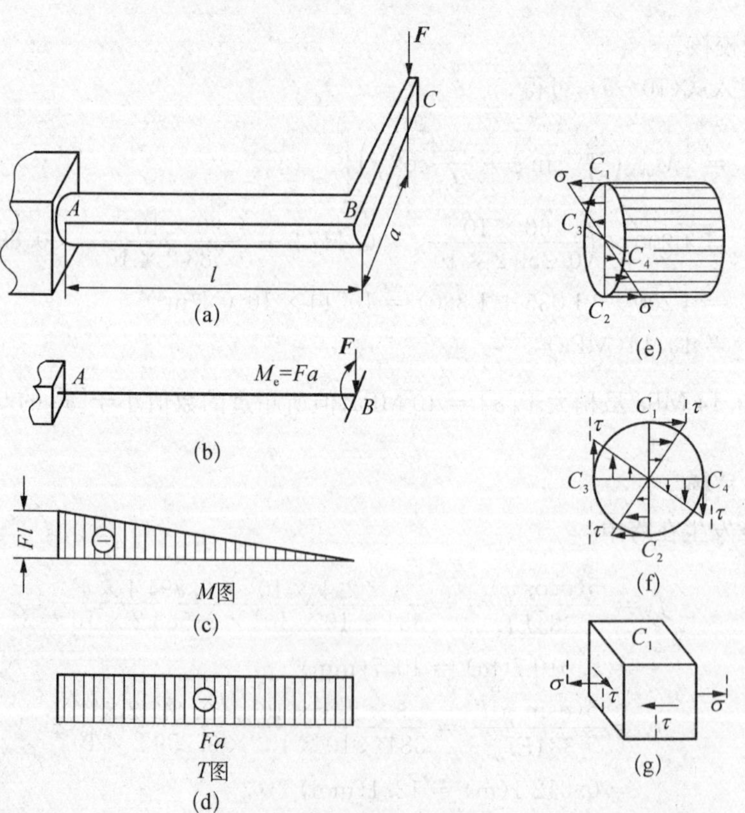

图 10-13 弯扭组合变形

达到极大值，故必须校核这两点的强度。对于抗拉强度与抗压强度相等的塑性材料，只需取其中的一个点 C_1 来研究即可。C_1 点的弯曲正应力和扭转切应力分别为

$$\sigma = \frac{M}{W},\ \tau = \frac{T}{W_P} \qquad ①$$

对于直径为 d 的实心圆截面，抗弯截面系数与抗扭截面系数分别为

$$W = \frac{\pi d^3}{32},\ W_P = \frac{\pi d^3}{16} = 2W \qquad ②$$

围绕 C_1 点分别用横截面、径向纵截面和切向纵截面截取单元体，可得 C_1 点处的应力状态（如图 10－13(g)所示）。显然，C_1 点处于平面应力状态，其三个主应力为

$$\left.\begin{matrix}\sigma_1\\ \sigma_3\end{matrix}\right\} = \frac{\sigma}{2} \pm \frac{1}{2}\sqrt{\sigma^2 + 4\tau^2},\ \sigma_2 = 0$$

对于用塑性材料制成的杆件，选用第三或第四强度理论来建立强度条件，即 $\sigma_r \leqslant [\sigma]$。

若用第三强度理论，则相当应力为

$$\sigma_{r3} = \sigma_1 - \sigma_3 = \sqrt{\sigma^2 + 4\tau^2} \qquad (10-6)$$

若用第四强度理论，则相当应力为

$$\sigma_{r4} = \sqrt{\sigma_1^2 + \sigma_3^2 - \sigma_1\sigma_3} = \sqrt{\sigma^2 + 3\tau^2} \qquad (10-7)$$

将①、②两式代入式(10－6)和式(10－7)，相当应力表达式可改写为

$$\sigma_{r3} = \sqrt{\left(\frac{M}{W}\right)^2 + 4\left(\frac{T}{W_P}\right)^2} = \frac{\sqrt{M^2 + T^2}}{W} \qquad (10-8a)$$

$$\sigma_{r4} = \sqrt{\left(\frac{M}{W}\right)^2 + 3\left(\frac{T}{W_P}\right)^2} = \frac{\sqrt{M^2 + 0.75T^2}}{W} \qquad (10-8b)$$

在求得危险截面的弯矩 M 和扭矩 T 后，就可直接利用式(10－8)建立强度条件，进行强度计算。式(10－8)同样适用于空心圆杆，而只需将式中的 W 改用空心圆截面的弯曲截面系数。

应该注意的是，式(10－7)适用于如图 10－13(g)所示的平面应力状态，而不论正应力 σ 是由弯曲还是由其他变形引起的，不论切应力是由扭转还是由其他变形引起的，也不论正应力和切应力是正值还是负值。工程中有些杆件，如船舶推进轴，及有止推轴承的传动轴等除了承受弯曲和扭转变形外，同时还受到轴向压缩（拉伸），其危险点处的正应力 σ 等于弯曲正应力与轴向拉（压）正应力之和，相当应力表达式(10－6)、(10－7)仍然适用。但式(10－8)仅适用于扭转与弯曲组合变形下的圆截面杆。

通过以上分析，对传动轴等杆件进行强度计算时一般可按下列步骤进行。

(1) 外力分析（确定杆件组合变形的类型）。

(2) 内力分析（确定危险截面的位置）。

(3) 应力分析（确定危险截面上的危险点）。

(4) 强度计算（选择适当的强度理论进行强度计算）。

例 10.4 某转动钢轴，如图 10－14 所示。已知圆轴直径 $d = 60\ \mathrm{mm}$，$F_1 = 7\ \mathrm{kN}$，$F_2 = 6\ \mathrm{kN}$，$M_e = 2\ \mathrm{kN \cdot m}$，钢材的许用应力 $[\sigma] = 150\ \mathrm{MPa}$，试按第四强度理论校核该轴的强度。

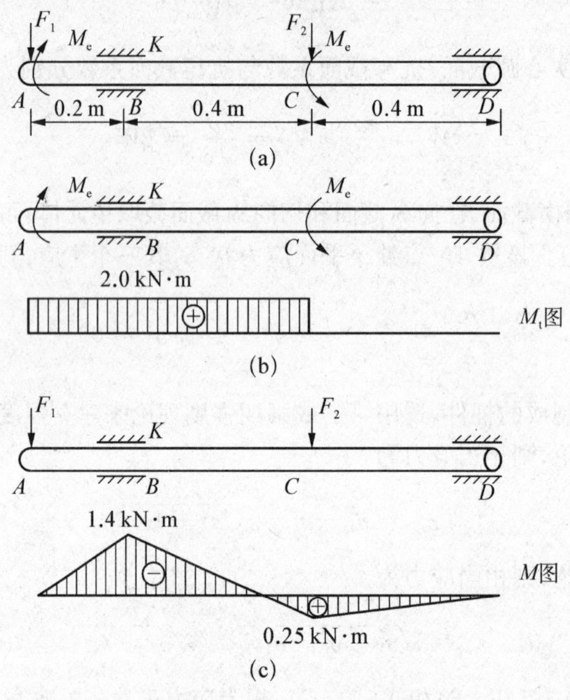

图 10－14 例 10.4 的图

解：(1) 外力分析。圆轴在 M_C 作用下受扭，在 F_1，F_2 作用下受弯，其变形是扭转与弯曲的组合变形。

(2) 内力分析。由轴的扭矩图(见图 10－14(b))和弯矩图(见图 10－14(c))可知，B 截面为危险截面。该截面上的内力值为

$$M = 1.4\ \mathrm{kN \cdot m} \qquad M_t = 0.25\ \mathrm{kN \cdot m}$$

(3) 强度校核。由式(10－8b)得

$$\sigma_{r4} = \frac{\sqrt{M^2 + 0.75M_t^2}}{W_z} = \frac{\sqrt{(1.4 \times 10^3\ \mathrm{N \cdot m})^2 + 0.75 \times (2 \times 10^3\ \mathrm{N \cdot m})^2}}{\pi \times (60 \times 10^{-3}\ \mathrm{m})^3/32}$$
$$= 105.1\ \mathrm{MPa} < [\sigma] = 150\ \mathrm{MPa}$$

故该轴强度满足要求。

小 结

1) 组合变形是由两种或两种以上的基本变形组合而成的。解决组合变形问题的基本原理是叠加原理。即在材料服从胡克定律的小变形的前提下，将组合变形分解为几个基本变形的组合。

2) 组合变形的计算步骤：

(1) 简化或分解外力。目的是使每一个外力分量只产生一种基本变形。

(2) 分析内力。按分解后的基本变形计算内力，明确危险截面位置及危险面上的内力方向。

(3) 分析应力。按各基本变形计算应力，明确危险点的位置，用叠加法求出危险点应力的大小，从而建立强度条件。

3) 主要公式

(1) 压缩(拉伸)是轴向压缩(拉抻)和平面弯曲的组合。单向偏心压缩(拉伸)的强度条件为

$$\sigma_{\text{lmax}} = -\frac{F_N}{A} + \frac{M_z}{W_z} \leqslant [\sigma_l]$$

$$\sigma_{\text{cmax}} = \left| -\frac{F_N}{A} - \frac{M_z}{W_z} \right| \leqslant [\sigma_c]$$

(2) 斜弯曲是两个相互垂直平面内的平面弯曲组合。强度条件为

$$\sigma_{\max} = \frac{M_{z\max}}{W_z} + \frac{M_{y\max}}{W_y} \leqslant [\sigma]$$

(3) 扭转与弯曲的组合。强度条件：

$$\sigma_{r3} = \sqrt{\sigma^2 + 4\tau^2} = \frac{\sqrt{M^2 + T^2}}{W} \leqslant [\sigma]$$

$$\sigma_{r4} = \sqrt{\sigma^2 + 3\tau^2} = \frac{\sqrt{M^2 + 0.75T^2}}{W} \leqslant [\sigma]$$

10.1 试判断图中杆 AB，BC，CD 各产生哪些基本变形？

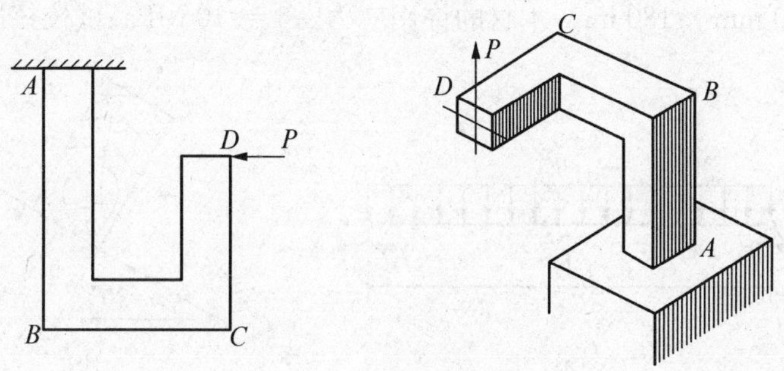

图 10-15 思考题 10.1 图

10.2 拉压和弯曲的组合变形，与偏心拉压有何区别和联系？

10.3 试问图示各折杆各段的组合变形形式。

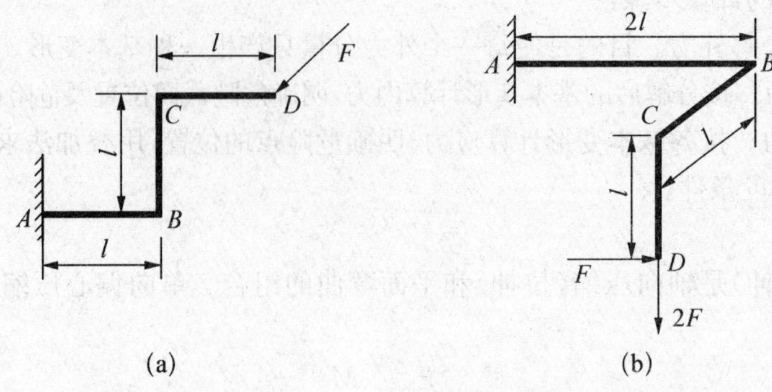

图 10-16 思考题 10.3 的图

10.1 如图所示一矩形截面混凝土短柱，受偏心压力 F 的作用，F 作用在 y 轴上，偏心距为 y_F，已知：$F = 100\ \text{kN}$，$y_F = 40\ \text{mm}$，$b = 200\ \text{mm}$，$h = 120\ \text{mm}$。试求任一截面 $m-n$ 上的最大应力。

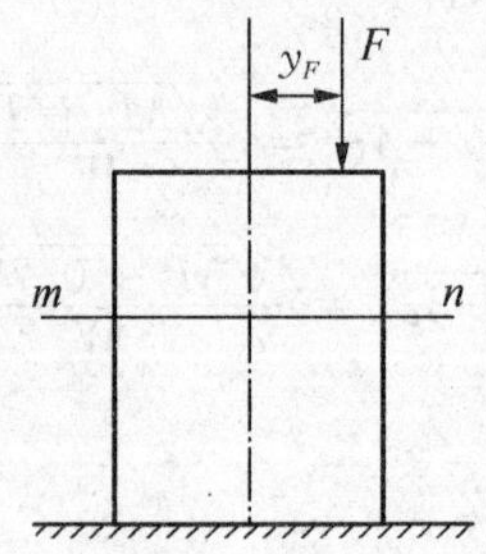

图 10-17 习题 10.1 的图

10.2 图示檩条两端简支于屋架上，檩条的跨度 $l = 4\ \text{m}$，承受均布荷载 $q = 2\ \text{kN/m}$，矩形截面 $b \cdot h = 120\ \text{mm} \times 180\ \text{mm}$，木材的许用应力$[\sigma] = 10\ \text{MPa}$，试校核檩条的强度。

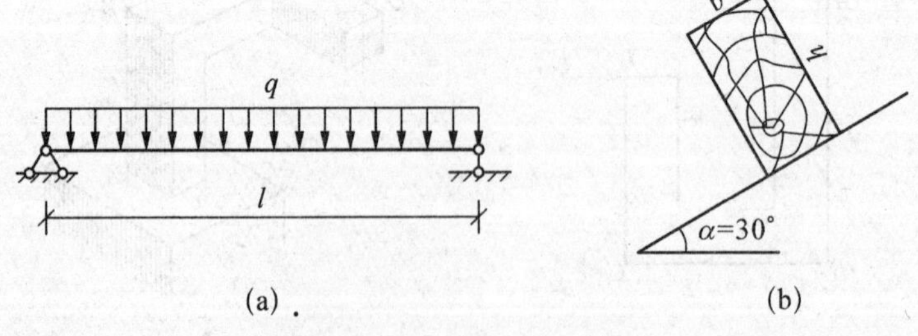

图 10-18 习题 10.2 的图

10.3 桥式起重机大梁为 32a 工字钢(见图 10-19)，材料为 Q235，$[\sigma] = 160\ \text{MPa}$，$l = 4\ \text{m}$。起重机小车行进时由于惯性或其他原因，载荷偏离纵向垂直对称面一个角度 φ，若 $\varphi = 15°$，$F = 30\ \text{kN}$。试校核梁的强度。

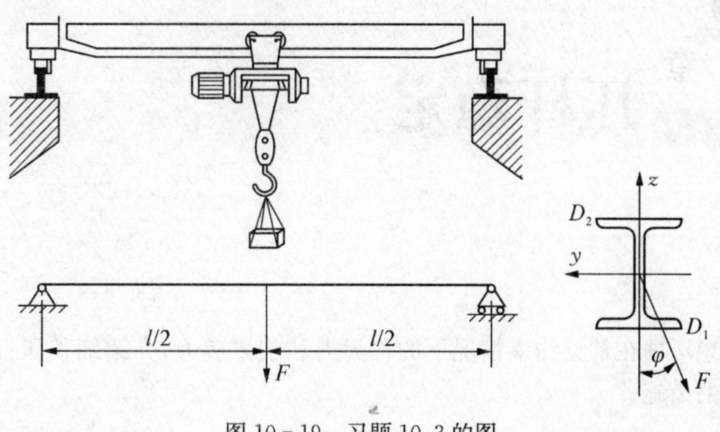

图 10-19　习题 10.3 的图

10.4　有一三角形托架如图所示，杆 AB 为一工字钢。已知作用在点 B 处的集中荷载 $P = 8\ \text{kN}$，型钢的许用应力$[\sigma] = 100\ \text{MPa}$，试选择杆 AB 的工字钢型号。

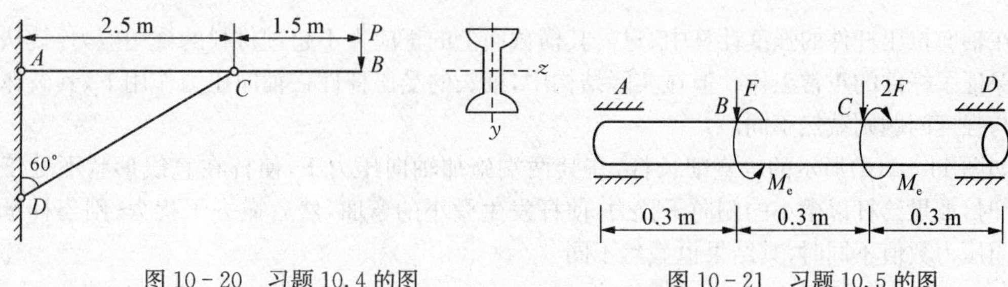

图 10-20　习题 10.4 的图　　图 10-21　习题 10.5 的图

10.5　如图所示某传动轴的受力，$M_e = 0.8\ \text{kN}\cdot\text{m}$，$F = 3\ \text{kN}$，材料的许用应力$[\sigma] = 140\ \text{MPa}$，试按第三强度理论计算传动轴的直径。

10.6　试求如图所示杆内的最大正应力。力 $\boldsymbol{F}$ 与杆的轴线平行。

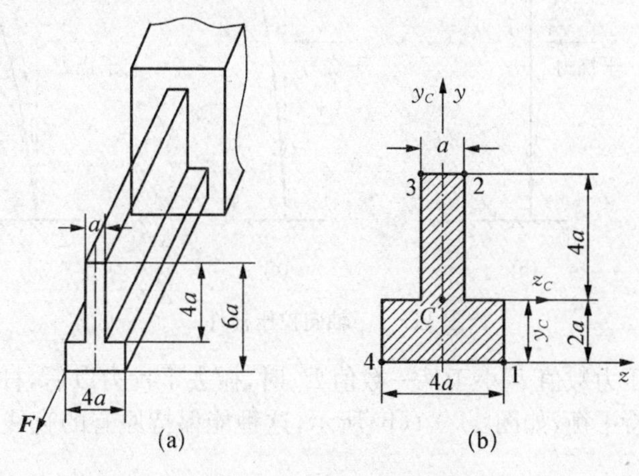

图 10-22　习题 10.6 的图

第11章 压杆稳定

工 程 力 学

本章介绍理想压杆在常见约束情况下的临界力和临界应力，介绍细长压杆的稳定计算及提高压杆稳定性的措施。

11.1 压杆稳定的概念

在轴向拉压杆件的强度计算中，只需其横截面上的正应力不超过材料的许用应力，就从强度上保证了杆件的正常工作。但在实际结构中，细长的受压杆件在轴向压力作用下，其破坏的形式与强度问题则截然不同。

如图 11-1(a)所示的等直细长杆，在其两端施加轴向压力 F，使杆在直线形状下处于平衡，此时，如果给杆以微小的侧向干扰力，使杆发生微小的弯曲，然后撤去干扰力，则当杆承受的轴向压力数值不同时，其结果也截然不同。

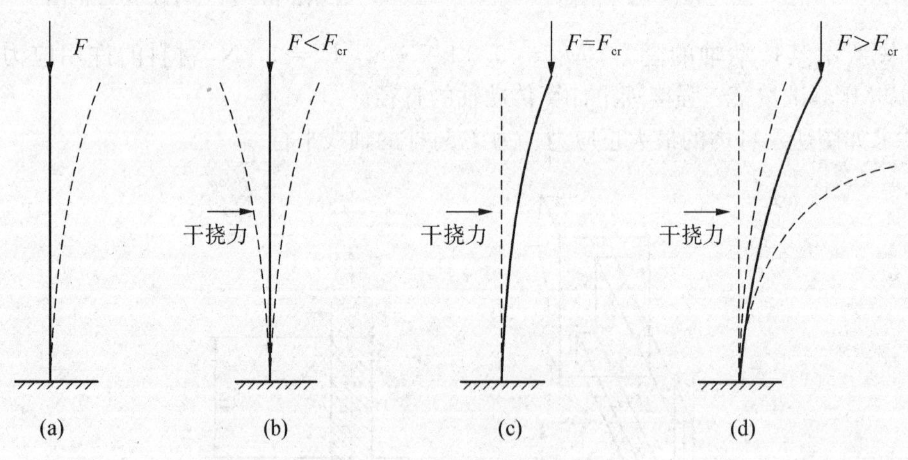

图 11-1 轴向拉压杆件

当杆承受的轴向压力数值 F 小于某一数值 F_{cr} 时，撤去干扰力以后，杆能自动恢复到原有的直线平衡状态而保持平衡，如图 11-1(b)所示，这种能保持原有的直线平衡状态的平衡称为稳定的平衡。

当压力 F 值恰好等于某一临界值 F_{cr} 时，将横向干扰力去掉后，压杆就在微弯状态下处于新的平衡，既不恢复原状，也不增加其弯曲的程度，如图 11-1(c)所示。这表明，压杆可以在偏离直线平衡位置的附近保持微弯状态的平衡。图 11-1(c)所示压杆的平衡是介于稳定平衡和不稳定平衡之间的一种临界状态，也属于不稳定平衡。

当压力 F 值超过某一临界值 F_{cr} 时，将横向干扰力去掉后，压杆不仅不能恢复到原来的直线平衡状态，而且还可能在微弯的基础上继续弯曲，从而使压杆失去承载能力，如图 11-1(d) 所示。这表明，该压杆原有直线状态的平衡是不稳定平衡。

压杆不能保持原有直线形式的平衡状态的现象，称为丧失稳定，简称失稳。

上述现象表明，在轴向压力 F 由小逐渐增大的过程中，压杆由稳定的平衡转变为不稳定的平衡，这种现象称为压杆丧失稳定性或者压杆失稳。显然压杆是否失稳取决于轴向压力的数值，压杆由直线形状的稳定的平衡过渡到不稳定的平衡时所对应的轴向压力，称为压杆的临界压力或临界力，用 F_{cr} 表示。临界力是判别压杆是否会失稳的重要指标。当压杆所受的轴向压力 F 小于临界力 F_{cr} 时，杆件就能够保持稳定的平衡，这种性能称为压杆具有稳定性；而当压杆所受的轴向压力 F 等于或者大于 F_{cr} 时，杆件就不能保持稳定的平衡而失稳。

11.2 细长压杆的临界力和临界应力

11.2.1 细长压杆临界力计算公式——欧拉公式

11.2.1.1 两端铰支细长压杆的欧拉公式

两端为铰支的细长压杆，如图 11-2 所示。取图示坐标系，并假设压杆在临界荷载作用下，在 xy 平面内处于微弯平衡状态。

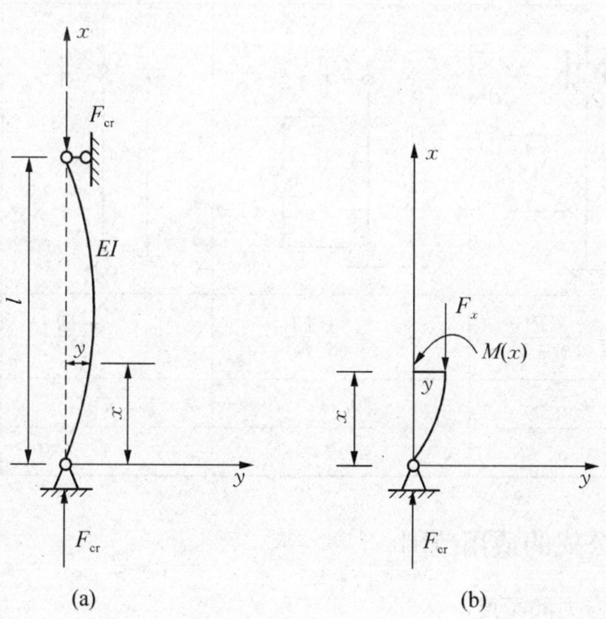

图 11-2 细长压杆

两端铰支细长压杆的临界力为

$$F_{cr}=\frac{\pi^2 EI}{l^2} \tag{11-1}$$

上式称为欧拉公式，式中 l 为压杆的长度，I 为压杆横截面惯性矩，E 为材料弹性模量。

在两端支承各方向相同时，杆的弯曲必然发生在抗弯能力最小的平面内，所以，式(11-1)中的惯性矩 I 应为压杆横截面的最小惯性矩；对于杆端各方向支承情况不同时，应分别计算，然后取其最小者作为压杆的临界力。

11.2.1.2　一般细长压杆的欧拉公式

经验表明，不同约束条件下细长压杆临界力与其所受约束强弱有很大关系，其计算公式——欧拉公式为

$$F_{cr}=\frac{\pi^2 EI}{(\mu l)^2} \tag{11-2}$$

式中，μl 称为**折算长度**，表示将杆端约束条件不同的压杆计算长度 l 折算成两端铰支压杆的长度，μ 称为**长度系数**，它反映了约束条件的强弱。一般来讲，μ 值越大，约束越弱，μ 值越小，约束越强。约束越强的杆件，其临界力就越大，就越稳定，反之，则越不稳定。几种不同杆端约束情况下的长度系数 μ 值列于表 11-1 中。从表 11-1 可以看出，两端铰支时，压杆在临界力作用下的挠曲线为半波正弦曲线；而一端固定、另一端铰支，计算长度为 l 的压杆的挠曲线，其部分挠曲线($0.7l$)与长为 l 的两端铰支的压杆的挠曲线的形状相同，因此，在这种约束条件下，折算长度为 $0.7l$。其他约束条件下的长度系数和折算长度可依此类推。

表 11-1　各种支承情况下等截面细长压杆的临界公式

支承情况	两端固定	一端固定一端铰支	两端铰支	一端固定一端自由
杆端支承情况及失稳时变形曲线形状	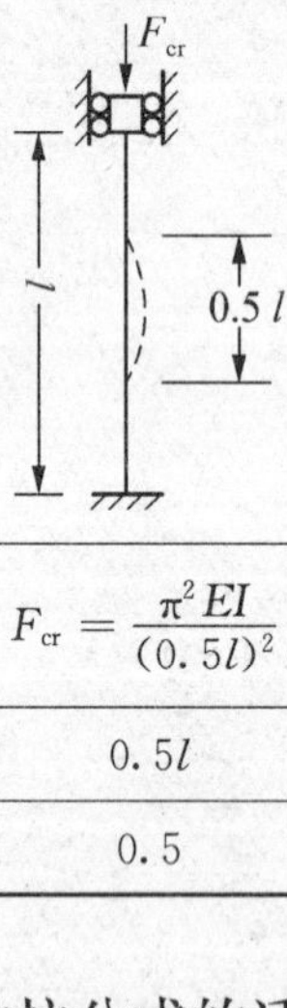 F_{cr}; l; $0.5\,l$	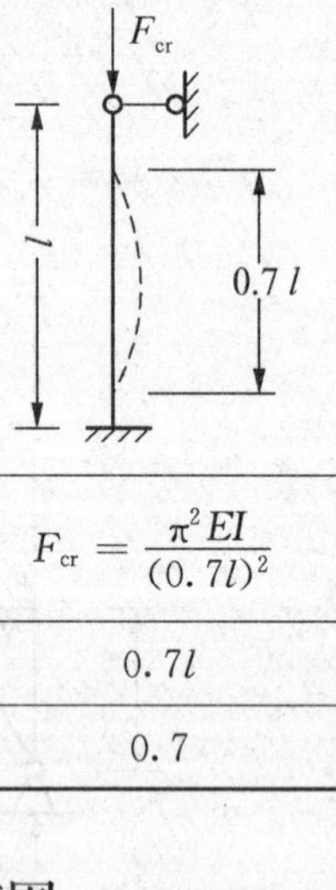 F_{cr}; l; $0.7\,l$	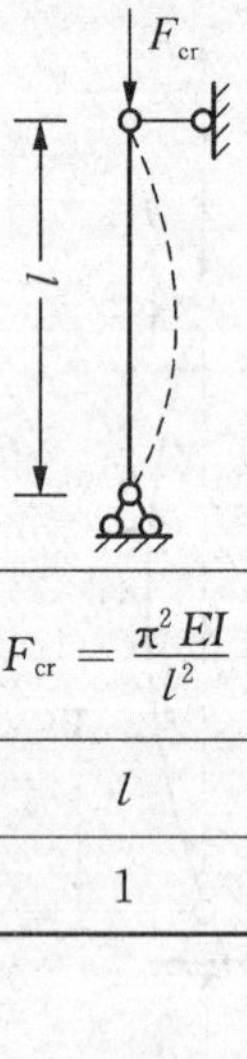 F_{cr}; l	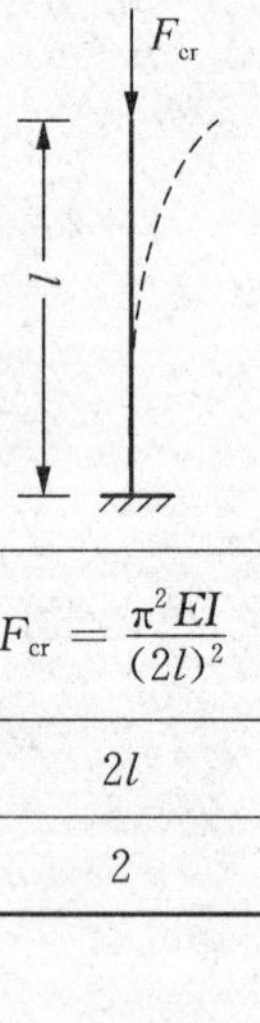 F_{cr}; l
临界力 F_{cr}	$F_{cr}=\frac{\pi^2 EI}{(0.5l)^2}$	$F_{cr}=\frac{\pi^2 EI}{(0.7l)^2}$	$F_{cr}=\frac{\pi^2 EI}{l^2}$	$F_{cr}=\frac{\pi^2 EI}{(2l)^2}$
折算长度 μl	$0.5l$	$0.7l$	l	$2l$
长度系数 μ	0.5	0.7	1	2

11.2.2　欧拉公式的适用范围

11.2.2.1　临界应力和柔度

有了计算细长压杆临界力的欧拉公式，在进行压稳计算时，需要知道临界应力，当压杆在临界力 F_{cr} 作用下处于直线临界状态的平衡时，其横截面上的压应力等于临界力 F_{cr} 除以横截面面积 A，称为**临界应力**，用 σ_{cr} 表示，即

$$\sigma_{cr}=\frac{F_{cr}}{A} \tag{11-3}$$

将式(11-1)代入上式，得

$$\sigma_{cr}=\frac{\pi^2 EI}{(\mu l)^2 A} \tag{11-4}$$

若将压杆的惯性矩 I 写成

$$I=i^2 A\text{或}i=\sqrt{\frac{I}{A}} \tag{11-5}$$

式中，i 称为压杆横截面的**惯性半径**。

于是临界应力可写为

$$\sigma_{cr}=\frac{\pi^2 Ei^2}{(\mu l)^2}=\frac{\pi^2 E}{\left(\frac{\mu l}{i}\right)^2} \tag{11-6}$$

令 $\lambda=\frac{\mu l}{i}$，则计算压杆临界应力的欧拉公式为

$$\sigma_{cr}=\frac{\pi^2 E}{\lambda^2} \tag{11-7}$$

式中，λ 称为压杆的柔度(或称长细比)。且

$$\lambda=\frac{\mu l}{i} \tag{11-8}$$

柔度 λ 是一个量纲为一的量，其大小与压杆的长度系数 μ、杆长 l 及惯性半径 i 有关。由于压杆的长度系数 μ 取决于压杆的支承情况，惯性半径 i 决定于截面的形状与尺寸，所以，从物理意义上看，柔度 λ 综合地反映了压杆的长度、截面的形状与尺寸以及支承情况对临界力的影响。从式(11-2)还可以看出，如果压杆的柔度值越大，则其临界应力越小，压杆就越容易失稳。

11.2.2.2 欧拉公式的适用范围

欧拉公式是根据挠曲线近似微分方程导出的，而应用此微分方程时，材料必须服从胡克定律。因此，欧拉公式的适用范围应当是压杆的临界应力 σ_{cr} 不超过材料的比例极限 σ_P，即

$$\sigma_{cr}=\frac{\pi^2 E}{\lambda^2}\leqslant\sigma_P \tag{11-9}$$

有

$$\lambda_P\geqslant\pi\sqrt{\frac{E}{\sigma_P}} \tag{11-10}$$

若设 λ_P 为压杆的临界应力达到材料的比例极限时的柔度值，即

$$\lambda_P=\pi\sqrt{\frac{E}{\sigma_P}} \tag{11-11}$$

则欧拉公式的适用范围为

$$\lambda \geqslant \lambda_P \tag{11-12}$$

上式表明,当压杆的柔度不小于 λ_P 时,才可以应用欧拉公式计算临界力或临界应力。这类压杆称为**大柔度杆**或**细长杆**,欧拉公式只适用于较细长的大柔度杆。从式(11-4)可知,λ_P 的值取决于材料性质,不同的材料都有自己的 E 值和 σ_P 值,所以,不同材料制成的压杆,其 λ_P 也不同。例如 Q235 钢,$\sigma_P = 200\ \text{MPa}$,$E = 200\ \text{GPa}$,由(11-4)即可求得 $\lambda_P = 100$。

例 11.1 如图 11-3 所示,一端固定另一端自由的细长压杆,其杆长 $l = 2\ \text{m}$,截面形状为矩形,$b = 20\ \text{mm}$,$h = 45\ \text{mm}$,材料的弹性模量 $E = 200\ \text{GPa}$,$\lambda_P = 123$。试计算该压杆的临界力。若把截面改为 $b = h = 30\ \text{mm}$,而保持长度不变,则该压杆的临界力又为多大?

解:(1) 当 $b = 20\ \text{mm}$,$h = 45\ \text{mm}$ 时:

① 计算压杆的柔度:

$$\lambda = \frac{\mu l}{i} = \frac{2 \times 2\,000}{20/\sqrt{12}} = 692.8 > \lambda_P = 123$$(所以是大柔度杆,可应用欧拉公式)

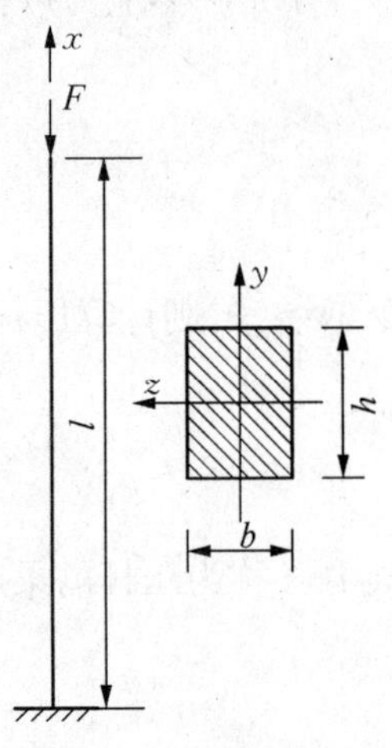

图 11-3 一端固定的细长压杆

② 计算截面的惯性矩。

由前述可知,该压杆必在 xy 平面内失稳,故计算惯性矩:

$$I_y = \frac{hb^3}{12} = \frac{45 \times 20^3}{12} = 3.0 \times 10^4\ (\text{mm}^4)$$

③ 计算临界力。

查表 11-1 得 $\mu = 2$,因此临界力为

$$F_{cr} = \frac{\pi^2 EI}{(\mu l)^2} = \frac{\pi^2 \times 200 \times 10^9 \times 3 \times 10^{-8}}{(2 \times 2)^2} = 3\,701(\text{N}) = 3.70(\text{kN})$$

(2) 当截面改为 $b = h = 30\ \text{mm}$ 时:

① 计算压杆的柔度:

$$\lambda = \frac{\mu l}{i} = \frac{2 \times 2\,000}{30/\sqrt{12}} = 461.9 > \lambda_P = 123$$(所以是大柔度杆,可应用欧拉公式)

② 计算截面的惯性矩:

$$I_y = I_z = \frac{bh^3}{12} = \frac{30^4}{12} = 6.75 \times 10^4\ (\text{mm}^4)$$

代入欧拉公式,可得

$$F_{cr} = \frac{\pi^2 EI}{(\mu l)^2} = \frac{\pi^2 \times 200 \times 10^9 \times 6.75 \times 10^{-8}}{(2 \times 2)^2} = 8\,330(\text{N})$$

从以上两种情况分析,其横截面面积相等,支承条件也相同,但是,计算得到的临界力后者大于前者。可见在材料用量相同的条件下,选择恰当的截面形式可以提高细长压杆的临界力。

例 11.2 图 11-4 所示为两端铰支的圆形截面受压杆,用 Q235 钢制成,材料的弹性模量 $E = 200\ \text{GPa}$,屈服点应力 $\sigma_s = 240\ \text{MPa}$,$\lambda_P = 123$,直径 $d = 40\ \text{mm}$,试分别计算下面杆长 $l =$

1.5 m 情况下压杆的临界力。

解：计算杆长 $l=1.2\text{ m}$ 时的临界力。

两端铰支，因此 $\mu=1$

惯性半径 $i=\sqrt{\dfrac{I}{A}}=\sqrt{\dfrac{\frac{\pi d^4}{64}}{\frac{\pi d^2}{4}}}=\dfrac{d}{4}=\dfrac{40}{4}=10(\text{mm})$

柔度 $\lambda=\dfrac{\mu l}{i}=\dfrac{1\times 1\,500}{10}=150>\lambda_P=123$

（所以是大柔度杆，可应用欧拉公式）

$$\sigma_{cr}=\frac{\pi^2 E}{\lambda^2}=\frac{3.14^2\times 2\times 10^5}{150^2}=87.64(\text{MPa})$$

$$F_{cr}=\sigma_{cr}A=\sigma_{cr}\times\frac{\pi d^2}{4}=87.64\times\frac{3.14\times 40^2}{4}=110(\text{kN})$$

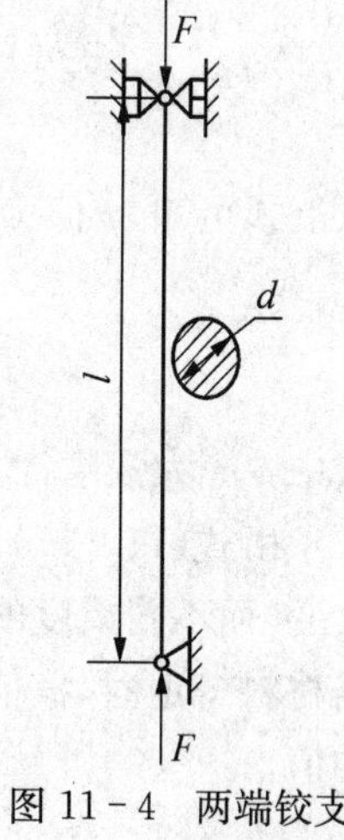

图 11-4　两端铰支的受压杆

11.3　压杆的稳定计算

当压杆中的应力达到(或超过)其临界应力时，压杆会丧失稳定。所以，在工程中，为确保压杆的正常工作，并具有足够的稳定性，其横截面上的应力应小于临界应力。同时还必须考虑一定的安全储备，这就要求横截面上的应力，不能超过压杆的临界应力的许用值 $[\sigma]_{st}$，即压杆稳定必须要满足如下条件：

$$\sigma=\frac{F_N}{A}\leqslant[\sigma]_{st} \tag{11-13}$$

式中，$[\sigma]_{st}$ 为临界应力的许用值，其值为

$$[\sigma]_{st}=\frac{\sigma_{cr}}{n_{st}} \tag{11-14}$$

式中，n_{st} 为稳定安全因数。

或者满足

$$F\leqslant\frac{F_{cr}}{n_{st}}=[F]_{st} \tag{11-15}$$

式中，n_{st} 为稳定安全因数。

稳定安全因数一般都大于强度计算时的安全因数，这是因为在确定稳定安全因数时，除了应遵循确定安全因数的一般原则以外，还必须考虑实际压杆并非理想的轴向压杆这一情况。例如，在制造过程中，杆件不可避免地存在微小的弯曲(即存在初曲率)；同时外力的作用线也不可能绝对准确地与杆件的轴线相重合(即存在初偏心)；另外，也必须考虑杆件的细长程度，杆件越细长稳定安全性越重要，稳定安全因数应越大等。这些因素都应在稳定安全因数中加以考虑。

为了计算上的方便，将临界应力的允许值，写成如下形式：

$$[\sigma]_{st}=\frac{\sigma_{cr}}{n_{st}}=\varphi[\sigma] \tag{11-16}$$

从上式可知，φ 值为

$$\varphi=\frac{\sigma_{cr}}{n_{st}[\sigma]} \tag{11-17}$$

式中，$[\sigma]$为强度计算时的许用应力，φ 称为折减系数，其值小于1。

由式(11－17)可知，当$[\sigma]$一定时，φ 取决于σ_{cr}与 n_{st}。由于临界应力σ_{cr}值随压杆的柔度而改变，而不同柔度的压杆一般又规定不同的稳定安全因数，所以折减系数 φ 是柔度λ 的函数。当材料一定时，φ 值取决于柔度λ 的值。表 11－2 给出了几种材料的折减系数 φ 与柔度λ 的值。

表 11－2　折减系数表

λ	φ			λ	φ		
	Q235 钢	16 锰钢	木材		Q235 钢	16 锰钢	木材
0	1.000	1.000	1.000	110	0.536	0.384	0.248
10	0.995	0.993	0.971	120	0.466	0.325	0.208
20	0.981	0.973	0.932	130	0.401	0.279	0.178
30	0.958	0.940	0.883	140	0.349	0.242	0.153
40	0.927	0.895	0.822	150	0.306	0.213	0.133
50	0.888	0.840	0.751	160	0.272	0.188	0.117
60	0.842	0.776	0.668	170	0.243	0.168	0.104
70	0.789	0.705	0.575	180	0.218	0.151	0.093
80	0.731	0.627	0.470	190	0.197	0.136	0.083
90	0.669	0.546	0.370	200	0.180	0.124	0.075
100	0.604	0.462	0.300				

临界应力σ_{cr}依据压杆的屈曲失效试验确定，还涉及实际压杆存在的初曲度、压力的偏心度，涉及实际材料的缺陷，涉及型钢轧制、加工留下的残余应力及其分布规律等因素。钢结构设计规范(GBJ17—1988)，根据我国常用构件的截面形状、尺寸和加工条件，规定了相应的残余应力变化规律，并考虑 1/1 000 的初弯曲度，计算了 96 根压杆的稳定系数 φ 与柔度λ 的关系值，按截面分三类列表，供设计应用。木结构设计规范(GBJ5—1988)按照树种的强度等级分别给出两组计算公式。

例　树种等级为 TC15、TC17 和 TB20 时，计算公式如下：

$$\lambda\leqslant 75\qquad \varphi=\frac{1}{1+\left(\frac{\lambda}{80}\right)^2}$$

$$\lambda>75\qquad \varphi=\frac{3\,000}{\lambda^2}$$

如果树种等级为 TC13，TC11，TB17 及 TB15 时，

$$\lambda \leqslant 91 \qquad \varphi = \frac{1}{1+\left(\frac{\lambda}{65}\right)^2}$$

$$\lambda > 91 \qquad \varphi = \frac{2\,800}{\lambda^2}$$

应当明白，$[\sigma]_{st}$与$[\sigma]$虽然都是“许用应力”，但两者却有很大的不同。$[\sigma]$只与材料有关，当材料一定时，其值为定值；而$[\sigma]_{st}$除了与材料有关以外，还与压杆的长细比有关，所以，相同材料制成的不同(柔度)的压杆，其$[\sigma]_{st}$值是不同的。

将式(11-16)代入式(11-13)，可得

$$\sigma = \frac{F}{A} \leqslant \varphi[\sigma] \text{ 或 } \sigma = \frac{F}{A\varphi} \leqslant [\sigma] \tag{11-18}$$

上式即为压杆需要满足的稳定条件。折减系数 φ 可按 λ 的值直接从表 11-2 中查到，按式(11-18)的稳定条件进行压杆的稳定计算，十分方便。因此，该方法也称为**实用计算方法**。

应当指出，在稳定计算中，压杆的横截面面积 A 均采用毛截面面积计算，即当压杆在局部有横截面削弱(如钻孔、开口等)时，可不予考虑。因为压杆的稳定性取决于整个杆件的弯曲刚度，而局部的截面削弱对整个杆件的整体刚度来说，影响甚微。但是，对截面的削弱处，则应当进行强度验算。

应用压杆的稳定条件，可以进行三个方面的问题计算：

(1) 稳定校核。即已知压杆的几何尺寸、所用材料、支承条件以及承受的压力，验算是否满足公式(11-18)的稳定条件。

这类问题，一般应首先计算出压杆的柔度 λ，根据 λ 查出相应的折减系数 φ，再按照公式(11-18)进行校核。

(2) 计算稳定时的许用荷载。即已知压杆的几何尺寸、所用材料及支承条件，按稳定条件计算其能够承受的许用荷载 F 值。

这类问题，一般也要首先计算出压杆的柔度 λ，根据 λ 查出相应的折减系数 φ，再按照下式

$$F \leqslant A\varphi[\sigma] \tag{11-19}$$

进行计算。

(3) 进行截面设计。即已知压杆的长度、所用材料、支承条件以及承受的压力 F，按照稳定条件计算压杆所需的截面尺寸。

这类问题，一般采用“试算法”。这是因为在稳定条件(11-18)中，折减系数 φ 是根据压杆的柔度 λ 查表得到的，而在压杆的截面尺寸尚未确定之前，压杆的柔度 λ 不能确定，所以也就不能确定折减系数 φ。因此，只能采用试算法，首先假定一折减系数 φ 值(0 与 1 之间一般采用 0.45)，由稳定条件计算所需要的截面面积 A，然后计算出压杆的柔度 λ，根据压杆的柔度 λ 查表得到折减系数 φ，再按照公式(11-18)验算是否满足稳定条件。如果不满足稳定条件，则应重新假定折减系数 φ 值，重复上述过程，直到满足稳定条件为止。

例 11.3 如图 11-5 所示，构架由两根直径相同的圆杆构成，杆的材料为 Q235 钢，直径 $d = 20$ mm，材料的许用应力$[\sigma] = 170$ MPa，已知 $h = 0.4$ m，作用力 $F = 15$ kN。试在计算平

面内校核两杆的稳定。

解：(1) 计算各杆承受的压力。

取结点 A 为研究对象，根据平衡条件列方程

$\sum F_x = 0$，

$F_{NAB} \cdot \cos 45° - F_{NAC} \cdot \cos 30° = 0$ ①

$\sum F_y = 0$，

$F_{NAB} \cdot \sin 45° + F_{NAC} \cdot \sin 30° - F = 0$ ②

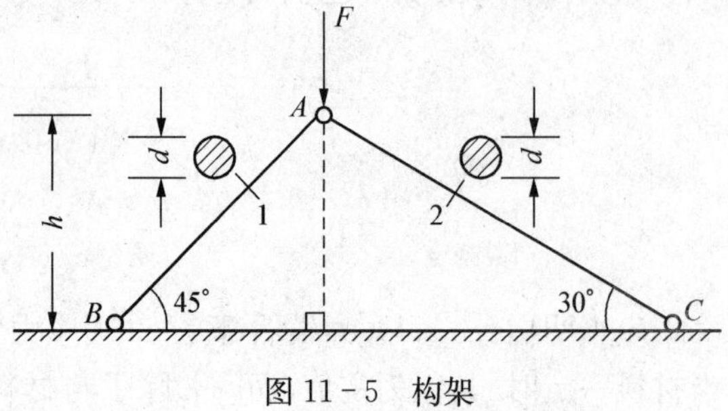

图 11-5 构架

联立①、②解得两杆承受的压力分别为

$$AB\text{杆}: F_{AB} = F_{NAB} = 0.896F = 13.44\ \text{kN}$$
$$AC\text{杆}: F_{AC} = F_{NAC} = 0.732F = 10.98\ \text{kN}$$

(2) 计算两杆的柔度。

各杆的长度分别为

$$l_{AB} = \sqrt{2}h = \sqrt{2} \times 0.4 = 0.566(\text{m})$$
$$l_{AC} = 2h = 2 \times 0.4 = 0.8(\text{m})$$

则两杆的长细比分别为

$$\lambda_{AB} = \frac{\mu l_{AB}}{i} = \frac{\mu l_{AB}}{\frac{d}{4}} = \frac{4 \times 1 \times 0.566}{0.02} = 113$$

$$\lambda_{AC} = \frac{\mu l_{AC}}{i} = \frac{\mu l_{AC}}{\frac{d}{4}} = \frac{4 \times 1 \times 0.8}{0.02} = 160$$

(3) 根据柔度查折减系数得

$$\varphi_{AB} = \varphi_{113} = \varphi_{110} - \frac{\varphi_{110} - \varphi_{120}}{10} \times 3 = 0.515,\ \varphi_{AC} = 0.272$$

(4) 按照稳定条件进行验算。

$$AB\text{杆}: \sigma_{AB} = \frac{F_{AB}}{A\varphi_{AB}} = \frac{13.44 \times 10^3}{\pi\left(\frac{0.02}{2}\right)^2 \times 0.515} = 83 \times 10^6(\text{Pa}) = 83(\text{MPa}) < [\sigma]$$

$$AC\text{杆}: \sigma_{AC} = \frac{F_{AC}}{A\varphi_{AC}} = \frac{10.98 \times 10^3}{\pi\left(\frac{0.02}{2}\right)^2 \times 0.272} = 128 \times 10^6(\text{Pa}) = 128(\text{MPa}) < [\sigma]$$

因此，两杆都满足稳定条件，结构稳定。

例 11.4 如图 11-6 所示支架，BD 杆为正方形截面的木杆，AB 杆长度 $l = 2$ m，截面边长 $a = 0.1$ m，木材的许用应力$[\sigma] = 10$ MPa，试从满足 BD 杆的稳定条件考虑，计算该支架能承受的最大荷载 $F_{\max}$。

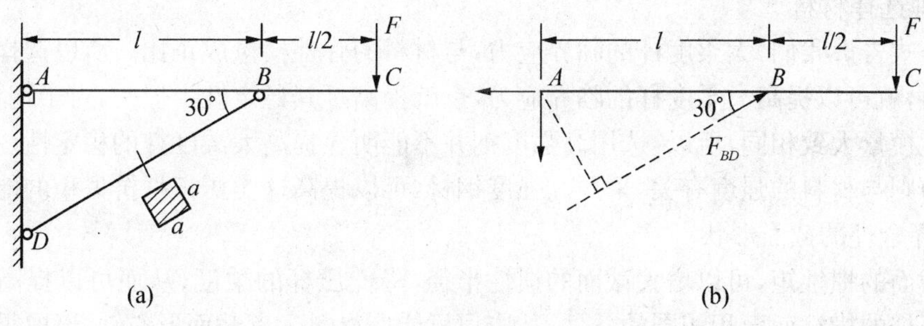

图 11-6　例 11.4 的图

解：(1) 计算 BD 杆的柔度。

$$l_{BD}=\frac{l}{\cos 30^{\circ}}=\frac{2}{\frac{\sqrt{3}}{2}}=2.31(\mathrm{m})$$

$$\lambda_{BD}=\frac{\mu l_{BD}}{i}=\frac{\mu l_{BD}}{\sqrt{\frac{I}{A}}}=\frac{\mu l_{BD}}{a\sqrt{\frac{1}{12}}}=\frac{1\times 2.31}{0.1\times\sqrt{\frac{1}{12}}}=80$$

(2) 求 BD 杆能承受的最大压力。

根据柔度 λ_{BD} 查表，得 $\varphi_{BD}=0.470$，则 BD 杆能承受的最大压力为

$$F_{BD\max}=A\varphi[\sigma]=0.1^2\times 0.470\times 10\times 10^6=47.1\times 10^3(\mathrm{N})$$

(3) 根据外力 F 与 BD 杆所承受压力之间的关系，求出该支架能承受的最大荷载 $F_{\max}$。

考虑 AC 的平衡，可得

$$\sum M_A=0,\ F_{BD}\cdot\frac{l}{2}-F\cdot\frac{3}{2}l=0$$

从而可求得

$$F=\frac{1}{3}F_{BD}$$

因此，该支架能承受的最大荷载 $F_{\max}$ 为

$$F_{\max}=\frac{1}{3}F_{BD\max}=\frac{1}{3}\times 47.1\times 10^3=15.7\times 10^3(\mathrm{N})$$

该支架能承受的最大荷载取值为 $F_{\max}=15\ \mathrm{kN}$

11.4　提高压杆稳定的措施

要提高压杆的稳定性，关键在于提高压杆的临界力或临界应力。而压杆的临界力和临界应力，与压杆的长度、横截面形状及大小、支承条件以及压杆所用材料等有关。因此，可以从以下几个方面考虑：

1）合理选择材料

欧拉公式告诉我们，大柔度杆的临界应力，与材料的弹性模量成正比。所以选择弹性模量较高的材料，就可以提高大柔度杆的临界应力，也就提高了其稳定性。但是，对于钢材而言，各种钢的弹性模量大致相同，所以，选用高强度钢并不能明显提高大柔度杆的稳定性。而中粗杆的临界应力则与材料的强度有关，采用高强度钢材，可以提高这类压杆抵抗失稳的能力。

2）选择合理的截面形状

增大截面的惯性矩，可以增大截面的惯性半径，降低压杆的柔度，从而可以提高压杆的稳定性。在压杆的横截面面积相同的条件下，应尽可能使材料远离截面形心轴，以取得较大的惯性矩。从这个角度出发，空心截面要比实心截面合理，如图 11－7 所示。在工程实际中，若压杆的截面是用两根槽钢组成的，则应采用如图 11－8 所示的布置方式，可以取得较大的惯性矩或惯性半径。

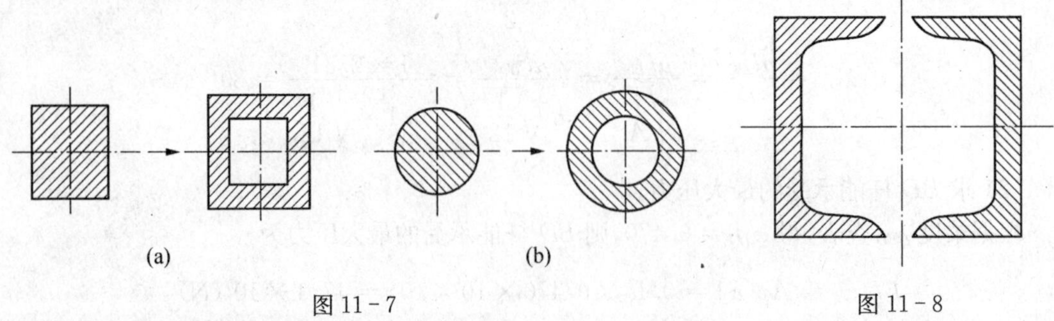

图 11－7　　图 11－8

另外，由于压杆总是在柔度较大（临界力较小）的纵向平面内首先失稳，所以应注意尽可能使压杆在各个纵向平面内的柔度都相同，以充分发挥压杆的稳定承载力。

3）改善约束条件、减小压杆长度

根据欧拉公式可知，压杆的临界力与其计算长度的平方成反比，而压杆的计算长度又与其约束条件有关。因此，改善约束条件，可以减小压杆的长度系数和计算长度，从而增大临界力。在相同条件下，从表 11－1 可知，自由支座最不利，铰支座次之，固定支座最有利。

减小压杆长度的另一方法是在压杆的中间增加支承，把一根变为两根甚至几根。

小　结

（1）平衡状态的稳定性。

稳定平衡：当轴向压力小于临界力时，压杆能保持原来的平衡状态。

不稳定平衡：当轴向压力大于、等于临界力时，压杆不能保持原来的平衡状态。

（2）欧拉公式：

$$F_{cr} = \frac{\pi^2 EI}{(\mu l)^2}$$

临界应力 $\sigma_{cr} = \dfrac{F_{cr}}{A}$

压杆稳定必须要满足如下条件：

$$\sigma=\frac{F_N}{A}\leqslant[\sigma]_{st}$$

(3) 压杆稳定的实用计算。

用 φ 系数法的压稳条件为

$$\sigma=\frac{F}{A}\leqslant\varphi[\sigma]\text{ 或 }\sigma=\frac{F}{A\varphi}\leqslant[\sigma]$$

根据压稳条件有三方面的计算，它们分别为①压稳校核；②计算许可荷载；③设计压杆的截面尺寸。

11.1 如何区别压杆的稳定平衡与不稳定平衡？

11.2 什么叫临界力？计算临界力的欧拉公式的应用条件是什么？

11.3 由塑性材料制成的小柔度压杆，在临界力作用下是否仍处于弹性状态？

11.4 实心截面改为空心截面能增大截面的惯性矩，从而能提高压杆的稳定性，是否可以把材料无限制地加工使远离截面形心，以提高压杆的稳定性？

11.5 只要保证压杆的稳定就能够保证其承载能力，这种说法是否正确？

11.6 请你以日常生活中碰到的实例来说明压稳问题的存在。

11.1 理想均匀直杆在轴向压力 $P=P_{cr}$ 时处于直线平衡状态。当其受到一微小横向干扰力后发生微小弯曲变形，若此时解除干扰力，则压杆 (　　)

A. 弯曲变形消失，恢复直线形状；

B. 弯曲变形减小，不能恢复直线形状；

C. 微弯变形状态不变；

D. 弯曲变形继续增大。

11.2 细长杆承受轴向压力 P 的作用，其临界压力与(　　)无关

A. 杆的材质；　　B. 杆的长度；

C. 杆承受压力的大小；　　D. 杆的横截面形状和尺寸。

11.3 压杆的柔度集中地反映了压杆的(　　)对临界应力的影响

A. 长度、约束条件、截面形状和尺寸；

B. 材料、长度和约束条件；

C. 材料、约束条件、截面形状和尺寸；

D. 材料、长度、截面尺寸和形状。

11.4 在横截面面积等其他条件均相同的条件下，压杆采用图(　　)所示截面形状，其稳定性最好。

A. A　　B. B　　C. C　　D. D

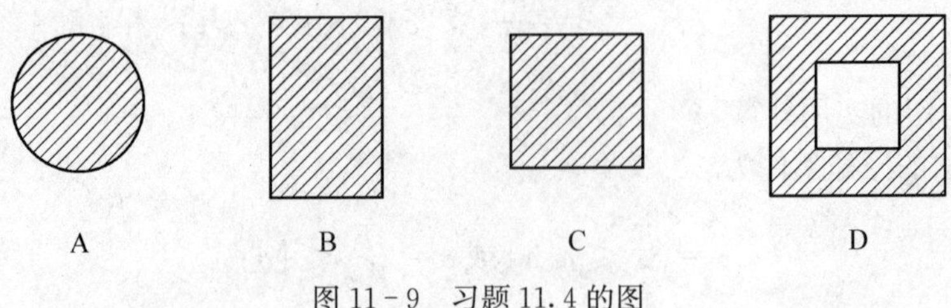

图 11-9　习题 11.4 的图

11.5　两端固定的矩形截面细长压杆，其横截面尺寸为 $h = 60\,\text{mm}$，$b = 30\,\text{mm}$，材料的比例极限 $\sigma_p = 200\,\text{MPa}$，弹性模量 $E = 210\,\text{GPa}$。试求此压杆的临界力适用于欧拉公式时的最小长度。

11.6　图 11-10 所示一矩形截面的细长压杆，其两端用柱形铰与其他构件相连接。压杆的材料为 Q235 钢，$E = 210\,\text{GPa}$。

(1) 若 $l = 2.3\,\text{m}$，$b = 40\,\text{mm}$，$h = 60\,\text{mm}$，试求其临界力；

(2) 试确定截面尺寸 b 和 h 的合理关系。

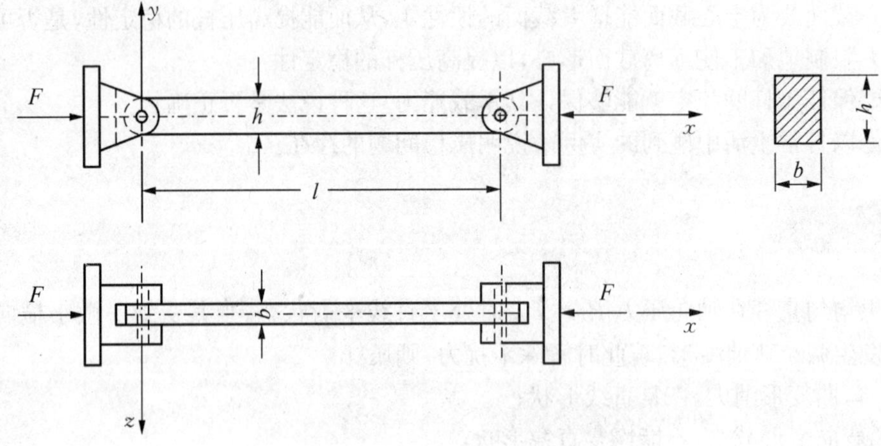

图 11-10　习题 11.6 的图

11.7　如图 11-11 所示，结构由两根直径相同的圆形截面钢杆构成，直径 $d = 80\,\text{mm}$，材料的许用应力 $[\sigma] = 160\,\text{MPa}$，弹性模量 $E = 200\,\text{Gpa}$，已知 $h = \sqrt{3}\,\text{m}$，试求此结构的极限荷载 F_{max}。

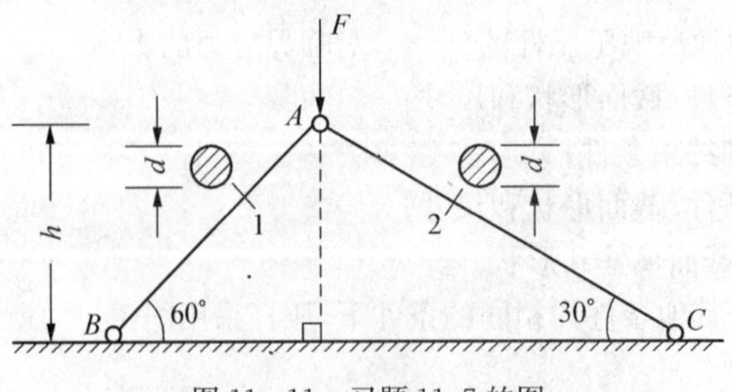

图 11-11　习题 11.7 的图

11.8 图示托架中的 AB 杆为 16 号工字钢，CD 杆由两根 50 mm×6 mm 等边角钢组成。已知 $l=2$ m，$h=1.5$ m，材料为 Q235 钢，其许用应力$[\sigma]=160$ MPa，试求该托架的许用荷载$[F]$。

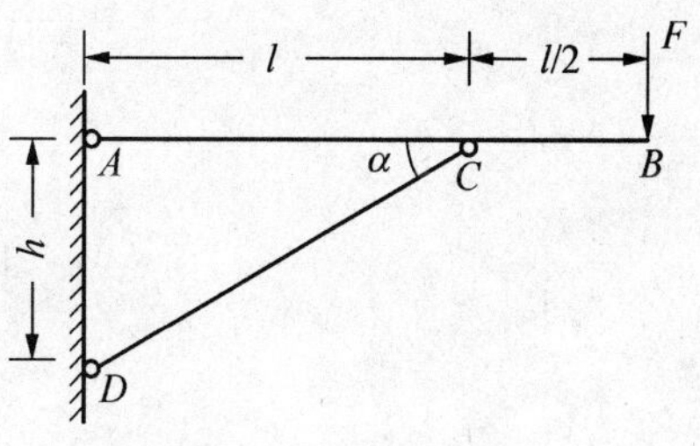

图 11-12 习题 11.8 的图

11.9 图示压杆用 30 mm×30 mm×4 mm 等边角钢制成，已知杆长 $l=0.5$ m，材料为 Q235 钢，试求该压杆的临界力。

11.10 图示两端铰支的钢柱，已知长度 $l=2$ m，承受轴向压力 $F=500$ kN，试选择工字钢截面，材料的许用应力$[\sigma]=160$ MPa。

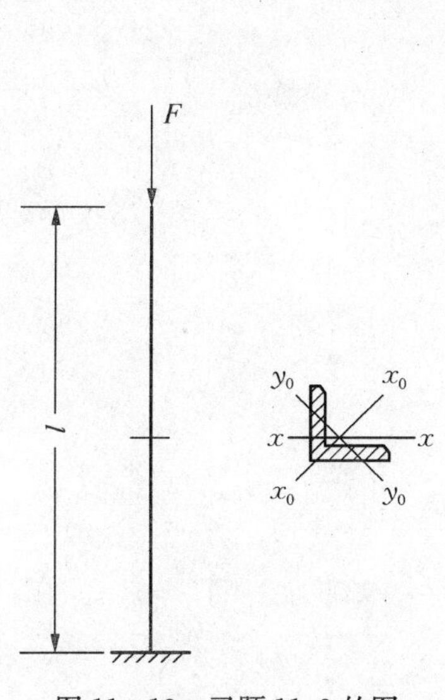

图 11-13 习题 11.9 的图

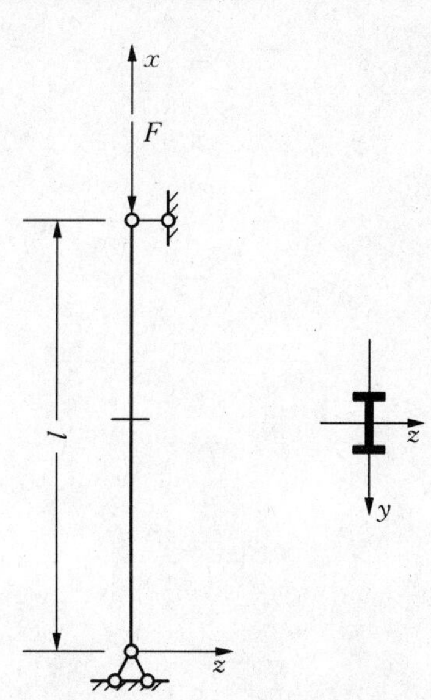

图 11-14 习题 11.10 的图

第3篇 运动学与动力学

第 12 章　点的运动学
第 13 章　刚体的基本运动
第 14 章　点的合成运动
第 15 章　刚体的平面运动
第 16 章　质点动力学基本方程
第 17 章　达朗伯原理
第 18 章　质心运动定理与刚体定轴转动微分方程
第 19 章　动能定理

运动学是从几何学的角度来观察物体的运动规律，它是研究物体在空间的位置随时间变化的几何性质，如轨迹、运动方程、速度和加速度等，而不涉及作用于物体上的力和物体本身的质量等与运动有关的物理因素。

物体在空间的位置及其运动必须相对于某给定的物体来确定，这个给定的物体称为参考体。固连在参考体上的坐标系称为参考系。一般把固连在地球上的坐标系作为静参考系，相对于静参考系运动的参考系称为动参考系，同一物体在不同的参考系中表现为不同的运动形式，因此对运动的描述具有相对性。

在运动的描述中涉及到瞬时和时间间隔两个概念，瞬时是某个确定的时刻，抽象为时间坐标轴上的一个点，用 t 来表示，时间间隔是指两个瞬时之间的一段时间，是时间坐标轴上的一个区间，用 Δt 表示，$\Delta t = t_2 - t_1$。

动力学是研究力学系统的运动以及产生或者改变系统运动的原因，主要是对给定的运动系统建立力学模型，全面分析物体的机械运动，研究作用在质点系上的力与运动变化之间的关系，建立物体机械运动的普遍规律，即动力学是研究质点系的机械运动与作用力之间关系的科学。

在运动学和动力学中，把所研究的问题物体抽象为质点和刚体两种力学模型。质点是具有一定质量而其几何形状和大小尺寸可以忽略不计的物体。刚体是指由无数个质点组成的不变形系统。

学习运动学与动力学的目的，一方面是为学习今后的后续课程打基础，另一方面是直接应用到工程实际。如机器的设计中常要求它实现某种运动，以满足生产和工艺的需要，而零件的强度计算，机器的振动和平衡问题，都离不开运动学与动力学的知识。

第12章 点的运动学

工程力学

点的运动学最基本的问题，是描述点在某参考系中的位置随时间变化的规律。这种规律的数学表达式称为点的运动方程。当确定了动点在参考系中的运动方程后就能求出点在空间运动的几何特征：点在空间运行的路线——轨迹；点在空间位置的变化量——位移；位移变化的快慢——速度；速度变化的快慢——加速度等等

12.1 点的运动的矢量法

12.1.1 点的运动方程

设动点 M 在空间做曲线运动，选取某确定点 O 建立参考系，则动点 M 在某瞬时 t 的位置可由坐标原点 O 向该动点引一条有向线段 $\overrightarrow{OM}$ 用 $\boldsymbol{r}$ 表示，称向量 $\boldsymbol{r}$ 为动点 M 的矢径。

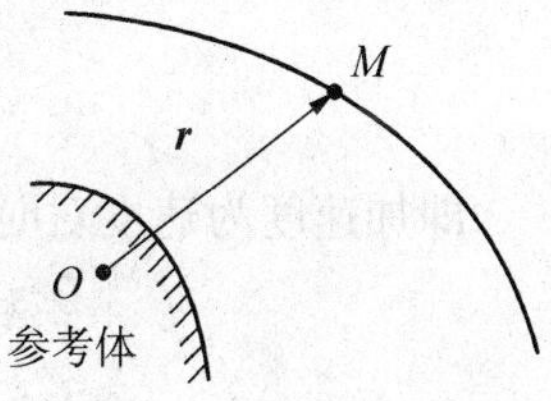

显然当动点 M 运动时，矢径 $\boldsymbol{r}$ 的大小、方向随时间 t 而改变。所以，矢径 $\boldsymbol{r}$ 是个变矢径，可将它表为时间的单值连续矢函数：

$$\boldsymbol{r} = \boldsymbol{r}(t) \tag{12-1}$$

图 12-1 点的运动

式(12-1)称为动点以矢量表示的运动方程。当动点运动时矢径端点所描绘出的曲线，也就是动点 M 的轨迹(图 12-1)。

12.1.2 点的速度

质点位置的变化是与一段时间相联系的，位移矢量与时间的比为**速度**。记为 $\boldsymbol{v}$。它是矢量。它的物理意义是单位时间内质点所发生的位移。如图 12-2 所示，动点 M 在时间间隔 Δt 内的位移为 $\overline{MM'} = \Delta\boldsymbol{r} = \boldsymbol{r}(t+\Delta t) - \boldsymbol{r}(t)$

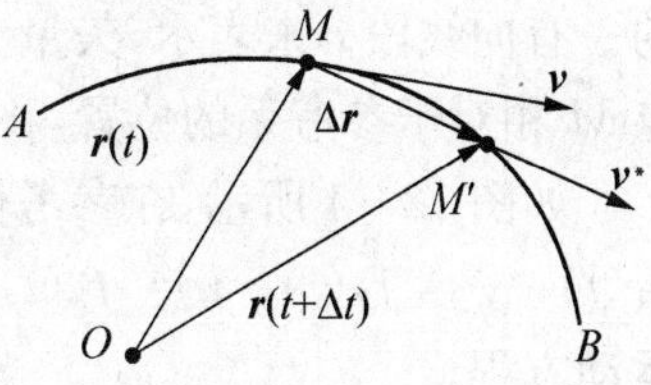

图 12-2 点 M 在 Δt 时间间隔的位移

有限长时间内质点位移与时间的比为**平均速度**，记为

$$\boldsymbol{v}^* = \frac{\Delta\boldsymbol{r}}{\Delta t}$$

式中：Δt 表示时间，$\Delta\boldsymbol{r}$ 表示该时间段内质点所发生的位移。显然，平均速度是矢量，其方向沿质点位移 $\Delta\boldsymbol{r}$ 的方向。

无限短时间内质点位移与时间的比为瞬时速度，简称为**速度**。速度可以表示为平均速度

的极限,即

$$\boldsymbol{v}=\lim_{\Delta t\to 0}\boldsymbol{v}^{*}=\lim_{\Delta t\to 0}\frac{\Delta \boldsymbol{r}}{\Delta t}=\frac{\mathrm{d}\boldsymbol{r}}{\mathrm{d}t}=\dot{\boldsymbol{r}}$$

即速度为位矢对时间的变化率(或位矢对时间的一阶导数)。

12.1.3 点的加速度

在很多情况下,质点运动速度的大小或方向都是变化的(图 12-3),一段时间内速度的增量与时间的比为**加速度**。质点的加速度描述质点速度的大小和方向变化的快慢,只要质点的速度大小或方向发生变化,都将意味着质点有加速度。

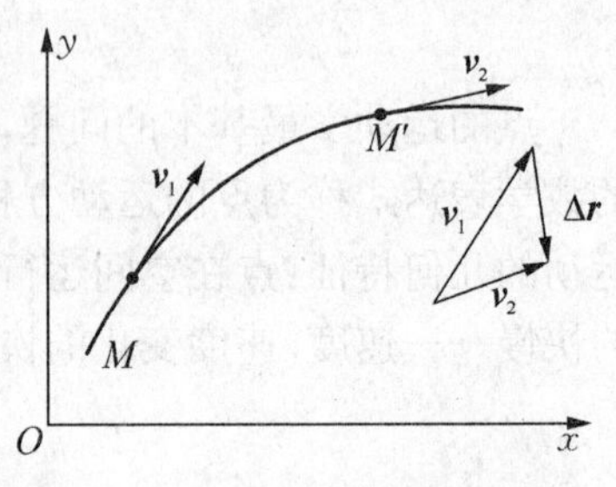

图 12-3 质点运动速度的变化

在有限时间段内速度增量与时间的比为**平均加速度**。

设质点在 t 时速度为 $\boldsymbol{v}_1$,在 $t+\Delta t$ 时速度为 $\boldsymbol{v}_2$,速度增量 $\Delta\boldsymbol{v}=\boldsymbol{v}_2-\boldsymbol{v}_1$,则平均加速度为 $\boldsymbol{a}^{*}=\dfrac{\Delta\boldsymbol{v}}{\Delta t}$,其方向沿速度增量的方向,平均加速度仅能提供一段时间内速度变动的方向和平均快慢。

在无限短时间内速度增量与时间的比为瞬时加速度,简称为**加速度**。它可以表示为 $\Delta t\to 0$ 时平均加速度的极限

$$\boldsymbol{a}=\lim_{\Delta t\to 0}\boldsymbol{a}^{*}=\lim_{\Delta t\to 0}\frac{\Delta\boldsymbol{v}}{\Delta t}=\frac{\mathrm{d}\boldsymbol{v}}{\mathrm{d}t}=\dot{\boldsymbol{v}}=\ddot{\boldsymbol{r}} \qquad (12-2)$$

即加速度为速度对时间的变化率(速度对时间一阶导数,或位置矢量对时间的二阶导数)。

12.2 点的运动的直角坐标法

12.2.1 点的运动方程

质点 M 在直角坐标系中的位置,可以用从原点到此点的一有向线段 $\boldsymbol{r}$ 来表示,矢量 $\boldsymbol{r}$ 的大小和方向完全确定了质点 M 相对于参考系的位置,称为位置矢量,简称**位矢**。

如图 12-4 所示,在参考体上建立直角坐标系。则 $x=f_1(t)$, $y=f_2(t)$, $z=f_3(t)$,这就是直角坐标形式的点的运动方程。

$$\boldsymbol{r}=x\boldsymbol{i}+y\boldsymbol{j}+z\boldsymbol{k} \qquad (12-3)$$

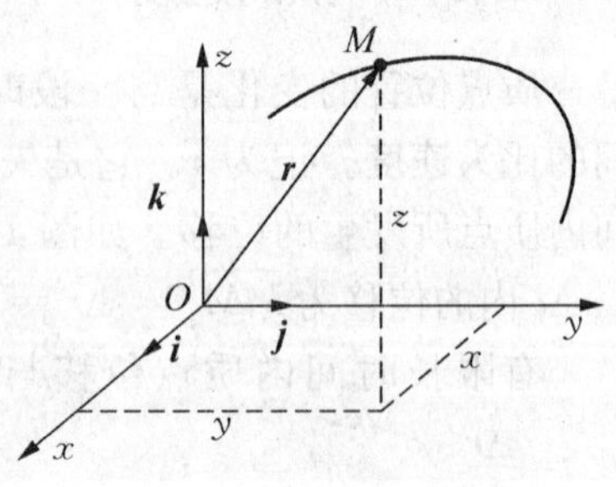

图 12-4 直角坐标形式的点的运动

式中,$\boldsymbol{i}$、$\boldsymbol{j}$ 和 $\boldsymbol{k}$ 分别为 x、y 和 z 轴正方向的单位矢量。位置矢量的大小为 $|\boldsymbol{r}|=\sqrt{x^2+y^2+z^2}$。

例 12.1 身高为 l 的人,夜间在一条笔直的马路上匀速行走,速率为 v_0;路灯高为 h,如图

12-5 所示。求人影中头顶部的运动方程。

解：设路灯位于 P 点处，人的头部为 Q。

(1) 选取人影中头顶部 B 为研究对象。

(2) 研究质点 B 运动的全过程：

当人位于路灯正下方时，B 与 O 重合；任一时刻 t，人位于 $A(x_t)$，则人影中头顶部位于 B 处；人匀速 v_0 前进，则 $v_t = v_0 t$，求 B 的运动方程 $f(x)$。

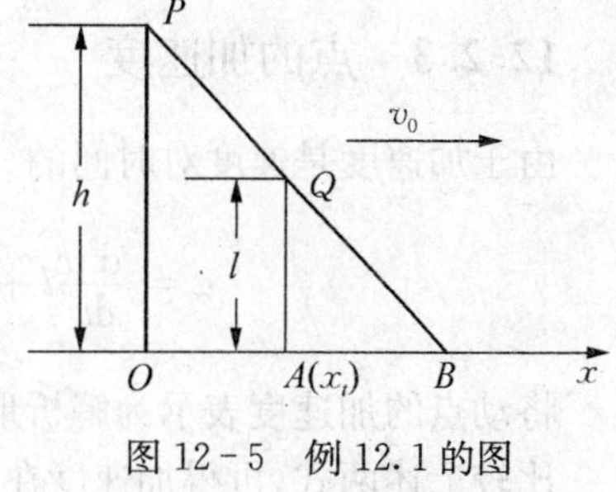

图 12-5 例 12.1 的图

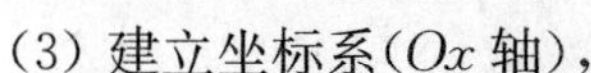

(3) 建立坐标系(Ox 轴)，

由图 12-5 有

$$\frac{OB}{OP} = \frac{AB}{AQ},$$

因为 $AB = x - v_0 t,\ AQ = l,\ OP = h,\ OB = x,$

代入上式可得

$$\frac{x}{h} = \frac{x - v_0 t}{l},$$

即

$$xl = xh - v_0 th,\ v_0 th = x(h - l)$$

所以

$$x = \frac{v_0 th}{h - l}$$

即 B 的运动方程。

12.2.2 点的速度

将 12-3 式两边对时间求导，将动点的速度表示为解析形式，则有

$$\boldsymbol{v} = v_x \boldsymbol{i} + v_y \boldsymbol{j} + v_z \boldsymbol{k} \tag{12-4}$$

比较上述两式，可得速度在各坐标轴上的投影：

$$v_x = \frac{\mathrm{d}x}{\mathrm{d}t} = \dot{x} \quad v_y = \frac{\mathrm{d}y}{\mathrm{d}t} = \dot{y} \quad v_z = \frac{\mathrm{d}z}{\mathrm{d}t} = \dot{z}$$

这就是用直角坐标法表示的点的速度。即点的速度在直角坐标轴上的投影，等于点的对应坐标对时间的一阶导数。

若已知速度的投影，则速度的大小为 $v = \sqrt{\dot{x}^2 + \dot{y}^2 + \dot{z}^2}$

其方向余弦为

$$\left.\begin{aligned} \cos(\boldsymbol{v},\ \boldsymbol{i}) &= \frac{\dot{x}}{v} \\ \cos(\boldsymbol{v},\ \boldsymbol{j}) &= \frac{\dot{y}}{v} \\ \cos(\boldsymbol{v},\ \boldsymbol{k}) &= \frac{\dot{z}}{v} \end{aligned}\right\} \tag{12-5}$$

12.2.3 点的加速度

由于加速度是速度对时间的一阶导数，则

$$\boldsymbol{a}=\frac{\mathrm{d}^2x}{\mathrm{d}t^2}\boldsymbol{i}+\frac{\mathrm{d}^2y}{\mathrm{d}t^2}\boldsymbol{j}+\frac{\mathrm{d}^2z}{\mathrm{d}t^2}\boldsymbol{k}=\frac{\mathrm{d}v_x}{\mathrm{d}t}\boldsymbol{i}+\frac{\mathrm{d}v_y}{\mathrm{d}t}\boldsymbol{j}+\frac{\mathrm{d}v_z}{\mathrm{d}t}\boldsymbol{k}$$

将动点的加速度表示为解析形式，则有 $\boldsymbol{a}=a_x\boldsymbol{i}+a_y\boldsymbol{j}+a_z\boldsymbol{k}$

比较上述两式，可得加速度在各坐标轴上的投影

$$a_x=\frac{\mathrm{d}v_x}{\mathrm{d}t}=\frac{\mathrm{d}^2x}{\mathrm{d}t^2}=\ddot{x}\quad a_y=\frac{\mathrm{d}v_y}{\mathrm{d}t}=\frac{\mathrm{d}^2y}{\mathrm{d}t^2}=\ddot{y}\quad a_z=\frac{\mathrm{d}v_z}{\mathrm{d}t}=\frac{\mathrm{d}^2z}{\mathrm{d}t^2}=\ddot{z}$$

这就是用直角坐标法表示的点的加速度。即点的加速度在直角坐标轴上的投影等于该点速度在对应坐标轴上的投影对时间的一阶导数，也等于该点对应的坐标对时间的二阶导数。

若已知加速度的投影，则加速度的大小为

$$a=\sqrt{a_x^2+a_y^2+a_z^2}=\sqrt{\ddot{x}^2+\ddot{y}^2+\ddot{z}^2}\qquad \text{其方向余弦为}$$

$$\left.\begin{aligned}\cos(\boldsymbol{a},\ \boldsymbol{i})&=\frac{\ddot{x}}{a}\\ \cos(\boldsymbol{a},\ \boldsymbol{j})&=\frac{\ddot{y}}{a}\\ \cos(\boldsymbol{a},\ \boldsymbol{k})&=\frac{\ddot{z}}{a}\end{aligned}\right\}\tag{12-6}$$

例 12.2 图 12-6 椭圆规的曲柄 OC 可绕 O 轴转动，其端点 C 与规尺 AB 的中点以铰链连接，AB 的两端装有滑块，可分别在相互垂直的滑槽中运动。若 $OC=AC=BC=l$，$CM=b$，$\varphi=\omega t$（弧度，记为 rad；ω 为常量），试求规尺上 M 点的运动方程和轨迹方程。

解：采用直角坐标法研究。取图示直角坐标系 Oxy，则 M 点的位置坐标为

$$x=OC\cos\varphi+CM\cos\varphi=(l+b)\cos\omega t$$
$$y=OC\sin\varphi-CM\sin\varphi=(l-b)\sin\omega t$$

这给出了 M 点的位置坐标随时间变化的函数关系，它就是 M 点的运动方程。为求 M 点的运动轨迹，可从运动方程中消去时间 t，得

$$\frac{x^2}{(l+b)^2}+\frac{y^2}{(l-b)^2}=1$$

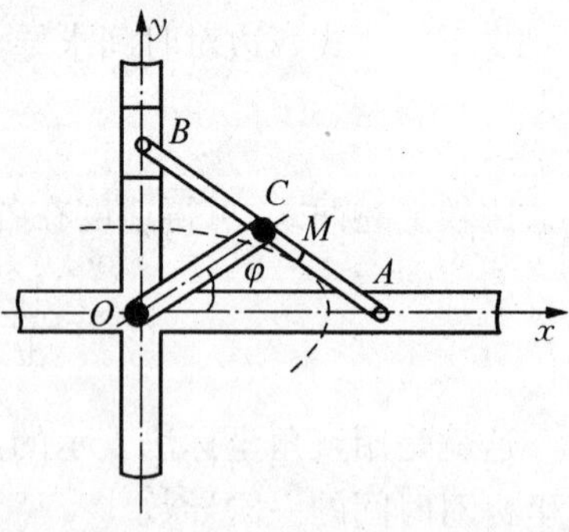

图 12-6 例 12.2 的图

这就是 M 点的轨迹方程。可见，M 点的运动轨迹是一个椭圆，它以 O 点为中心，长半轴为 $(l+b)$ 沿 x 轴，短半轴为 $(l-b)$ 沿 y 轴。同理可得，规尺 AB 上除了 A，B，C 三点外，其他各点的运动轨迹都是不同长短轴的椭圆曲线。因此，这一机构称为椭圆规，可用它来绘制不同的长短轴的椭圆。

例 12.3 图 12-7 已知动点的运动方程为 $x=r\cos\omega t$，$y=r\sin\omega t$，$z=ut$，r，u，ω 为

常数，试求动点的轨迹、速度。

解：由运动方程消去时间 t 得动点的轨迹方程为

$$x^2 + y^2 = r^2 \qquad y = r\sin\frac{\omega z}{u}$$

动点的轨迹曲线是沿半径为 r 的柱面上的一条螺旋线，如图 12-7(a)所示。

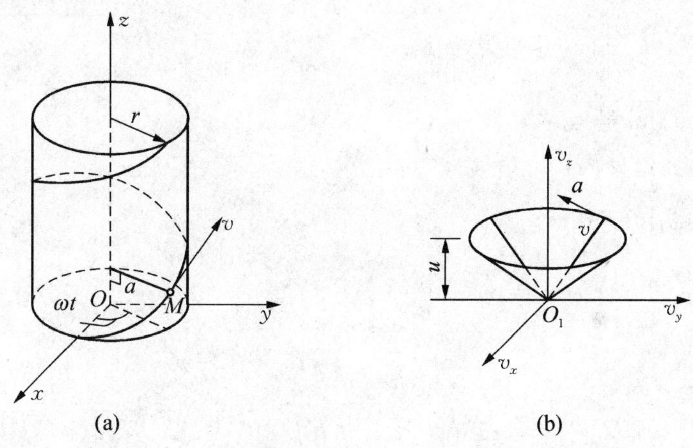

图 12-7 例 12.3 的图

动点的速度在直角坐标轴上的投影为

$$v_x = \dot{x} = -r\omega\sin\omega t$$
$$v_y = \dot{y} = r\omega\cos\omega t$$
$$v_z = \dot{z} = u$$

速度的大小和方向余弦为

$$v = \sqrt{v_x^2 + v_y^2 + v_z^2} = \sqrt{r^2\omega^2 + u^2}$$

$$\cos(\boldsymbol{v}, \boldsymbol{i}) = \frac{v_x}{v} = \frac{-r\omega\sin\omega t}{\sqrt{r^2\omega^2 + u^2}}$$

$$\cos(\boldsymbol{v}, \boldsymbol{j}) = \frac{v_y}{v} = \frac{r\omega\cos\omega t}{\sqrt{r^2\omega^2 + u^2}}$$

$$\cos(\boldsymbol{v}, \boldsymbol{k}) = \frac{v_z}{v} = \frac{u}{\sqrt{r^2\omega^2 + u^2}}$$

上式知速度大小为常数，其方向与 y 轴的夹角为常数，故速度矢端迹为水平面的圆，如图 12-7(b)所示。

例 12.4 如图 12-8 所示为液压减振器简图，当液压减振器工作时，其活塞 M 在套筒内作直线的往复运动，设活塞 M 的加速度为 $a = -kv$，v 为活塞 M 的速度，k 为常数，初速度为 v_0，试求活塞 M 的速度和运动方程。

解：因活塞 M 作直线的往复运动，因此建立 x 轴表示活塞 M 的运动规律，如图 12-8 所示。活塞 M 的速度、加速度与 x 坐标的关系为

$$a = \dot{v} = \ddot{x}(t)$$

代入已知条件，则有

$$-kv = \frac{\mathrm{d}v}{\mathrm{d}t} \quad ①$$

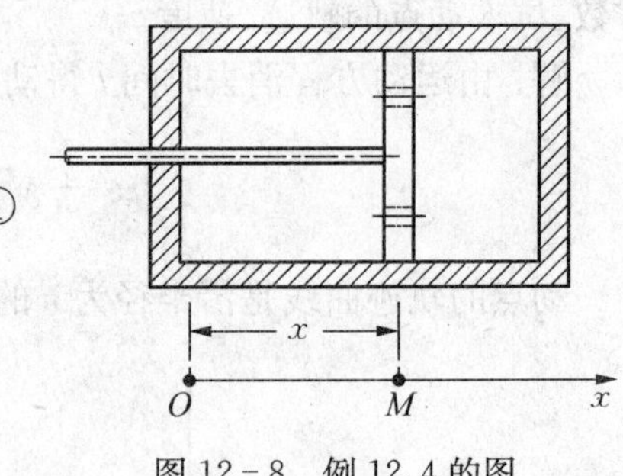

图 12-8　例 12.4 的图

将式①进行变量分离，并积分：$-k\int_0^t \mathrm{d}t = \int_{v_0}^{v} \frac{\mathrm{d}v}{v}$

得 $-kt = \ln\frac{v}{v_0}$

活塞 M 的速度为 $v = v_0\mathrm{e}^{-kt}$　②

再对式②进行变量分离，$\mathrm{d}x = v_0\mathrm{e}^{-kt}\mathrm{d}t$

积分 $\int_{x_0}^{x}\mathrm{d}x = v_0\int_0^t \mathrm{e}^{-kt}\mathrm{d}t$

得活塞 M 的运动方程为 $x = x_0 + \frac{v_0}{k}(1-\mathrm{e}^{-kt})$　③

12.3　点的运动的自然坐标法

在有些工程实际问题中，动点的运动轨迹往往是已知的。例如火车沿轨道的运动，飞轮上任一点的运动轨迹为一圆，等等。这时应用自然坐标法求解点的速度、加速度问题较为方便。

12.3.1　运动方程

弧坐标的建立：当动点轨迹已知时，在轨迹上任选一 O 点作为计算弧长的原点，同时规定弧长的正方向，如图 12-9 所示，这样每一段弧长的代数值就对应于轨迹上的一个确定点。

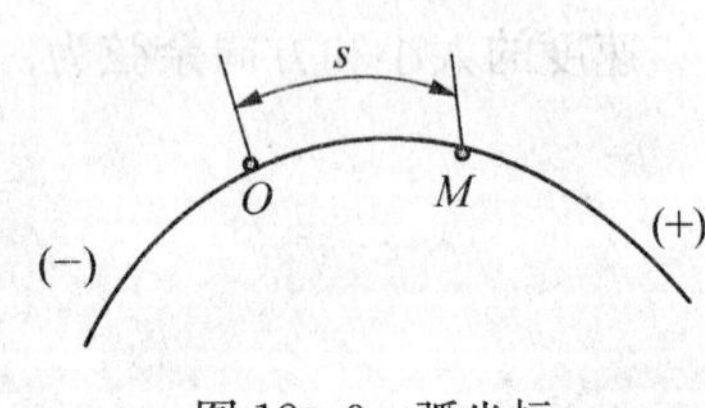

图 12-9　弧坐标

因此动点 M 在轨迹上的位置，可用 M 点到原点 O 的弧长 s 表示，并将 s 称为**弧坐标**。弧坐标 s 随时间 t 连续变化，且为时间 t 的单值连续函数，即

$$s = f(t) \tag{12-7}$$

这就是自然坐标形式的点的运动方程。

12.3.2　曲率、曲率半径和自然轴系

为了量度曲线的弯曲程度，我们引入曲率的概念。如图(12-10)空间曲线，曲线上 M 点的切线 MT，与其相邻的 M' 点的切线为 $M'T'$。这两切线一般不在同一平面内。若从 M 点作一直线 $MT_1 \parallel M'T'$ 则可用 MT_1 与 MT 的夹角 $\Delta\varphi$ 表明曲线在弧长 $\Delta s = MM'$ 内弯曲的程度。

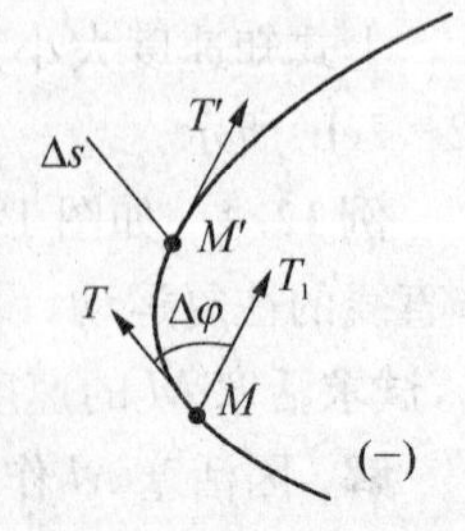

图 12-10　空间曲线

$k^* = \frac{\Delta\varphi}{\Delta s}$ 称为 $\Delta s = MM'$ 的平均曲率。

当M'点趋近于M点时，平均曲率的极限值就是曲线在M点的**曲率**，即

$$k=\lim_{\Delta s\to 0}\frac{\Delta\varphi}{\Delta s}$$

M点曲率的倒数称为曲线在M点的曲率半径，即$\rho=\frac{1}{k}=\lim_{\Delta\varphi\to 0}\frac{\Delta s}{\Delta\varphi}$

下面介绍自然轴系的概念。

如图12-11所示，过曲线的M点，并包含切线MT及直线MT_1做一平面，当M'点沿曲线趋近于M点时，因MT_1方向的改变，使直线MT与MT_1组成的平面绕切线MT逐渐旋转，并趋于某一极限位置则这个处于极限位置的平面称为曲线在M点的**密切面**或**曲率平面**。对于空间曲线，密切面的方位将随M点的位置而变化；于平面曲线，密切面就是曲线所在的平面。

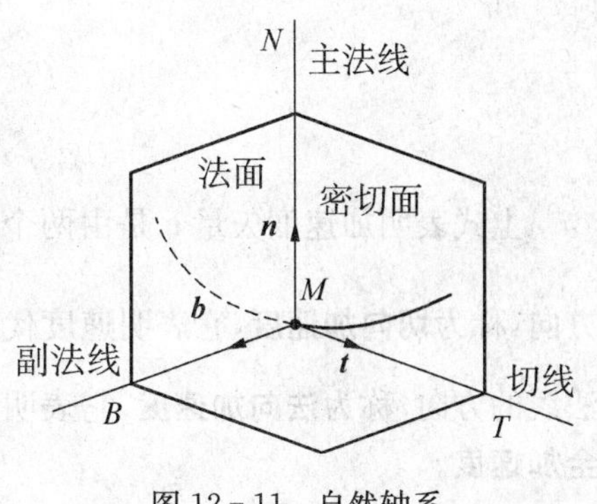

图12-11　自然轴系

过M点而与切线MT垂直的平面称为曲线在M点的**法面**，在法面内通过M点的任一直线都与切线相垂直，因而这些直线全可称为曲线在M点的法线。其中法面与密切面的交线MN称为M点的**主法线**。法面内与主法线垂直的MB称为M点的**副法线**。由三个方向的单位矢量构成的正交坐标系称为**自然坐标轴系**，简称**自然轴系**。且三个单位矢量满足右手法则，即

$$\boldsymbol{b}=\boldsymbol{t}\times\boldsymbol{n}\qquad(12-8)$$

自然轴系不是固定的坐标系。

12.3.3　点的速度

已知动点的运动轨迹图12-12和沿此轨迹的运动方程$s=f(t)$，下面用自然法表示点的速度。

设在瞬时t动点位于M，矢径为$\boldsymbol{r}$，在瞬时$t+\Delta t$动点位于M'，矢径为$\boldsymbol{r}'$，则在Δt时间内，动点的弧坐标的增量为Δs，位移为$\Delta\boldsymbol{r}$，可知动点在瞬时t的速度为$\boldsymbol{v}=\frac{d\boldsymbol{r}}{dt}$。

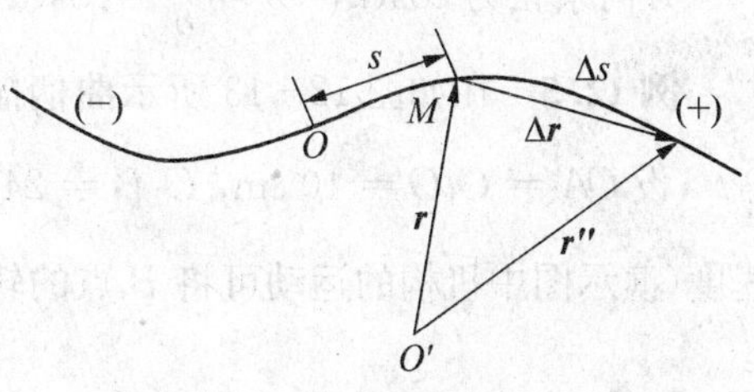

图12-12　动点的运动轨迹

对上式可做变换：$\boldsymbol{v}=\frac{d\boldsymbol{r}}{dt}=\frac{d\boldsymbol{r}}{dt}\frac{ds}{ds}=\frac{ds}{dt}\frac{d\boldsymbol{r}}{ds}$，由于

$\frac{d\boldsymbol{r}}{ds}=\boldsymbol{t}\quad\frac{ds}{dt}=\lim_{\Delta t\to 0}\frac{\Delta s}{\Delta t}=v$，所以

$$\boldsymbol{v}=v\boldsymbol{t}=\frac{ds}{dt}\boldsymbol{t}\qquad(12-9)$$

即动点沿已知轨迹的速度的代数值等于弧坐标s对时间的一阶导数，速度的方向沿着轨迹的切线方向，当$\frac{ds}{dt}$为正时指向与$\boldsymbol{t}$相同，反之与$\boldsymbol{t}$相反。

12.3.4 用自然法表示点的加速度

将式(12－9)对时间求导,并展开后可得点的加速度

$$\boldsymbol{a}=\frac{\mathrm{d}\boldsymbol{v}}{\mathrm{d}t}=\frac{d}{\mathrm{d}t}(v\boldsymbol{t})=\frac{\mathrm{d}v}{\mathrm{d}t}\boldsymbol{t}+v\frac{\mathrm{d}\boldsymbol{t}}{\mathrm{d}t}$$

由于 $\frac{\mathrm{d}\boldsymbol{t}}{\mathrm{d}t}=\frac{v}{\rho}\boldsymbol{n}$,所以

$$\boldsymbol{a}=\frac{\mathrm{d}v}{\mathrm{d}t}\boldsymbol{t}+\frac{v^2}{\rho}\boldsymbol{n} \tag{12-10}$$

上式表明加速度矢量 $\boldsymbol{a}$ 是由两个分矢量组成:分矢量 $\boldsymbol{a}_{\mathrm{t}}=\frac{\mathrm{d}v}{\mathrm{d}t}\boldsymbol{t}$ 的方向永远沿轨迹的切线方向,称为**切向加速度**,它表明速度代数值随时间的变化率;分矢量 $\boldsymbol{a}_{\mathrm{n}}=\frac{v^2}{\rho}\boldsymbol{n}$ 的方向永远沿主法线的方向,称为**法向加速度**,它表明速度方向随时间的变化率。式 12－10 中的 $\boldsymbol{a}$ 称为动点的**全加速度**。

加速度在三个自然轴上的投影为

$$a_{\mathrm{t}}=\frac{\mathrm{d}v}{\mathrm{d}t}=\frac{\mathrm{d}^2s}{\mathrm{d}t^2}=\ddot{s}$$

$$a_{\mathrm{n}}=\frac{v^2}{\rho}$$

$$a_{\mathrm{b}}=0$$

a_{b} 为点的加速度沿副法线的分量,称为**副法向加速度**,其值恒为零。

全加速度位于密切面内并等于切向加速度与法向加速度的矢量和,其大小为 $a=\sqrt{a_{\mathrm{t}}^2+a_{\mathrm{n}}^2}=\sqrt{\left(\frac{\mathrm{d}v}{\mathrm{d}t}\right)^2+\left(\frac{v^2}{\rho}\right)^2}$

方向余弦为 $\cos(\boldsymbol{a},\ \mathbf{t})=\frac{a_{\mathrm{t}}}{a}\quad \cos(\boldsymbol{a},\ \mathbf{n})=\frac{a_{\mathrm{n}}}{a}$

例 12.5 在如图 12－13 所示曲柄摇杆机构中,曲柄 OA 与水平线夹角的变化规律为 $\varphi=\frac{\pi}{4}t^2$,设 $OA=O_1O=10\ \mathrm{cm}$, $O_1B=24\ \mathrm{cm}$,求 B 点的运动方程和 $t=1\ \mathrm{s}$ 时 B 点的速度和加速度(演示图中机构的运动可将 B 点的轨迹画出来)

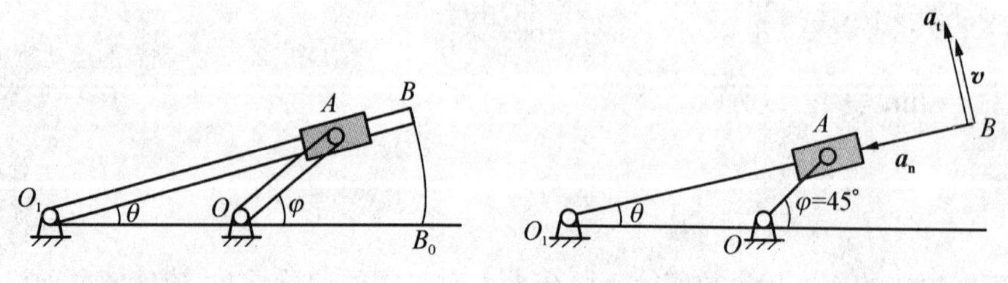

图 12－13 例 12.5 的图

解法 1:自然坐标法

B 点的运动方程 $s = B_0B = 24\theta = 3\pi t^2$

速度 $v = \dot{s} = 6\pi t$

加速度 $a_t = \ddot{s} = 6\pi$

$$a_n = \frac{\dot{s}^2}{\rho} = \frac{36\pi^2 t^2}{24} = \frac{3\pi^2 t^2}{2}$$

$\varphi = \dfrac{\pi}{4}$，$t = 1$ s 时，$v = 6\pi$，$a_t = 6\pi$，$a_n = \dfrac{3\pi^2}{2}$

解法 2：直角坐标法（建立如图 12－14 所示坐标系）

B 点的运动方程：

$$x_B = O_1B\cos\theta = 24\cos\frac{\varphi}{2} = 24\cos\left(\frac{\pi}{8}t^2\right)$$

$$y_B = O_1B\sin\theta = 24\sin\frac{\pi}{8}t^2$$

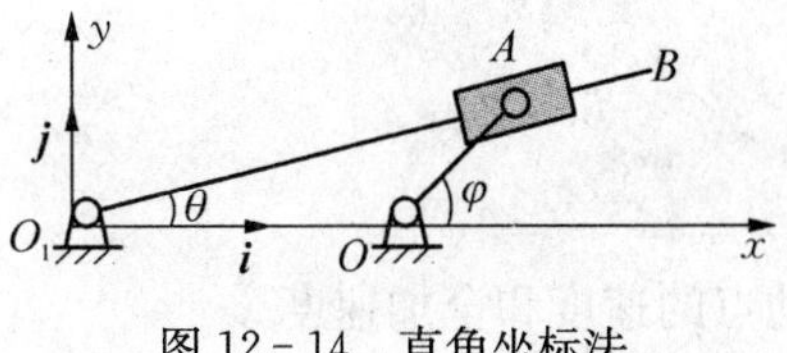

图 12－14　直角坐标法

速度：$v_{Bx} = \dot{x}_B = -6\pi\left(\sin\dfrac{\pi}{8}t^2\right)t$

$$v_{By} = \dot{y}_B = 6\pi\left(\cos\frac{\pi}{8}t^2\right)t$$

加速度：

$$a_{Bx} = \ddot{x}_B = -6\pi\sin\frac{\pi}{8}t^2 - \frac{3\pi^2}{2}t^2\cos\frac{\pi}{8}t^2$$

$$a_{By} = \ddot{y}_B = 6\pi\cos\frac{\pi}{8}t^2 - \frac{3\pi^2}{2}t^2\sin\frac{\pi}{8}t^2$$

$t = 1$ s 时，$v_{Bx} = -6\pi\sin\dfrac{\pi}{8}$，$v_{By} = 6\pi\cos\dfrac{\pi}{8}$，$\boldsymbol{v} = -6\pi\sin\dfrac{\pi}{8}\boldsymbol{i} + 6\pi\cos\dfrac{\pi}{8}\boldsymbol{j}$

$a_{Bx} = -6\pi\sin\dfrac{\pi}{8} - \dfrac{3\pi^2}{2}\cos\dfrac{\pi}{8}$，$a_{By} = 6\pi\cos\dfrac{\pi}{8} - \dfrac{3\pi^2}{2}\sin\dfrac{\pi}{8}$，$\boldsymbol{a} = a_{Bx}\boldsymbol{i} + a_{Bx}\boldsymbol{j}$

例 12.6　飞轮边缘上的点按 $s = 4\sin\dfrac{\pi}{4}t$ 的规律运动，飞轮的半径 $r = 20$ cm。试求时间 $t = 10$ s 时该点的速度和加速度。

解：当时间 $t = 10$ s 时，飞轮边缘上点的速度

$$v = \frac{ds}{dt} = \pi\cos\frac{\pi}{4}t = 3.11\ \text{cm/s}$$，方向沿轨迹曲线的切线。

飞轮边缘上点的切向加速度

$$a_t = \frac{dv}{dt} = -\frac{\pi^2}{4}\sin\frac{\pi}{4}t = -0.38\ \text{cm/s}^2$$

法向加速度

$$a_n = \frac{v^2}{\rho} = \frac{3.11^2}{0.2} = 48.36\ \text{cm/s}^2$$

飞轮边缘上点的全加速度大小和方向为

$$a=\sqrt{a_t^2+a_n^2}=48.4\ \mathrm{cm/s^2}$$

$$\tan\alpha=\frac{|a_t|}{a_n}=0.0078$$

全加速度与法线间的夹角 $\alpha=0.45°$。

例 12.7 已知动点的运动方程为 $x=20t$，$y=5t^2-10$ 式中 x，y 以 m 计，t 以 s 计，试求 $t=0$ 时动点的曲率半径 ρ。

解：动点的速度和加速度在直角坐标 x，y，z 上的投影

$$v_x=\dot{x}=20(\mathrm{m/s})$$

$$v_y=\dot{y}=10t(\mathrm{m/s})$$

$$a_x=\dot{v}_x=0$$

$$a_y=\dot{v}_y=10(\mathrm{m/s^2})$$

动点的速度和全加速度

$$v=\sqrt{v_x^2+v_y^2}=\sqrt{400+100t^2}=10\sqrt{4+t^2}$$

$$a=\sqrt{a_x^2+a_y^2}=10(\mathrm{m/s^2})$$

在 $t=0$ 时，动点的切向加速度

$$a_t=\dot{v}=\frac{10t}{\sqrt{4+t^2}}=0$$

法向加速度

$$a_n=\frac{v^2}{\rho}=\frac{400}{\rho}$$

全加速度

$$a=\sqrt{a_x^2+a_y^2}=\sqrt{a_t^2+a_n^2}=a_n$$

$t=0$ 时动点的曲率半径

$$\rho=\frac{400}{a}=\frac{400}{10}=40\ \mathrm{m}$$

小 结

本章介绍了描述点的运动的矢量法、直角坐标法和自然法。矢量法在理论上概括性强，分析方法直接明了，但在求解具体的力学问题时，需把矢量运算变换为标量运算的形式，因而将速度和加速度表示为投影的形式。在运动轨迹未知的情况下，采用直角坐标法比较方便。但其缺点是对运动规律的分析不太直观。当轨迹已知时，可采用自然坐标法。自然法比较直观，而且运算时速度的大小变化率与方向变化率是分开来计算的。直角坐标法与自然法在求解力学问题时用得较多。但矢量法是这两种方法的理论基础。

(1) 矢量法：

动点矢量形式的运动方程： $\boldsymbol{r}=\boldsymbol{r}(t)$

动点的速度：$\boldsymbol{v}=\dfrac{\mathrm{d}\boldsymbol{r}}{\mathrm{d}t}=\dot{\boldsymbol{r}}$

动点的加速度：$\boldsymbol{a}=\dfrac{\mathrm{d}\boldsymbol{v}}{\mathrm{d}t}=\dot{\boldsymbol{v}}=\ddot{\boldsymbol{r}}$

简写形式：$\boldsymbol{r}=\boldsymbol{r}(t)$，$\boldsymbol{v}=\dot{r}$，$\boldsymbol{a}=\dot{v}=\ddot{r}$

(2) 直角坐标法：

动点直角坐标形式的运动方程：$\begin{cases}x=f_1(t)\\ y=f_2(t)\\ z=f_3(t)\end{cases}$

动点的速度：$\boldsymbol{v}=v_x\boldsymbol{i}+v_y\boldsymbol{j}+v_z\boldsymbol{k}$

动点的速度在直角坐标轴上的投影：$\begin{cases}v_x=\dfrac{\mathrm{d}x}{\mathrm{d}t}=\dot{x}(t)\\ v_y=\dfrac{\mathrm{d}y}{\mathrm{d}t}=\dot{y}(t)\\ v_z=\dfrac{\mathrm{d}z}{\mathrm{d}t}=\dot{z}(t)\end{cases}$

动点的加速度：$\boldsymbol{a}=a_x\boldsymbol{i}+a_y\boldsymbol{j}+a_z\boldsymbol{k}$

动点的加速度在直角坐标轴上的投影：$\begin{cases}a_x=\dfrac{\mathrm{d}v_x}{\mathrm{d}t}=\dot{v}_x=\ddot{x}(t)\\ a_y=\dfrac{\mathrm{d}v_y}{\mathrm{d}t}=\dot{v}_y=\ddot{y}(t)\\ a_z=\dfrac{\mathrm{d}v_z}{\mathrm{d}t}=\dot{v}_z=\ddot{z}(t)\end{cases}$

(3) 自然法：

弧坐标形式的运动方程：$s=f(t)$

动点的速度：$\boldsymbol{v}=\dfrac{\mathrm{d}s}{\mathrm{d}t}\boldsymbol{t}$

动点的加速度：$\boldsymbol{a}=a_{\mathrm{t}}\boldsymbol{t}+a_{\mathrm{n}}\boldsymbol{n}+a_{\mathrm{b}}\boldsymbol{b}$

动点的切向加速度：$a_{\mathrm{t}}=\dfrac{\mathrm{d}v}{\mathrm{d}t}=\dfrac{\mathrm{d}^2s}{\mathrm{d}t^2}$

动点的法向加速度：$a_{\mathrm{n}}=\dfrac{v^2}{\rho}$

动点的副法向加速度：$a_{\mathrm{b}}=0$

(4) 求解点的运动学问题分为两类：

① 已知动点的运动，求动点的速度和加速度，它是求导的过程。

② 已知动点的速度或加速度，求动点的运动，它是求解微分方程的过程。

12.1 点在下述情况下作何种运动

(1) $a_{\mathrm{t}}=0$，$a_{\mathrm{n}}=0$；

(2) $a_t \neq 0$, $a_n = 0$;

(3) $a_t = 0$, $a_n \neq 0$;

(4) $a_t \neq 0$, $a_n \neq 0$。

12.2 $\frac{\mathrm{d}\boldsymbol{v}}{\mathrm{d}t}$与$\frac{\mathrm{d}v}{\mathrm{d}t}$的区别是什么?

12.3 当点作曲线运动时,点的加速度是恒矢量,问点作匀速曲线运动吗?为什么?

12.4 写出描述动点直角坐标法和自然法的运动方程之间的关系。

12.5 若点沿已知的轨迹曲线运动时,其运动方程为 $s = 2 + 4t^2$,t 为时间,则点作怎样的运动?

12.1 如图 12-15 所示的平面机构中,曲柄 OC 以角速度 ω 绕 O 轴转动,图示瞬时与水平线夹角 $\varphi = \omega t$,A,B 滑块分别在水平滑道和竖直滑道内运动,试求 AB 中点 M 的运动方程、速度和加速度。

12.2 如图 12-16 所示杆 AB 长为 l,以角速度 ω 绕点 B 转动,其转动方程为 $\varphi = \omega t$。与杆相连的滑块 B 按规律 $S = a + b\sin\omega t$ 沿水平线作往复的运动,其中 ω,a,b 均为常数,试求点 A 的轨迹。

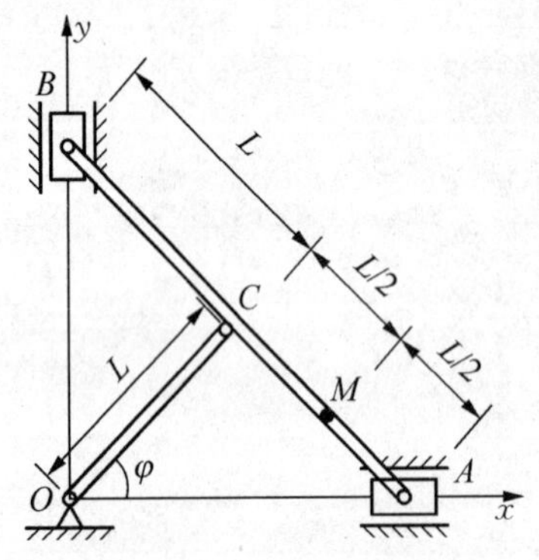

图 12-15 习题 12.1 的图

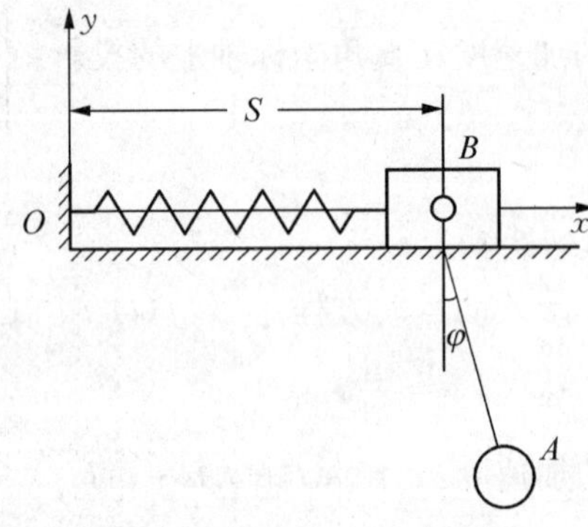

图 12-16 习题 12.2 的图

12.3 如图 12-17 所示,跨过滑轮 C 的绳子一端挂有重物 B,另一端 A 被人拉着沿水平方向运动,其速度 $v_0 = 1\ \text{m/s}$,而点 A 到地面的距离保持常量 $h = 1\ \text{m}$。如滑轮离地面的高度 $H = 9\ \text{m}$,滑轮的半径忽略不计,当运动开始时,重物在地面上的 D 处,绳子 AC 段在铅直位置 EC 处,试求重物 B 上升的运动方程和速度,以及重物 B 到达滑轮处所需的时间。

12.4 图 12-18 中杆 AB 以等角速度 ω 绕点 A 转动,并带动套在水平杆 OC 上的小环 M 运动,当运动开始时,杆 AB 在铅直位置,设 $OA = h$,试求:

(1) 小环 M 沿杆 OC 滑动的速度;

(2) 小环 M 相对于杆 AB 运动的速度。

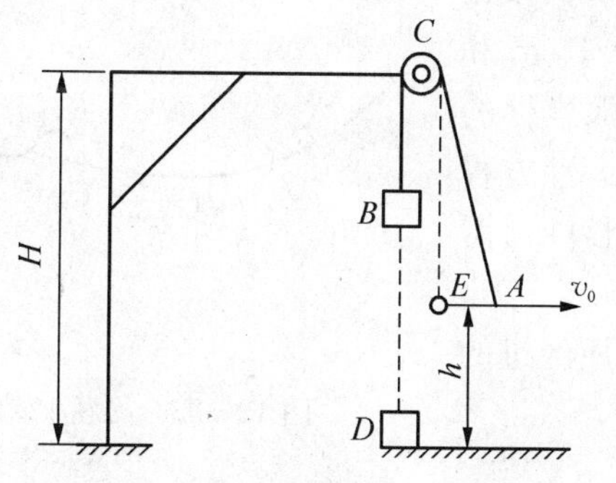

图 12-17　习题 12.3 的图

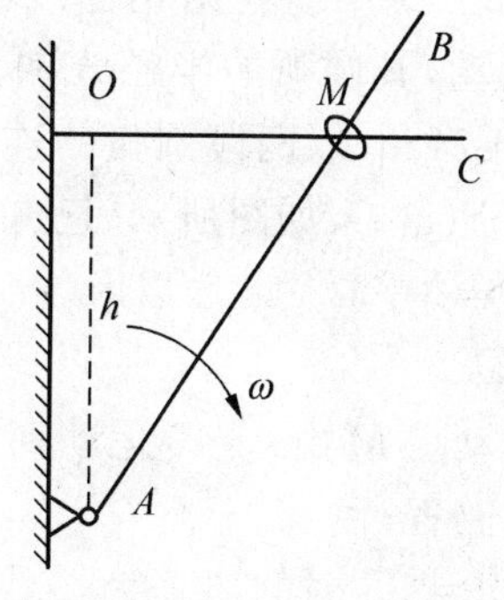

图 12-18　习题 12.4 的图

12.5　如图 12-19 所示，摇杆机构的滑杆 AB 以等速度 u 向上运动，摇杆 OC 的长为 a。$OD=l$ 初始时，摇杆 OC 位于水平位置，试建立摇杆 OC 上点 C 的运动方程，求当 $\theta=\frac{\pi}{4}$ 时，点 C 的速度。

12.6　套管 A 由绕过定滑轮 B 的绳索牵引而沿导轨上升，滑轮中心到导轨的距离为 l，如图 12-20 所示。设绳索在电机的带动下以速度 v_0 向下运动，忽略滑轮的大小，试求套管 A 的速度和加速度与距离 x 的关系。

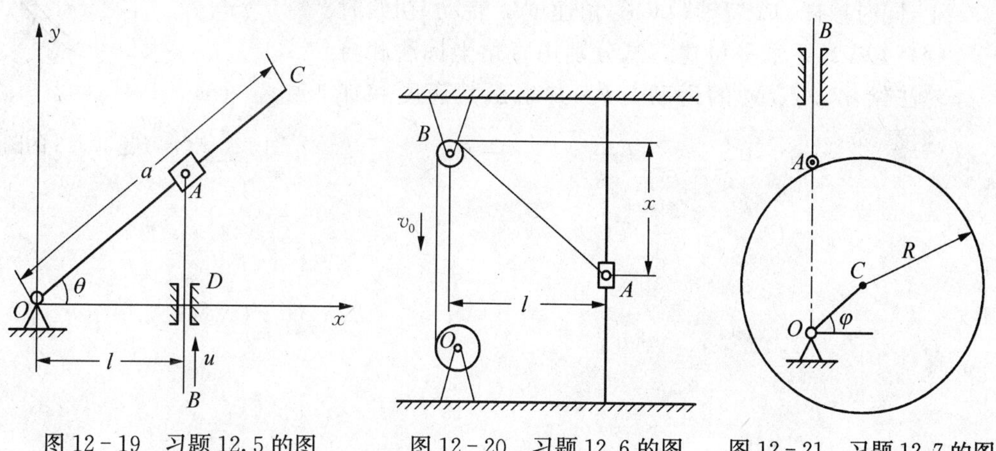

图 12-19　习题 12.5 的图　　图 12-20　习题 12.6 的图　　图 12-21　习题 12.7 的图

12.7　如图 12-21 所示，偏心凸轮半径为 R，绕 O 轴转动，转角 $\varphi=\omega t$，ω 为常量，偏心距 $OC=e$，凸轮带动顶杆 AB 沿直线作往复运动，试求顶杆的运动方程和速度。

12.8　已知下列四种点的运动方程，试求动点轨迹方程。

(1) $x=4\cos^2 t$，$y=3\sin^2 t$；

(2) $x=t^2$，$y=2t$

(3) $x=4t-2t^2$，$y=3t-1.5t^2$

(4) $x=5\cos 5t^2$，$y=5\sin 5t^2$

12.9　列车在半径为 $r=800\,\text{m}$ 的圆弧轨道作匀减速行驶，设初速度 $v_0=54\,\text{km/h}$，末速度 $v=18\,\text{km/h}$，走过的路程 $s=800\,\text{m}$，试求列车在这段路程的起点和终点时的加速度，以及列车在这段路程中所经历的时间。

12.10 图 12-22 中动点 M 沿曲线 OA 和 OB 两段圆弧运动，其圆弧的半径分别为 $R_1 = 18$ m 和 $R_2 = 24$ m，以两段圆弧的连接点为弧坐标的坐标原点 O，如图所示。已知动点的运动方程为 $s = 3 + 4t - t^2$，s 以米(m)计、t 以秒(s)计，试求：

(1) 动点 M 由 $t = 0$ 运动到 $t = 5$ s 所经过的路程；

(2) $t = 5$ s 时的加速度。

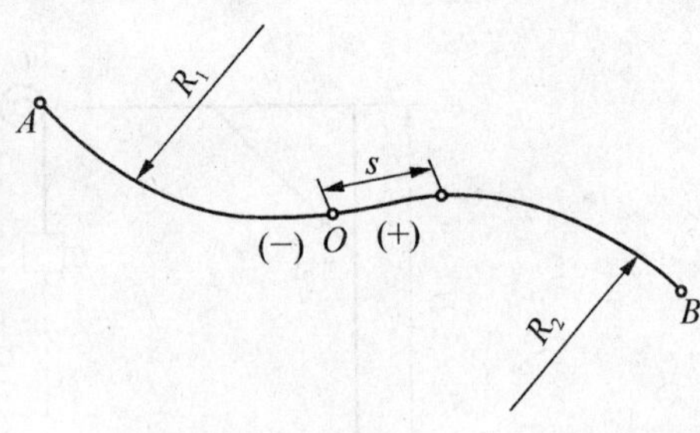

图 12-22　习题 12.10 的图

12.11 动点作平面曲线运动，设其加速度与轨迹切线的夹角 α 为常量，且此切线与平面内某直线的夹角为 $\varphi = \omega t$。初始时，$s = 0$，$v = k\omega$，试求动点经时间 t 后所走过的弧长。

12.12 已知动点的运动方程为 $x = 20t$，$y = 5t^2 - 10$，其中 x、y 以米(m)计、t 以秒(s)计，试求动点在 $t = 0$ 时的曲率半径。

12.13 如图 12-23 所示的摇杆滑道机构中，动点 M 同时在固定的圆弧 BC 和摇杆 OA 的滑道中滑动。设圆弧 BC 的半径为 R，摇杆 OA 的轴 O 在圆弧 BC 的圆周上，同时摇杆 OA 绕轴 O 以等角速度 ω 转动，初始时摇杆 OA 位于水平位置。试分别用直角坐标法和自然法给出动点 M 的运动方程，并求出其速度和加速度。

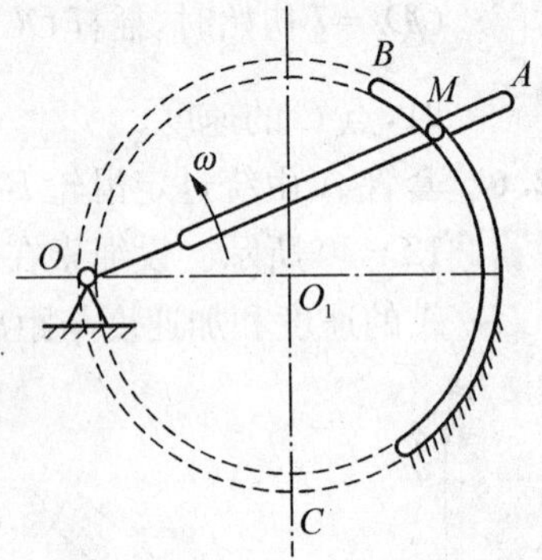

图 12-23　习题 12.13 的图

第13章 工程力学

刚体的基本运动

本章研究刚体的两种基本运动:平动和定轴转动。这两种运动都是工程中最常见、最简单的运动,也是研究刚体复杂运动的基础。

13.1 刚体的平动

刚体运动时,若其上任一直线始终保持与它的初始位置平行,则称刚体作**平行移动**,简称为**平动**或**移动**。工程实际中刚体平动的例子很多,例如,沿直线轨道行驶的火车车厢的运动(见图 13-1(a));振动筛筛体的运动(见图 13-1(b))等等。刚体平动时,其上各点的轨迹如为直线,则称为**直线平动**;如为曲线,则称为曲线平动;上面所举的火车车厢作直线平动,而振动筛筛体的运动为**曲线平动**。

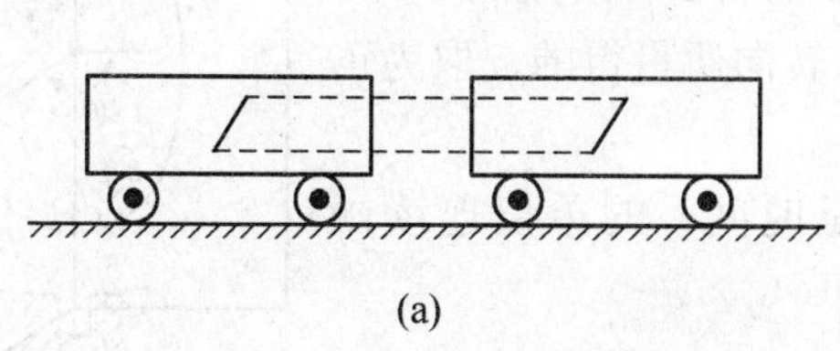
(a)

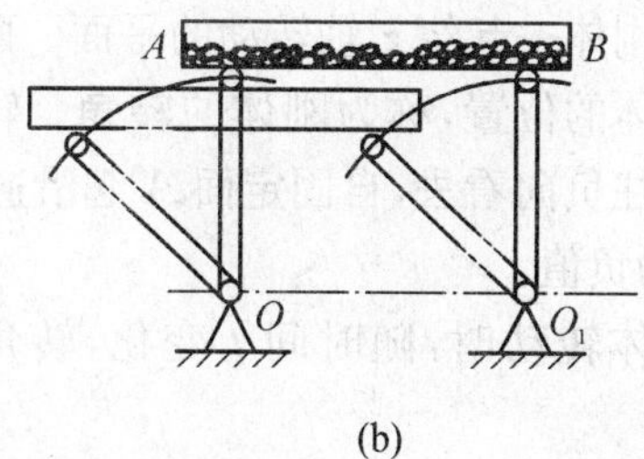

(b)

图 13-1 刚体的平动

现在来研究刚体平动时其上各点的轨迹、速度和加速度之间的关系。

设在作平动的刚体内任取两点 A 和 B,令两点的矢径分别为 $\boldsymbol{r}_A$ 和 $\boldsymbol{r}_B$,并作矢量$\overrightarrow{BA}$,如图 13-2 所示。则两条矢端曲线就是两点的轨迹。由图可知:

$$\boldsymbol{r}_A = \boldsymbol{r}_B + \overrightarrow{BA} \tag{13-1}$$

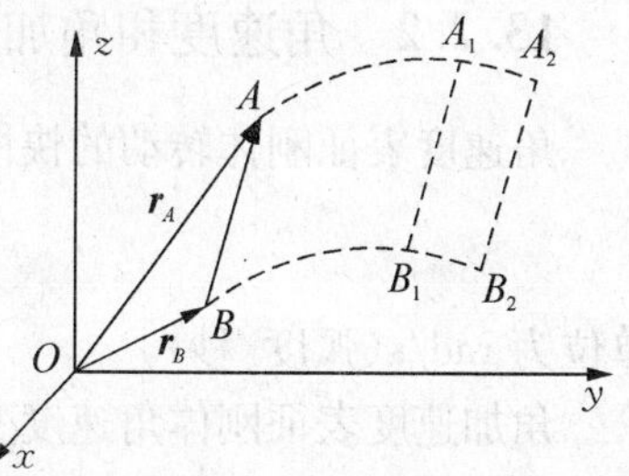

图 13-2 矢端曲线

由于刚体作平动,线段$\overrightarrow{BA}$的长度和方向均不随时间而变,即$\overrightarrow{BA}$是常矢量。因此,在运动过程中,A, B 两点的轨迹曲线的形状完全相同。

把上式两边对时间 t 连续求两次导数,由于常矢量$\overrightarrow{BA}$的导数等于零,于是得

$$v_A = v_B \tag{13-2}$$

$$a_A = a_B \tag{13-3}$$

此式表明，在任一瞬时，A，B 两点的速度相同，加速度也相同。因为点 A，B 是任取的两点，因此可得如下结论：刚体平动时，其上各点的轨迹形状相同；同一瞬时，各点的速度相等，加速度也相等。

综上所述，对于平动刚体，只要知道其上任一点的运动就知道了整个刚体的运动。所以，研究刚体的平动，可以归结为研究刚体内任一点（例如机构的联接点、质心等）的运动，也就是归结为上一章所研究过的点的运动学问题。

13.2 刚体绕定轴转动

刚体运动时，若其上有一直线始终保持不动，则称刚体作定轴转动。该固定不动的直线称为转轴或轴线。定轴转动是工程中较为常见的一种运动形式。例如电机的转子、机床的主轴、变速箱中的齿轮以及绕固定铰链开关的门窗等，都是刚体绕定轴转动的实例。

13.2.1 刚体的转动方程

如图 13－3 所示，设有一刚体绕固定轴 z 转动。为了确定刚体的位置，过轴 z 作 P_0，P 两个平面，其中 P_0 为固定平面；P 是与刚体固连并随同刚体一起绕 z 轴转动的平面。两平面间的夹角用 φ 表示，它确定了刚体的位置，称为刚体的**转角**。转角 φ 的符号规定如下：从 z 轴的正向往负向看去，自固定面 A 起沿逆时针转向所量得的 φ 取为正值，反之为负值。

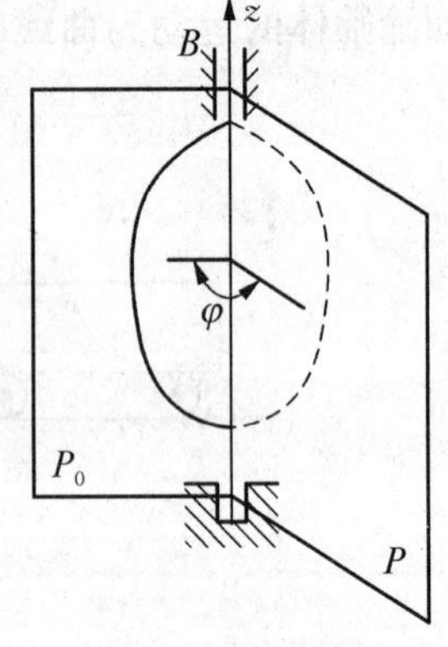

图 13－3　刚体转动

当刚体转动时，随时间 t 变化，转角 φ 是时间 t 的单值连续函数，即

$$\varphi = f(t) \tag{13-4}$$

该方程称为刚体定轴转动的转动方程，简称为**刚体的转动方程**。

13.2.2 角速度和角加速度

角速度表征刚体转动的快慢及转向，用字母 ω 表示，它等于转角 φ 对时间的一阶导数，即

$$\omega = \dot{\varphi} \tag{13-5}$$

单位为 rad/s（弧度/秒）。

角加速度表征刚体角速度变化的快慢，用字母 a 表示，它等于角速度 ω 对时间的一阶导数，或等于转角 φ 对时间的二阶导数，即

$$a = \dot{\omega} = \ddot{\varphi} \tag{13-6}$$

单位为 rad/s^2（弧度/秒^2）。

角速度 ω、角加速度 a 都是代数量，若为正值，则其转向与转角 φ 的增大转向一致；若为负

值，则相反。

如果 α 与 ω 同号（即转向相同），则刚体作加速转动；如果 α 与 ω 异号，则刚体作减速转动。

机器中的转动部件或零件，常用转速 n（每分钟内的转数，以 r/min 为单位）来表示转动的快慢。角速度与转速之间的关系是

$$\omega=\frac{2\pi n}{60}=\frac{\pi n}{30} \tag{13-7}$$

13.2.3 匀变速转动和匀速转动

若角加速度不变，即 α 等于常量，则刚体作匀变速转动（当 ω 与 α 同号时，称为匀加速转动；当 ω 与 α 异号时，称为匀减速转动）。这种情况下，有

$$\omega=\omega_0+\alpha t \tag{13-8}$$

$$\varphi=\varphi_0+\omega_0 t+\frac{1}{2}\alpha t^2 \tag{13-9}$$

$$\omega^2-\omega_0^2=2\alpha(\varphi-\varphi_0) \tag{13-10}$$

其中 ω_0 和 φ_0 分别是 $t=0$ 时的角速度和转角。

对于匀速转动，$\alpha=0$，$\omega=$ 常量，则有

$$\varphi=\varphi_0+\omega t \tag{13-11}$$

例13.1 如图 13-4 所示，荡木用两条等长的钢索平行吊起，钢索长为 l，长度单位为 m。当荡木摆动时，钢索的摆动规律为 $\varphi=\frac{\pi}{2}\sin\frac{\pi}{6}t$，其中 t 以 s 计，试求当 $t=0$ 和 $t=1$ 时荡木中点 M 的速度、加速度。

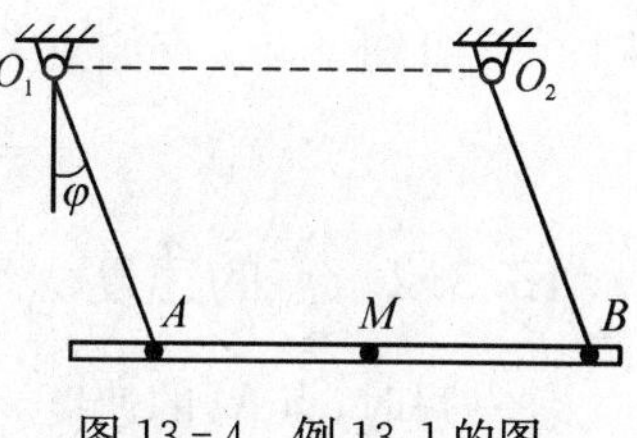

图 13-4 例 13.1 的图

解：运动分析：因为 $O_1A\ /\!/\ O_2B$，$O_1A=O_2B$，荡木作平动，M 点与 A 点的运动相同。

研究钢索 O_1A，当钢索拉紧时，就相当于刚性杆绕转轴 O_1 转动。

$$\omega=\dot{\varphi}=\frac{\pi^2}{12}\cos\frac{\pi}{6}t$$

$$\alpha=\ddot{\varphi}=-\frac{\pi^3}{72}\sin\frac{\pi}{6}t$$

当 $t=0$ s 时，$\omega=\frac{\pi^2}{12}$，$\varphi=0$，$\alpha=0$

$$v_M=v_A=\frac{\pi^2}{12}l$$

$$a_{tM}=a_{tA}=0,\ a_{nM}=\frac{\pi^4}{144}l$$

当 $t=1$ s 时，$\varphi=\frac{\pi}{4}$，$\omega=\frac{\sqrt{3}\pi^2}{24}$，$\alpha=-\frac{\pi^3}{144}$

$$v_M = v_A = \frac{\sqrt{3}\pi^2}{24}l,\ a_{tM} = a_{tA} = -\frac{\pi^3}{144}l$$

$$a_{nM} = a_{nA} = \frac{\pi^4}{192}l$$

13.3 定轴转动的刚体上各点的速度、加速度

刚体绕定轴转动时，转轴上各点都固定不动，其他各点都在通过该点并垂直于转轴的平面内作圆周运动，圆心在转轴上，圆周的半径 R 称为该点的转动半径，它等于该点到转轴的垂直距离。下面用自然法研究转动刚体上任一点的运动量(速度、加速度)与转动刚体本身的运动量(角速度、角加速度)之间的关系。

13.3.1 以弧坐标表示的点的运动方程

如图 13-5 所示，刚体绕定轴 O 转动。开始时，动平面在 OM_0 位置，经过一段时间 t，动平面转到 OM 位置，对应的转角为 φ，刚体上一点由 M_0 运动到了 M。以固定点 M_0 为弧坐标 s 的原点，按 φ 角的正向规定弧坐标的正向，于是，由图 13-5 可知 s 与 φ 有如下关系：

$$s = R\varphi \tag{13-12}$$

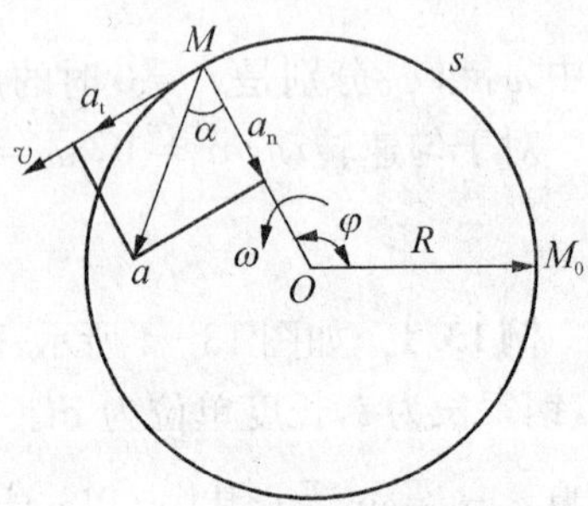

图 13-5 弧坐标

13.3.2 点的速度

任一瞬时，点 M 的速度 v 的值

$$v = \dot{s} = R\dot{\varphi} = R\omega \tag{13-13}$$

即转动刚体内任一点的速度，其大小等于该点的转动半径与刚体角速度的乘积，方向沿轨迹的切线(垂直于该点的转动半径 OM)，指向刚体转动的一方。速度分布规律如图 13-6 所示。

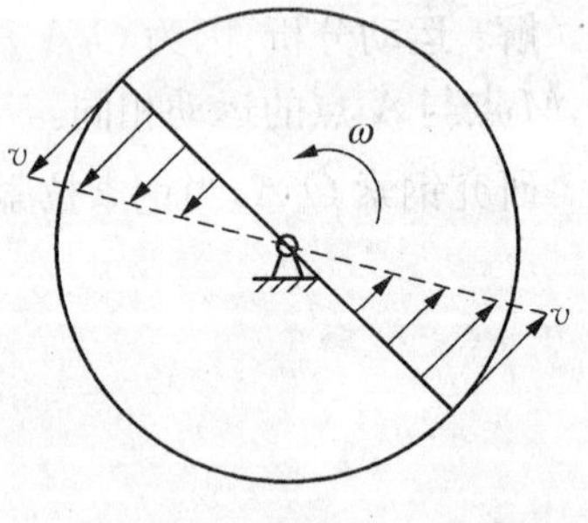

图 13-6 速度分布规律

13.3.3 点的加速度

任一瞬时，点 M 的切向加速度

$$a_t = \dot{v} = R\dot{\omega} = Ra \tag{13-14}$$

即转动刚体内任一点的切向加速度的大小，等于该点的转动半径与刚体角加速度的乘积，方向沿轨迹的切线，指向与角加速度 a 的转向一致。如图 13-7(a)所示。

点 M 的法向加速度 a_n 的大小为

$$a_n = \frac{v^2}{\rho} = \frac{(R\omega)^2}{R} = R\omega^2$$

因此 $$a_n = R\omega^2 \tag{13-15}$$

即转动刚体内任一点的法向加速度的大小，等于该点的转动半径与刚体角速度平方的乘积，方向沿转动半径并指向转轴。如图 13-7(a)所示。

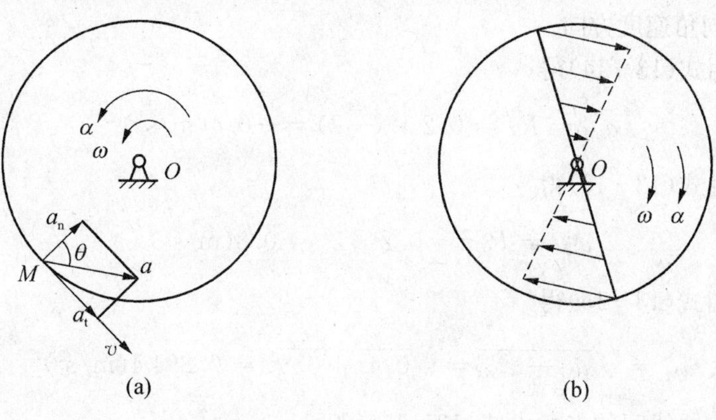

图 13-7

点 M 的全加速度 a 等于其切向加速度 a_t 与法向加速度 a_n 的矢量和，如图 13-7(a)所示。其大小为

$$a = \sqrt{a_t^2 + a_n^2} = \sqrt{(R\alpha)^2 + (R\omega^2)^2} = R\sqrt{\alpha^2 + \omega^4} \tag{13-16}$$

用 θ 表示 a 与转动半径 OM(即 a_n)之间的夹角，则

$$\tan\theta = \frac{|a_t|}{a_n} = \frac{|R\alpha|}{R\omega^2} = \frac{|\alpha|}{\omega^2} \tag{13-17}$$

由上述分析可以看出，刚体定轴转动时，其上各点的速度、加速度有如下分布规律：

(1) 转动刚体内各点速度、加速度的大小，都与该点的转动半径成正比。

(2) 转动刚体内各点速度的方向，垂直于转动半径，并指向刚体转动的一方。

(3) 同一瞬时，转动刚体内各点的全加速度与其转动半径具有相同的夹角 θ，并偏向角加速度 α 转向的一方。

加速度分布规律如图 13-7(b)所示。

例 13.2 鼓轮 O 轴转动，其半径为 $R = 0.2$ m，转动方程为 $\varphi = -t^2 + 4t$(rad)，如图 13-8 所示。绳索缠绕在鼓轮上，绳索的另一端悬挂重物 A，试求当 $t = 1$ s 时，轮缘上的点 M 和重物 A 的速度和加速度。

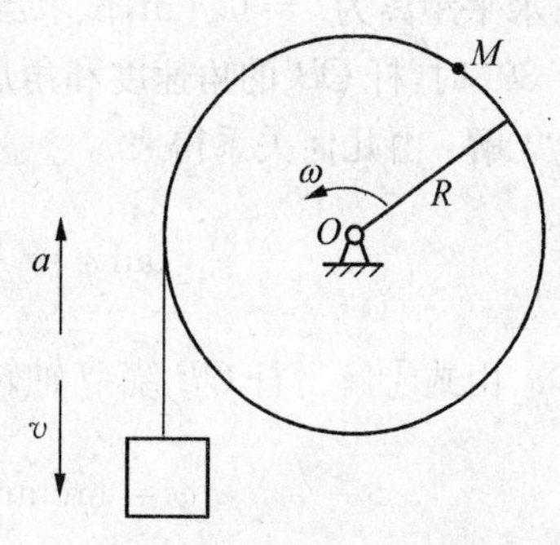

图 13-8 例 13.2 的图

解：鼓轮 O 轴转动的角速度由式(13-5)得

$$\omega = \frac{d\varphi}{dt} = -2t + 4 \text{(rad/s)}$$

鼓轮 O 轴转动的角加速度由式(13-6)得

$$\alpha = \frac{d\omega}{dt} = -2 \text{(rad/s}^2\text{)}$$

当 $t=1\,\text{s}$ 时：

(1) 点 M 的速度和加速度由式(13-13)得

$$v_M = R\omega = 0.2\times 2 = 0.4(\text{m/s})$$

方向垂直于 R 指向角速度方向。

切向加速度由式(13-14)得

$$a_{tM} = R\alpha = 0.2\times(-2) = -0.4(\text{m/s}^2)$$

法向加速度由式(13-15)得

$$a_{nM} = R\omega^2 = 0.2\times 2^2 = 0.8(\text{m/s}^2)$$

全向加速度由式(13-16)得

$$a_M = \sqrt{a_{tM}^2 + a_{nM}^2} = \sqrt{0.4^2 + 0.8^2} = 0.894\,4(\text{m/s}^2)$$

全向加速度与法线间的夹角由式(13-16)得

$$\tan\theta = \frac{|a_t|}{a_n} = \frac{|\alpha|}{\omega^2} = \frac{|-2|}{2^2} = 0.5$$

其中，$\theta = 26.57°$。

(2) 重物 A 的速度和加速度。

重物 A 的速度

$$v_A = v_M = 0.4(\text{m/s})$$

方向垂直向下。

重物 A 的加速度

$$a_A = a_{tM} = -0.4(\text{m/s}^2)$$

与速度方向相反，作减速运动。

例 13.3 杆 OB 绕 O 轴转动，并套在套筒 A 中，套筒 A 在竖直滑道中运动，如图 13-9 所示。已知套筒 A 以匀速 $v=1\,\text{m/s}$ 向上运动，滑道与 O 轴的水平距离为 $l=0.4\,\text{m}$，试求当杆 OB 与水平线的夹角 $\varphi=30°$ 时，杆 OB 的角速度和角加速度。

解：由几何关系得

$$\tan\varphi = \frac{vt}{l} \qquad ①$$

由式①解得杆 OB 绕 O 轴转动的转动方程为

$$\varphi = \arctan\frac{vt}{l} \qquad ②$$

对式②求导得杆 OB 的角速度和角加速度分别为

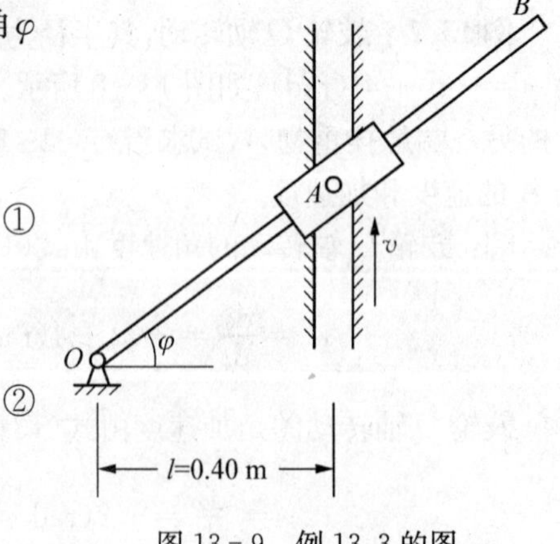

图 13-9　例 13.3 的图

$$\omega = \dot{\varphi} = \frac{\frac{v}{l}}{1+\left(\frac{vt}{l}\right)^2} \qquad ③$$

$$\alpha = \dot{\omega} = -\frac{\frac{v}{l}2\left(\frac{vt}{l}\right)\frac{v}{l}}{\left[1+\left(\frac{vt}{l}\right)^2\right]^2} = -\frac{2\left(\frac{v}{l}\right)^3 t}{\left[1+\left(\frac{vt}{l}\right)^2\right]^2} \qquad ④$$

当 $\varphi = 30°$ 时,由式①得时间

$$t = \frac{l\tan 30°}{v} = \frac{0.4\sqrt{3}}{3}$$

代入式③和式④,则杆 OB 的角速度和角加速度分别为

$$\omega = \dot{\varphi} = \frac{\frac{v}{l}}{1+\left(\frac{vt}{l}\right)^2} = \frac{\frac{1}{0.4}}{1+\left(\frac{1\times 0.4\sqrt{3}}{0.4\times 3}\right)^2} = 1.875(\text{rad/s})$$

$$a = \dot{\omega} = -\frac{2\left(\frac{v}{l}\right)^3 t}{\left[1+\left(\frac{vt}{l}\right)^2\right]^2} = -\frac{2\left(\frac{1}{0.4}\right)^3 \frac{0.4\sqrt{3}}{3}}{\left[1+\left(\frac{1\times 0.4\sqrt{3}}{0.4\times 3}\right)^2\right]^2} = -4.069(\text{rad/s}^2)$$

小　结

在上章研究点的运动的基础上,本章转入对刚体运动的研究。刚体的运动形式很多,但刚体的平动和定轴转动是两种最基本、最简单的运动形式。刚体的其他形式的运动,都可以看作上述两种运动的合成。将刚体其他形式的运动称为刚体的复杂运动。刚体的平动和定轴转动是研究刚体复杂运动的基础,因此称这两种运动为刚体的基本运动。

(1) 刚体平行移动。

平行移动:在运动过程中,刚体上任意直线段始终与它初始位置相平行。

① 平动刚体上各点的轨迹形状相同。

② 在同一瞬时,平动刚体上各点的速度相等,各点的加速度相等。

因此,刚体的平行移动可以转化一点的运动来研究,即点的运动学。

(2) 刚体的定轴转动。

刚体的定轴:在运动过程中,刚体上存在一条不动的直线段。

刚体定轴转动的运动方程: $\varphi = f(t)$

角速度: $\omega = \frac{d\varphi}{dt}$(或 $= \dot{\varphi}$),单位为弧度 / 秒(rad/s)

角加速度: $a = \frac{d\omega}{dt} = \frac{d^2\varphi}{dt^2}$(或 $= \dot{\omega} = \ddot{\varphi}$),单位为弧度 / 秒^2(rad/s^2)

工程中转速 n:单位为转/分(r/min),转速与角速度的关系:

$$\omega=\frac{2\pi n}{60}=\frac{\pi n}{30}(\mathrm{rad/s})$$

(3) 转动刚体的运动微分关系与点的运动微分关系的对应关系如表 13-1 所示：

表 13-1

运动特征	点作曲线运动	刚体作定轴转动
匀速运动	$v=$ 恒量 $s=s_0+vt$	$\omega=$ 恒量 $\varphi=\varphi_0+\omega t$
匀变速运动	$a_t=\frac{dv}{dt}=\frac{d^2s}{dt^2}$ $v=v_0+a_t t$ $s=s_0+v_0t+\frac{1}{2}a_t t^2$ $v^2=v_0^2+2a_t(s-s_0)$	$\alpha=\frac{d\omega}{dt}=\frac{d^2\varphi}{dt^2}$ $\omega=\omega_0+\alpha t$ $\varphi=\varphi_0+\omega_0t+\frac{1}{2}\alpha t^2$ $\omega^2=\omega_0^2+2\alpha(\varphi-\varphi_0)$
一般运动	$s=f(t)$ $v=\dot{s}$ $a_t=\ddot{s}$	$\varphi=f(t)$ $\omega=\dot{\varphi}$ $\alpha=\ddot{\varphi}$

(4) 转动刚体上各点的速度和加速度。

速度： $v=R\omega$

切向加速度： $a_t=R\alpha$

法向加速度： $a_n=R\omega^2$

全向加速度： $a=\sqrt{a_t^2+a_n^2}=R\sqrt{\alpha^2+\omega^4}$

全向加速度与法线间的夹角：$\tan\theta=\frac{|a_t|}{a_n}=\frac{|\alpha|}{\omega^2}$

思考题

13.1 刚体作匀速转动时，各点的加速度等于零吗？为什么？

13.2 齿轮传递时，接触点的速度相等，加速度也相等吗？为什么？

13.3 下列刚体作平动还是作定轴转动：

(1) 在直线轨道行驶的车厢；

(2) 在弯道行驶的车厢；

(3) 车床上旋转的飞轮；

(4) 在地面滚动的圆轮。

13.4 如图 13-10 所示，直角刚杆 $AO=1\,\mathrm{m}$，$BO=2\,\mathrm{m}$，已知某瞬时 A 点的速度 $v_A=4\,\mathrm{m/s}$，而 B 点的加速度与 BO 成 $\alpha=45°$，则该瞬时刚杆的角加速度 α 为多少？

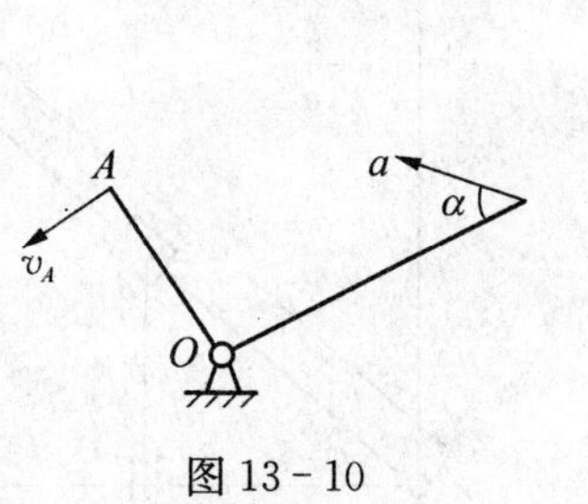

图 13 - 10

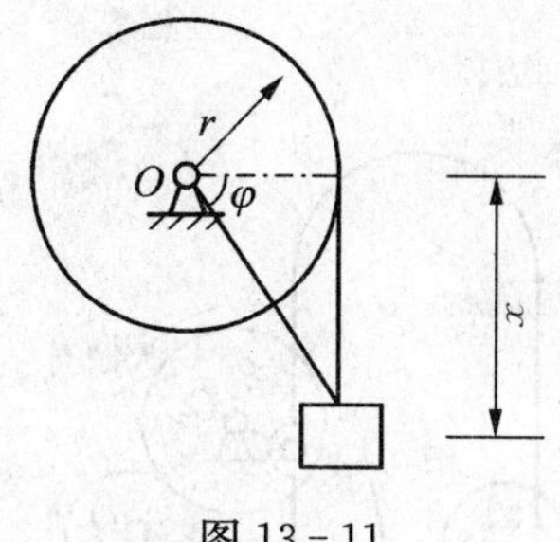

图 13 - 11

13.5 如图 13 - 11 所示，鼓轮的角速度由下式 $\varphi = \arctan\frac{x}{r}$，$\omega = \frac{d\varphi}{dt} = \frac{d}{dt}\left(\arctan\frac{x}{r}\right)$求得，问此解法对吗？为什么？

习 题

13.1 已知如图 13 - 12 所示，$OA = 0.1\,m$，$R = 0.1\,m$，角速度 $\omega \equiv 4\,rad/s$。求导杆 BC 的运动规律以及当 $\varphi = 30^\circ$ 时 BC 杆的速度 v 和加速度 a。

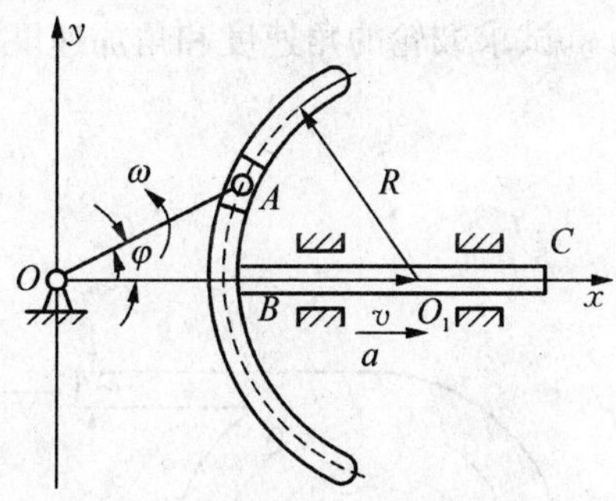

图 13 - 12　习题 13.1 的图

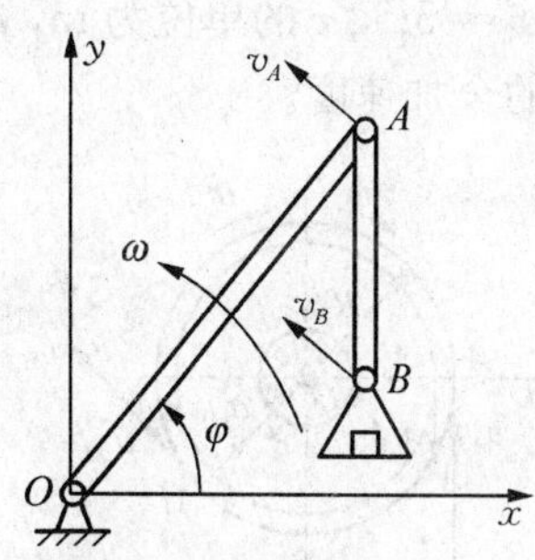

图 13 - 13　习题 13.2 的图

13.2 已知如图 13 - 13 所示，$OA = 1.5\,m$，$AB = 0.8\,m$。机构从 $\varphi = 0^\circ$ 开始匀速运动，运动中 AB 杆始终竖直向下，b 段速度 $v_B = 0.05\,m/s$。求转动方程 $\varphi = f(t)$ 和点 B 的轨迹。

13.3 揉茶机的揉桶有三个曲柄支持，曲柄支座 A，B，C 与支轴 a，b，c 恰好组成等边三角形，如图 13 - 14 所示。三个曲柄长相等，长为 $l = 15\,cm$，并以相同的转速 $n = 45\,r/min$ 分别绕其支座转动，试求揉桶中心点 O 的速度和加速度。

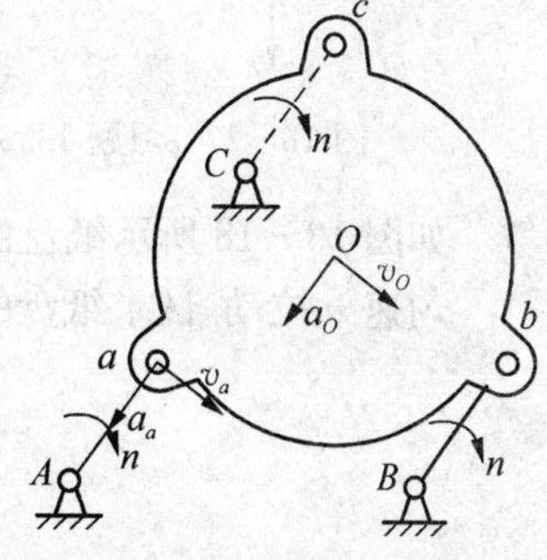

图 13 - 14　习题 13.3 的图

13.4 已知如图 13 - 15 所示，搅拌机驱动轮 O_1 转速 $n = 950\,r/min$，齿数 $z_1 = 20$，从动轮齿数 $z_2 = z_3 = 50$，且 $O_2B = O_3A = 0.25\,m$，$O_2B \parallel O_3A$。求搅拌机端点 C 的速度 v_C 和轨迹。

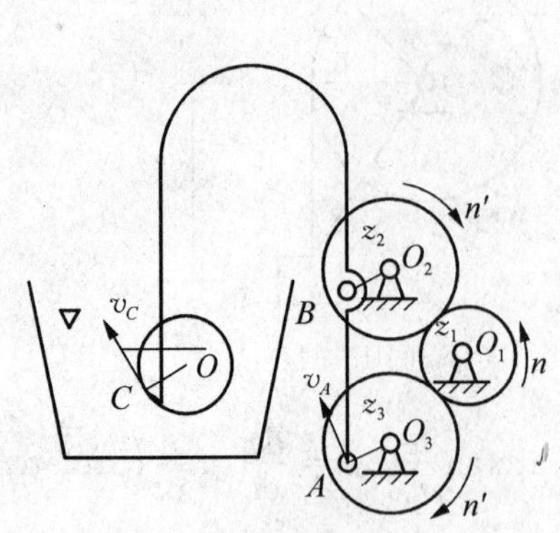

图 13-15　习题 13.4 的图

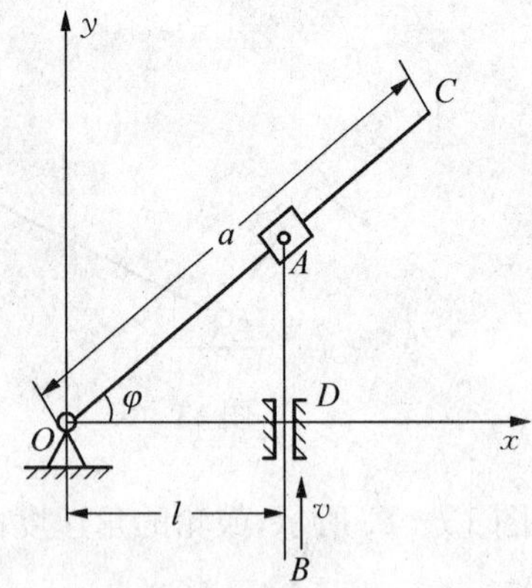

图 13-16　习题 13.5 的图

13.5　如图 13-16 所示的机构中，杆 AB 以匀速 v 沿铅直导槽向上运动，摇杆 OC 穿过套筒 A，$OC=a$，导槽到 O 的水平距离为 l，初始时 $\varphi=0$，试求当 $\varphi=\dfrac{\pi}{4}$ 时，摇杆 OC 的角速度和角加速度。

13.6　如图 13-17 所示的升降机装置由半径 $R=50\ \text{cm}$ 的鼓轮带动，被提升的重物的运动方程为 $x=5t^2$，x 的单位为 m，t 的单位为 s。试求鼓轮的角速度和角加速度，轮边缘上任一点的全加速度。

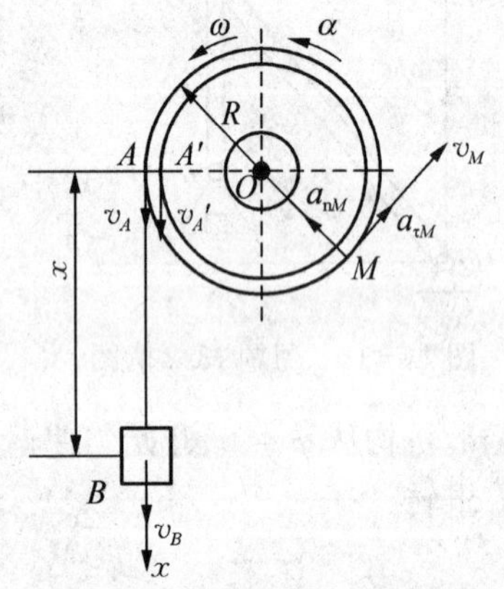

图 13-17　习题 13.6 的图

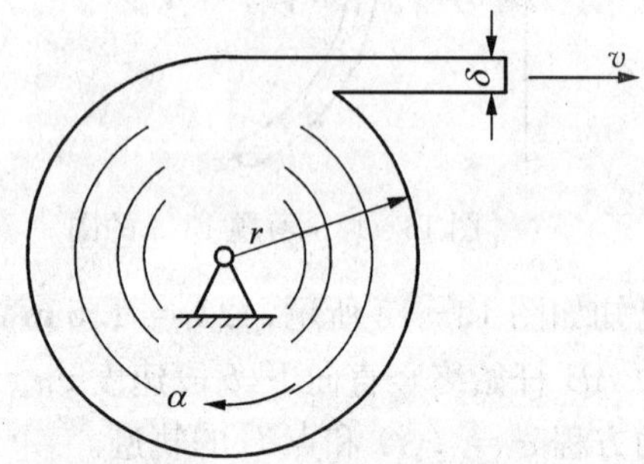

图 13-18　习题 13.7 的图

13.7　如图 13-18 所示纸盘由厚度为 δ 的纸条卷成，令纸盘的中心不动，纸盘的半径为 r，以匀速 v 拉动，试求纸盘的角速度。

第14章 工程力学

点的合成运动

第12章中分析了点相对于一个坐标系的运动。本章研究点相对于两个坐标系运动时运动量之间的关系，即研究点的合成运动问题。

14.1 点的合成运动的概念

在不同的参考体中研究同一个物体的运动，看到的运动情况是不同的。例如，图14-1(a)所示的自行车沿水平地面直线行驶，其后轮上的点M，对于站在地面的观察者来说，轨迹为旋轮线，但对于骑车者，轨迹则是圆。又如，在车床上加工螺纹，对于操作者来说，车刀刀尖作直线运动，但它在旋转的工件上切出的却是螺旋线，如图14-1(b)所示。

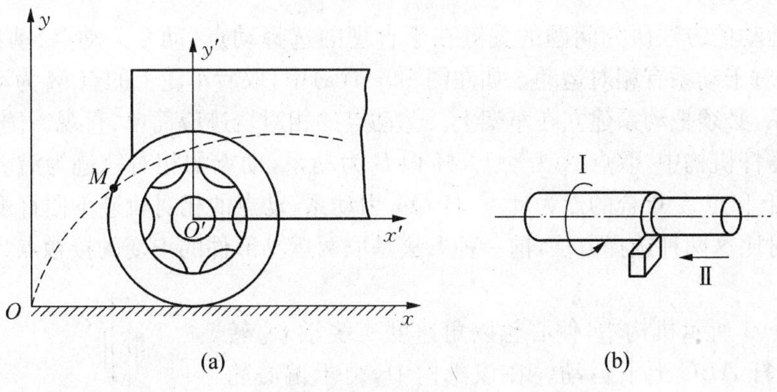

图14-1 点的合成运动

同一个物体相对于不同的参考体的运动量之间，存在着确定的关系。例如，图14-1(a)中，点M相对于地面作旋轮线运动，若以车架为参考体，车架本身作直线平动，点M相对于车架作圆周运动，点M的旋轮线运动可视为车架的平动和点M相对于车架的圆周运动的合成。将一种运动看作为两种运动的合成，这就是合成运动的方法。

可用合成运动的方法解决的问题，大致分为三类：

(1) 把复杂的运动分解成两种简单的运动，求得简单运动的运动量后，再加以合成。这种化繁为简的研究问题的方法，在解决工程实际问题时，具有重要意义。

(2) 讨论机构中运动构件运动量之间的关系。例如，图14-2所示的曲柄摇杆机构，已知曲柄OA的角速度，可用合成运动的方法求得摇杆O_1B的角速度。

(3) 研究无直接联系的两运动物体运动量之间的关系。例如，大海上有甲、乙两艘行船，可用合成运动的方法求在甲船上所看到的乙船的运动量。

在点的合成运动中，将所考查的点称为**动点**。动点可以是运动刚体上的一个点，也可以是一个被抽象为点的物体。在工程问题中，一般将静坐标系(简称为**静系**)$Oxyz$固连于地球，而把动坐标系(简称为**动系**)$O'x'y'z'$建立在相对于静系运动的物体上，习惯上也将该物体称为动系。图 14－1 中，静系固连于地球，动系则分别固连于车架、工件。静系一般可不画出来，和地球相固连时也不必说明。动系也可不画，但一定要指明取哪个物体作为动系。

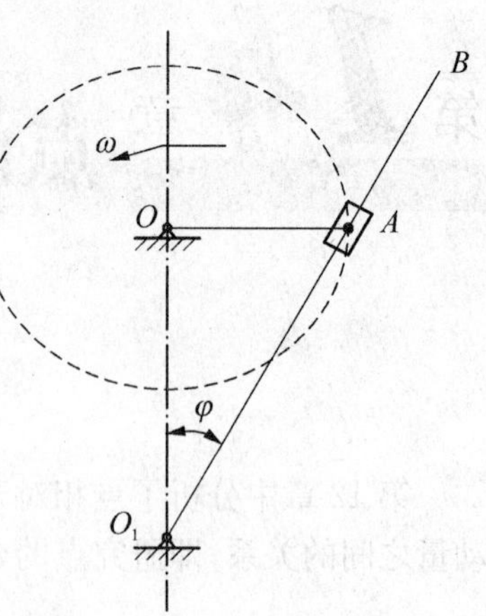

图 14－2　曲柄摇杆机构

选定了动点、动系和静系以后，可将运动区分为三种：①动点相对于静系的运动称为绝对运动。在静系中看到的动点的轨迹为绝对轨迹。②动点相对于动系的运动称为相对运动。在动系中看到的动点的轨迹为相对轨迹。③动系相对于静系的运动称为牵连运动。牵连运动为刚体运动，它可以是平动、定轴转动或复杂运动。仍以图 14－1(a)为例，取后车轮上的点M为动点，车架为动系，点M相对于地面的运动为绝对运动，绝对轨迹为旋轮线；点M相对于车架的运动为相对运动，相对轨迹为圆；车架的牵连运动为平动。在图14－1(b)中，取刀尖M为动点，工件为动系，点M相对于地面的运动为绝对运动，绝对轨迹为直线；点M相对于工件的运动为相对运动，相对轨迹为螺旋线；工件的牵连运动为转动。

用合成运动的方法研究问题的关键在于合理的选择动点、动系。动点、动系的选择原则是：①动点相对于动系有相对运动。如在图 14－1(a)中，取后车轮上的点M为动点，就不能再取后轮为动系，必须把动系建立在车架上。②动点的相对轨迹应简单、直观。例如，在图14－2所示的曲柄摇杆机构中，取点A为动点，杆O_1B为动系，动点的相对轨迹为沿着AB的直线。若取杆O_1B上和点A重合的点为动点，杆OA为动系，动点的相对轨迹不便直观地判断，为一平面曲线。对比这两种选择方法，前一种方法是取两运动部件的不变的接触点为动点，故相对轨迹简单。

在图 14－3 所示机构中，偏心轮以角速度ω绕轴O_1转动，从而推动杆ABC上下运动。在该机构中，由于偏心轮和推杆的接触点对于两物体来说，都不是确定的点，如取某一物体上的瞬时接触点为动点，另一个物体为动系，相对轨迹较难判断。注意到偏心轮轮心到推杆的距离保持不变，可取轮心O为动点，推杆ABC为动系。偏心轮作定轴转动，动点的绝对轨迹为圆；因推杆ABC为平底，且点O到BC的距离不变，故相对轨迹为水平直线；牵连运动为铅垂直线平动。

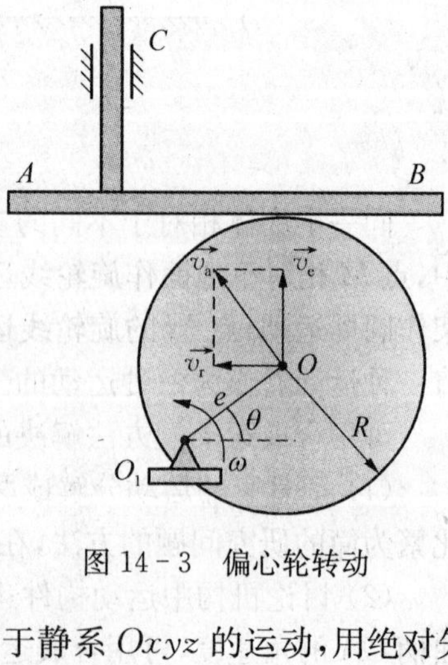

图 14－3　偏心轮转动

绝对运动和相对运动是同一个动点相对于不同的坐标系的运动，它们的运动描述方法是完全相同的。如图 14－4 所示，动点M作空间曲线运动，取动、静两个坐标系，动点相对于静系$Oxyz$的运动，用绝对矢径$\boldsymbol{r}$、绝对速度$\boldsymbol{v}_a$、绝对加速度$\boldsymbol{a}_a$来表示。它们之间的关系为

$$\left.\begin{aligned} v_a &= \dot{r} \\ a_a &= \dot{v}_a = \ddot{r} \end{aligned}\right\} \tag{14-1}$$

动点相对于动系$O'x'y'z'$的运动，用相对矢径$\boldsymbol{r}'$、相对速度$\boldsymbol{v}_r$、相对加速度$\boldsymbol{a}_r$来表示，即

$$\left.\begin{aligned} r' &= x'i' + y'j' + z'k' \\ v_r &= \dot{x}'i' + \dot{y}'j' + \dot{z}'k' \\ a_r &= \ddot{x}'i' + \ddot{y}'j' + \ddot{z}'k' \end{aligned}\right\} \tag{14-2}$$

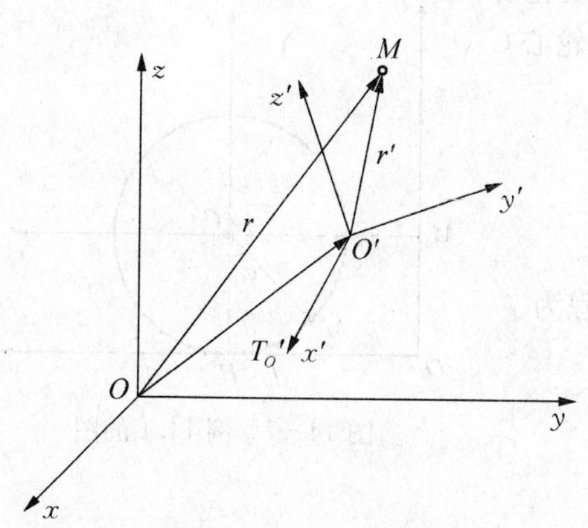

图 14-4　同一动点相对于不同坐标系的运动

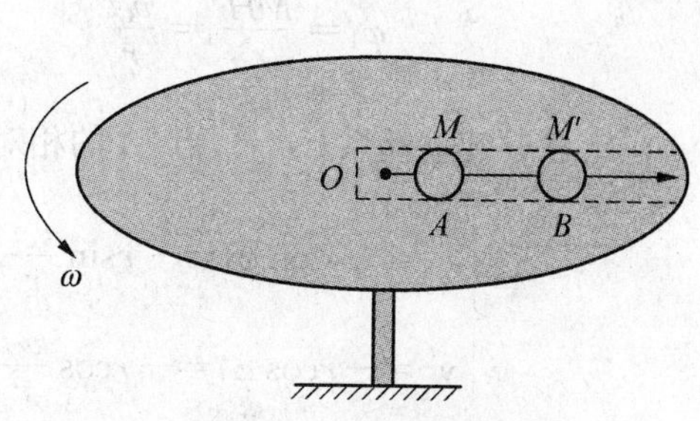

图 14-5　圆盘转动

牵连运动是刚体运动，是整个动系的运动。将某一瞬时动系上和动点相重合的一点称为牵连点。牵连点的速度、加速度称为动点的牵连速度和牵连加速度，分别用v_e和a_e来表示。牵连点是一个瞬时的概念，随着动点的运动，动系上牵连点的位置亦不断变动。例如，图 14-5 所示的圆盘绕轴O作定轴转动，滑块M在圆盘上沿直槽由O向外滑动。取滑块为动点，圆盘为动系。t_1瞬时，圆盘上与动点M重合的一点是A点，圆盘上的点A为t_1瞬时的牵连点。t_2瞬时，M到达B处，圆盘上的点B为t_2瞬时的牵连点。

静系和动系是两个不同的坐标系，若已知动系的运动规律，可通过坐标变换求得动点绝对运动方程和相对运动方程的关系。以平面问题为例，如图 14-6 所示，设Oxy为静系，$O'x'y'$为动系，M是动点。动点的绝对运动方程为

$$\begin{cases} x = x(t) \\ y = y(t) \end{cases}$$

动点的相对运动方程为$\begin{cases} x' = x'(t) \\ y' = y'(t) \end{cases}$

动系$O'x'y'$相对于静系Oxy的运动可由以下三个方程完全描述：

$$x_0 = f_1(t),\ y_0 = f_2(t),\ \varphi = f_3(t)$$

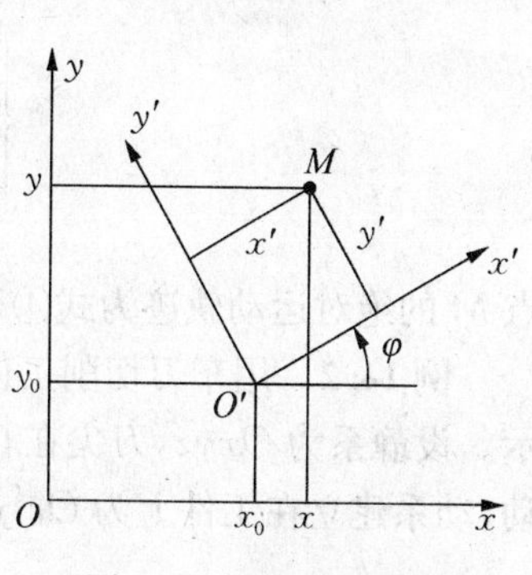

图 14-6　静系和动系

由图 14-6 容易看出，动点M在静系中的坐标x，y与其在动系中的坐标x'，y'有如下关系

$$
\begin{aligned}
x &= x_0 + x'\cos\varphi - y'\sin\varphi \\
y &= y_0 + x'\sin\varphi + y'\cos\varphi
\end{aligned}
\tag{14-3}
$$

利用上述关系式，已知牵连运动方程，可由相对运动方程求得绝对运动方程，或由绝对运动方程求得相对运动方程。

例 14.1 半径为 r 的轮子沿直线轨道无滑动地滚动，如图 14-7 所示，已知轮心 C 的速度为 v_C，试求轮缘上的点 M 绝对运动方程和相对轮心 C 的运动方程和牵连运动方程。

解：沿轮子滚动的方向建立静系 Oxy，初始时设轮缘上的点 M 位于 y 轴上 M_0 处。在图示瞬时，点 M 和轮心 C 的连线与 CH 所夹的角为

$$\varphi_1 = \frac{\widehat{MH}}{r} = \frac{v_C t}{r}$$

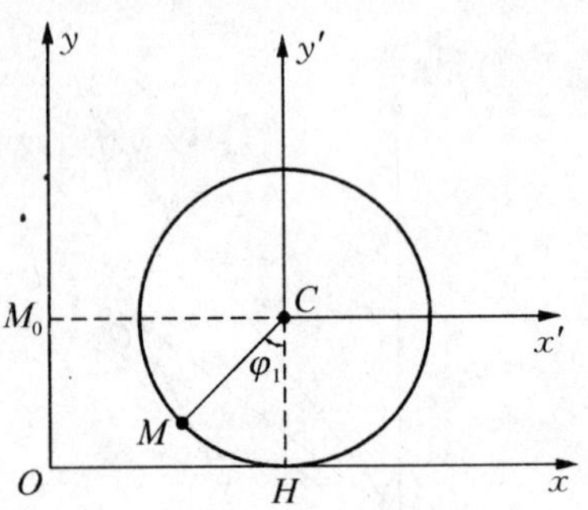

图 14-7 例 14.1 的图

在轮心 C 建立动系 $Cx'y'$，点 M 的相对运动方程为

$$\begin{cases} x' = -r\sin\varphi_1 = -r\sin\dfrac{v_C t}{r} \\ y' = -r\cos\varphi_1 = -r\cos\dfrac{v_C t}{r} \end{cases} \tag{①}$$

点 M 相对运动轨迹方程为

$$x'^2 + y'^2 = r^2 \tag{②}$$

由式②知点 M 的相对运动轨迹为圆。

牵连运动为动系 $Cx'y'$ 相对于静系 Oxy 的运动，其牵连运动方程为

$$\begin{cases} x_C = v_C t \\ y_C = r \\ \varphi = 0 \end{cases} \tag{③}$$

其中，由于动系作平移，因此动系坐标轴 x' 与静系坐标轴 x 的夹角 $\varphi = 0$。

由式(14-3)得点 M 绝对运动方程为

$$\begin{cases} x = v_C t - r\sin\varphi_1 = v_C t - r\sin\dfrac{v_C t}{r} \\ y = r - r\cos\varphi_1 = r - r\cos\dfrac{v_C t}{r} \end{cases} \tag{④}$$

点 M 的绝对运动轨迹为式④表示的旋轮线。

例 14.2 用车刀切削工件直径的端面时，车刀沿水平轴 z 作往复的运动，如图 14-8 所示。设静系为 $Oxyz$，刀尖在 Oxy 面上的运动方程为 $x = r\sin\omega t$，工件以匀角速度 ω 绕 z 轴转动，动系建立在工件上为 $Ox'y'z'$，试求刀尖在工件上画出的痕迹。

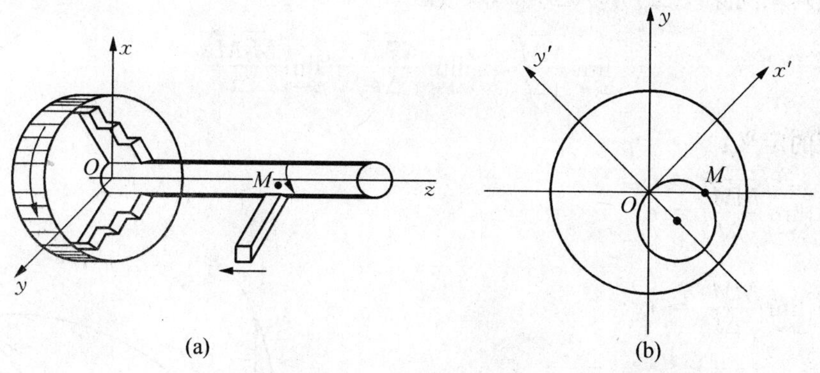

图 14-8　例 14.2 的图

解：由题意知，刀尖为动点，刀尖在工件上画出的痕迹为动点相对运动轨迹。由图 14-8(b)得动点相对运动方程为

$$\begin{cases} x' = x\cos\omega t = r\sin\omega t\cos\omega t = \dfrac{r}{2}\sin 2\omega t \\ y' = -x\sin\omega t = -r\sin^2\omega t = -\dfrac{r}{2}(1-\cos 2\omega t) \end{cases}$$

消去时间 t，得动点相对运动轨迹方程为

$$x'^2 + \left(y' + \frac{r}{2}\right)^2 = \frac{r^2}{4}$$

则刀尖在工件上画出的痕迹为圆。

注意若求三种运动的速度之间的关系，最直接的方法是式(14-3)对时间求导，即可求出点的相对速度、牵连速度和绝对速度三者之间的关系。

14.2　点的速度合成定理

下面研究点的绝对速度、牵连速度和相对速度的关系。

如图 14-9 所示，动点 M 沿轨道 AB 运动，轨道 AB 经 Δt 时间运动至 $A'B'$，此时动点 M 运动至 M' 位置。

连接矢量 $\overrightarrow{MM'}$、$\overrightarrow{MM_1}$、$\overrightarrow{M_1M'}$。在时间间隔 Δt 中，$\overrightarrow{MM'}$ 是动点的绝对运动的位移；$\overrightarrow{M_1M'}$ 是动点的相对运动的位移；$\overrightarrow{MM_1}$ 是瞬时 t 的牵连运动的位移。在矢量三角形 MM_1M' 中，动点的绝对位移是相对位移和牵连位移的矢量和，即

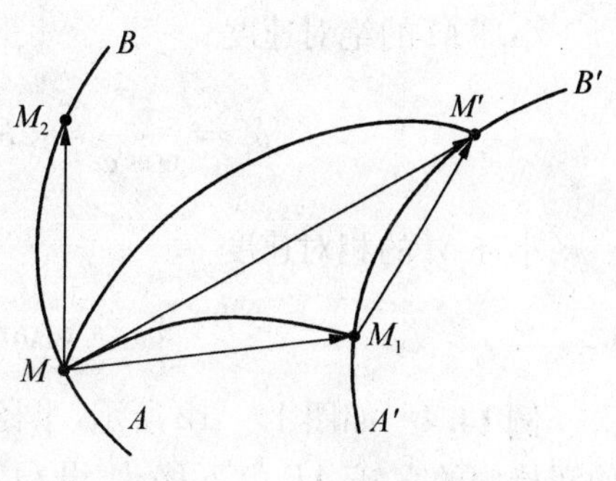

图 14-9　矢量关系

$$\overrightarrow{MM'} = \overrightarrow{MM_1} + \overrightarrow{M_1M'}$$

将上式两端同除以 Δt，并令 $\Delta t\to 0$，取极限，得

$$\lim_{\Delta t\to 0}\frac{\overrightarrow{MM'}}{\Delta t}=\lim_{\Delta t\to 0}\frac{\overrightarrow{MM_1}}{\Delta t}+\lim_{\Delta t\to 0}\frac{\overrightarrow{M_1M'}}{\Delta t}$$

由速度的定义：

$$\lim_{\Delta t\to 0}\frac{\overrightarrow{MM'}}{\Delta t}=\boldsymbol{v}_{\mathrm{a}}$$

$$\lim_{\Delta t\to 0}\frac{\overrightarrow{MM_1}}{\Delta t}=\boldsymbol{v}_{\mathrm{e}}$$

$$\lim_{\Delta t\to 0}\frac{\overrightarrow{M_1M'}}{\Delta t}=\lim_{\Delta t\to 0}\frac{\overrightarrow{MM_2}}{\Delta t}=\boldsymbol{v}_{\mathrm{r}}$$

于是可得

$$\boldsymbol{v}_{\mathrm{a}}=\boldsymbol{v}_{\mathrm{e}}+\boldsymbol{v}_{\mathrm{r}} \tag{14-4}$$

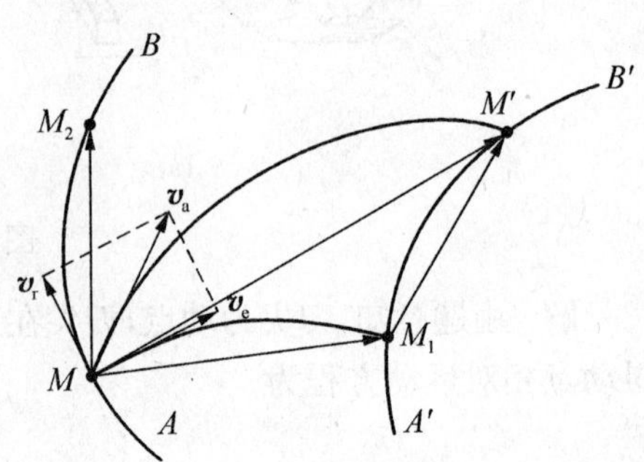

图 14-10　速度合成

即动点在某一瞬时的绝对速度等于它在该瞬时的牵连速度与相对速度的矢量和。这就是点的**速度合成定理**(图 14-10)。

例 14.3　曲柄 AB 以匀角速度 ω 绕 O 轴转动，其上套有小环 M，而小环 M 又在固定的大圆环上运动，大圆环的半径为 R，如图 14-11 所示。试求当曲柄与水平线成的角 $\varphi=\omega t$ 时，小环 M 的绝对速度和相对曲柄 OA 的相对速度。

解：由题意，选小环 M 为动点，曲柄 OA 为动系，地面为定系。小环 M 的绝对运动是在大圆上的运动，因此小环 M 绝对速度垂直于大圆的半径 R；小环 M 的相对运动是在曲柄 OA 上的直线运动，因此小环 M 相对速度沿曲柄 OA 并指向 O 点，牵连运动为曲柄 OA 的定轴转动，小环 M 的牵连速度垂直于曲柄 OA，如图 14-11 所示，作速度的平行四边形。即

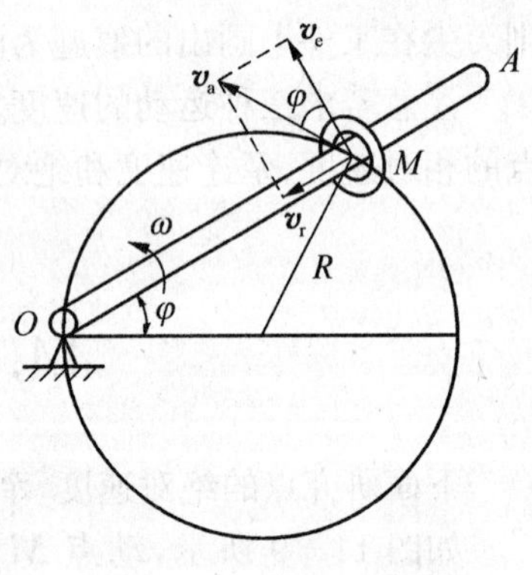

图 14-11　例 14.3 的图

小环 M 的牵连速度

$$v_{\mathrm{e}}=OM\omega=2R\omega\cos\varphi$$

小环 M 的绝对速度

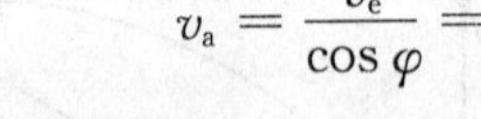
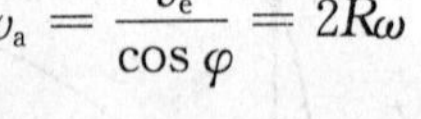

$$v_{\mathrm{a}}=\frac{v_{\mathrm{e}}}{\cos\varphi}=2R\omega$$

小环 M 的相对速度

$$v_{\mathrm{r}}=v_{\mathrm{e}}\tan\varphi=2R\omega\sin\varphi=2R\omega\sin\omega t$$

例 14.4　如图 14-12 所示，半径为 R，偏心距为 e 的凸轮，以匀角速度 ω 绕 O 轴转动，并使滑槽内的直杆 AB 上下移动，设 OAB 在一条直线上，轮心 C 与 O 轴连线在水平位置，试求在图示位置时，杆 AB 的速度。

解：由于杆 AB 作平移，所以研究杆 AB 的运动只需研究其上 A 点的运动即可。因此选

杆 AB 上的 A 点为动点，凸轮为动系，地面为定系。

动点 A 的绝对运动是直杆 AB 的上下直线运动；相对运动为凸轮的轮廓线，即沿凸轮边缘的圆周运动；牵连运动为凸轮绕 O 轴的定轴转动，作速度的平行四边形如图 14－12 所示。

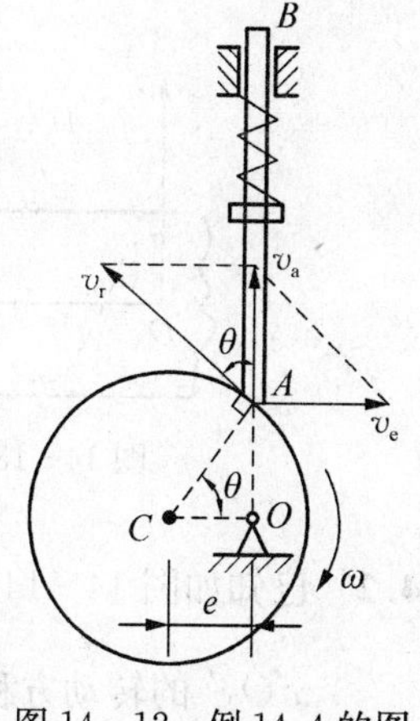

图 14－12　例 14.4 的图

动点 A 的牵连速度

$$v_e = \omega OA$$

动点 A 的绝对速度

$$v_a = v_e \cot\theta = \omega OA \frac{e}{OA} = \omega e$$

小　结

(1) 建立两种坐标系。

静参考坐标系：建立在不动物体上的坐标系，简称静系。

动参考坐标系：建立在运动物体上的坐标系，简称动系。

(2) 动点的三种运动。

绝对运动：动点相对于静参考坐标系的运动。

相对运动：动点相对于动参考坐标系的运动。

牵连运动：动参考坐标系相对于静参考坐标系的运动。

(3) 点的速度合成定理。

在任一瞬时，动点的绝对速度等于在同一瞬时动点的相对速度和牵连速度的矢量和。

$$\boldsymbol{v}_a = \boldsymbol{v}_e + \boldsymbol{v}_r$$

14.1　静系一定是不动的吗？动系是动的吗？

14.2　牵连速度的导数等于牵连加速度吗？相对速度的导数等于相对加速度吗？为什么？

14.3　为什么动点和动系不能选择在同一物体上？

14.4　如何正确理解牵连点的概念？在不同瞬时牵连运动表示动系上同一点的运动吗？

14.1　已知如图 14－13 所示，光点 M 沿轴 y 做谐振动，运动方程为 $x=0$，$y=a\cdot\cos(kt+\beta)$ 感光纸带以等速 v_0 向左运动。求点 M 在纸带上投影的轨迹。

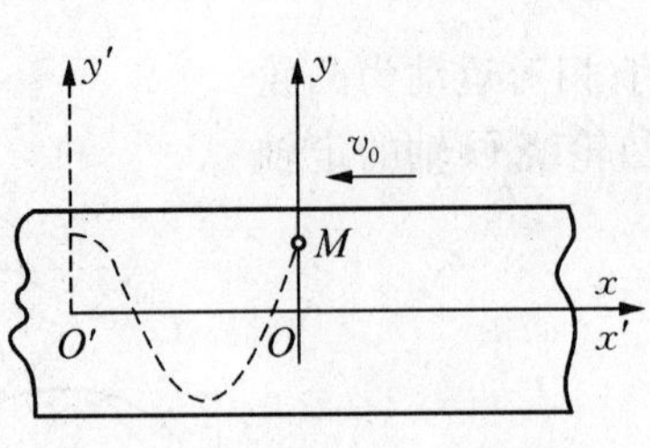

图 14-13　习题 14.1 的图

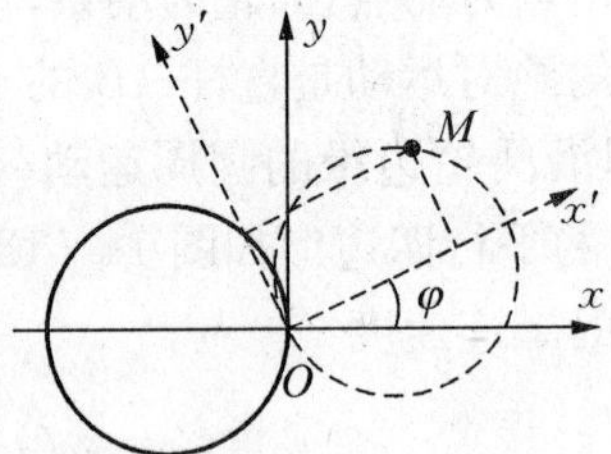

图 14-14　习题 14.2 的图

14.2　已知如图 14-14 所示，点 M 在 $x'Oy'$ 中的运动方程为 $\begin{cases} x' = 40(1-\cos t)(\text{mm}) \\ y' = 40\sin t(\text{mm}) \end{cases}$，动系 $x'Oy'$ 的转动方程为 $\varphi = t(\text{rad})$，图中 xOy 为静系。求点 M 的相对轨迹和绝对轨迹。

14.3　已知如图 14-15 所示，$AB \perp BC$，$BC = 120\ \text{m}$，水速 v 不变，船相对于河水速度 v_r 的大小也不变；当 $v_r \perp BC$ 开向 B 时，船由 A 至 C 的时间为 $t_1 = 10\ \text{min}$；当 v_r 与 AB 成某一角度向上游开时，船由 A 至 B 的时间为 $t_2 = 12.5\ \text{min}$。求河宽 L、水速 v 和船相对水的速度 v_r。

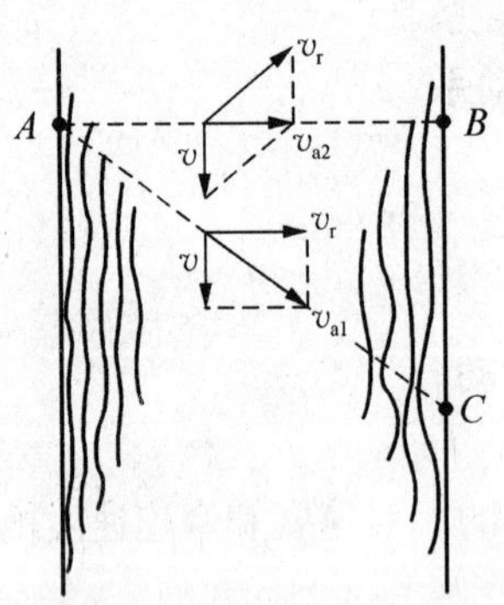

图 14-15　习题 14.3 的图

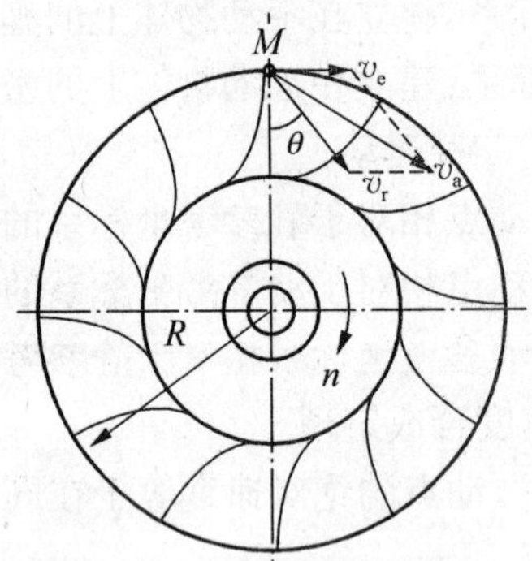

图 14-16　习题 14.4 的图

14.4　如图 14-16 所示，水轮半径 $R = 2\ \text{m}$，转速 $n = 30\ \text{r/min}$，水滴 M 的绝对速度 $v_a = 15\ \text{m/s}$，它与过 M 点的半径夹角为 $60°$。求水滴 M 相对于水轮的速度 v_r。

14.5　如图 14-17 所示，工件直径 $d = 40\ \text{mm}$，转速 $n = 30\ \text{r/min}$，车刀速度 $v = 10\ \text{mm/s}$。求车刀对工件的相对速度。

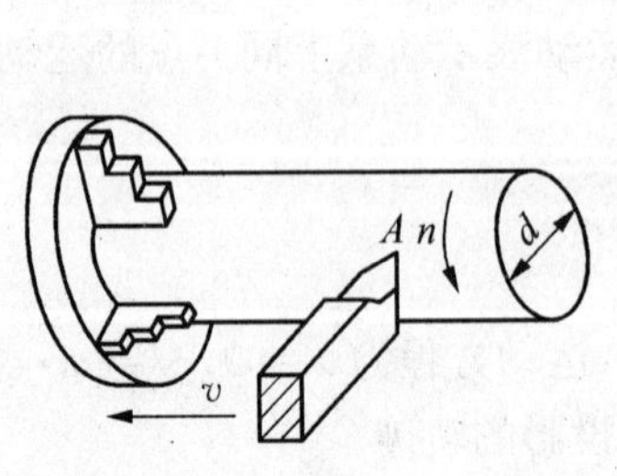

图 14-17　习题 14.5 的图

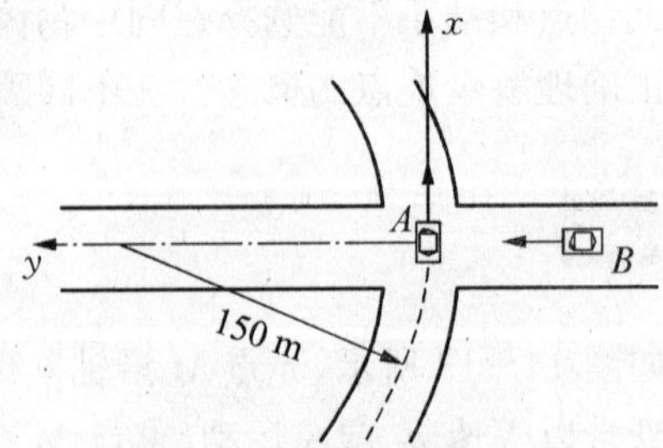

图 14-18　习题 14.6 的图

14.6　如图 14-18 所示，汽车 A 沿半径为 150 m 的圆弧道路，以匀速 $v_A = 45\ \text{km/h}$ 行驶，汽

车 B 沿直线道路行驶，图示瞬时汽车 B 的速度为 $v_B = 70\,\text{km/h}$。试求汽车 A 相对汽车 B 的速度。

14.7 水平直线 AB 在半径为 R 的固定圆上以匀速 u 竖直下落，其上套有小环 M，如图 14-19 所示。设点 M 与圆心 O 的连线与铅垂线的夹角为 φ。试求小环 M 的绝对速度。

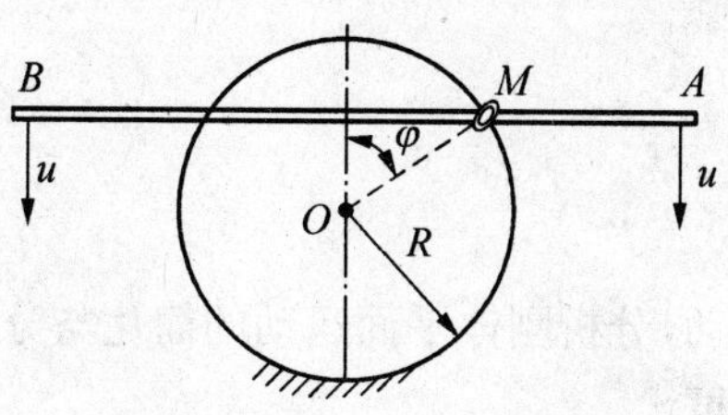

图 14-19　习题 14.7 的图

第15章 刚体的平面运动

工 程 力 学

本章将研究刚体的平面运动，分析刚体平面运动的简化与分解、平面运动刚体的角速度与角加速度以及刚体上各点的速度。

15.1 平面运动的概述和分解

15.1.1 平面运动的定义与简化

15.1.1.1 平面运动的定义

刚体运动时，若其上各点到某一固定平面的距离始终保持不变，则称刚体的这种运动为**平面运动**。刚体的平面运动是工程中常见的一种运动形式，例如图 15-1(a)所示的车轮沿直线轨道的滚动，图 15-1(b)所示的曲柄连杆机构中连杆 AB 的运动以及图 15-1(c)所示的行星齿轮机构中动齿轮 A 的运动等。不难看出，平面运动刚体上各点的轨迹都是平面曲线(或直线)。

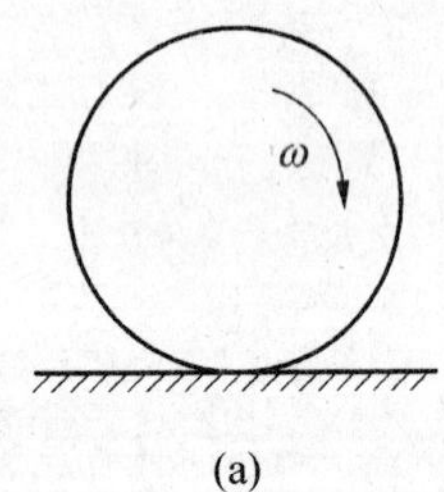

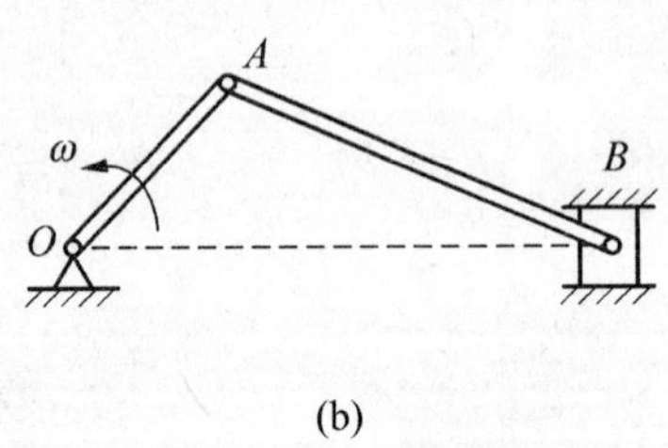

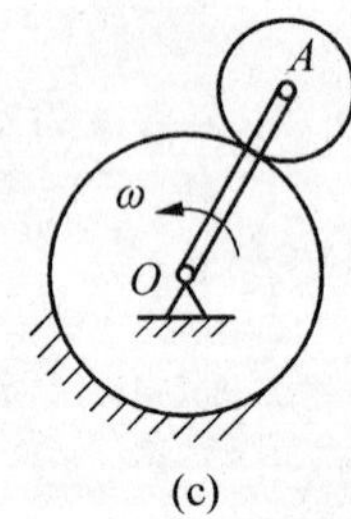

图 15-1 刚体的平面运动

15.1.1.2 平面运动的简化

设一刚体作平面运动，运动中刚体内每一点到固定平面Ⅰ的距离始终保持不变，如图 15-2 所示。作一个与固定平面Ⅰ平行的平面Ⅱ来截割刚体，得截面 S，该截面称为平面运动刚体的**平面图形**。刚体运动时，平面图形 S 始终在平面Ⅱ内运动，即始终在其自身平面内运动，而刚体内与 S 垂直的任一直线 A_1AA_2 都作平动。因此，只要知道平面图形上点 A 的运动，便可知道 A_1AA_2 线上所有各点的运动。从而，只要知道平面图形 S 内各点的运动，就可以知道整个刚体的运动。由此可知，平面图形上各点的运动可以代表刚体内所有各点的运动，即刚体的平面运

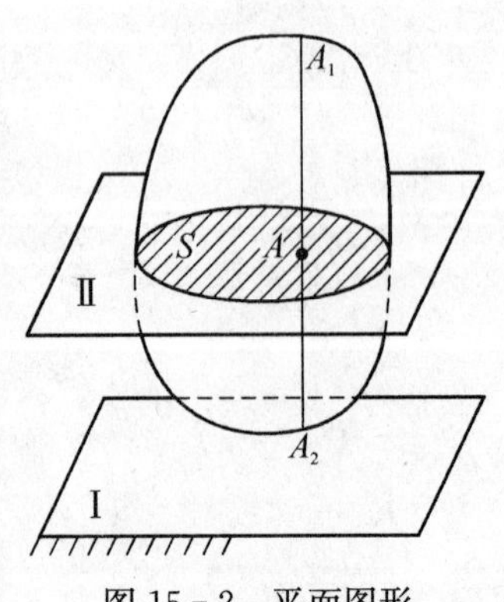

图 15-2 平面图形

动可以简化为平面图形在其自身平面内的运动。

15.1.1.3　平面图形的运动方程

设平面图形在其自身平面静系 Oxy 内运动，AB 是平面图形上任一线段，它的位置可由点 A 的坐标(x_A，y_A)和 AB 与 x 轴的夹角 φ 确定，如图 15－3(a)所示。平面图形运动时，x_A，y_A 和 φ 都是时间 t 的函数，即

$$x_A = f_1(t) \quad y_A = f_2(t) \quad \varphi = f_3(t) \tag{15-1}$$

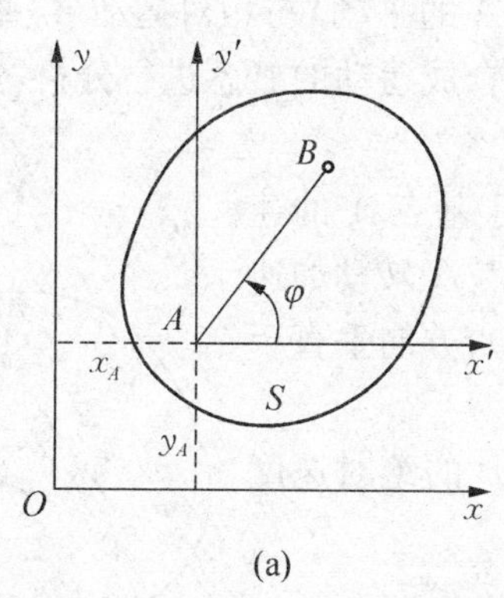

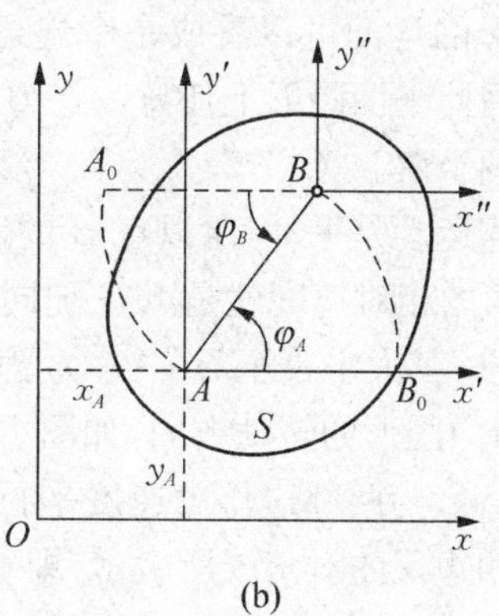

图 15－3　自身平面静系

这就是**平面图形的运动方程**，也就是刚体平面运动的运动方程。

15.1.2　平面运动分解为平动和转动

由式(15－1)可知，若 x_A，y_A 保持不变，平面图形作定轴转动。若 φ 为常数，平面图形作平动。因此，平面图形可分解为平动和转动。

在平面图形上任取一点 A 作为运动分解的基准点，简称为**基点**；在基点假想地安上一个平动坐标系 $Ax'y'$，当平面图形运动时，该平动坐标系随基点作平动，如图 15－3(a)所示。这样按照合成运动的观点，平面图形的运动可以看成是随同动系作平动(又称为随同基点的平动)和绕基点相对于动系作转动这两种运动的合成，即**平面图形的运动可以分解为随基点的平动和绕基点的转动**。其中"随基点的平动"是牵连运动，"绕基点的转动"是相对运动。

基点的选择是任意的。因为一般情况下平面图形上各点的运动各不相同，所以选取不同的点作为基点时，平面图形运动分解后的平动部分与基点的选择有关；而转动部分的转角是相对于平动坐标系而言的，选择不同的基点时，图形的转角仍然相同。如图 15－3(b)所示，选 A 为基点时，线段 AB 从 AB_0 转至 AB，转角为 $\varphi_A = \varphi$；而选 B 为基点时，线段 BA 从 BA_0 转至 BA，转角为 φ_B。从图上可见，$\varphi_A = \varphi_B$，即平面图形相对于不同的基点的转角相等，在同一瞬时平面图形绕基点转动的角速度、角加速度也相等。因此平面图形运动分解后的转动部分与基点的选择无关。对角速度、角加速度而言，无需指明是绕哪个基点转动的，而统称为平面图形的角速度、角加速度。

15.2 平面图形上各点的速度

15.2.1 速度基点法和速度投影定理

15.2.1.1 速度基点法

平面图形的运动可以看成是牵连运动(随同基点 A 的平动)与相对运动(绕基点 A 的转动)的合成,因此平面图形上任意一点 B 的运动也可用合成运动的概念进行分析,其速度可用速度合成定理求解。

因为牵连运动是平动,所以点 B 的牵连速度就等于基点 A 的速度 $\boldsymbol{v}_A$,而点 B 的相对速度就是点 B 随同平面图形绕基点 A 转动的速度,以 $\boldsymbol{v}_{BA}$ 表示,其大小等于 $BA \cdot \omega$(ω 为图形的角速度),方向垂直于 BA 连线而指向图形的转动方向,如图 15-4 所示。

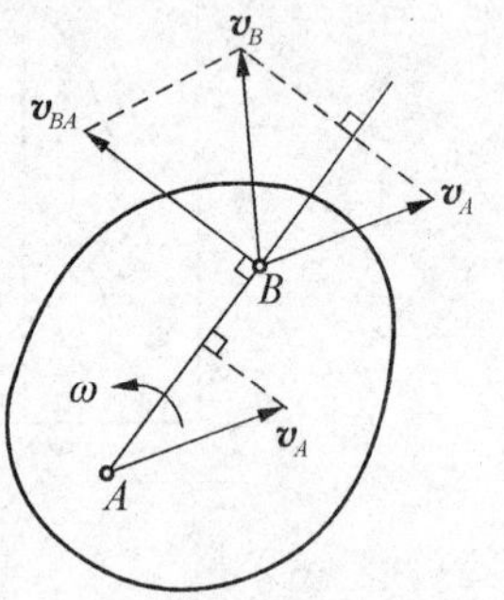

以 $\boldsymbol{v}_A$ 和 $\boldsymbol{v}_{BA}$ 为两邻边作出速度平行四边形,则点 B 的绝对速度由这个平行四边形的对角线所表示,即

$$\boldsymbol{v}_B = \boldsymbol{v}_A + \boldsymbol{v}_{BA} \tag{15-2}$$

图 15-4 牵连运动

上式称为速度合成的矢量式。注意到 A, B 是平面图形上的任意两点,选取点 A 为基点时,另一点 B 的速度由式(15-2)确定;但若选取点 B 为基点,则点 A 的速度表达式应写为 $\boldsymbol{v}_A = \boldsymbol{v}_B + \boldsymbol{v}_A B$。由此可得**速度合成定理**:平面图形上任一点的速度等于基点的速度与该点随图形绕基点转动速度的矢量和。

应用式(15-2)分析求解平面图形上点的速度问题的方法称为速度基点法,又叫做速度合成法。式(15-2)中共有三个矢量,各有大小和方向两个要素,总计六个要素,要使问题可解,一般应有四个要素是已知的。考虑到相对速度 $\boldsymbol{v}_{BA}$ 的方向必定垂直于连线 BA,于是只需再知道任何其他三个要素,即可解得剩余的两个未知量。

*15.2.1.2 速度投影定理

定理 同一瞬时,平面图形上任意两点的速度在这两点连线上的投影相等。

证明:设 A, B 是平面图形上的任意两点,速度分别为 $\boldsymbol{v}_A$ 和 $\boldsymbol{v}_B$,如图 15-4 所示。将式(15-2)中各速度投影到 AB 连线上,并注意到 $\boldsymbol{v}_{AB}$ 垂直于 AB,在 AB 连线上的投影为零,则可得 $\boldsymbol{v}_B$ 在连线 AB 上的投影 $(\boldsymbol{v}_B)_{AB}$ 等于 $\boldsymbol{v}_A$ 在连线 AB 上的投影 $(\boldsymbol{v}_A)_{AB}$,即

$$[\boldsymbol{v}_B]_{AB} = [\boldsymbol{v}_A]_{AB} \tag{15-3}$$

于是定理得到了证明。

这个定理反映了刚体不变形的特性,因刚体上任意两点间的距离应保持不变,所以刚体上任意两点的速度在这两点连线上的投影应该相等,否则,这两点间的距离不是伸长,就要缩短,这将与刚体的性质相矛盾。因此,速度投影定理不仅适用于刚体作平面运动,而且也适用于刚体的一般运动。

应用速度投影定理求解平面图形上点的速度问题,有时是很方便的。但由于式(15-3)中不出现转动时的相对速度,故用此定理不能直接解得平面图形的角速度。

例 15.1 如图 15-5(a)所示,滑块 A, B 分别在相互垂直的滑槽中滑动,连杆 AB 的长度为 $l=20\text{ cm}$。在图示瞬时,$v_A=20\text{ cm/s}$,水平向左,连杆 AB 与水平线的夹角为 $\varphi=30°$。试求滑块 B 的速度和连杆 AB 的角速度。

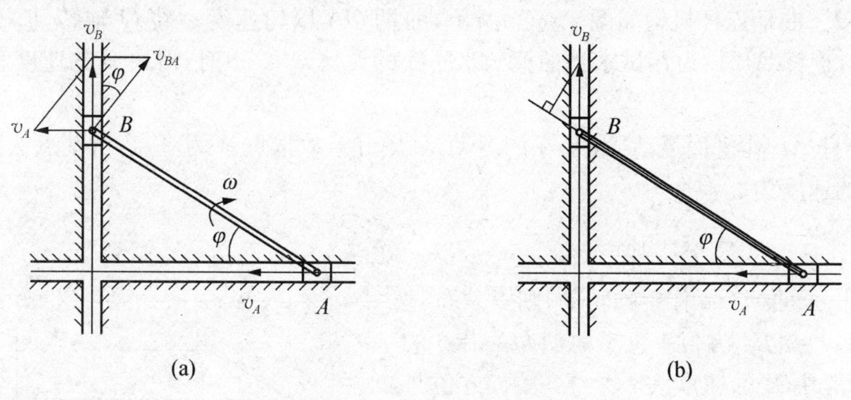

图 15-5 例 15.1 的图

解:连杆 AB 作平面运动,因滑块 A 的速度是已知的,故选点 A 为基点,由基点法式(15-2)得滑块 B 的速度为

$$\boldsymbol{v}_B=\boldsymbol{v}_A+\boldsymbol{v}_{BA}$$

上式中有三个大小和三个方向,共六个要素,其中 $\boldsymbol{v}_B$ 的方位是已知的,$\boldsymbol{v}_B$ 的大小是未知的;$\boldsymbol{v}_A$ 的大小和方位是已知的;点 B 相对基点转动的速度 $\boldsymbol{v}_{BA}$ 的大小是未知的,$v_{BA}=\omega AB$,方位是已知的,垂直于连杆 AB。在点 B 处作速度的平行四边形,应使 $\boldsymbol{v}_B$ 位于平行四边形对角线的位置,如图 15-5(a) 所示。由图中的几何关系得

$$v_B=\frac{v_A}{\tan\varphi}=\frac{20}{\tan 30°}=34.6\text{ cm/s}$$

v_B 的方向竖直向上。

点 B 相对基点转动的速度为

$$v_{BA}=\frac{v_A}{\sin\varphi}=\frac{20}{\sin 30°}=40\text{ cm/s}$$

则连杆 AB 的角速度为

$$\omega=\frac{v_{BA}}{l}=\frac{40}{20}=2\text{ rad/s}$$

转向为顺时针。

本题若采用速度投影法,可以很快速地求出滑块 B 的速度。如图 15-5(b)所示,由式(15-3)有

$$[\boldsymbol{v}_A]_{AB}=[\boldsymbol{v}_B]_{AB}$$

即

$$v_A\cos\varphi=v_B\sin\varphi$$

则

$$v_B = \frac{\cos\varphi}{\sin\varphi} v_A = \frac{v_A}{\tan\varphi} = \frac{20}{\tan 30^\circ} = 34.6\ \text{cm/s}$$

但此法不能求出连杆 AB 的角速度。

例 15.2 曲柄连杆机构如图 15-6 所示，曲柄 OA 以匀速度 ω 绕 O 轴转动。已知曲柄 OA 长为 R，连杆 AB 长为 l，试求当曲柄与水平线的夹角 $\varphi = \omega t$ 时，滑块 B 的速度和连杆 AB 的角速度。

解：连杆 AB 作平面运动，因点 A 的运动是已知的，故选点 A 为基点，由基点法式(15-2)得滑块 B 的速度为

$$\boldsymbol{v}_B = \boldsymbol{v}_A + \boldsymbol{v}_{BA}$$

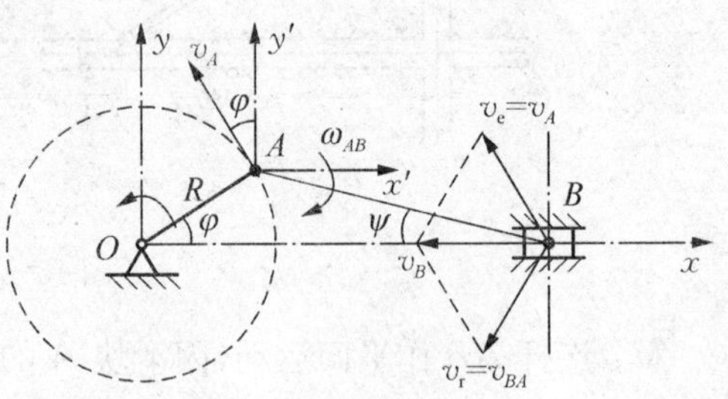

图 15-6　例 15.2 的图

其中，由于曲柄 OA 作定轴转动，则点 A 的速度大小为 $v_A = \omega R$，方位垂直于曲柄 OA 沿 ω 的旋转方向；滑块 B 的速度大小是未知的，方位是已知的，点 B 相对基点转动的速度 $\boldsymbol{v}_{BA}$ 的大小是未知的，$v_{BA} = \omega AB$，方位是已知的，垂直于连杆 AB。故在点 B 处作速度的平行四边形，应使 $\boldsymbol{v}_B$ 位于平行四边形对角线的位置，如图 15-6 所示。由图中的几何关系得

$$\frac{v_A}{\sin(90^\circ - \psi)} = \frac{v_B}{\sin(\varphi + \psi)}$$

解得滑块 B 的速度

$$v_B = v_A \frac{\sin(\psi + \varphi)}{\cos\psi} = \omega R(\sin\varphi + \cos\varphi\tan\psi) \qquad ①$$

式中几何关系有

$$l\sin\psi = R\sin\varphi$$

$$\sin\psi = \frac{R}{l}\sin\varphi$$

则

$$\text{con}\,\psi = \sqrt{1 - \sin^2\psi} = \frac{1}{l}\sqrt{l^2 - R^2\sin^2\varphi}$$

$$\tan\psi = \frac{R\sin\varphi}{\sqrt{l^2 - R^2\sin^2\varphi}} \qquad ②$$

式②代入式①中，并考虑 $\varphi = \omega t$，得

$$v_B = \omega R\left(1 + \frac{R\cos\omega t}{\sqrt{l^2 - R^2\sin^2\omega t}}\right)\sin\omega t$$

连杆 AB 的角速度为

$$\frac{v_A}{\sin(90^\circ - \psi)} = \frac{v_{BA}}{\sin(90^\circ - \varphi)}$$

解得

$$v_{BA}=\frac{v_A\sin(90^\circ-\varphi)}{\sin(90^\circ-\psi)}=\omega R\,\frac{\cos\varphi}{\cos\psi}$$

则

$$\omega_{AB}=\frac{v_{BA}}{l}=\frac{\omega R}{l}\,\frac{\cos\varphi}{\cos\psi}=\frac{\omega R\cos\omega t}{\sqrt{l^2-R^2\sin^2\varphi}}$$

例 15.3 如图 15-7 所示的平面机构，曲柄 OB 以匀角速度 $\omega=2$ rad/s 绕 O 轴转动，并带动连杆 AD 上的滑块 A 和滑块 B 在水平滑道和铅垂滑道上运动，已知 $AB=BC=CD=OB=12$ cm。试求连杆 AD 的运动方程，点 D 的轨迹方程以及当曲柄 OB 与水平线夹角 $\varphi=45^\circ$ 时，点 D 的速度。

解：(1) 求连杆 AD 的运动方程和点 D 的轨迹方程。

在点 O 建立直角坐标系 Oxy，选点 D 为基点，其运动方程为

$$x_D=12\cos\varphi=12\cos\omega t$$

$$y_D=36\cos\varphi=36\cos\omega t$$

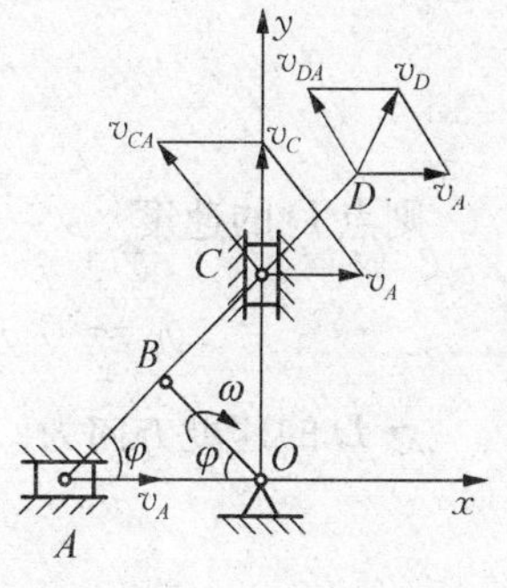

图 15-7 例 15.3 的图

连杆 AD 与 x 轴夹角为

$$\varphi=\omega t$$

则连杆 AD 的运动方程为

$$\begin{cases}x_D=12\cos\omega t\\ y_D=36\cos\omega t\\ \varphi=\omega t\end{cases}$$

点 D 的轨迹方程为

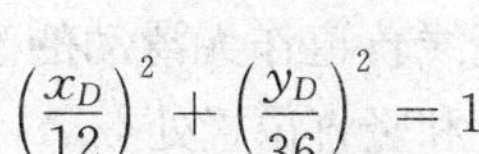

$$\left(\frac{x_D}{12}\right)^2+\left(\frac{y_D}{36}\right)^2=1$$

点 D 的轨迹为椭圆。

(2) 求点 D 的速度。

由速度投影定理得滑块 A 的速度

$$v_A\cos 45^\circ=v_B$$

$$v_A=\frac{v_B}{\cos 45^\circ}=\frac{OB\omega}{\cos 45^\circ}=\frac{12\times 2}{\frac{\sqrt{2}}{2}}=33.94(\mathrm{cm/s})$$

选点 A 为基点，在点 C 处作速度的平行四边形，如图 15-7 所示，点 C 相对点 A 的速度为

$$v_{CA}=\frac{v_A}{\cos 45^\circ}=\frac{v_B}{\cos^2 45^\circ}=\frac{12\times 2}{\left(\frac{\sqrt{2}}{2}\right)^2}=48(\mathrm{cm/s})$$

连杆 AD 的角速度为

$$\omega_{AD}=\frac{v_{CA}}{CA}=\frac{48}{24}=2(\mathrm{rad/s})$$

由点 D 的速度基点法式(15-2)得

$$\boldsymbol{v}_D=\boldsymbol{v}_A+\boldsymbol{v}_{DA}$$

如图 15-7 所示,将上式各量向直角坐标轴投影得

$$v_{Dx}=v_A-v_{DA}\cos 45^\circ=v_A-\omega_{AD}DA\cos 45^\circ$$
$$=33.94-2\times 36\times\frac{\sqrt{2}}{2}=-16.97(\mathrm{cm/s})$$

$$v_{Dy}=v_{DA}\cos 45^\circ=\omega_{AD}DA\cos 45^\circ$$
$$=2\times 36\times\frac{\sqrt{2}}{2}=50.91(\mathrm{cm/s})$$

则点 D 的速度

$$v_D=\sqrt{v_{Dx}^2+v_{Dy}^2}=\sqrt{(-16.97)^2+50.91^2}=53.7(\mathrm{cm/s})$$

点 D 的速度方向为

$$\cos(\boldsymbol{v},\boldsymbol{i})=\frac{v_{Dx}}{v_D}=\frac{-16.97}{53.7}=-0.3160$$

$$\cos(\boldsymbol{v},\boldsymbol{j})=\frac{v_{Dy}}{v_D}=\frac{50.91}{53.7}=0.9480$$

其中,$\angle(\boldsymbol{v},\boldsymbol{i})=180^\circ\pm 71.58^\circ$, $\angle(\boldsymbol{v},\boldsymbol{j})=180^\circ\pm 18.55^\circ$,点 D 的速度为第 Ⅱ 象限角,即 $\angle(\boldsymbol{v},\boldsymbol{i})=108.42^\circ$, $\angle(\boldsymbol{v},\boldsymbol{j})=18.55^\circ$。

例 15.4 半径为 R 的圆轮,沿直线轨道作无滑动的滚动,如图 15-8 所示。已知轮心 O 以速度 v_O 运动,试求轮缘上水平位置和竖直位置处点 A, B, C, D 的速度。

解:选轮心 O 为基点,先研究点 C 的速度。由于圆轮沿直线轨道作无滑动的滚动,故点 C 的速度为

$$v_C=0$$

如图 15-8 所示,则有

$$v_C=v_O-v_{CO}=0$$

圆轮的角速度为

$$\omega=\frac{v_{CO}}{R}=\frac{v_O}{R}$$

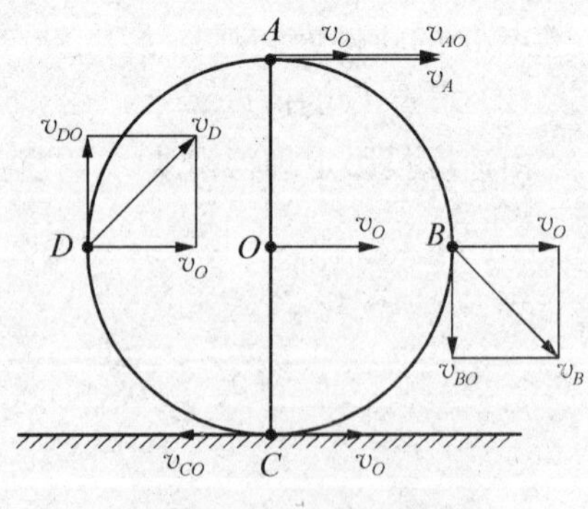

图 15-8 例 15.4 的图

各点相对基点的速度为

$$v_{AO}=v_{BO}=v_{DO}=\omega R=v_O$$

A 的速度为

$$v_A = v_O + v_{AO} = 2v_O$$

B, D 的速度为

$$v_B = v_D = \sqrt{2}\,v_O$$

方向如图所示。

小　结

1) 平面运动特征

由于作平面运动的刚体在运动过程中,其上任意一点与某一固定平面的距离始终保持不变,因此刚体的平面运动可转化为在其自身平面内 S 图形的运动。

平面运动的分解:平面图形 S 运动可以看成是随着基点的平动和绕基点的转动的合成。

平面图形 S 的运动方程:

$$\begin{cases} x_A = f_1(t) \\ y_A = f_2(t) \\ \varphi = f_3(t) \end{cases}$$

其中,x_A、y_A 为基点 A 的坐标,φ 为平面图形 S 上线段 AB 与 x 轴或者与 y 轴的夹角。

2) 求平面图形内各点速度的两种方法

(1) 基点法:在任一瞬时,平面图形内任一点的速度等于基点的速度和绕基点转动速度的矢量和。即

$$\boldsymbol{v}_B = \boldsymbol{v}_A + \boldsymbol{v}_{BA}$$

其中,基点 A 的速度为 $\boldsymbol{v}_A$,相对基点转动的速度为 $v_{BA} = \omega AB$。

(2) 速度投影法:平面图形 S 内任意两点的速度在两点连线上投影相等。

$$[v_A]_{AB} = [v_B]_{AB}$$

此法必须是已知两点速度的方向,才能使用。

15.1　如图 15-9 所示,若刚体作平面运动,下面平面图形上 A、B 的速度方向正确吗?

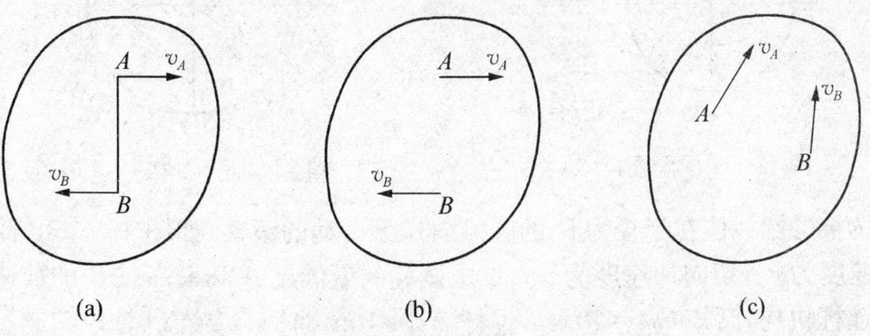

图 15-9　思考题 15.1 的图

15.2 平面图形的运动是否可以看成是随着基点的平动和绕基点的转动的合成？

15.3 平面图形绕基点转动的角速度和角加速度与基点的选择有无关系？

15.1 椭圆规尺 AB 由曲柄 OC 带动，曲柄以匀角速度 ω_O 绕 O 轴转动，如图 15-10 所示，若取 C 为基点，$OC = BC = AC = r$，试求椭圆规尺 AB 的平面运动方程。

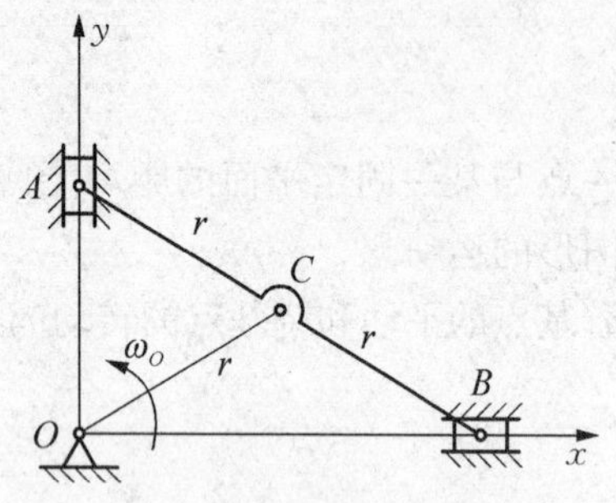

图 15-10　习题 15.1 的图

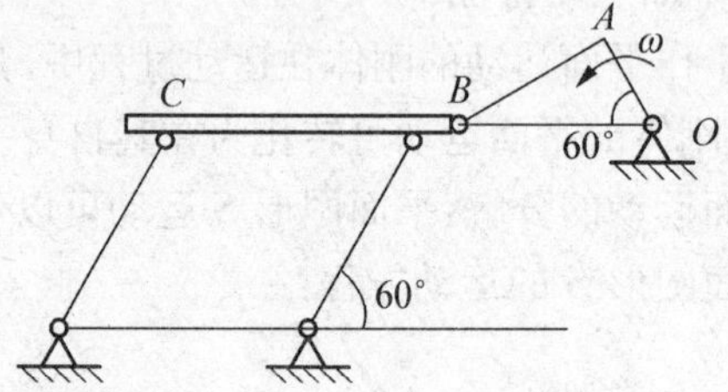

图 15-11　习题 15.2 的图

15.2 如图 15-11 所示筛料机，由曲柄 OA 带动筛子 BC 摆动。已知曲柄 OA 以转速 $n = 40\ \mathrm{r/min}$ 匀速转动，$OA = 0.3\ \mathrm{m}$，当筛子 BC 运动到与点 O 在同一水平线时，$\angle BAO = 90°$，摆杆与水平线夹角为 $60°$时，试求在图示瞬时筛子 BC 的速度。

15.3 如图 15-12 所示，圆柱半径为 r，它由静止竖直下落，轮心的速度 $v = \frac{2}{3}\sqrt{3gh}$，式中 g 为常量。求圆柱的平面运动方程。

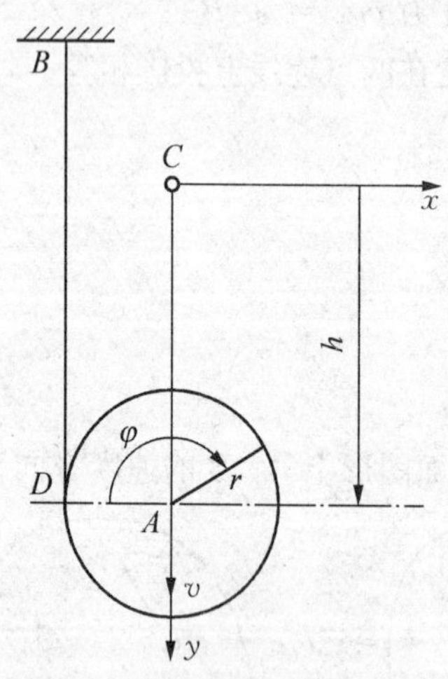

图 15-12　习题 15.3 的图

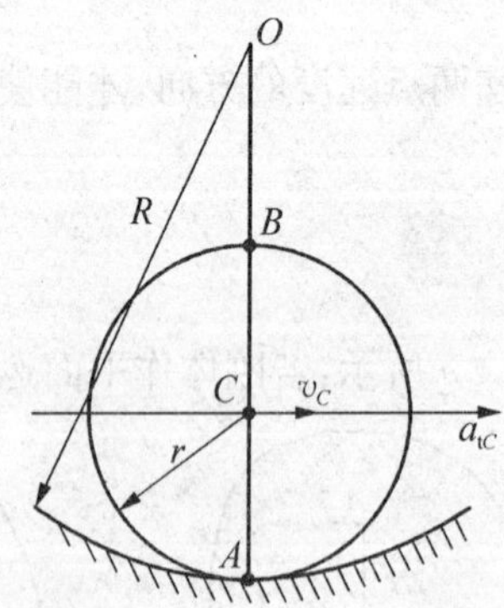

图 15-13　习题 15.4 的图

15.4 半径为 r 的圆柱体在半径为 R 的圆弧内作无滑动的滚动，如图 15-13 所示，圆柱中心 C 的速度为 v_C，切向加速度为 a_{tC}，试求圆柱的最低点 A 和最高点 B 的加速度。

15.5 曲柄连杆机构，已知 $OA=40\ \mathrm{cm}$，连杆 $AB=1\ \mathrm{m}$，曲柄 OA 绕 O 轴以转速 $n=180\ \mathrm{r/min}$ 匀速转动，如图 15-14 所示。试求当曲柄 OA 与水平线成 $45°$角时，连杆 AB 的角速度

和中点M的速度大小。

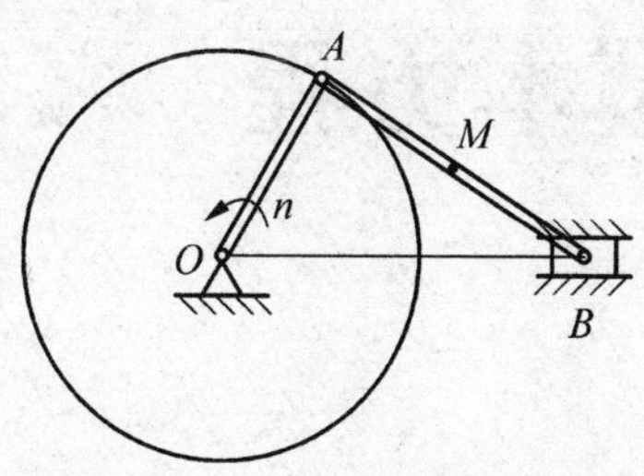

图 15-14　习题 15.5 的图

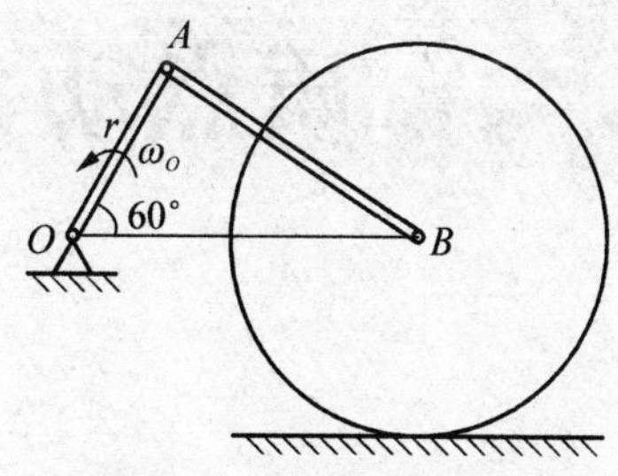

图 15-15　习题 15.6 的图

15.6 如图 15-15 所示平面机构，曲柄OA以匀角速度ω_O绕O轴转动，并带动连杆$AB=\sqrt{3}r$使圆轮在地面作纯滚动。圆轮的半径为R，在图示瞬时曲柄OA与连杆AB垂直，曲柄OA与水平线的夹角为60°角，$OA=r$。试求该瞬时圆轮的角速度。

第16章 工程力学

质点动力学基本方程

本章是动力学的基础部分，主要介绍质点动力学的基本定律和基本方程，分析力和加速度在直角坐标系下的分量或自然坐标系下的分量的方法，同时还将学习质点动力学的两类基本问题。

16.1 动力学的基本定律与惯性参考系

动力学是研究作用在物体上的力与物体运动状态变化之间关系的学科，动力学的研究以牛顿运动定律为基础；牛顿运动定律的建立则以实验为依据，动力学是牛顿力学（又称经典力学）的一部分。

质点是具有一定质量而几何形状和尺寸大小可以忽略不计的物体。质点是物体最简单、最基础的模型，是构成复杂物体系统的基础。动力学可分为质点动力学和质点系动力学，前者是后者的基础。

16.1.1 动力学基本定律

动力学基本定律是牛顿在总结前人，特别是总结伽利略研究成果的基础上提出来的，这些定律是关于机械运动的基本定律，是研究物体宏观机械运动规律和揭示物体受力与运动变化之间关系的基本依据。动力学基本定律包括牛顿第一定律、牛顿第二定律和牛顿第三定律。

牛顿第一定律

物体如果不受外力作用（包括所受合外力为零的情况），将保持静止或匀速直线运动状态。这是物体的固有属性，称为惯性。这个定律定性地表明了物体受力与运动之间的关系，表明了力是改变物体运动状态的根本原因。

牛顿第二定律

当物体受到外力作用时，所产生的加速度的大小与作用力的大小成正比，而与物体的质量成反比，加速度的方向与力的方向相同。用下式表示

$$\boldsymbol{a} = \frac{\boldsymbol{F}}{m} \text{ 或 } \boldsymbol{F} = m\boldsymbol{a} \tag{16-1}$$

式中，$\boldsymbol{F}$ 为质点所受的力；m 为质点的质量；$\boldsymbol{a}$ 为质点在力 $\boldsymbol{F}$ 作用下产生的加速度。该表达式又称质点动力学基本方程。

牛顿第三定律

两物体间相互作用的作用力与反作用力，总是大小相等、方向相反、沿同一直线。这一定

律是静力学的公理之一，适用任何受力或任何运动状态的物体。

作用与反作用定律对研究质点系动力学问题具有重要意义。因为牛顿第二定律只适用于单个质点，而本章将要研究的问题大多是关于质点系的，牛顿第三定律给出了质点系中各质点间相互作用的关系，从而使质点动力学的理论能推广应用于质点系。

16.1.2　质量与重力的关系以及国际单位制

在地球表面上，质量为 m 的物体，在只有重力 $\boldsymbol{G}$ 作用而自由下落时，其加速度为重力加速度 $\boldsymbol{g}$。由式(16-1)可得物体重力和质量的关系式为

$$\boldsymbol{G} = m\boldsymbol{g} \tag{16-2}$$

重力和质量是两个不同的概念。在不同地区，重力加速度稍有差异，物体的重力也略有不同。在一般计算中，可取 $g = 9.8\,\mathrm{m/s^2}$；而质量是物体惯性的度量，是物体的固有属性，它不随物体的位置变化而变化。在古典力学中，它是不变的常量。

在力学的单位制中，我国采用以国际单位制为基础的计量单位。在国际单位制中，长度单位是 m(米)，质量单位是 kg(千克)，时间单位是 s(秒)。力的单位为导出单位，根据牛顿第二定律，力的单位是 $\mathrm{kg \cdot m/s^2}$，称为 N(牛顿)，即是使 1 kg 质量的物体，产生 $1\,\mathrm{m/s^2}$ 的加速度所需施加力的大小为 1 N。于是，质量为 1 kg 的物体，它的重力为

$$G = mg = 1\,\mathrm{kg} \times 9.8\,\mathrm{m/s^2} = 9.8\,\mathrm{N}$$

16.2　质点的运动微分方程及其应用

16.2.1　质点运动微分方程

在实际应用中，常将动力学的基本方程(16-1)改写为其他不同形式，以便应用。

16.2.1.1　质点运动微分方程的矢量形式

如图 16-1 所示，设有质量为 m 的质点 M，受到合力 $\boldsymbol{F}$ 的作用以加速度 $\boldsymbol{a}$ 运动。根据质点动力学方程有 $m\boldsymbol{a} = \boldsymbol{F}$，用 $\boldsymbol{r}$ 表示质点的位矢，则质点的矢量形式的运动微分方程为

$$m\boldsymbol{a} = m\frac{\mathrm{d}^2\boldsymbol{r}}{\mathrm{d}t^2} = \boldsymbol{F} \tag{16-3}$$

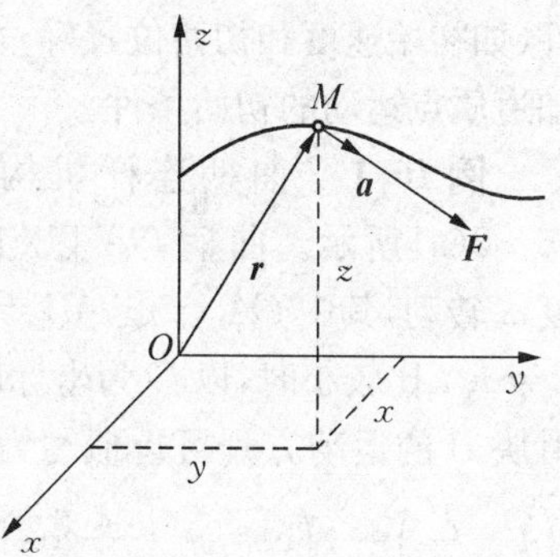

图 16-1　质点运动

矢量形式的微分方程应用于理论分析，在解决工程实际问题时，常将动力学的基本方程(16-1)改写成坐标形式。

16.2.1.2　质点运动微分方程的直角坐标形式

由矢量方程(16-3)在图 16-1 中的直角坐标系上投影，可得到质点的运动微分方程的直角坐标形式

$$
\left.\begin{aligned}
m\frac{\mathrm{d}^2x}{\mathrm{d}t^2}&=F_x\\
m\frac{\mathrm{d}^2y}{\mathrm{d}t^2}&=F_y\\
m\frac{\mathrm{d}^2z}{\mathrm{d}t^2}&=F_z
\end{aligned}\right\}\tag{16-4}
$$

直角坐标形式的运动微分方程，一般适用于所有问题，也是最常用的形式。但对某些具体问题仍有不便之处，如质点做曲线运动时，用直角坐标就不如用自然坐标方便。

16.2.1.3 质点运动微分方程的自然坐标形式

当质点做平面运动，且质点运动轨迹已知时，将矢量方程(16-3)投影到自然坐标系上，可得到质点运动微分方程的自然坐标形式

$$
\left.\begin{aligned}
m\frac{\mathrm{d}^2s}{\mathrm{d}t^2}&=F_{\mathrm{t}}\\
m\frac{v^2}{\rho}&=F_{\mathrm{n}}
\end{aligned}\right\}\tag{16-5}
$$

式中，ρ 为质点运动轨迹的曲率半径。

除了以上几种常见的质点运动微分方程外，根据点的运动特点，还可以应用其他形式，如柱坐标、球坐标、极坐标等。正确分析研究对象的运动特点，选择一组合适的微分方程，会使问题的求解过程大为简化。

16.2.2 质点动力学的两类基本问题

应用质点运动微分方程，可以求解质点动力学的两类基本问题。

第一类基本问题：**已知质点的运动，求解此质点所受的力。**

第二类基本问题：**已知作用在质点上的力，求解此质点的运动。**

一般来说，第一类基本问题需用微分和代数方法求解，第二类基本问题需用积分方法求解。第二类问题求解微分方程时将出现积分常数，这些积分常数通常根据质点运动的初始条件(如初始速度和初始位置等)来确定。因此，对于这类问题，除了作用于质点的外力，还必须知道质点运动的初始条件。

例 16.1 曲柄连杆机构如图 16-2(a)所示。曲柄 OA 以匀角速度 ω 转动，其中 $OA=r$、$AB=l$，当 $\lambda=r/l$ 比较小时，以 O 为坐标原点，滑块 B 的运动方程可近似写为 $x=l\left(1-\frac{\lambda^2}{4}\right)+r\left(\cos\omega t+\frac{\lambda}{4}\cos 2\omega t\right)$。如滑块的质量为 m，忽略摩擦及连杆 AB 的质量，试求当 $\varphi=\omega t=0$ 和 $\frac{\pi}{2}$ 时，连杆 AB 所受的力。

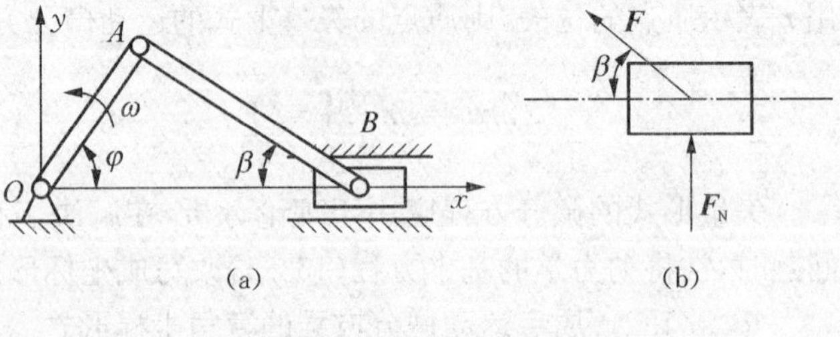

(a) (b)

图 16-2 例 16.1 的图

解： 以滑块 B 为研究对象，当 $\varphi=\omega t$ 时，受力如图 16-2(b)所示。由于不计连杆质量，连杆 AB 为二力杆，则它对滑块 B 的力 $\boldsymbol{F}$ 沿 AB 方向。

写出滑块沿 x 轴的运动微分方程：

$$ma_x = -F\cos\beta$$

由题设的运动方程，可以求得

$$a_x = \frac{\mathrm{d}^2x}{\mathrm{d}t^2} = -r\omega^2(\cos\omega t + \lambda\cos 2\omega t)$$

当 $\omega t = 0$ 时，$a_x = -r\omega^2(1+\lambda)$，且 $\beta = 0$，得 AB 杆受拉力

$$F = mr\omega^2(1+\lambda)$$

当 $\omega t = \frac{\pi}{2}$ 时，$a_x = r\omega^2\lambda$，$\cos\beta = \sqrt{l^2 - r^2}/l$，则有 $mr\omega^2\lambda = -F\sqrt{l^2-r^2}/l$，得 AB 杆受压力 $F = -mr^2\omega^2/\sqrt{l^2-r^2}$。

例 16.2 如图 16-3 所示，小球质量为 m，悬挂于长为 l 的细绳上，绳重不计。小球在铅垂面内摆动时，在最低处的速度为 v；摆到最高处时，绳与铅垂线夹角为 φ，此时小球速度为零。试分别计算小球在最低和最高位置时绳的拉力。

解：如图 16-3 所示，由于小球做圆周运动，小球在最低处受重力 $\boldsymbol{G} = m\boldsymbol{g}$ 和绳拉力 $\boldsymbol{F}_1$。此时有法向加速度 $a_n = v^2/l$，由质点运动微分方程沿法向的投影式，有

$$F_1 - mg = ma_n = m\frac{v^2}{l}$$

则绳的拉力 $F_1 = mg + m\frac{v^2}{l} = m\left(g + \frac{v^2}{l}\right)$

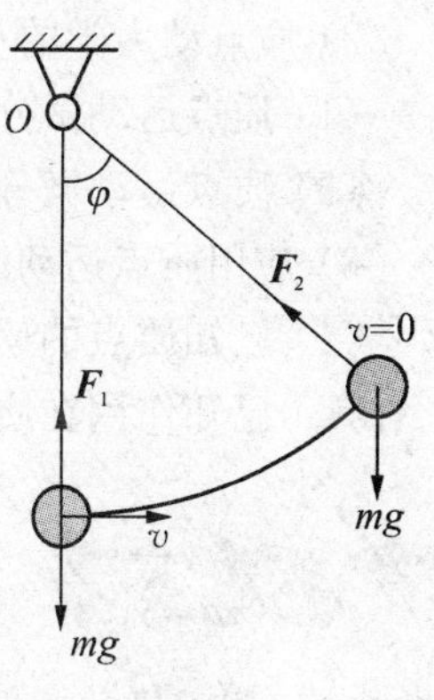

图 16-3 例 16.2 的图

小球在最高处 φ 角时，受力分析如图 16-3 所示，由于小球此时速度为零，法向加速度为零，则其运动微分方程沿法向投影式为

$$F_2 - mg\cos\varphi = ma_n = 0$$

则绳的拉力 $F_2 = mg\cos\varphi$

例 16.3 图 16-4 表示物体在阻尼介质中自由降落的情况。设物体所受到的介质阻力 $F_R = cA\rho v^2$，其中 c 为阻力系数，ρ 是介质密度，A 是物体垂直于速度方向的最大面积，v 是物体降落的速度。求物体降落的极限速度。

解：取物体为研究对象，如图 16-4 所示，选点 O 为坐标原点，坐标轴 x 沿铅垂线向下。物体在任意位置受重力 $\boldsymbol{G}$ 和介质阻力 $\boldsymbol{F}_R$ 的作用，建立质点运动微分方程如下：

$$m\frac{\mathrm{d}^2x}{\mathrm{d}t^2} = G - cA\rho v^2 \qquad ①$$

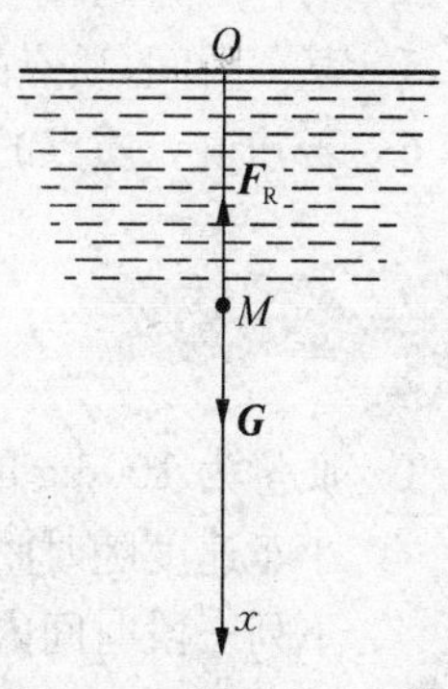

图 16-4 例 16.3 的图

上式表明，在运动开始不久的一段时间内，由于速度 v 较小，则阻力 $F_R = cA\rho v^2$ 也较小，故 $G - cA\rho v^2 > 0$，因此物体加速降落。但由于物体速度逐渐增加，阻力 $\boldsymbol{F}_R$ 按速度平方迅速增大，于是重力 $\boldsymbol{G}$ 与阻力 $\boldsymbol{F}_R$ 的合力所引起的加速度逐渐减小。当速度达到某一数值时，加

速度为零，这时的速度叫做极限速度，以 v_{max} 极限表示，这时式①为

$$0 = G - cA\rho v_{max}^2$$

故极限速度

$$v_{max} = \sqrt{\frac{G}{cA\rho}}$$

物体达到极限速度后，将匀速下降。

小 结

1）牛顿三定律：

(1) 物体如果不受外力作用，将保持静止或匀速直线运动状态，这种特性称为惯性。

(2) 作用在质点上的力与其加速度成正比。

(3) 作用力与反作用力总是等值、反向和共线的，分别作用在两个物体上。

2）质点动力学的基本方程为 $m\boldsymbol{a} = \boldsymbol{F}$，有两种坐标形式，应用时选用合适的坐标：

(1) 质点运动微分方程的直角坐标形式。

(2) 质点运动微分方程的自然坐标形式。

3）应用质点运动微分方程，可以求解两类基本问题：

(1) 已知质点的运动，求解此质点所受的力。

(2) 已知作用在质点上的力，求解此质点的运动。

思考题

16.1 何谓质量？质量与重量有什么区别？

16.2 一宇航员体重为 700 N，在太空中漫步时，他的体重与在地球上一样吗？

16.3 什么是惯性？是否任何物体都具有惯性？正在加速运动的物体，其惯性是仍然存在还是已经消失？

16.4 质点的运动方向是否就是作用于质点上的合力方向，质点的加速度方向是否就是质点的合力方向？

16.5 某一瞬间，质点的加速度大是否说明该质点所受的作用力也一定大？

16.6 若知道一质点的质量和所受到的力，能否知道它的运动规律？

16.1 质量为 100 kg 的加料小车沿倾角为 75°的轨道被提升，小车速度随时间变化的规律如图 16-5 所示。试求在下列三段时间内钢丝绳的拉力：① $t=0\sim2$ s；② $t=2\sim10$ s；③ $t=10\sim15$ s。

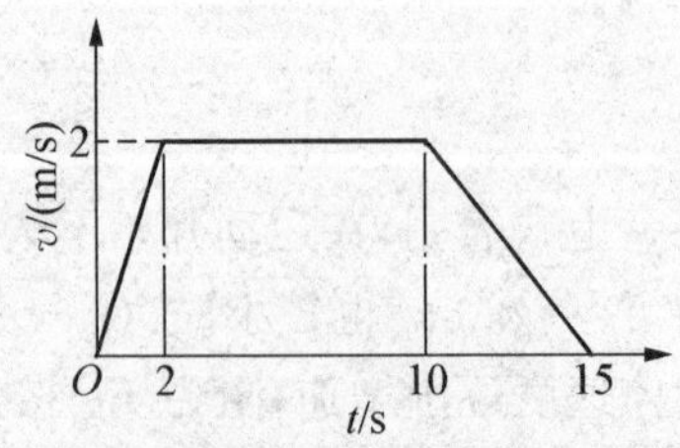

图 16-5 习题 16.1 的图

16.2 质点 M 的质量为 m，运动方程为 $x = b\cos\omega t$，$y =$

$d\sin\omega t$，其中 b，d，ω 为常量。求作用在此质点上的力。

16.3 如图 16－6 所示，起重机上吊车吊着质量 $m=10^3$ kg 的物体，沿轨道以速度 $v_0=3$ m/s 做匀速运动。因故紧急制动后，重物由于惯性绕悬点 O 向前摆动。已知绳长 $l=3$ m，若不计绳的质量，求制动后绳子的最大拉力。

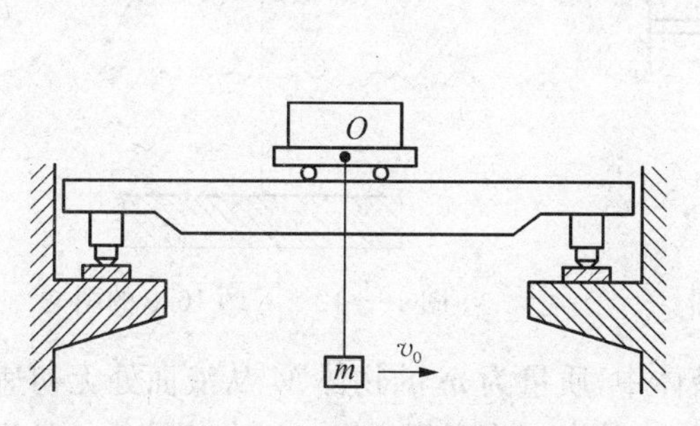

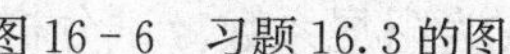

图 16－6 习题 16.3 的图

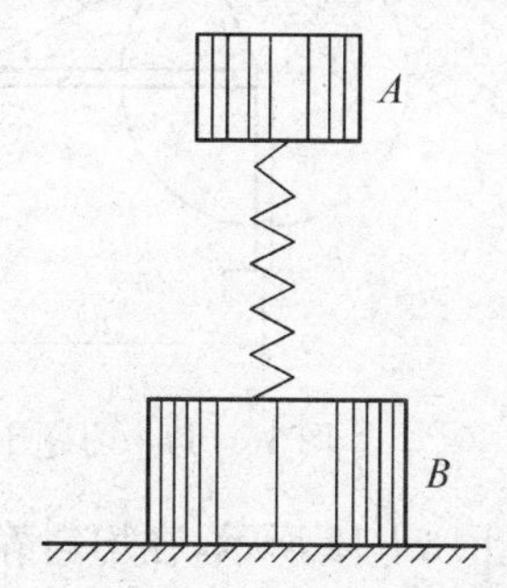

图 16－7 习题 16.4 的图

16.4 物块 A、B，质量分别为 $m_1=100$ kg，$m_2=200$ kg，用弹簧联结如图 16－7 所示。设物体 A 在弹簧上按规律 $x=20\sin 10t$ 作简谐运动（x 以 mm 计，t 以 s 计），求水平面所受的压力的最大值和最小值。

16.5 如图 16－8 所示，质量为 m 的球 A，用两根长为 l 的杆支撑。支撑架以匀角速度 ω 绕铅直轴 BC 转动，已知 $BC=2a$，杆 AC 的两端均为铰接，杆重忽略不计。求杆 AB，AC 所受的力。

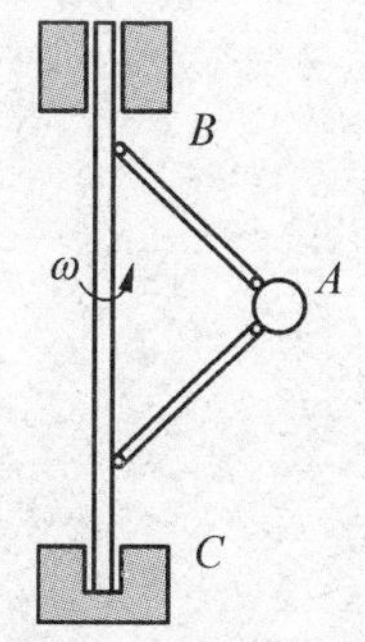

图 16－8 习题 16.5 的图

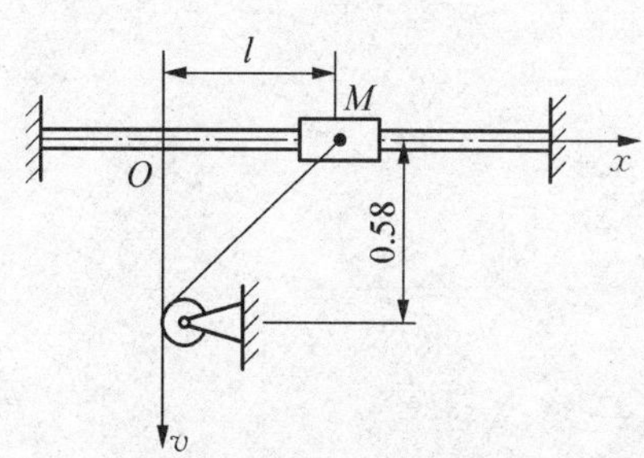

图 16－9 习题 16.6 的图

16.6 将绳子的自由端以 10.2 m/s 的恒定速度向下拉，从而使得质量为 500 g 的套筒 M 向左移动，如图 16－9 所示，求当 $l=50.8$ cm 时绳中的拉力。图中长度单位为 m。

16.7 小球 M 重为 G，以绳 AM 悬在固定点 A，此球以匀速沿一水平面的圆周运动，如图 16－10 所示。已知绳长 l 及其与铅垂线所成角度 α，求绳中拉力 $\boldsymbol{F}_{\mathrm{T}}$ 和小球速度 v。

16.8 滑块 A 的质量为 m，因绳子牵引使之沿水平轨道滑动。绳子缠在半径为 r 的鼓轮上，鼓轮以匀角速度 ω 转动。不计导轨摩擦，求绳子拉力 $\boldsymbol{F}_{\mathrm{T}}$ 和距离 x 间的关系。

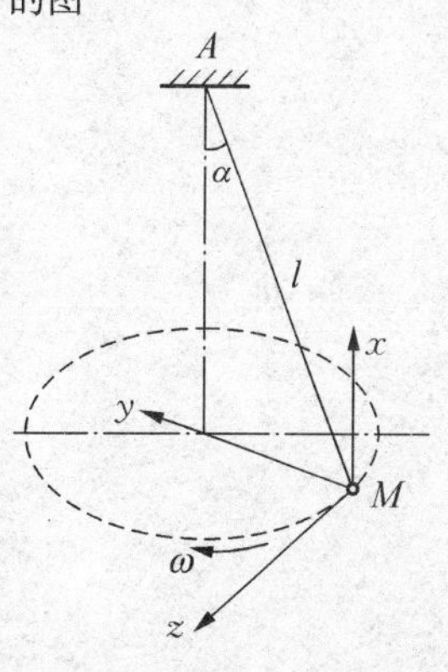

图 16－10 习题 16.7 的图

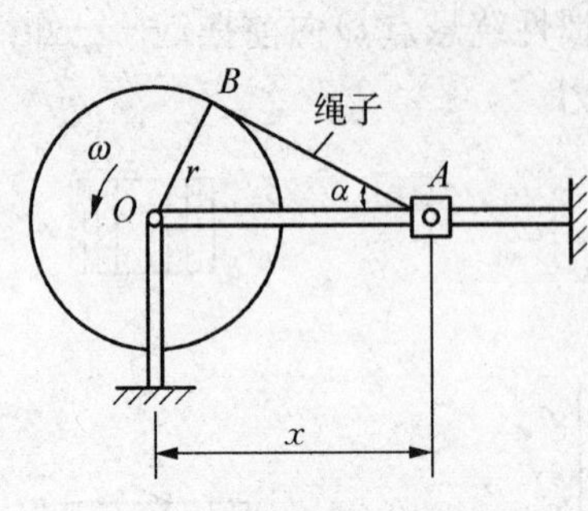

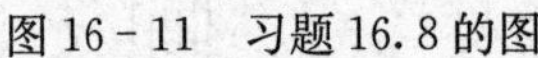
图 16-11　习题 16.8 的图

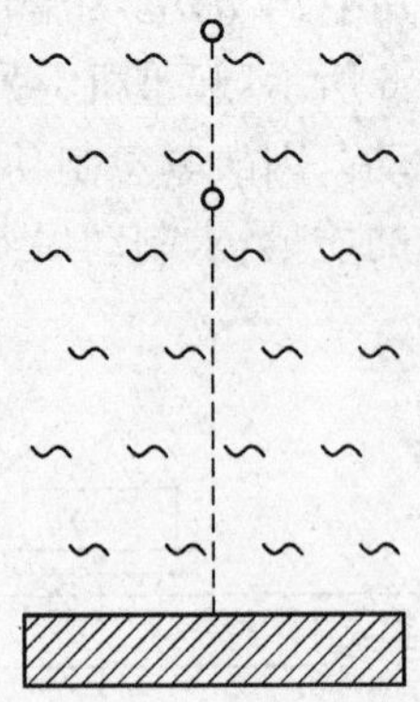
图 16-12　习题 16.9 的图

16.9　如图 16-12 所示，在均匀静止的液体中，质量为 m 的物体 M 从液面处无初速度下沉，如图所示。假设液体阻力 $F_R=-\mu v$，其中 μ 为阻尼系数。试分析该物体的运动规律。

第17章 达朗伯原理

工 程 力 学

达朗伯原理提供了解决动力学问题的另一种方法，它是在引入了惯性力的基础上，用静力学中研究力系平衡问题的方法来研究动力学中不平衡的问题，故运用这一原理求解动力学问题的方法又被称为动静法。静力学的方法为一般工程技术人员所熟悉，比较简单，容易掌握，因此，动静法在工程技术中得到广泛的应用。利用动静法求非自由质点系的约束力比较方便。

17.1 惯性力的概念

达朗伯原理涉及到一个重要的概念，即**惯性力**的概念。任何物体都有保持静止或匀速直线运动的属性，称为惯性。当物体受到外力作用而产生运动状态的变化时，运动物体即对施力物体产生反作用力，由于这种反作用力是因运动物体的惯性所引起的，故称为运动物体的惯性力，力作用对象是施力物体。

下面举例说明什么是惯性力。设工人沿着光滑地面用手推车，车的质量为 m，手对车的推力为 $\boldsymbol{F}$，车子获得的加速度为 $\boldsymbol{a}$，如图 17-1 所示。根据动力学基本定律有

$$\boldsymbol{F} = m\boldsymbol{a}$$

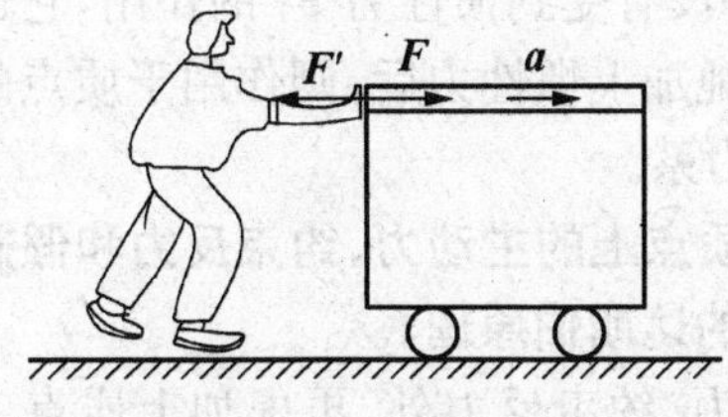

图 17-1　小车的惯性力

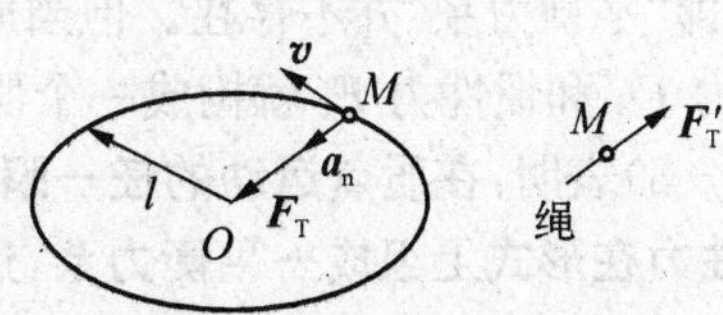

图 17-2　小球的惯性力

同时，车对工人的手作用一反作用力 $\boldsymbol{F}'$，根据作用力与反作用力的关系有

$$\boldsymbol{F}' = -\boldsymbol{F} = -m\boldsymbol{a}$$

这个反作用力 $\boldsymbol{F}'$ 就是小车的惯性力。

再如图 17-2 所示，用绳的一端系住质量为 m 的小球，另一端固结于光滑水平平台的 O 点，让小球在平台上作圆周运动。设绳长为 l，在绳子拉力 $\boldsymbol{F}_T$ 的作用下，小球以速度 $\boldsymbol{v}$ 在水平面内作匀速圆周运动，则有

$$F_T = ma_n = m\frac{v^2}{l}$$

同时，小球对绳子必作用有一反作用力 $\boldsymbol{F}'_T$，这个力就是小球的惯性力，它是由于小球的惯性运动遭到破坏而表现出其惯性的力，若没有绳子拉住小球，它将沿切线方向作匀速直线运动。显然，小球的惯性力 $\boldsymbol{F}'_T=-m\boldsymbol{a}_n$。因此，当质点受到力的作用而产生加速度时，质点由于惯性必然给施力物体以反作用力，该反作用力称为质点的**惯性力**。质点惯性力的大小等于质点的质量与加速度的乘积，方向与加速度的方向相反，它不作用于运动质点本身，而是质点作用于周围施力物体上的力。用统一符号 $\boldsymbol{F}_I$ 来表示惯性力，即惯性力 $\boldsymbol{F}_I=-m\boldsymbol{a}$。惯性力是客观存在的，例如，高速飞行的子弹能把钢板击穿，是由于子弹的惯性力；又如锤锻金属使锻件产生变形，也是由于锤子的惯性力。

17.2 质点的达朗伯原理

设一质点的质量为 m，加速度为 $\boldsymbol{a}$，作用于质点的力有主动力 $\boldsymbol{F}$ 和约束反力 $\boldsymbol{F}_N$，如图 17-3 所示。根据动力学基本定律有

$$m\boldsymbol{a}=\boldsymbol{F}+\boldsymbol{F}_N \tag{17-1}$$

或

$$\boldsymbol{F}+\boldsymbol{F}_N-m\boldsymbol{a}=0 \tag{17-2}$$

令

$$\boldsymbol{F}_I=-m\boldsymbol{a}$$

则有

$$\boldsymbol{F}+\boldsymbol{F}_N+\boldsymbol{F}_I=0 \tag{17-3}$$

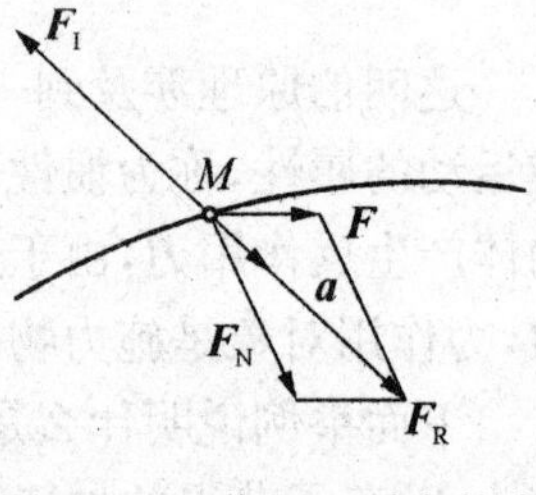

图 17-3 作用于质点的力

上式在形式上是力系的平衡方程。实际上质点并没有受到惯性力 $\boldsymbol{F}_I$ 的作用，它也不处于平衡状态，即"平衡力系"并不存在。但当质点上假想地加上惯性力后，则作用于质点的主动力 $\boldsymbol{F}$、约束反力 $\boldsymbol{F}_N$ 和惯性力 $\boldsymbol{F}_I$ 就构成一个假想的平衡力系。

式(17-3)表明：**在质点运动的任一瞬时，作用于质点上的主动力、约束反力和假想加在质点上的惯性力在形式上组成一平衡力系**，这就是**质点的达朗伯原理**。

在研究质点动力学问题时，除作用于质点的主动力、约束反力外，再虚加上质点上的惯性力，就可得到一假想的平衡力系，列出该力系的平衡方程，其实这是质点的动力学基本方程，由此可求出未知力或加速度。于是，质点动力学问题就可以在形式上化为静力学问题来求解，这种方法称为**动静法**。动静法只是一种方法，但它在动力学问题中有十分广泛的应用。

例 17.1 小物块 A 放在车的斜面上，斜面倾角为 30°(见图 17-4(a))。物块 A 与斜面的静摩擦因数 $f_s=0.2$，若车向左加速运动，试问使物块不致沿斜面下滑的加速度 $\boldsymbol{a}$。

解：以小物块 A 为研究对象，并视其为质点。作物块 A 的受力图，其上作用有重力 $\boldsymbol{G}$，法向反力 $\boldsymbol{F}_N$ 和摩擦力 $\boldsymbol{F}_f$。物块随车以加速度 $\boldsymbol{a}$ 运动，其惯性力的大小为 $F_I=\dfrac{G}{g}a$。将此惯性力以与 $\boldsymbol{a}$ 相反的方向加到物块上(见图 17-4(b))。取直角坐标系，建立平衡方程：

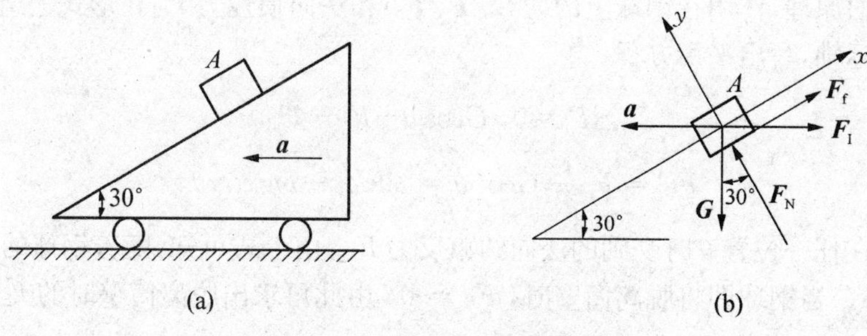

图 17-4　例 17.1 的图

$$\sum F_x = 0,\ F_f + F_I \cos 30° - G\sin 30° = 0$$

即

$$f_s F_N + \frac{G}{g} a \cos 30° - G\sin 30° = 0 \quad ①$$

$$\sum F_y = 0,\ F_N - F_I \sin 30° - G\cos 30° = 0$$

即

$$F_N - \frac{G}{g} \sin 30° - G\cos 30° = 0 \quad ②$$

由式①、②联立解得

$$a = \frac{\sin 30° - f_s \cos 30°}{f_s \sin 30° + \cos 30°} g = 3.32(\mathrm{m/s^2})$$

故欲使物块不沿斜面下滑，必须满足 $a \geqslant 3.32\ \mathrm{m/s^2}$。

例 17.2　已知球磨机的滚筒如图 17-5 所示，当球磨机滚筒以等角速度 ω 绕水平轴 O 转动，带动滚筒内的钢球，使之旋转到一定的 θ 角后脱离筒壁，沿抛物线下落来打击物料。设滚筒半径为 R，试求钢球脱离球磨机滚筒时的角 θ 及钢球随滚筒转动而不落下时滚筒的临界角速度 ω_{cr}。

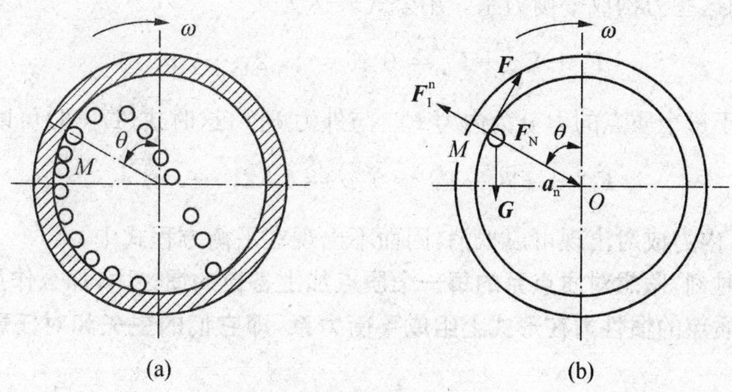

图 17-5　例 17.2 的图

解：以未脱离筒壁的最外层一个小球为研究对象，不考虑其他球对它的作用力，它受到重力 $\boldsymbol{G}$、摩擦力 $\boldsymbol{F}$ 和法向约束反力 $\boldsymbol{F}_N$ 的作用。

钢球随筒作匀速圆周运动，有法向加速度 $a_n = R\omega^2$。在钢球上加上法向惯性力 $\boldsymbol{F}_{nI}$，其大小 $\boldsymbol{F}_{nI} = ma_n = mR\omega^2$，方向与法向加速度 $\boldsymbol{a}_n$ 相反。

根据达朗伯原理，作用在钢球上的力 $\boldsymbol{G}$、$\boldsymbol{F}$、$\boldsymbol{F}_N$ 和法向惯性力 $\boldsymbol{F}_{nI}$ 在形式上组成平衡力系。

取自然坐标轴，写出平衡方程：

$$\sum F_n=0,\ G\cos\theta+F_N-F_{nI}$$

即

$$F_N=F_{nI}-G\cos\theta=mR\omega^2-mg\cos\theta$$

这是钢球在任一位置 θ 时受到的法向约束反力 F_N，由上式可知，随着钢球的上升，θ 减小，F_N 将逐渐减小。当钢球即将脱离筒壁时，$F_N=0$，由此可求出脱离筒壁时的夹角 θ：

$$\theta=\arccos\left(\frac{R\omega^2}{g}\right)$$

若增大滚筒转速，则钢球能和滚筒一起转到最高点，且此时 $F_N=0$，即钢球在 $\theta=0$ 时，$F_N=0$，因此

$$\cos 0^\circ=\frac{R\omega^2}{g}=1$$

求出球磨机滚筒的临界角速度为

$$\omega_{cr}=\sqrt{\frac{g}{R}}$$

设计计算中，一般球磨机的工作角速度选取为 $0.76\omega_{cr}\sim0.88\omega_{cr}$。

17.3 质点系的达朗伯原理

达朗伯原理可以推广到质点系，如果对质系中的每个质点，除主动力及约束力外，再加上假想的惯性力，则这些力构成平衡力系。用公式表达为

$$\boldsymbol{F}_i+\boldsymbol{F}_{Ni}+\boldsymbol{F}_{Ii}=0\ (i=1,\ 2,\ \cdots,\ n) \tag{17-4}$$

也可将作用于每个质点的力分为内力 $\boldsymbol{F}_i^{(i)}$ 与外力 $\boldsymbol{F}_i^{(e)}$，这时式(17-4)可以写为

$$\boldsymbol{F}_i^{(e)}+\boldsymbol{F}_i^{(i)}+\boldsymbol{F}_{Ii}=0\ (i=1,\ 2,\ \cdots,\ n) \tag{17-5}$$

对于质点系，内力成对出现可以抵消，因而不出现在平衡方程式中。

如果在任一时刻，**假想对质点系的每一个质点加上各自的惯性力，那么作用在质点系上的所有外力和所有质点的惯性力在形式上组成平衡力系，即它们的主矢和对任意点的主矩分别为零**。即

$$\left.\begin{aligned}\sum\boldsymbol{F}_i^{(e)}+\sum\boldsymbol{F}_{Ii}=0\\ \sum m_O(\boldsymbol{F}_i^{(e)})+\sum m_O(\boldsymbol{F}_{Ii})=0\end{aligned}\right\} \tag{17-6}$$

式中，$\sum F_{Ii}$ 称为惯性力系的主矢，$\sum m_O(F_{Ii})$ 为惯性力系对 O 点的主矩。

例 17.3 滑轮半径为 r，重量为 $\boldsymbol{G}$，可绕水平轴转动，轮缘上跨过的软绳两端各挂重量为 $\boldsymbol{G}_1$ 和 $\boldsymbol{G}_2$ 的重物，且 $G_1>G_2$，如图 17-6 所示。设开始时系统静止，绳的重量不计，绳与滑轮

之间无相对滑动，滑轮的质量全部均匀地分布在轮缘上，轴承的摩擦忽略不计。求重物的加速度。

解：以滑轮与重物所组成的质点系为研究对象。它受到重力 $\boldsymbol{G}_1$，$\boldsymbol{G}_2$，$\boldsymbol{G}$ 和轴承约束反力 $\boldsymbol{F}_{Ox}$、$\boldsymbol{F}_{Oy}$ 的作用。

由于 $G_1 > G_2$，设重物的加速度大小为 a，方向各自如图 17-6 所示。在质点系中每个质点上假想地加上惯性力，惯性力的方向与各自的加速度方向相反，大小分别为：

$$F_{\text{I1}} = \frac{G_1}{g}a,\ F_{\text{I2}} = \frac{G_2}{g}a$$

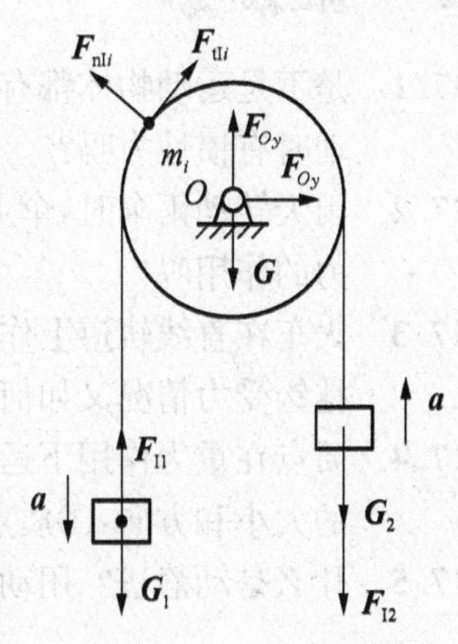

图 17-6 例 17.3 的图

由于绳与滑轮间无相对滑动，所以轮缘上各点的切向加速度 $a_{\text{t}i} = a$，法向加速度 $a_{\text{n}i} = \dfrac{v^2}{r}$。设滑轮边缘上各点的质量为 m_i，在各质点上加上其切向惯性力的大小 $F_{\text{tI}i} = m_i a_{\text{t}i} = m_i a$，方向沿轮缘切线，指向如图 17-6 所示；法向惯性力的大小 $F_{\text{nI}i} = m_i a_{\text{n}i} = m_i\dfrac{v^2}{r}$，方向沿半径背离轮心。

应用质点系达朗伯原理，有平衡方程

$$(G_1 - G_2)r - F_{\text{I1}}r - F_{\text{I2}}r - \sum F_{\text{tI}i}\cdot r = 0$$

因为

$$\sum F_{\text{tI}i}\cdot r = \sum m_i ar = ar\sum m_i = ar\frac{G}{g}$$

解得

$$a = \frac{G_1 - G_2}{G_1 + G_2 + G}g$$

小 结

(1) 质点的惯性力定义为

$$\boldsymbol{F}_{\text{I}} = -m\boldsymbol{a}$$

(2) 质点的达朗伯原理：质点上的主动力、约束力及假想的惯性力构成平衡力系。

$$\boldsymbol{F} + \boldsymbol{F}_{\text{N}} + \boldsymbol{F}_{\text{I}} = 0$$

根据达朗伯原理，可通过加惯性力将动力学问题转化为静力学问题求解。这就是动静法。用这种办法解题的优点是可以充分利用静力学中的解题方法及技巧。

(3) 质点系的达朗伯原理：在质点系上的所有外力和所有质点的惯性力在形式上组成平衡力系，即它们的主矢和对任意点的主距分别为零。

$$\left.\begin{aligned}\sum \boldsymbol{F}_i^{(e)} + \sum \boldsymbol{F}_{\text{I}i} = 0\\ \sum m_O(\boldsymbol{F}_i^{(e)}) + \sum m_O(\boldsymbol{F}_{\text{I}i}) = 0\end{aligned}\right\}$$

17.1 是不是运动物体都有惯性力？质点作匀速直线运动时有无惯性力？质点作匀速圆周运动时有惯性力吗？

17.2 雨天转动雨伞时，伞上的雨点脱离伞的边缘飞出，如何解释这种现象？是因为受到离心力的作用吗？

17.3 火车在直线轨道上作加速行驶时，哪一节车厢挂钩受力最大？为什么？匀速行驶时，各挂钩受力情况又如何？

17.4 质点在重力作用下运动时，若不计空气阻力，试确定在下列三种情况下，该质点惯性力的大小和方向：①质点作自由落体运动；②质点被竖直上抛；③质点被斜上抛。

17.5 什么是动静法？用动静法解题与用动力学其他方法有何不同？

17.1 汽车以匀速 v 沿曲率半径为 ρ 的圆弧路面拐弯。欲使两轮的垂直压力相等，问路面的斜角 α 应为多少？

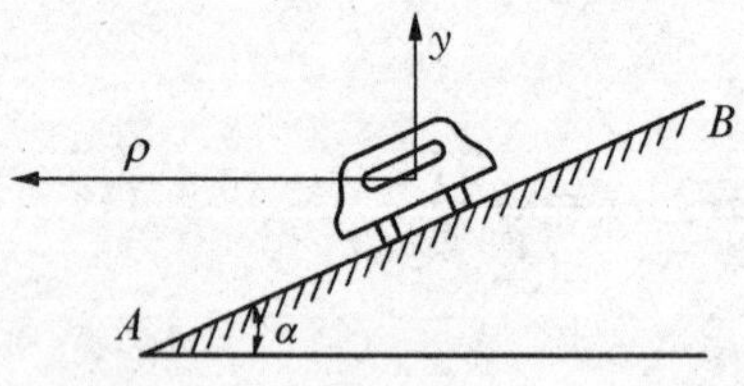

图 17-7 习题 17.1 的图

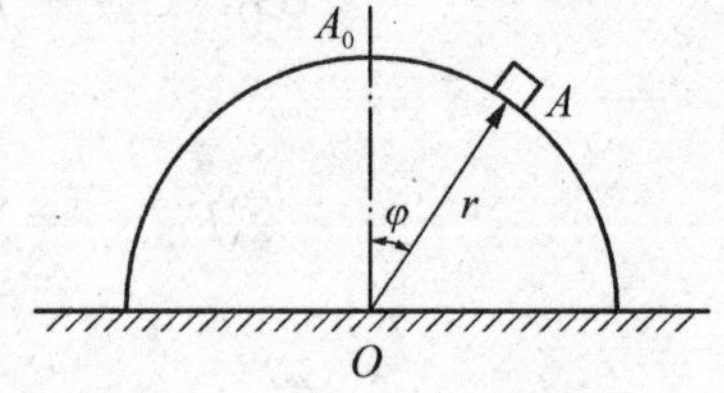

图 17-8 习题 17.2 的图

17.2 如图 17-8 所示物块从半径为 r 的光滑半圆柱体顶点 A_0 以微小初速度下滑，求物块 A 离开半圆柱体时的 φ 角。

17.3 重为 G 的小物块，自 A 点在铅垂面内沿半径为 r 的半圆 ACB 滑下，其初速度为零，不计阻力。试求物块在半圆任意位置时所受的约束力。

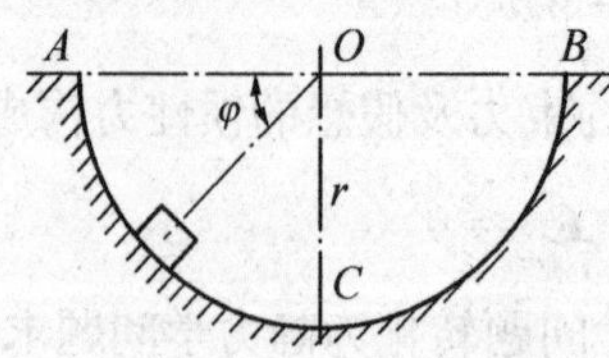

图 17-9 习题 17.3 的图

17.4 在绕铅垂轴以匀角速度 ω 转动的杆 AB 上套一质量为 m 的小球，如图 17-10 所示。求小球在杆上的相对平衡位置。不计摩擦。

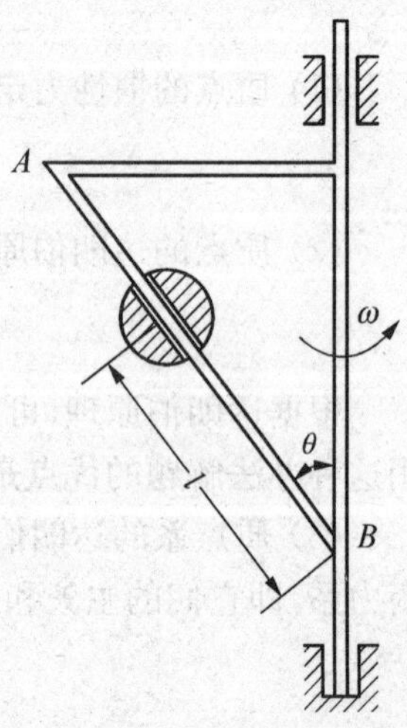

图 17-10 习题 17.4 的图

17.5 如图 17－11 所示，物块 A 放在光滑的斜面上，随斜面一起以匀转速 $n = 10\ \mathrm{r/min}$ 绕 y 轴转动。设物块 A 重 100 N，$l = 0.2\ \mathrm{m}$，求绳 AB 的张力。

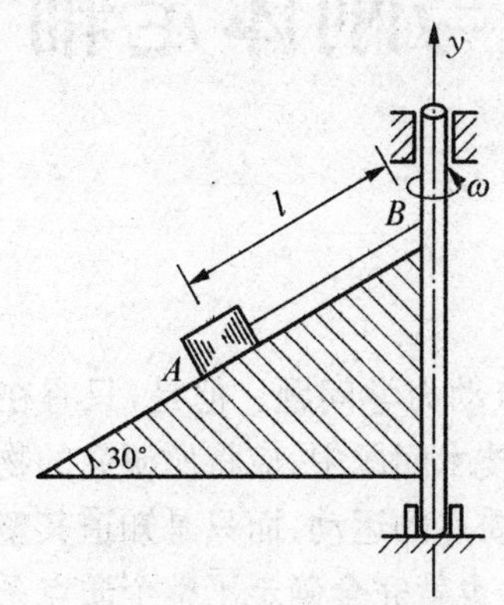

图 17－11　习题 17.5 的图

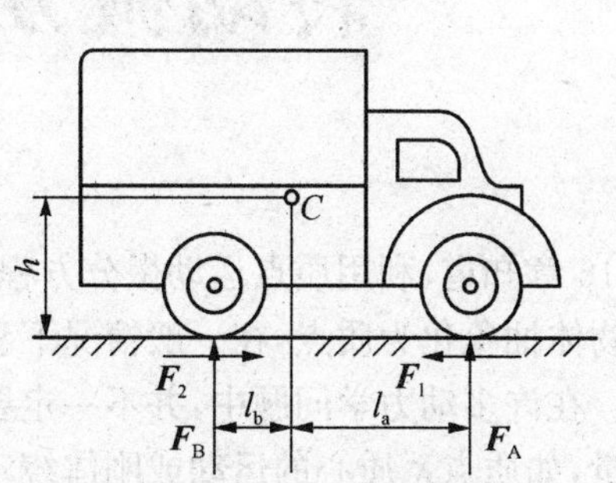

图 17－12　习题 17.6 的图

17.6 汽车质量为 m，质心 C 高度为 h，与前后轴之横距为 l_a、l_b，以加速度 a 向前行驶，如图 17－12 所示。试求前后轮的正压力，并求当两轮正压力相等时的加速度。

17.7 放在光滑斜面上的物体 A，质量为 40 kg，置于 A 上的物体 B 的质量为 15 kg，力 $F = 500\ \mathrm{N}$，其作用线平行于斜面，如图 17－13 所示。为使 A，B 两物体不发生相对滑动，求它们之间的摩擦系数的最小值。

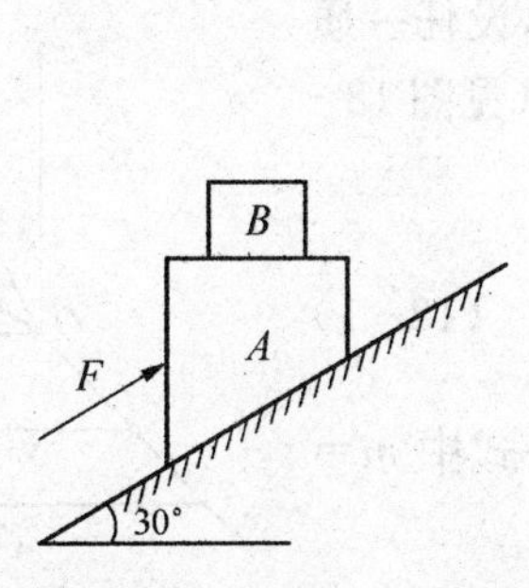

图 17－13　习题 17.7 的图

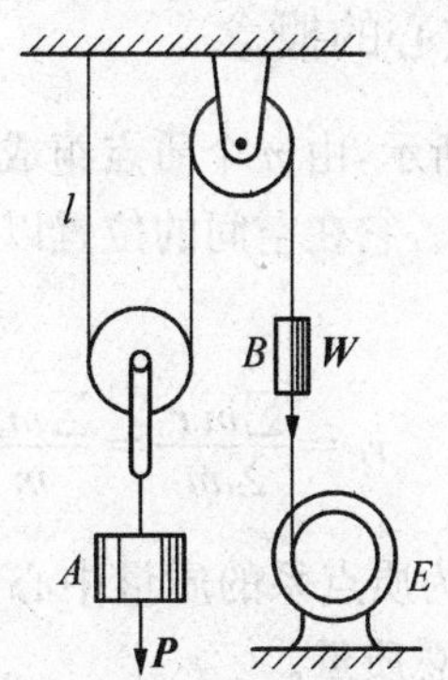

图 17－14　习题 17.8 的图

17.8 有 A，B 两物体，重量分别为 $P = 20\ \mathrm{kN}$、$W = 8\ \mathrm{kN}$，连接如图 17－14 所示，并由电动机 E 带动。已知绕在电动机轴上的绳的张力为 3 kN，不计滑轮重，求物体 A 的加速度和绳子 l 的张力。

17.9 如图 17－15 所示矩形块质量 $m_1 = 100\ \mathrm{kg}$，置于平台车上。车质量 $m_2 = 50\ \mathrm{kg}$，此车沿光滑的水平面运动。车和矩形块在一起由质量为 m_3 的物体牵引，使之做加速运动。设物块与车之间的摩擦力足够阻止相对滑动，求能够使车加速运动而 m_1 块不倒的质量 m_3 的最大值，以及此时车的加速度大小。

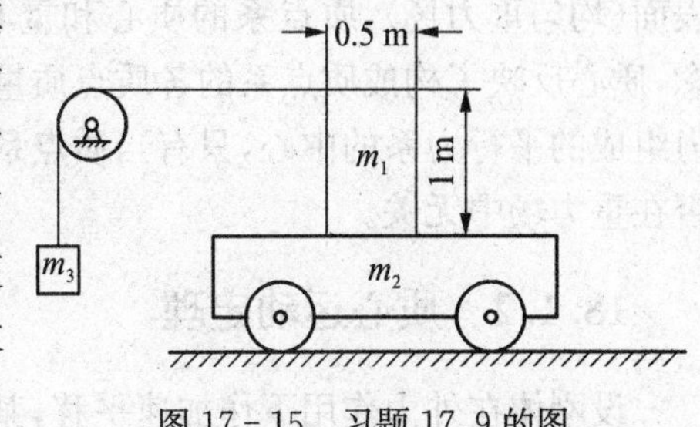

图 17－15　习题 17.9 的图

第18章 质心运动定理与刚体定轴转动微分方程

工 程 力 学

由第16章知道，利用质点运动微分方程可求解质点动力学问题。但是，只有在特殊情形下才能把物体抽象化为质点，在一般情况下和多数工程技术问题中，应将所研究的物体抽象化为质点系。在许多动力学问题中，并不一定要知道每个质点的运动，而只是知道其整体运动的某些特征量，如质点系质心的运动或刚体绕定轴转动等，也就完全确定了整个质点系或刚体的运动。因此，为了迅速而有效地解决质点系动力学问题，本章研究质心运动定理与刚体定轴转动微分方程。

18.1 质心运动定理

18.1.1 质心的概念

如图18-1所示，由 n 个质点组成的质点系中，设任一质点 M_i 的质量为 m_i，它在空间的位置以矢径 $\boldsymbol{r}_i$ 表示（见图18-1），则由式

$$\boldsymbol{r}_C=\frac{\sum m_i\boldsymbol{r}_i}{\sum m_i}=\frac{\sum m_i\boldsymbol{r}_i}{m} \tag{18-1}$$

所确定的点 C 称为质点系的质量中心，简称质心。式中 $m=\sum m_i$ 为质点系的总质量。

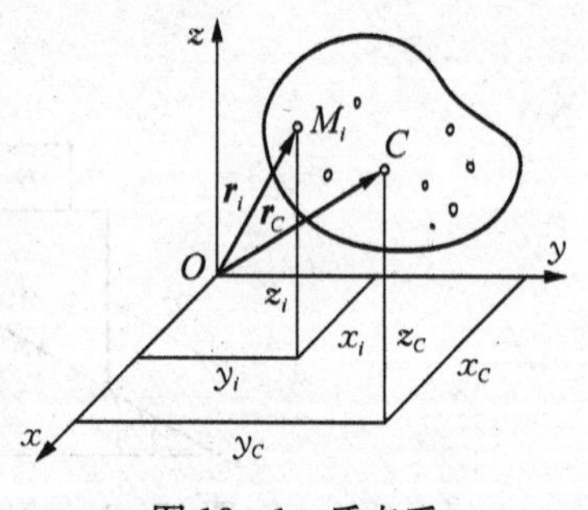

图18-1 质点系

质心位置的直角坐标形式为

$$x_C=\frac{\sum m_ix_i}{m},\ y_C=\frac{\sum m_iy_i}{m},\ z_C=\frac{\sum m_iz_i}{m} \tag{18-2}$$

若将式(18-2)中的分子、分母同乘以重力加速度 g 即得重心的坐标公式。可见，在地球表面（均匀重力场），质点系的质心和重心的位置相重合。但是，质心与重心是两个不同的概念，质心反映了构成质点系的各质点质量的大小及质点的分布情况；而重心是各质点所受的重力组成的平行力系的中心，只有当质点系处于重心场时重心才有意义，而质心则与该质点系是否在重力场中无关。

18.1.2 质心运动定理

设刚体在外力作用下作加速平移，某瞬时刚体上各质点的加速度 $\boldsymbol{a}_i$ 均相同，且都等于质

心的加速度为 $\boldsymbol{a}_C$（图 18-2）。按照质点的动静法，在刚体内每个质点上虚加质点的惯性力 $\boldsymbol{F}_{\mathrm{I}i}=-m_i\boldsymbol{a}_i=-m_i\boldsymbol{a}_C$，它和刚体内每个质点上作用的主动力和约束力组成形式上的平衡力系。

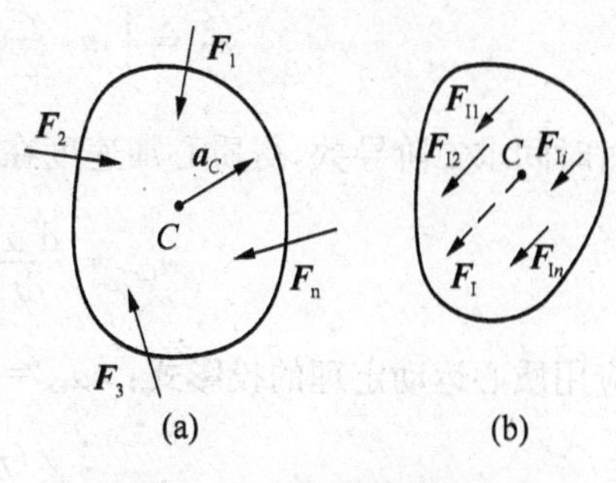

图 18-2　质点的动静法

平移刚体上惯性力系组成空间平行力系。与重心计算相类似，该惯性力系的简化结果为一个通过质心 C 的合力。即

$$\boldsymbol{F}_{\mathrm{I}}=\sum\boldsymbol{F}_{\mathrm{I}i}=-\sum m_i\boldsymbol{a}_i=-\left(\sum m_i\right)\boldsymbol{a}_C=-m\boldsymbol{a}_C \tag{18-3}$$

式中，m 为刚体总质量，于是，平移刚体上的外力 $\sum\boldsymbol{F}_i$（包括主动力与约束力）与该惯性力系的合力 $\boldsymbol{F}_{\mathrm{I}}$ 共同构成一个形式上的平衡力系。即

$$\sum\boldsymbol{F}_i+\boldsymbol{F}_{\mathrm{I}}=0$$

将 $\boldsymbol{F}_{\mathrm{I}}=-m\boldsymbol{a}_C$ 代入得

$$\sum\boldsymbol{F}_i=m\boldsymbol{a}_C \tag{18-4}$$

将式(18-4)与质点动力学基本方程式(16-1)相比较，就可发现，刚体作平移时，它的质心运动的情况与单个质点的运动情况相同。只要该质点的质量等于刚体的质量，则作用在该质点上的力等于作用于刚体上所有外力的合力。可以证明，以上结论也适用于质点系，即**质点系的质量与质心加速度的乘积，等于作用于质点系上所有外力的矢量和（或外力的主矢）。这就是质心运动定理。**

实际应用中，常将质心运动定理写成投影式。即

$$\left.\begin{aligned}ma_{Cx}&=\sum F_{ix}\\ma_{Cy}&=\sum F_{iy}\\ma_{Cz}&=\sum F_{iz}\end{aligned}\right\} \tag{18-5}$$

例 18.1　均质曲柄 AB 长为 r，质量为 m_1，受变力偶作用以匀角速度 ω 转动，带动滑槽连杆以及活塞 D 运动，如图 18-3 所示。滑槽连杆以及活塞的总质量为 m_2，质心位置为 C 点。在活塞上作用一恒定力 $\boldsymbol{F}$，不计摩擦及滑块 B 的质量，求作用在曲柄轴 A 处的水平约束力 F_x。

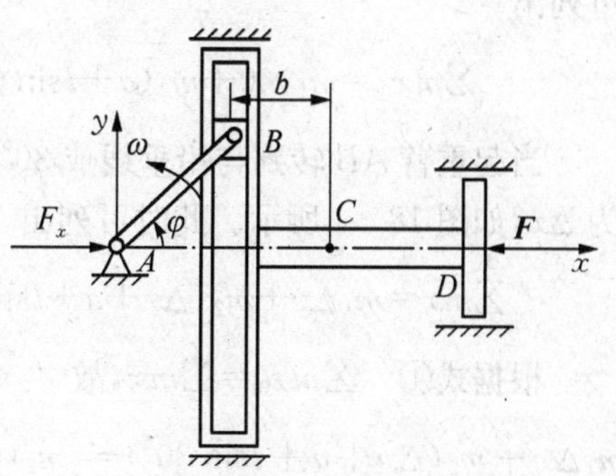

图 18-3　例 18.1 的图

解：选取系统为研究对象。受力如图 18-3 所示，其中作用在水平方向上的外力有 $\boldsymbol{F}_x$ 和 $\boldsymbol{F}$，竖直方向的主动力和约束力不影响水平方向系统质心的运动。

现在作运动分析，建立坐标系 Axy，为计算质心加速度在水平方向的投影，先计算 x 轴上的质心坐标：

$$x_C = \left[m_1 \frac{r}{2}\cos\varphi + m_2(r\cos\varphi + b)\right]\cdot\frac{1}{m_1+m_2}$$

对时间求二阶导数，得质心加速度在 x 轴上的投影：

$$a_{Cx} = \frac{\mathrm{d}^2 x_C}{\mathrm{d}t^2} = \frac{-r\omega^2}{m_1+m_2}\left(\frac{m_1}{2}+m_2\right)\cos\omega t$$

应用质心运动定理的投影式：$ma_{Cx} = \sum F_{ix}$，有

$$(m_1+m_2)a_{Cx} = F_x - F$$

得

$$F_x = F - r\omega^2\left(\frac{m_1}{2}+m_2\right)\cos\omega t$$

则曲柄轴 A 处所受的最大水平力为

$$F_{x\max} = F + r\omega^2\left(\frac{m_1}{2}+m_2\right)$$

例 18.2 浮吊质量 $m_1 = 20\,\mathrm{t}$，吊起重物的质量 $m_2 = 2\,\mathrm{t}$，起重臂长 $AB = l = 8\,\mathrm{m}$，并与垂线成 60°角，如图 18-4 所示。若水的阻力和起重臂 AB 的质量略去不计，试求起重臂 AB 转到与垂线成 30°时，浮吊的位移。

解：将浮吊与重物确定为一质点系。因不计水的阻力，质点系在水平方向不受外力。根据质心运动定理，$a_{0x} = 0$；又因为起始时质心系质心是静止的，即 $v_{0x} = 0$，所以质点系的质心在水平方向的坐标 x_C 始终保持不变。即 $x_C = x_{C0}$，又可写成

$$\sum mx = \sum mx_0 = 常数 \qquad ①$$

设船宽的一半为 a，取固结在海底的坐标轴 y 与起始位置的浮吊中心线重合，如图 18-4 所示。可列出

$$\sum mx_0 = m_1\times 0 + m_2(a + l\sin 60°)$$

当起重臂 AB 转到与铅垂线成 30°时，浮吊位移为 Δx，如图 18-4 所示。此时可列出

$$\sum mx = m_1\Delta x + m_2(\Delta x + a + l\sin 30°)$$

根据式①　$\sum mx_0 = \sum mx$，故

$$m_1\Delta x + m_2(\Delta x + a + l\sin 30°) = m_2(a + l\sin 60°)$$

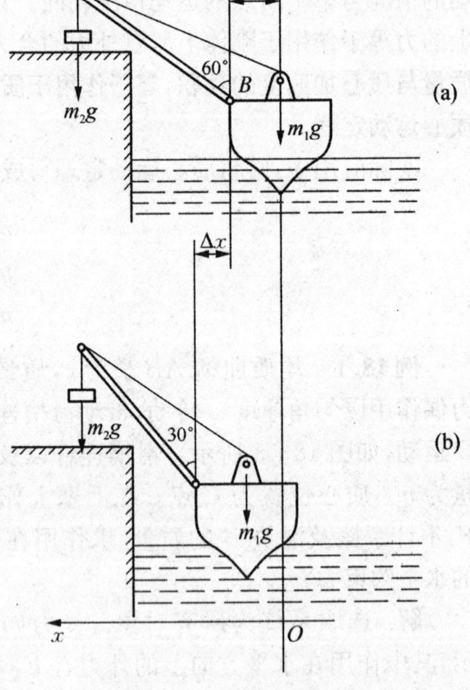

图 18-4　例 18.2 的图

化简并整理后可得

$$\Delta x = \frac{8m_2(\sin 60° - \sin 30°)}{m_1+m_2} = \frac{2\times 8(0.866-0.5)}{20+2} = 0.266(\mathrm{m})$$

18.2 刚体定轴转动微分方程

工程中，电动机的转子及传动机构的带轮等都是绕定轴转动的刚体，刚体转动时的转速是经常在变化的，转速的变化与作用在刚体上的力有关，因为力对刚体转动的效应取决于力对转轴的力矩，所以，转速的变化与力矩有关。下面研究刚体转速的变化与力矩之间的关系。

18.2.1 刚体定轴转动微分方程

如图18-5所示，设刚体在外力 $\boldsymbol{F}_1, \boldsymbol{F}_2, \boldsymbol{F}_3, \cdots, \boldsymbol{F}_n$ 作用下，绕 z 轴转动。某瞬时它的角速度 ω，角加速度为 α。设想刚体由 n 个质点组成。任取其中一个质点 M_i 来研究，此质点的质量为 m_i，该点到转轴的距离为 r_i，其切向加速为 $a_{ti}=m_ir_i\alpha$，法向加速度为 $a_{ni}=m_ir_i\omega^2$。按质点的动静法，在此质点 M_i 上虚加切向惯性力 $F_{tIi}=m_ia_{ti}=m_ir_i\alpha$，法向惯性力 $F_{nIi}=m_ia_{ni}=m_ir_i\omega^2$，则质点 M_i 处于假想的平衡状态。对刚体上的各质点都虚加相应的切向惯性力和法向惯性力，整个定轴转动刚体处于假想的平衡状态。按空间任意力系的平衡条件，作用于转动刚体上的全部外力和惯性力，应满足 $\sum M_z(F)=0$。即 $\sum M_z(F_i)+\sum M_z(F_{Ii})=0$

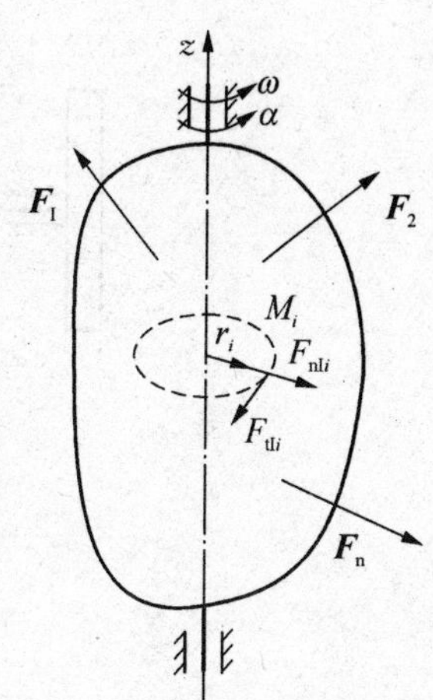

图18-5 刚体定轴转动

由于各质点的法向惯性力的作用线都通过轴线，对转轴 z 的力矩为零，故有

$$\sum M_z(F_i)+\sum M_z(F_{tIi})=0$$

又

$$\sum M_z(F_{tIi})=-\sum m_ir_i\alpha r_i=-\left(\sum m_ir_i^2\right)\alpha=-J_z\alpha$$

若将 $\sum m_ir_i^2$ 表示为 J_z，则有

$$J\alpha=\sum M_z(F_i) \tag{18-6}$$

式中，J_z 称为**刚体对转轴 z 的转动惯量**，即刚体的转动惯量与角加速度的乘积等于作用于刚体上的外力对轴之矩的代数和。上式称为刚体绕定轴转动的**动力学基本方程**。这个方程将刚体转动时力与运动的关系联系起来。它是解决转动刚体动力学问题的理论基础。又因

$$\alpha=\frac{d\omega}{dt}=\frac{d^2\varphi}{dt^2}$$

所以，式(18-6)又可以写成

$$J_z\frac{d^2\varphi}{dt^2}=\sum M_z(F_i) \tag{18-7}$$

上式称为**刚体定轴转动微分方程**。它与质点直线运动的运动微分方程：

$$m\frac{d^2x}{dt^2}=\sum F_x$$

相似。比较这两个方程可以看出，转动惯量在刚体转动中的作用，正如质量在刚体平移中的作用一样。例如，不同的刚体受相等的力矩作用时，转动惯量大的刚体角加速度小，转动惯量小的刚体角加速度大，即转动惯量大的刚体不容易改变它的运动状态。因此转动惯量是转动刚体惯性的度量。

例 18.3 传动轴系如图 18－6 所示。设主动轴Ⅰ和从动轴Ⅱ的转动惯量为 J_1 和 J_2，传动比为 $i_{12}=\dfrac{R_2}{R_1}$，R_1 和 R_2 分别为轮Ⅰ和轮Ⅱ的半径。今在主动轴Ⅰ上作用一力偶 M_1，从动轴Ⅱ上有阻力矩 M_2，转向如图所示。求主动轴Ⅰ的角加速度。

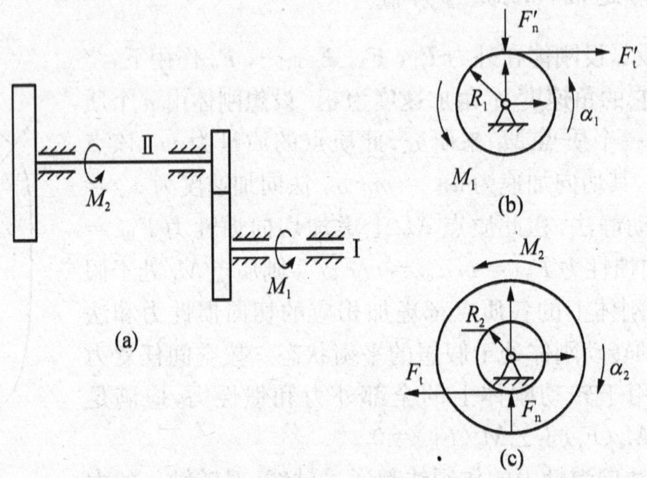

图 18－6　例 18.3 的图

解：选取主动轴Ⅰ为研究对象，受力如图 18－6(b)所示。设主动轴Ⅰ的角加速度为 α_1，则从动轴Ⅱ的角加速度为 $\alpha_1=\dfrac{\alpha_1}{i_{12}}$。对主动轴Ⅰ列出定轴转动刚体运动微分方程：

$$J_1\alpha_1=M_1-F'_tR_1$$

选取主动轴Ⅱ为研究对象，受力如图 18－6(c)所示。对从动轴Ⅱ列出定轴转动刚体运动微分方程：

$$J_2\alpha_2=F_tR_2-M_2$$

联立以上两方程求解，得

$$\alpha_1=\frac{M_1-\dfrac{M_2}{i_{12}}}{J_1+\dfrac{J_2}{i_{12}^2}}$$

18.2.2　转动惯量

18.2.2.1　刚体对轴的转动惯量

转动惯量是表征刚体转动惯性大小的一个重要物理量，定义为

$$J_z = \sum m_i r_i^2 \tag{18-8}$$

可见，刚体对某一轴的转动惯量不仅与刚体的质量大小有关，而且与质量的分布有关。刚体质点离轴越远，其转动惯量越大；反之则越小。例如，为了使机器运转稳定，常在主轴上安装一个飞轮，飞轮边缘较厚、中间较薄且有一些空洞，其在质量相同的条件下具有较大的转动惯量。

从式(18－8)知，转动惯量总是正标量，单位为 kg・m² 等。在工程问题上，计算刚体的转动惯量时，常应用下面公式：

$$J_z = m\rho_z^2 \tag{18-9}$$

其中，m 为整个刚体的质量；ρ_z 为刚体对 z 轴的回转半径，它具有长度单位。由式(18－9)得

$$\rho_z = \sqrt{\frac{J_z}{m}} \tag{18-10}$$

如果已知回转半径，则可按式(18－9)求出转动惯量；反之，如果已知转动惯量，则可由式(18－10)求出回转半径。

必须注意，回转半径只是在计算刚体的转动惯量时，假想地把刚体的全部质量集中在离轴距离为回转半径的某一圆柱面上，这样在计算刚体对该轴的转动惯量时，就简化为计算这个圆柱面对该轴的转动惯量。

对于质量连续分布的刚体，可将式(18－8)中的 m_i 改为 $\mathrm{d}m$，而求和变为求积分，于是有

$$J_z = \int_m r^2 \mathrm{d}m \tag{18-11}$$

下面举例说明简单形状刚体的转动惯量的计算，并在表 18－1 中列出了一些常见刚体的转动惯量及回转半径，以供查用。

表 18－1　简单匀质刚体的转动惯量

刚体形状	简　图	转动惯量	回转半径
细直杆	z，z_C，l/2，l/2	$J_z = \frac{1}{3}ml^2$ $J_{z_C} = \frac{1}{12}ml^2$	$\rho_z = \frac{l}{\sqrt{3}}$ $\rho_{z_C} = \frac{l}{2\sqrt{3}}$
细圆环	y，r，O，x	$J_x = J_y = \frac{1}{2}mr^2$ $J_O = mr^2$	$\rho_x = \rho_y = \frac{r}{\sqrt{2}}$ $\rho_O = r$
圆板	y，r，O，x	$J_x = J_y = \frac{1}{4}mr^2$ $J_O = \frac{1}{2}mr^2$	$\rho_x = \rho_y = \frac{r}{2}$ $\rho_O = \frac{r}{\sqrt{2}}$

（续表）

刚体形状	简　图	转动惯量	回转半径
圆柱体		$J_z = \frac{1}{2}mr^2$	$\rho_z = \frac{r}{\sqrt{2}}$
空心圆柱		$J_z = \frac{1}{2}m(R^2 + r^2)$	$\rho_z = \sqrt{\frac{1}{2}(R^2 + r^2)}$
实心球		$J_z = \frac{2}{5}mr^2$	$\rho_z = \sqrt{\frac{2}{5}r}$

1）均质等截面细直杆对质心轴的转动惯量

设均质等截面细直杆（见图 18－7(a)），其单位长度的质量为 m，长为 l，求它对过质心 C 的 z 轴的转动惯量。杆为均质，故有 $\mathrm{d}m = \frac{m}{l}\mathrm{d}x$，

$$J_z = \int_m r^2 \mathrm{d}m = \int_{-l/2}^{l/2} x^2 \frac{m}{l}\mathrm{d}x = \frac{ml^2}{12} \tag{18-12}$$

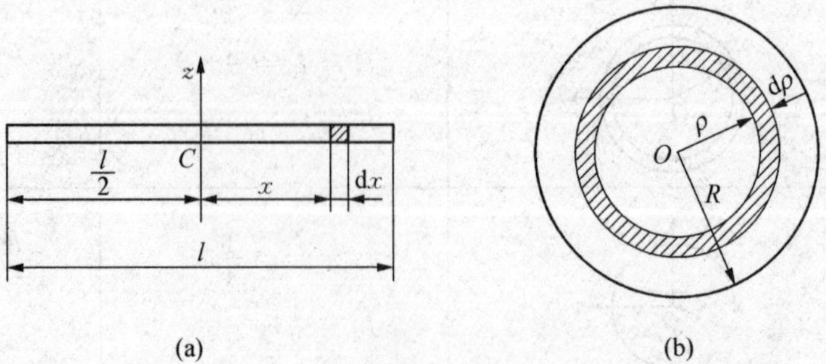

图 18－7　直杆和圆薄板对质心轴的转动惯量

2）均质圆薄板对质心轴的转动惯量

设等均质圆薄板（见图 18－7(b)），其质量为 m，半径为 R，求它对过圆心 O 的 z 轴的转动惯量。在圆板上取任意半径 ρ 处厚为 $\mathrm{d}\rho$ 的圆环为微元。由于圆板为均质，故有

$$\mathrm{d}m=\frac{m}{\pi R^2}2\pi\rho\mathrm{d}\rho$$

$$J_z=\int_0^R\rho^2\frac{m}{\pi R^2}2\pi\rho\mathrm{d}\rho=\frac{mR^2}{2} \tag{18-13}$$

18.2.2.2　平行轴定理

从转动惯量的计算公式可见，同一刚体对不同轴的转动惯量一般是不同的。转动惯量的平行轴定理给出了刚体对通过质心的轴和与它平行的轴的转动惯量之间的关系。

平行轴定理：刚体对于任意轴 z' 的转动惯量 $J_{z'}$，等于其通过质心、并与该轴平行的 z 轴的转动惯量 J_z，加上刚体的质量 m 与两轴间距离 d 平方的乘积，即

$$J_{z'}=J_z+md^2 \tag{18-14}$$

例 18.4　求如图 18－8 中等截面直杆 AB 对轴 z' 的转动惯量及对 z' 轴的回转半径 $\rho_{z'}$。

解：设等截面直杆的质量为 m，按式（18－14）$J_z=\frac{1}{12}ml^2$，根据转动惯量的平行轴定理，直杆 AB 对 z' 轴的转动惯量为

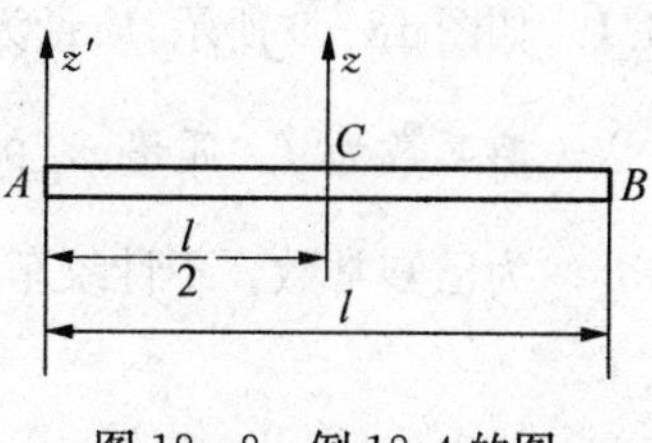

图 18－8　例 18.4 的图

$$J_{z'}=J_z=md=\frac{1}{12}ml^2+m\left(\frac{l}{2}\right)^2=\frac{1}{3}ml^2$$

$$\rho_{z'}=\sqrt{J_{z'}/m}=\frac{\sqrt{3}}{3}l$$

小　结

（1）质心运动定理：$\sum \boldsymbol{F}_i=m\boldsymbol{a}_C$

常用直角坐标投影形式 $\begin{cases}ma_{Cx}=\sum F_{xi}\\ ma_{Cy}=\sum F_{yi}\\ ma_{Cz}=\sum F_{zi}\end{cases}$

利用质心运动定理可以决定质点系（包括刚体）在外力作用下质心的运动规律。

（2）刚体定轴转动微分方程：$J_z\frac{\mathrm{d}^2\varphi}{\mathrm{d}t^2}=\sum M_z(F_i)$

刚体定轴转动微分方程是解决转动刚体动力学问题的理论基础。

（3）对 z 轴的转动惯量：$J_z=\int_m r^2\mathrm{d}m$

回转半径 ρ_z：　$J_z=m\rho_z^2$

转动惯量平行轴定理：$J_{z'} = J_z + md^2$

18.1 内力不能改变质心的运动，但汽车似乎是靠发动机开动的，如何解释？

18.2 炮弹在空中飞行时，若不计空气阻力，则系统质心的轨迹为一抛物线。炮弹在空中爆炸后，其质心轨迹是否改变？当部分弹片落地后，其质心轨迹是否改变？为什么？

18.3 一刚体受一力系作用，若改变力系中各力的作用点，则刚体质心的加速度如何变化？

18.4 在质量相同的条件下，为了增大物体的转动惯量，可以采取哪些办法？

18.5 工程中常常见到要使物体保持匀速转动，总要给物件作用一个不变的力矩，为什么？这个力矩应该多大？若力矩过大或过小，物体运动将怎样变化？

18.1 如图 18-9 所示，质量为 m_1 的平台 AB 放于水平面上，平台与水平面之间的动滑动摩擦系数为 f。质量 m_2 的小车 D 由绞车拖动，相对于平台的运动方程为 $s=\frac{1}{2}at^2$，其 a 为已知常数。不计绞车的质量，求平台的加速度。

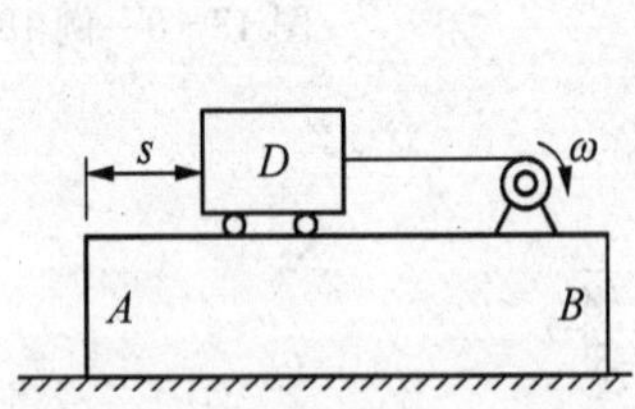

图 18-9　习题 18.1 的图

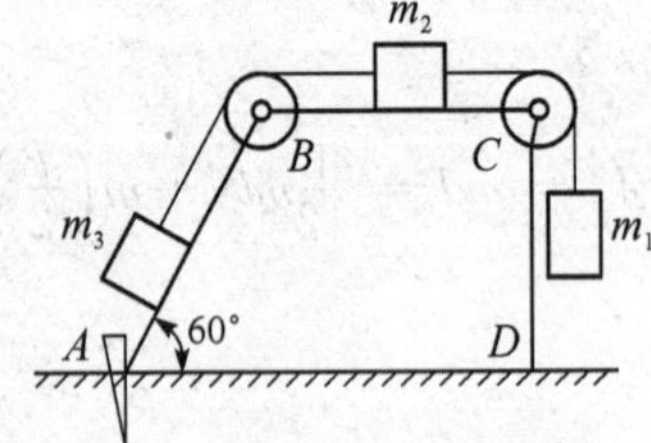

图 18-10　习题 18.2 的图

18.2 质量为 $m_4 = 100\,\text{kg}$ 的四角截头锥 $ABCD$ 放于光滑水平面上，质量分别为 $m_1 = 20\,\text{kg}$，$m_2 = 15\,\text{kg}$ 和 $m_3 = 10\,\text{kg}$ 的三个物块，由一条绕过截头锥上的两个滑轮的绳子相连接，如图 18-10 所示。各接触面均为光滑的，两滑轮质量不计。试求：

(1) 物块 m_1 下降 1 m 时，截头锥的水平位移；

(2) 若在 A 处放一木桩，求三物块运动时，木桩所受的水平力。

18.3 电动机重 W，放在光滑的水平面上，另有一均质杆，长 $2l$，重 P，一端与电动机的机轴相固结，并与机轴的轴线垂直，另一端则固连于重 G 的物体，设机轴的角速度为 ω，杆在开始时处于竖直位置。试求电动机的水平运动。

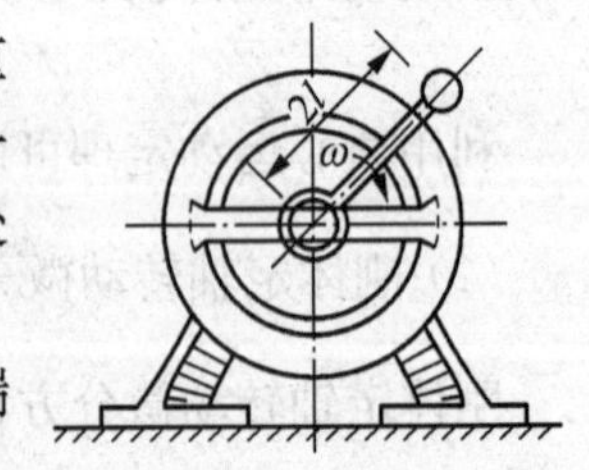

图 18-11　习题 18.3 的图

18.4 均质圆盘绕偏心轴 O 以匀角速 ω 转动。重 P 的滑杆借右端弹簧的推压面顶在圆盘上，当圆盘转动时，滑杆作往复运动，如图 18-12 所示。设圆盘重 G，半径为 r，偏心距为 d，求任一瞬时作用于基础和螺栓由于运动而引起的附加动反力。

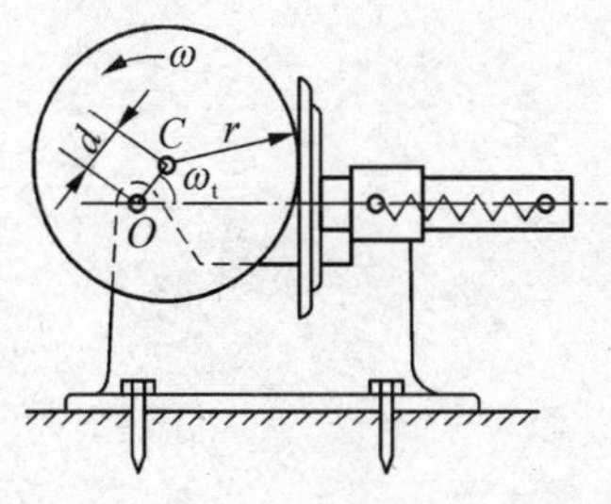

图 18-12 习题 18.4 的图

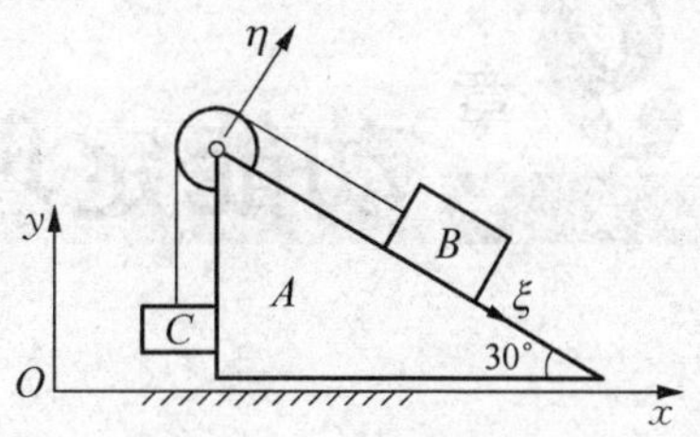

图 18-13 习题 18.5 的图

18.5 装置如图 18-13 所示,滑轮重量忽略不计,接触光滑,$m_A = 100\,\text{kg}$,$m_B = 50\,\text{kg}$,$m_c = 20\,\text{kg}$。试求三棱柱 A 的加速度及滑动面间正压力。

18.6 均匀圆盘如图 18-14 所示,外径 $D = 0.6\,\text{m}$,厚 $h = 0.1\,\text{m}$,其上钻有四个圆孔,直径约为 $d_1 = 0.1\,\text{m}$,尺寸 $d = 0.3\,\text{m}$,钢的密度 $\rho = 7.9\times10^3\ \text{kg/m}^3$。求此圆盘对过其中心 O 并与圆盘面垂直的轴的转动惯量。

18.7 如图 18-15 所示冲击摆由摆杆 OA 及摆锤 B 组成。若将 OA 看成质量为 m、长为 l 的均匀细直杆,将 B 看成质量为 m_2、半径为 R 的等厚均质圆盘,求整个摆对转轴 O 的转动惯量。

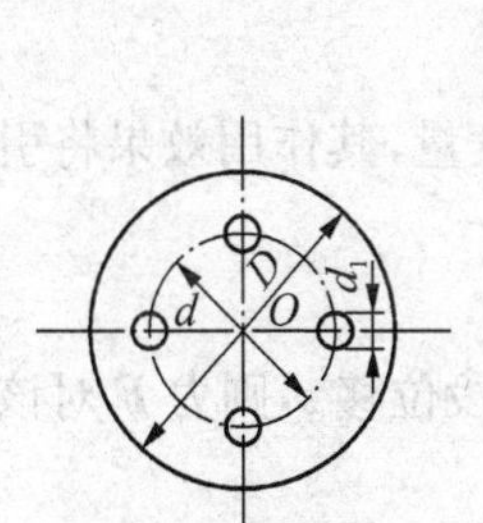

图 18-14 习题 18.6 的图

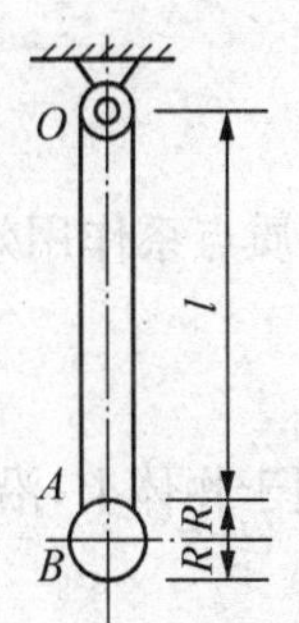

图 18-15 习题 18.7 的图

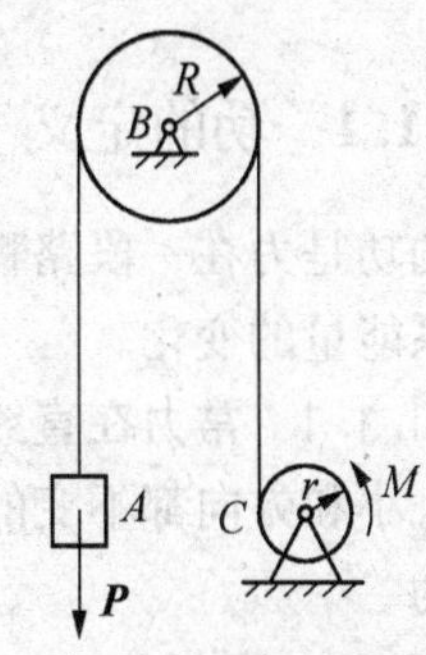

图 18-16 习题 18.8 的图

18.8 卷扬机如图 18-16 所示。轮 B, C 半径分别 R, r,对水平转动轴的转动惯量分别为 J_1, J_2;物体 A 重 P。设在轮 C 上作用一常力矩 M,试求物体 A 上升的加速度。

18.9 传动装置如图 18-17 所示,转轮Ⅱ由带轮Ⅰ带动。已知带轮与转轮的转动惯量和半径分别为 J_1, J_2 和 r, R。设在带轮上作用一转矩 M,不计承轴处摩擦,求带轮与转轮的角加速度。

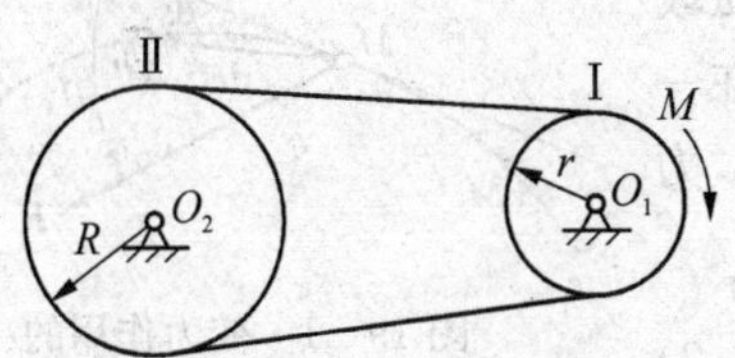

图 18-17 习题 18.9 的图

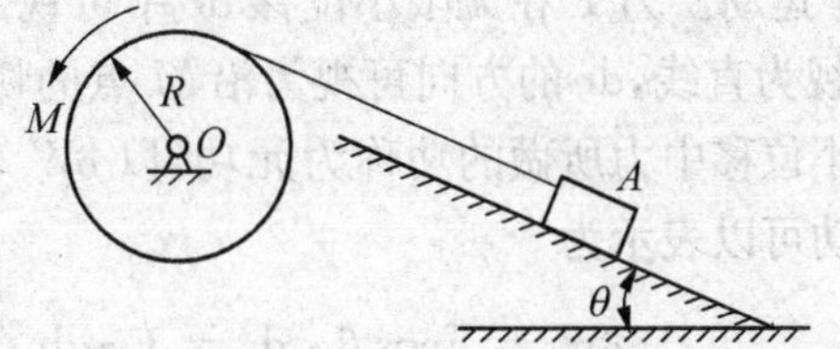

图 18-18 习题 18.10 的图

18.10 高炉上运送矿料的卷扬机如图 18-18 所示。半径为 R 的卷筒可绕水平轴 O 转动,它对于转轴 O 的转动惯量为 J。沿倾角为 θ 的斜轨被提升的重物 A 重 G。作用在卷筒上主动转矩为 M。设绳重和摩擦均可不计。试求重物的加速度。

第19章 工程力学

动能定理

动能定理从能量的观点研究质点系动力学问题，反映了机械运动中能量转换与功之间的关系，它以动能作为表示质点系运动特征的物理量，建立了动能的变化与其受力在相应运动过程中所做功之间的关系，这种从能量角度分析动力学问题的方法，有时是更为方便和有效的，所以在工程中应用广泛。

19.1 力的功

19.1.1 功的定义

力的功是力在一段路程上对质点或质点系作用效应累计的度量，其作用效果将引起质点或质点系能量的变化。

19.1.1.1 常力在直线位移中的功

设大小和方向都不变的常力 $\boldsymbol{F}$ 作用于物体上，沿直线运动一段位移 s，则力 $\boldsymbol{F}$ 对该物体所做的功为

$$W = Fs\cos\theta \tag{19-1}$$

式中 θ 为力 $\boldsymbol{F}$ 与位移方向之间的夹角。当 $\theta < 90°$，力 $\boldsymbol{F}$ 做正功；当 $\theta > 90°$，力 $\boldsymbol{F}$ 做负功；当 $\theta = 90°$，力 $\boldsymbol{F}$ 与位移垂直，所做的功为零。在国际单位制中，功的单位为焦耳(J)，$1\ \mathrm{J} = 1\ \mathrm{N \cdot m}$。

19.1.1.2 变力在曲线路程中的功

如图 19－1 所示，质点 M 在变力 $\boldsymbol{F}$ 作用下沿曲线 M_1M_2 运动。力 $\boldsymbol{F}$ 在无限小位移 $\mathrm{d}\boldsymbol{r}$ 中可视为常力，小弧段 $\mathrm{d}s$ 可视为直线，$\mathrm{d}\boldsymbol{r}$ 的方向可视为沿 M 点的切线方向。在一无限小位移中力所做的功称为元功，以 δW 表示。所以，力的元功可以表示为

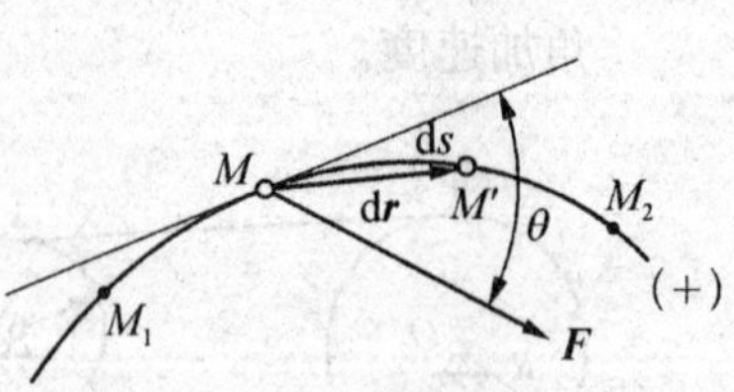

$$\delta W = F\cos\theta \cdot \mathrm{d}s = \boldsymbol{F} \cdot \mathrm{d}\boldsymbol{r} \tag{19-2}$$

图 19－1 变力作用的质点运动

力在全路程 M_1M_2 上所做的功为元功的积分，即

$$W_{12} = \int_0^s F\cos\theta \cdot \mathrm{d}s = \int_{M_1}^{M_2} \boldsymbol{F} \cdot \mathrm{d}\boldsymbol{r} \tag{19-3}$$

在直角坐标系中，力所做的元功可表示为

$$\delta W = F_x \mathrm{d}x + F_y \mathrm{d}y + F_z \mathrm{d}z \tag{19-4}$$

式中 F_x，F_y，F_z 为力 $\boldsymbol{F}$ 在 x，y，z 坐标轴上的投影。

对应于式(19-3)，质点从 M_1 运动到 M_2 时，作用力 $\boldsymbol{F}$ 在该段路程上所做的功等于这段路程上元功的积分，即

$$W_{12} = \int_{M_1}^{M_2} \boldsymbol{F} \cdot \mathrm{d}\boldsymbol{r} = \int_{M_1}^{M_2} (F_x \mathrm{d}x + F_y \mathrm{d}y + F_z \mathrm{d}z) \tag{19-5}$$

通常在式(19-5)中，积分值与路径无关，而只与初始位置有关。

19.1.1.3 合力的功

若质点 M 受力系 $\boldsymbol{F}_1$，$\boldsymbol{F}_2$，…，$\boldsymbol{F}_n$ 作用，其合力为 $\boldsymbol{F}_\mathrm{R}$，即 $\boldsymbol{F}_\mathrm{R} = \boldsymbol{F}_1 + \boldsymbol{F}_2 + \cdots + \boldsymbol{F}_n$，于是质点 M 在合力 $\boldsymbol{F}_\mathrm{R}$ 作用下沿曲线 M_1M_2 路程中的总功为

$$\begin{aligned} W &= \int_{M_1}^{M_2} \boldsymbol{F}_\mathrm{R} \cdot \mathrm{d}\boldsymbol{r} = \int_{M_1}^{M_2} (\boldsymbol{F}_1 + \boldsymbol{F}_2 + \cdots + \boldsymbol{F}_n) \cdot \mathrm{d}\boldsymbol{r} \\ &= \int_{M_1}^{M_2} \boldsymbol{F}_1 \cdot \mathrm{d}\boldsymbol{r} + \int_{M_1}^{M_2} \boldsymbol{F}_2 \cdot \mathrm{d}\boldsymbol{r} + \cdots + \int_{M_1}^{M_2} \boldsymbol{F}_n \cdot \mathrm{d}\boldsymbol{r} \\ &= W_1 + W_2 + \cdots + W_n = \sum W_i \end{aligned} \tag{19-6}$$

式(19-6)表明：在任一路程中，作用于质点上合力的功等于各分力在同一路程中所作功的代数和。

19.1.2 几种常见力的功

19.1.2.1 重力的功

质量为 m 的质点在地面附近运动时，其重力 $m\boldsymbol{g}$ 可视为常力。如图 19-2 所示，重力 $m\boldsymbol{g}$ 的方向与坐标轴 z 反向，重力仅在坐标轴 z 上有投影，$F_x = 0$，$F_y = 0$，$F_z = -mg$。由式(19-4)知，重力 $m\boldsymbol{g}$ 所做的元功为

$$\delta W = -mg\,\mathrm{d}z \tag{19-7}$$

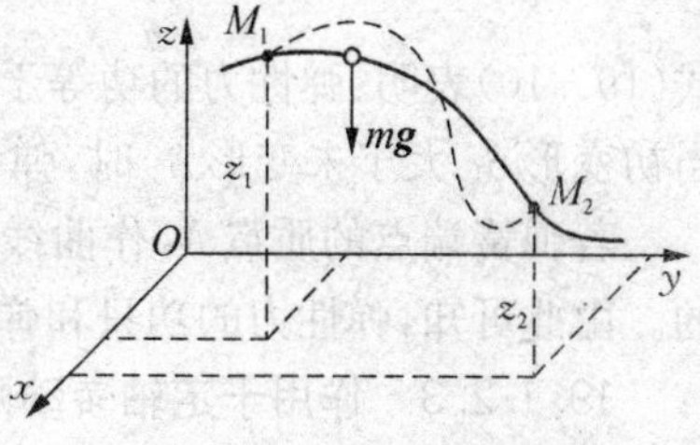

图 19-2 重力的功

当质点沿轨迹从 M_1 运动到 M_2 时，重力所做的功为

$$W = \int_{z_2}^{z_1} -mg\,\mathrm{d}z = mg(z_1 - z_2) \tag{19-8}$$

式(19-8)表明：重力所做的功与质点的轨迹无关，而只取决于质点运动的初始位置与终止位置。

若为质点系，则质点系重力所做的功等于各质点的重力 $m_i\boldsymbol{g}$ 在同一时间间隔内所做的功的代数和：

$$W = \sum m_i g (z_{i1} - z_{i2}) = mg(z_{C1} - z_{C2}) \tag{19-9}$$

其中 z_{i1}，z_{i2} 及 z_{C1}，z_{C2} 分别为质点 m_i 及质点系质心 C 在 z 轴上的初始与终止位置值。同样地，质点系重力的功也与质心运动轨迹的形状无关。

19.1.2.2 弹性力的功

质点M与弹簧一端连接，弹簧的另一端固定于O'点，如图19-3(a)所示。M作直线运动，从M_1运动到M_2，求弹性力所做的功。设弹簧的原长为l_0，刚度系数为k，k的单位是N/m，表示弹簧发生单位变形(伸长或缩短)所需的作用力。取自然长度的位置为坐标原点O，弹簧中心线为坐标轴，并以弹簧伸长方向为正方向。设质点位于M处，此时弹簧被拉长x。根据胡克定律，在弹性极限内，弹性力与弹簧的变形成正比，即$F=-kx$，弹性力的方向指向自然长度的O点，与变形方向相反。当然点M有一微小的位移dx时，弹性力的元功为

$$\delta W=-F\mathrm{d}x=-kx\mathrm{d}x$$

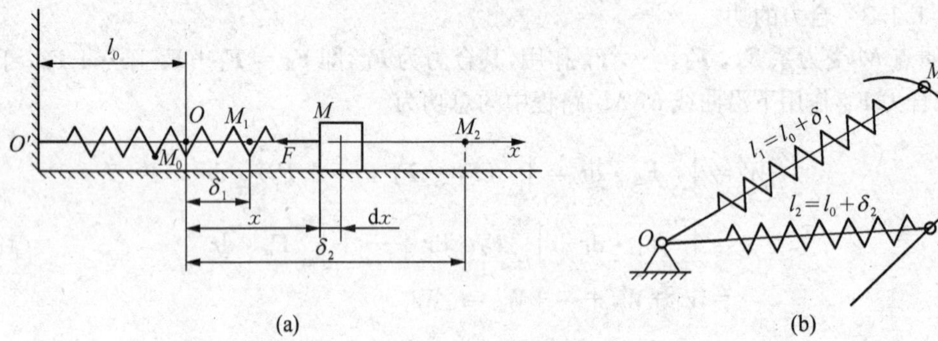

图19-3 弹性力的功

当质点由M_1位置移到M_2，即变形(变形量$\delta=\delta_2-\delta_1$)的过程中，弹性力所做的功为

$$W=\int_{\delta_1}^{\delta_2}-kx\mathrm{d}x=\frac{1}{2}k\left(\delta_1^2-\delta_2^2\right) \tag{19-10}$$

式(19-10)表明：弹性力的功等于弹簧的刚度系数与其始末位置变形的平方之差乘积的一半。当初变形δ_1大于末变形δ_2时，弹性力的功为正，反之为负。

若弹簧端点的质点M作曲线运动，如图19-3(b)所示，不难证明式(19-9)仍然是适用的。由此可知，弹性力的功只和弹簧的始末变形有关，而与质点运动所经过的路径无关。

19.1.2.3 作用于定轴转动刚体上的功(即力矩的功)

设定轴转动刚体上M点处作用有一个力$\boldsymbol{F}$，求刚体转动时力$\boldsymbol{F}$所做的功。此力可分为三个分力，如图19-4所示，$\boldsymbol{F}_z$平行于z轴，$\boldsymbol{F}_r$为垂直于转轴的径向力，$\boldsymbol{F}_t$为切于M点圆周运动路径的切向力。设刚体转动$d\varphi$角，则M点的路程$ds=rd\varphi$，r为M点离转轴的距离。由于$\boldsymbol{F}_r$与F_z均垂直于ds不作功，故力$\boldsymbol{F}$在ds上的元功为

$$\delta W=F_t\mathrm{d}s=F_t\cdot r\mathrm{d}\varphi$$

式中，$F_t dr$是力$\boldsymbol{F}$对转轴z的力矩M_z。

当刚体从φ_1到φ_2时，力$\boldsymbol{F}$所做的功

$$W=\int_{\varphi_1}^{\varphi_2}M_z\mathrm{d}\varphi \tag{19-11}$$

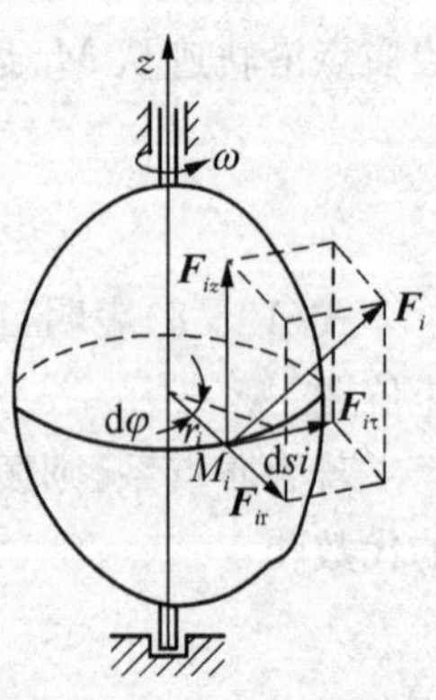

图19-4 力矩的功

若力矩 M_z 为常量时，有

$$W = M_z(\varphi_2 - \varphi_1) = M_z\varphi \tag{19-12}$$

式(19－12)表明：**作用于定轴转动刚体上常力矩的功，等于力矩与转角大小的乘积**。当力矩与转角转向一致时，功取正值；相反时，功取负值。

如果作用在转动刚体上的是常力偶，而力偶的作用面与转轴垂直时，功的计算仍采用式(19－12)。

19.1.2.4　动摩擦力的功

当质点受动摩擦力作用由 M_1 运动到 M_2 时，由于动摩擦力的方向总是与质点运动的方向相反，根据摩擦定律，$F' = fF_N$，所以在一般情况下，动摩擦力的功为负，即

$$W = -\int_{M_1}^{M_2} fF_N \mathrm{d}s \tag{19-13}$$

式(19－13)表明：**动摩擦力的功为负值，其大小与质点的运动路径有关**。若法向反力 $\boldsymbol{F}_N$ 为常量，则

$$W = -fF_N s$$

式中，s 为质点从 M_1 到 M_2 的所经路径的曲线距离。

例 19.1　质量 $m = 10$ kg 的物体 M，放在倾角 $\alpha = 30°$ 的斜截面上，用刚度系数 $k = 100$/m 的弹簧系住，如图 19－5 所示。斜面与物体的动摩擦因数 $f = 0.2$，试求物体由弹簧原长位置 M_0 沿斜面运动到 M_1 时，作用于物体上的各力在路程 $s = 0.5$ m 上的功及合力的功。

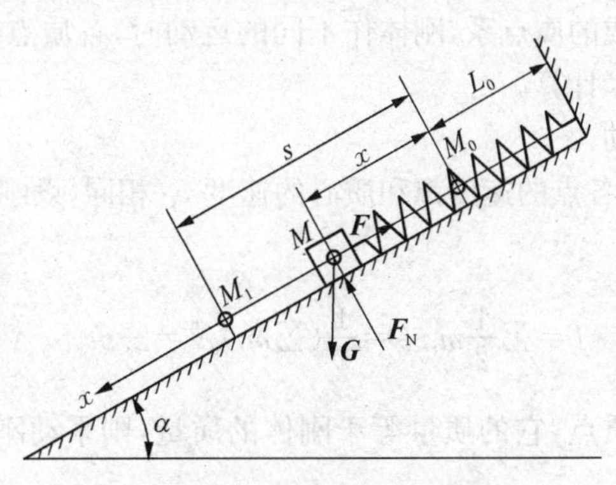

图 19－5　例 19.1 的图

解：取物体 M 为研究对象，作用于 M 上的有重力 $\boldsymbol{G}$，斜面的法向反力 $\boldsymbol{F}_N$，摩擦力 $\boldsymbol{F}'$ 以及弹性力 $\boldsymbol{F}$，各力所作的功为

$$W_G = Gs\sin 30° = 10 \times 9.8 \times 0.5 \times 0.5 = 24.5(\text{J})$$

$$W_N = 0$$

$$W_{F'} = -F's = -fGs\cos 30° = -(0.2 \times 10 \times 9.8 \times 0.5 \times 0.866) = -8.5(\text{J})$$

$$W_F = \frac{1}{2}k(\delta_1^2 - \delta_2^2) = \frac{100}{2}(0 - 0.5^2) = -12.5(\text{J})$$

$$W = W_G + W_N + W_{F'} + W_F = (24.5 + 0 - 8.5 - 12.5) = 3.5(\text{J})$$

19.2 动 能

19.2.1 质点的动能

设质点的质量为 m，某瞬时的速度为 v，则定义

$$T=\frac{1}{2}mv^2 \tag{19-14}$$

为质点在该瞬间时的动能，**即质点的动能等于质点的质量与其速度平方的乘积的一半**。动能为恒正的标量，其大小仅取决于质点速度的大小而与方向无关。

动能的单位在国际单位制中是 $\mathrm{kg\cdot m^2\cdot s^{-2}}$，与功的单位相同，也为焦耳(J)。

19.2.2 质点系的动能

设由 n 个质点组成的质点系，其中任一质点的质量为 m_i，速度为 v_i，则**各质点动能的算术和定义为质点系的动能**，即

$$T=\sum_{i=1}^{n}\frac{1}{2}m_iv_i^2=\frac{1}{2}\sum m_iv_i^2 \tag{19-15}$$

质点系的动能为恒正的标量，只有当系统内每个质点都处于静止时才能等于零。

刚体是由无数质点组成的质点系，刚体作不同的运动时，各质点的速度分布不同，刚体的动能可按刚体所作的运动来计算。

19.2.2.1 刚体作平动

当刚体作平动时，其上各点的速度都和质心的速度 v_C 相同，设刚体的质量为 m，则平动刚体的动能为

$$T=\sum\frac{1}{2}m_iv_C^2=\frac{1}{2}(\sum m_i)v_C^2=\frac{1}{2}mv_C^2 \tag{19-16}$$

如果设想质心是一个质点，它的质量等于刚体的质量，则平动刚体的动能等于此质点的动能。

19.2.2.2 刚体绕定轴转动

设刚体以角速度 ω 绕定轴 z 转动，如图 19-6 所示，其上任一质点的质量为 m_i，转动半径为 r_i，速度为 $v_i=r_i\omega$，则刚体的动能为

$$T=\sum\frac{1}{2}m_iv_i^2=\frac{1}{2}(\sum m_ir_i^2)\omega^2$$

式中 $\sum m_ir_i^2=J_z$ 是刚体对转轴的转动惯量，于是得

$$T=\frac{1}{2}J_z\omega^2 \tag{19-17}$$

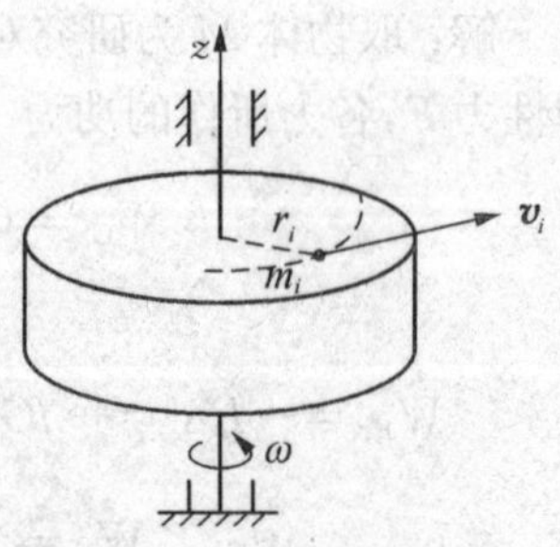

图 19-6 刚体绕定轴转动

即绕定轴转动刚体的动能，等于刚体对于转轴的转动惯量与角速度平方乘积的一半。

19.2.2.3　刚体作平面运动

当刚体作平面运动时，由运动学知，刚体内各点的速度分布与刚体绕瞬轴（通过速度瞬心并与运动平面相垂直的轴）转动时一样。设平面运动刚体的角速度是 ω，速度瞬心在点 P，刚体对瞬轴的转动惯量为 J_P，则平面运动刚体的动能仍可用式(19-17)计算，只是把式中的 J_z 改为 J_P，即

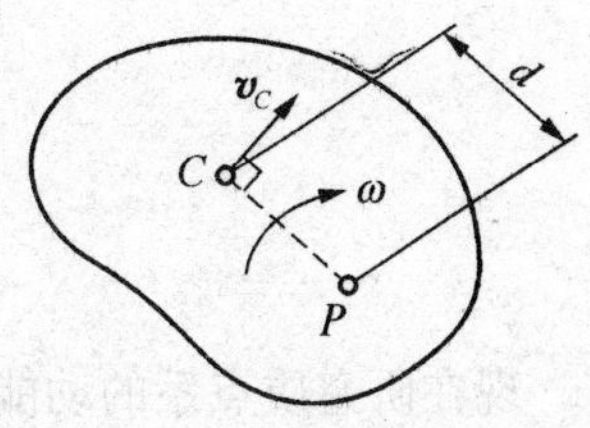

$$T=\frac{1}{2}J_P\omega^2 \quad ①$$

图 18-17　刚体作平面运动

但是瞬轴在刚体内位置是不断变化的，刚体对瞬轴的转动惯量一般是变量，所以常把上式改写如下：

设刚体的质心 C 到速度瞬心 P 的距离是 d（见图 19-7），则质心 C 的速度 $v_C=d\omega$。根据转动惯量的平行轴定理式(18-14)，有

$$J_P=J_C+md^2 \quad ②$$

式中，J_C 是刚体对于平行于瞬轴的质心轴的转动惯量，m 是刚体的质量。于是式①可改写为

$$T=\frac{1}{2}(J_C+md^2)\omega^2=\frac{1}{2}mv_C^2+\frac{1}{2}J_C\omega^2 \quad (19-18)$$

即平面运动刚体的动能，等于随质心平动的动能与绕质心转动的动能的和。

例 19.2　如图 19-8 所示，椭圆规尺 AB 质量为 $2m_1$，曲柄 OC 质量为 m_1，滑块 A 和 B 的质量均为 m_2。设曲柄和尺均为均质杆，且 $OC=AC=CB=l$，曲柄以角速度 ω 转动，求此椭圆规机构的动能。

解：(1) 先计算椭圆规尺 AB 的质心速度、角速度和 A，B 滑块的速度：

$$v_C=l\omega,\ \omega_{AB}=\frac{v_C}{CP}=\frac{v_C}{l}=\omega$$

$$v_A=2l\omega\cos\omega t,\ v_B=2l\omega\sin\omega t$$

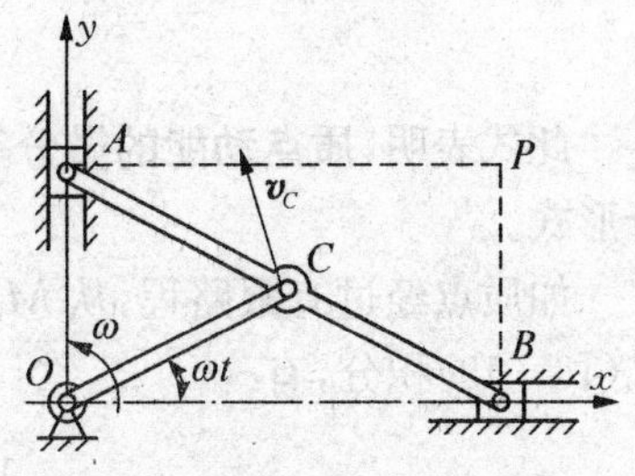

图 19-8　例 19.2 的图

(2) 计算各构件的动能：

OC 杆作定轴转动，其动能

$$T_{OC}=\frac{1}{2}J_O\omega^2=\frac{1}{2}\times\frac{m_1l^2}{3}\omega^2=\frac{1}{6}m_1l^2\omega^2$$

A，B 滑块作平动，其动能和

$$T_A+T_B=\frac{m_2}{2}v_A^2+\frac{m_2}{2}v_B^2=\frac{m_2}{2}(v_A^2+v_B^2)=2m_2l^2\omega^2$$

AB 椭圆规尺作平面运动，其动能

$$T_{AB}=\frac{1}{2}2m_1v_C^2+\frac{1}{2}J_C\omega_{AB}^2=\frac{2m_1}{2}l^2\omega^2+\frac{1}{2}\frac{2m_1(2l)^2}{12}\omega^2=\frac{4}{3}m_1l^2\omega^2$$

(3) 整个系统的动能为

$$T = T_{OC} + T_A + T_B + T_{AB} = (1.5m_1 + 2m_2)l^2\omega^2$$

19.3 动能定理

现在研究质点系的动能与力系的功之间的关系，这就是动能定理。

19.3.1 质点的动能定理

设质量为 m 的质点 M 在合力的作用下沿曲线运动，如图 19-9 所示，根据牛顿第二定律，有

$$m\frac{\mathrm{d}\boldsymbol{v}}{\mathrm{d}t} = \boldsymbol{F}$$

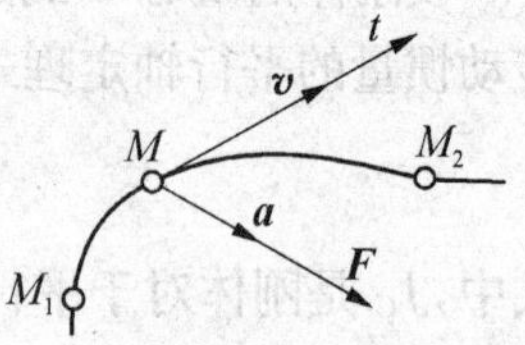

图 19-9 合力作用下的质点曲线运动

在上式两边乘质点的无限小位移 $\mathrm{d}\boldsymbol{r}$，得

$$m\frac{\mathrm{d}\boldsymbol{v}}{\mathrm{d}t}\cdot\mathrm{d}\boldsymbol{r} = \boldsymbol{F}\cdot\mathrm{d}\boldsymbol{r}$$

因 $\mathrm{d}\boldsymbol{r} = \boldsymbol{v}\mathrm{d}t$，于是上式可写为

$$m\boldsymbol{v}\cdot\mathrm{d}\boldsymbol{v} = \boldsymbol{F}\cdot\mathrm{d}\boldsymbol{r}$$

或

$$\mathrm{d}\left(\frac{1}{2}mv^2\right) = \delta W \tag{19-19}$$

此式表明，**质点动能的微分等于作用在质点上合力的元功**。这称为**质点的动能定理的微分形式**。

如质点经过有限路程，从 M_1 点运动到 M_2 点，质点在这两点的速度分别为 v_1 和 v_2，则对式(19-19)积分，有

$$\frac{1}{2}mv_2^2 - \frac{1}{2}mv_1^2 = \int_{M_1}^{M_2}\delta W = W$$

$$T_2 - T_1 = W \tag{19-20}$$

此式表明，**在任意有限路程中，质点动能的改变量等于作用在质点上的合力在此路程中所作的功**。这称为**质点的动能定理的积分形式**。

质点的动能定理建立了质点在两不同位置的速度、作用在质点上的力与质点所经过的路程之间的关系。

例 19.3 质量为 m 的物块，自高度 h 处自由落下，落到有弹簧支撑的板上，如图 19-10 所示。弹簧的刚性系数为 k，不计弹簧和板的质量。求弹簧的最大变形。

解：分为两个阶段。

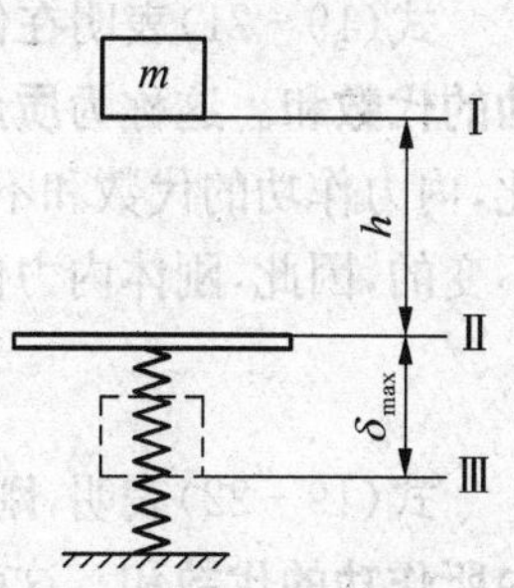

图 19-10 例 19.3 的图

(1) 重物由位置Ⅰ落到板上。在这一过程中,只有重力做功,应用动能定理,有

$$\frac{1}{2}mv_1^2-0=mgh$$

求得

$$v_1=\sqrt{2gh}$$

(2) 物块继续向下运动,弹簧被压缩,物块速度逐渐减小,当速度等于零时,弹簧被压缩到最大变形 $\delta_{\max}$。在这一过程中,重力和弹性力均做功。应用动能定理,有

$$0-\frac{1}{2}mv_1^2=mg\delta_{\max}-\frac{1}{2}k\delta_{\max}^2$$

解得

$$\delta_{\max}=\frac{mg}{k}\pm\frac{1}{k}\sqrt{m^2g^2+2kmgh}$$

由于弹簧的变形量是正值,因此取正号,即

$$\delta_{\max}=\frac{mg}{k}+\frac{1}{k}\sqrt{m^2g^2+2kmgh}$$

上述两个阶段,也可以合在一起考虑,即

$$0-0=mg(h+\delta_{\max})-\frac{1}{2}k\delta_{\max}^2$$

解得的结果与前面所得相同。

上式说明,在物块从位置Ⅰ到位置Ⅲ的运动过程中,重力做正功,弹性力做负功,恰好抵消,因此物块运动始末位置的动能是相同的。显然,物块在运动过程中动能是变化的,但在应用动能定理时不必考虑始末位置之间动能是如何变化的。

19.3.2 质点系的动能定理

质点的动能定理可以推广到质点系。刚体可视为各质点间的距离始终保持不变的质点系。设刚体内某质点的质量为 m_i,在某一段路程的末了和起始的位置的速度分别为 v_{i2}, v_{i1},作用在该质点上的外力的合力作的功为 $W_i^{(e)}$,内力的合力作的功为 $W_i^{(i)}$,则按质点的动能定理式(19-20)有

$$\frac{1}{2}m_iv_{i2}^2-\frac{1}{2}m_iv_{i1}^2=W_i^{(e)}+W_i^{(e)}$$

由于功和动能都是标量,将刚体内所有质点的上述方程加在一起,有

$$\sum\frac{1}{2}m_iv_{i2}^2-\sum\frac{1}{2}m_iv_{i1}^2=\sum W_i^{(e)}+\sum W_i^{(i)} \tag{19-21}$$

式(19－21)表明**在任意有限路程中，质点系动能的改变量等于作用在质点系上所有力的功的代数和**。这称为**质点系的动能定理**。一般来讲，质点系内各质点间的距离是可变的，因此，内力作功的代数和不一定等于零。但对刚体来讲，因为刚体内各质点间的相对位置是固定不变的，因此，刚体内力作功的代数和等于零。于是，上式可简化为

$$T_2 - T_1 = \sum W^{(e)} \tag{19-22}$$

式(19－22)表明，**刚体动能在任一过程中的变化，等于作用在刚体上所有外力在同一过程中所作功的代数和**。这就是**刚体的动能定理**。

对于用光滑铰链、不计自重的刚杆或不可伸长的柔索等约束连接的刚体系统，在不计摩擦的理想情况下，其内力作功之和也总等于零。式(19－22)依然适用。

例 19.4 均质细杆长为 l，质量为 m，静止直立于光滑水平面上。当杆受到微小干扰而倒下时，求杆刚刚达到地面时的角速度和地面约束力。

解：(1) 以直杆为分析对象。

(2) 直杆的受力图如图 19－11 所示，由于地面光滑，直杆沿水平方向不受力，倒下过程中质心沿铅直下落。正压力 $\boldsymbol{F}_N$ 不做功，只有主动力 mg 做功，所以为理想约束的情形。

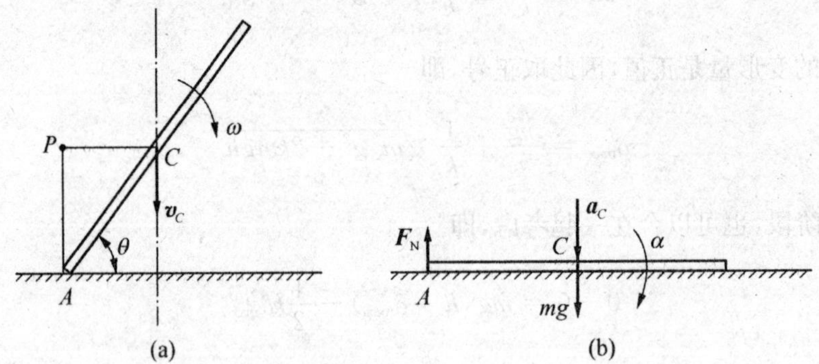

图 19－11 例 19.4 的图

(3) 设杆左滑于任意角度 θ，如图 19－11(a)所示，C 为杆的瞬心。由运动学可知，杆的动能为

$$T = \frac{1}{2}mv_C^2 + \frac{1}{2}J_C\omega^2 = \frac{1}{2}m\left(1 + \frac{1}{3\cos^2\theta}\right)v_C^2$$

由动能定理，

$$\frac{1}{2}m\left(1 + \frac{1}{3\cos^2\theta}\right)v_C^2 = mg\,\frac{l}{2}(1 - \sin\theta)$$

当 $\theta = 0$ 时，$v_C = \frac{1}{2}\sqrt{3gl}$，$\omega = \sqrt{\frac{3g}{l}}$。

例 19.5 卷扬机如图 19－12 所示。鼓轮在常力偶矩 M 作用下将圆柱体沿斜面上拉。已知鼓轮的半径为 R_1，质量为 m_1，质量分布在轮缘上；圆柱体的半径为 R_2，质量为 m_2，质量均匀分布。设斜面的倾角为 θ，圆柱体沿斜面只滚不滑。系统从静止开始运动，求圆柱体中心的速度 v_C 与其路程 s 之间的关系。

解：(1) 选取鼓轮和圆柱体组成的整个系统作为研究对象。

受力分析：系统的受力如图 19-12 所示，分析系统的运动：鼓轮作定轴转动，圆柱体作平面运动。设圆柱体中心 C 运动路程 s 时，其速度为 v_C，鼓轮和圆柱体的角速度分别为 ω_1 和 ω_2，它们之间的关系为

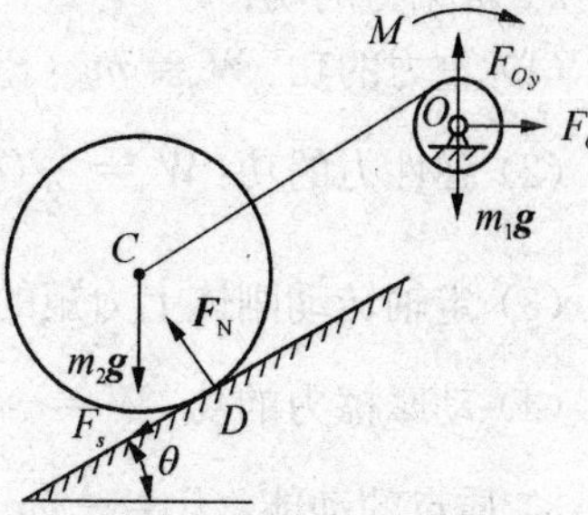

$$\omega_1=\frac{v_C}{R_1},\ \omega_2=\frac{v_C}{R_2},\ \varphi=\frac{s}{R_1}$$

图 19-12　例 19.5 的图

(2) 计算动能。初瞬时系统动能 $T_1=0$；圆柱体中心 C 运动路程 s 时系统动能：

$$T_2=\frac{1}{2}J_1\omega_1^2+\frac{1}{2}J_C\omega_2^2+\frac{1}{2}m_2v_C^2$$

利用运动关系以及转动惯量计算公式：

$$J_1=m_1R_1^2,\ J_C=\frac{1}{2}m_2R_2^2$$

得

$$T_2=\frac{1}{4}(2m_1+3m_2)v_C^2$$

(3) 应用质点系动能定理并求解。

质点系动能定理：

$$T_2-T_1=W_{12}$$

主动力作功为

$$W_{12}=M\varphi-m_2g\cdot\sin\theta\cdot s$$

有

$$\frac{1}{4}(2m_1+3m_2)v_C^2-0=\left(M\frac{1}{R_1}-m_2g\cdot\sin\theta\right)s$$

得

$$v_C=2\sqrt{\frac{(M-m_2gR_1\sin\theta)s}{R_1(2m_1+3m_2)}}$$

小　结

1) 元功表达：　　$\delta W=\boldsymbol{F}\cdot\mathrm{d}\boldsymbol{r}$

功的解析表达式：　　$W=\int_{M_1}^{M_2}(F_x\mathrm{d}x+F_y\mathrm{d}y+F_z\mathrm{d}z)$

2）常见力的功：

(1) 重力的功：$W=mg(z_{C1}-z_{C2})$ $W=\pm Gh$

(2) 弹性力的功：$W=\frac{k}{2}(\delta_1^2-\delta_2^2)$

(3) 定轴转动刚体上力矩的功：$W=\int_0^{\varphi}M_z\mathrm{d}\varphi$

(4) 动摩擦力的功：$W=-fF_{\mathrm{N}}s$

3）质点的动能：$T=\frac{1}{2}mv^2$

(1) 平移刚体的动能：$T=\frac{1}{2}mv_C^2$

(2) 定轴转动刚体的动能：$T=\frac{1}{2}J_z\omega^2$

(3) 平面运动刚体的动能：$T=\frac{1}{2}mv_C^2+\frac{1}{2}J_C\omega^2$

4）质点的动能定理：$T_2-T_1=W$

刚体的动能定理：$T_2-T_1=\sum W^{(e)}$

动能定理建立了动能与力的功之间的关系，把作用力、速度和路程联系在一起。由于动能定理是标量形式，只有一个方程，用于解决动力学问题比较方便。

思考题

19.1 在弹性范围内，若弹簧的伸长量加倍，则弹性力作的功也加倍，这个说法对不对？为什么？

19.2 如图 19－13 所示，同一根细长杆，当绕端点 A 以角速度 ω 转动时（见图 19－13(a)）与当绕中点 C 以角速度 2ω 反向转动时（见图 19－13(b)），两者动能是否相同？

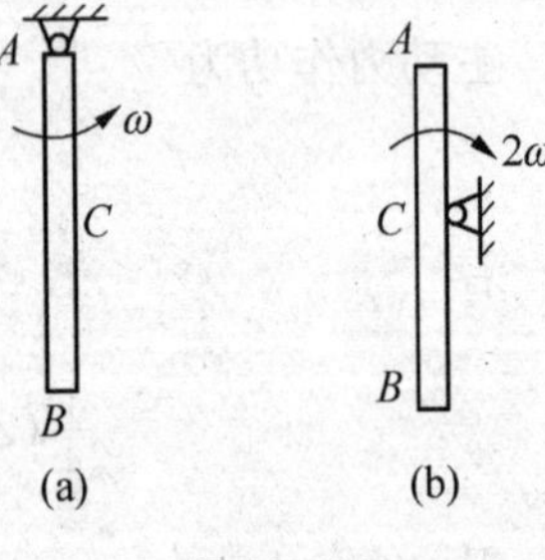

图 19－13

19.3 当质点作匀速圆周运动时，其动能有无变化？

19.4 应用动能定理求速度时，能否确定速度的方向？

19.5 设作用于质点系的外力系的主矢和主矩都等于零。试问该质点系的动能及质心的运动状态会不会改变？为什么？试举一个简单实例加以说明。在什么情况下质点系的动能不会改变？

19.6 均质圆轮无初速的沿斜面纯滚动，轮心降落同样高度而到达水平面，如图 19－14 所示。忽略滚动摩擦和空气阻力，问到达水平面时，轮心的速度 v 与圆轮半径是否有关？当轮半径趋于零时，与质点落下结果是否一致？轮半径趋于零，还能只滚不滑吗？

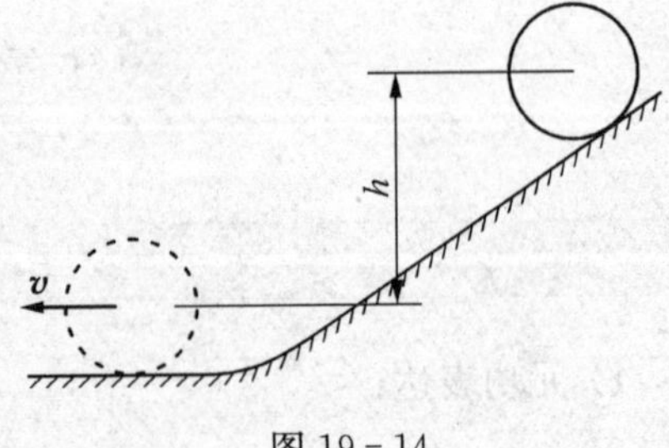

图 19－14

19.1 弹簧原长 $l_0 = 0.1\,\mathrm{m}$，刚度系数 $k = 4\,900\,\mathrm{N/m}$，一端固定在点 O，此点 O 在半径为 $R = 0.1\,\mathrm{m}$ 的圆周上，如图 19－15 所示。求当弹簧的另一端由半圆的最高点 B 沿圆弧运动至 A 时，弹性力所作的功是多少？已知 $AC \perp BC$，OA 为直径。

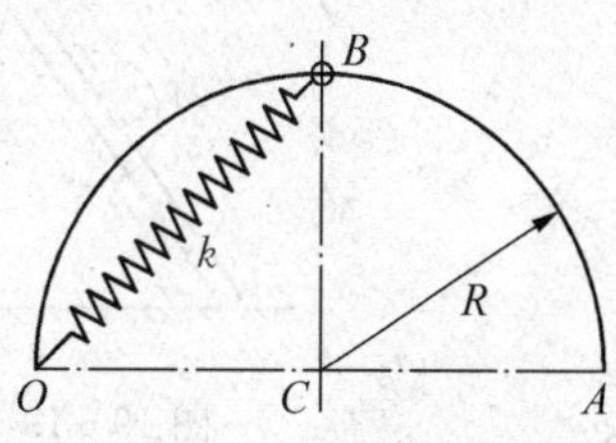

图 19－15　习题 19.1 的图

19.2 各均质物体的质量都是 m，物体的尺寸以及绕轴转动的角速度或者质心速度如图 19－16 所示。试分别计算各物体的动能。

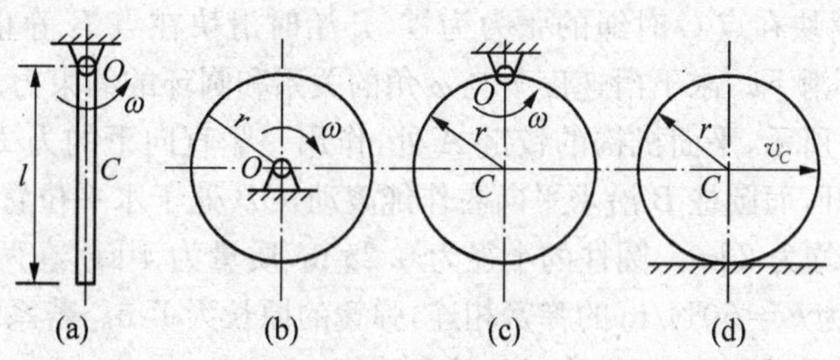

图 19－16　习题 19.2 的图

19.3 如图 19－17 所示，椭圆规机构由曲柄 OA、规尺 BD 以及滑块 B 和 D 组成。已知曲柄长 l，质为 m_1；规尺长为 $2l$，质量 $2m_1$，两者均视为均质细杆。两滑块的质量均为 m_2。设曲柄的角速度为 ω，求图示位置系统的动能。

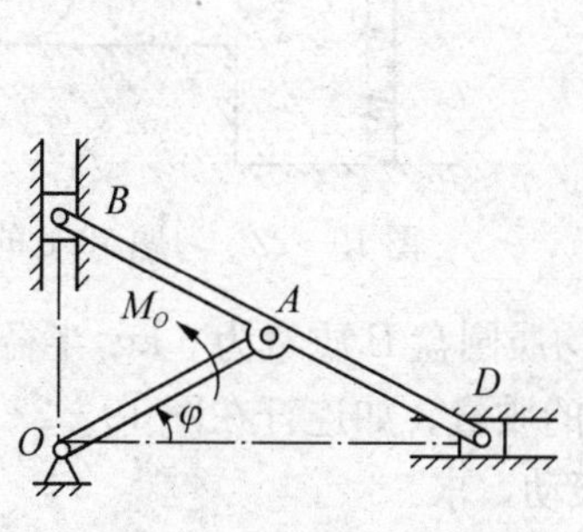

图 19－17　习题 19.3 的图

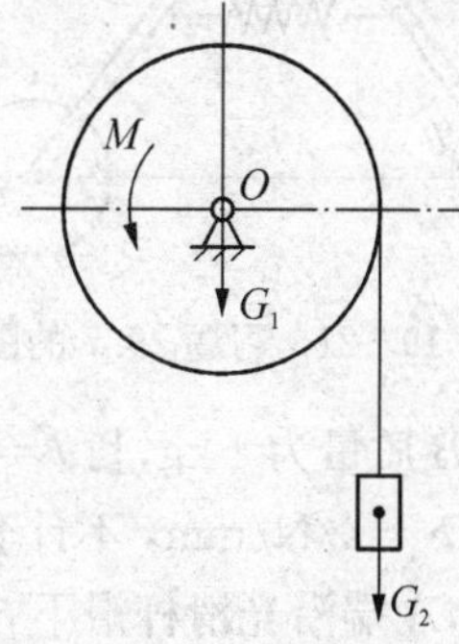

图 19－18　习题 19.4 的图

19.4 提升机构如图 19－18 所示。设均质鼓轮半径 r，重为 G_1，对转轴 O 的转动惯量为 J。鼓轮上卷绕的绳子吊一重为 G_2 的物体，在鼓轮上作用常力偶矩 M，自静止开始运动，求鼓轮转角为 φ 时重物的速度。

19.5 如图 19－19 所示，平面机构由两匀质杆 AB、BO 组成，两杆的质量均为 m，长度均为 l，在竖直平面内运动。在杆 AB 上作用一不变的力偶矩 M，从图示位置由静止开始运动。不计摩擦，试求当 A 即将碰到铰支座 O 时 A 端的速度。

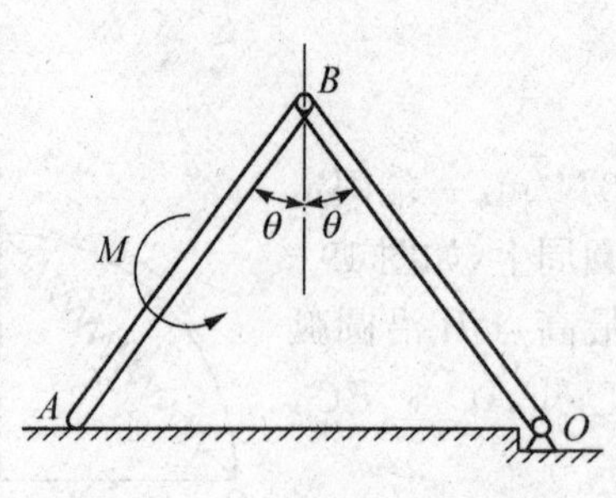

图 19-19　习题 19.5 的图

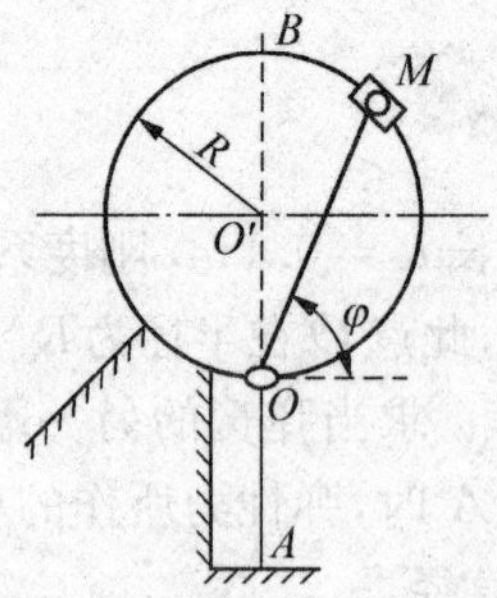

图 19-20　习题 19.6 的图

19.6 滑块 M 的质量为 m，可在固定于竖直面内、半径为 R 的光滑圆环上滑动，如图 19-20 所示。滑块 M 上系有一刚度系数为 k 的弹性绳 MOA，此绳穿过固定环 O，并固定在点 A。已知当滑块在点 O 时绳的张力为零，开始时滑块在点 B 静止；当它受到微小扰动时，即沿圆环滑下。求下滑速度 v 与 φ 角的关系和圆环的约束力。

19.7 如图 19-21 所示，平面机构的铰链 A 处，作用一竖直向下的力 $F_1 = 60$ N，使得两杆 AB，OA 张开，而圆柱 B 沿水平向右作纯滚动，OB 处于水平位置。两均质杆的长度均为 1 m，质量均为 2 kg。圆柱的半径为 0.25 m，质量为 4 kg，在两杆的中点 D，E 处用一刚度系数为 $k = 50$ N/m 的弹簧相连，弹簧的原长为 1 m。若系统在 $\theta = 60°$ 的位置静止，试求系统运动到 $\theta = 0°$ 时，AB 的角速度。

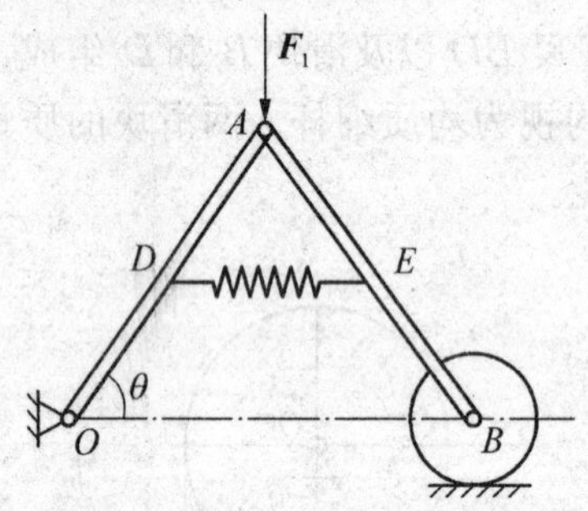

图 19-21　习题 19.7 的图

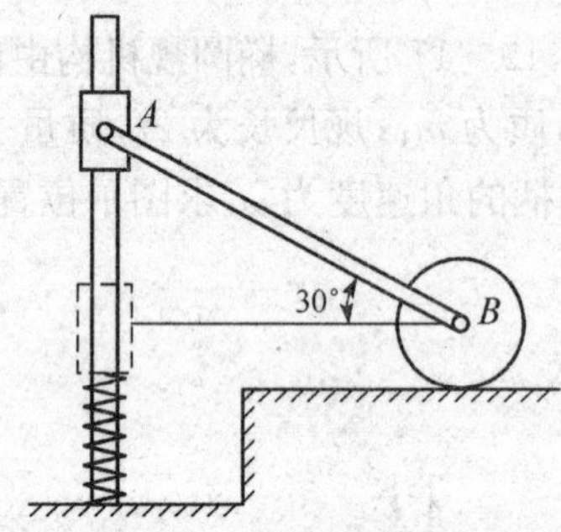

图 19-22　习题 19.8 的图

19.8 均质杆 AB 质量为 4 kg，长 $l = 600$ mm；均质圆盘 B 质量为 6 kg，半径 $r = 100$ mm；弹簧刚度为 $k = 2$ N/mm，不计套筒及弹簧的质量。如连杆在图 19-22 所示位置被无初速释放后，A 端沿光滑杆滑下，圆盘作纯滚动。求：

(1) 当 AB 达水平位置并接触弹簧时，圆盘以及连杆的角速度；

(2) 弹簧的最大压缩量 δ。

19.9 如图 19-23 所示，均质圆柱 O 重 G_1，由静止开始沿与水平面夹角为 θ 的斜面作纯滚动，同时带动重为 G_2 的手柄 OA 移动。若忽略手柄 A 端的摩擦，求圆柱中心 O 经过路程 S 时的速度和加速度。

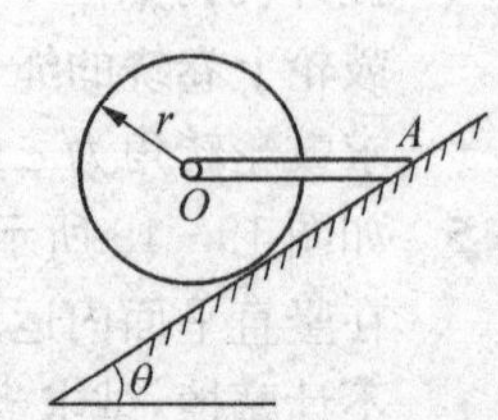

图 19-23　习题 19.9 的图

19.10 如图 19－24 所示，均质滚轮 A 和均质滑轮 B 质量均为 m，半径均为 r，轮上绕一不计质量的细绳，细绳另一端悬挂质量为 m 的重物，轮心 A 与刚度系数为 c 的水平弹簧相连。现重物由平衡位置无初速度开始运动，该瞬时弹簧为原长。求下降距离为 d 时重物的速度。

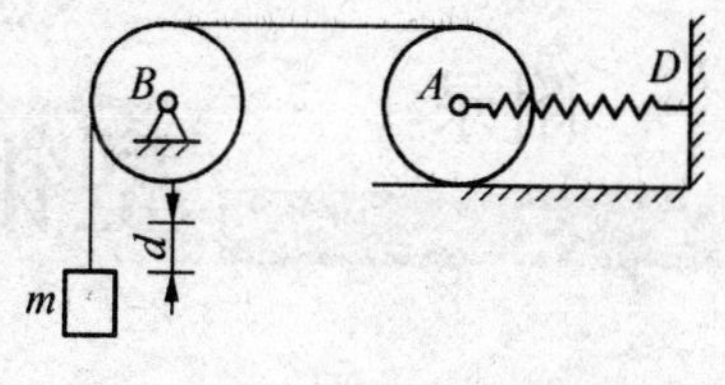

图 19－24　习题 19.10 的图

附录 I 型钢规格表

1. 热轧普通工字钢(GB 706—65)

符号意义：

h——高度；b——腿宽；d——腰厚；t——平均腿厚；r——内圆弧半径；r_1——腿端圆弧半径；I——惯性矩；W——截面系数；i——惯性半径；S——半截面的面距。

型号	尺寸/mm						截面面积/cm²	理论重量/(kg·m⁻¹)(1 kg = 9.8 N)	参考数值						
									x-x				y-y		
	h	b	d	t	r	r_1			I_x/cm⁴	W_x/cm³	i_x/cm	$I_x:S_x$/cm⁴	I_y/cm⁴	W_y/cm³	i_y/cm
10	100	68	4.5	7.6	6.5	3.3	14.3	11.2	245	49	4.14	8.59	33	9.72	1.52
12.6	126	74	5	8.4	7	3.5	18.1	14.2	488.43	77 529	5.195	10.85	46.906	12.677	1.609
14	140	80	5.5	9.1	7.5	3.8	21.5	16.9	712	102	5.76	12	64.4	16.1	1.73
16	160	88	6	9.9	8	4	26.1	20.5	1 130	141	6.58	13.8	93.1	21.2	1.89
18	180	94	6.5	10.7	8.5	4.3	30.6	24.1	1 660	185	7.36	15.4	122	26	2
20a	200	100	7	11.4	9	4.5	35.5	21.9	2 370	237	8.15	17.2	158	31.5	2.12
20b	200	102	9	11.4	9	4.5	39.5	31.1	2 500	250	7.96	16.9	169	33.1	2.06
20a	220	110	7.5	12.3	9.5	4.8	42	33	3 400	309	8.99	18.9	225	40.9	2.31
20b	220	112	9.5	12.3	9.5	4.8	46.4	36.4	3 570	325	8.78	18.7	239	42.7	2.27
25a	250	116	8	13	10	5	48.5	38.1	5 023.54	401.88	10.18	21.58	280.046	48.283	2.403
25b	250	118	10	13	10	5	53.5	42	5 283.96	422.72	9.938	21.27	309.297	52.423	2.404
28a	280	122	8.5	13.7	10.5	5.3	55.45	43.4	7 114.14	508.15	11.32	24.62	345.051	56.565	2.495
28b	280	124	10.5	13.7	10.5	5.3	61.05	47.9	7 480	534.29	11.08	24.24	379.496	61.209	2.493
32a	320	130	9.5	15	11.5	5.8	67.05	52.7	11 075.5	692.2	12.84	27.46	459.93	70.758	2.619
32b	320	132	11.5	15	11.5	5.8	73.45	57.7	11 621.4	726.33	12.58	27.09	501.53	75.989	2.614
32c	320	134	13.5	15	11.5	5.8	79.95	62.8	12 167.5	760.47	12.34	26.77	543.81	81.166	2.608
36a	360	136	10	15.8	12	6	76.3	59.9	15 760	875	14.4	30.7	552	81.2	2.69
36b	360	138	12	15.8	12	6	83.5	65.6	16 530	919	14.1	30.3	582	84.3	2.64

（续表）

型号	尺寸/mm						截面面积 /cm^2	理论重量 /(kg·m^{-1}) (1 kg＝9.8 N)	参考数值						
									x-x				y-y		
	h	b	d	t	r	r_1			I_x /cm^4	W_x /cm^3	i_x /cm	$I_x:S_x$ /cm^4	I_y /cm^4	W_y /cm^3	i_y /cm
36c	360	140	14	15.8	12	6	90.7	71.2	17 310	962	13.8	29.9	612	87.4	2.6
40a	400	142	10.5	16.5	12.5	6.3	86.1	67.6	21 720	1 090	15.9	34.1	660	93.2	2.77
40b	400	144	12.5	16.5	12.5	6.3	94.1	73.8	22 780	1 140	15.6	33.6	692	96.2	2.71
40c	400	146	14.5	16.5	12.5	6.3	102	80.1	23 850	1 190	15.2	33.2	727	99.6	2.65
45a	450	150	11.5	18	13.5	6.8	102	80.4	32 240	1 430	17.7	38.6	855	114	2.89
45b	450	152	13.5	18	13.5	6.8	111	87.4	33 760	1 500	17.4	38	894	118	2.84
45c	450	154	15.5	18	13.5	6.8	120	94.5	35 280	1 570	17.1	37.6	938	122	2.79
50a	500	158	12	20	14	7	119	93.6	46 470	1 860	19.7	42.8	1 120	142	3.07
50b	500	160	14	20	14	7	129	101	48 560	1 940	19.4	42.4	1 170	146	3.01
50c	500	162	16	20	14	7	139	109	50 640	2 080	19	41.8	1 220	151	2.96
56a	560	166	12.5	21	14.5	7.3	135.25	106.2	65 585.6	2 342.31	22.02	17.73	1 370.161	165.08	3.182
56b	560	168	14.5	21	14.5	7.3	146.45	115	68 512.5	2 446.69	21.63	17.17	486.75	174.25	3.162
56c	560	170	16.5	21	14.5	7.3	157.85	123.9	71 439.4	2 551.41	21.27	46.66	1 558.39	183.34	3.158
63a	630	176	13	22	15	7.5	154.9	121.6	93 916.2	2 981.47	24.62	54.17	1 700.55	193.24	3.314
63b	630	178	15	22	15	7.5	167.5	131.5	98 083.6	3 163.98	24.2	54.51	1 812.07	203.6	3.289
63c	630	180	17	22	15	7.5	180.1	141	102 251.1	3 298.42	23.82	52.92	1 924.91	213.88	3.268

注：1. 工字钢长度：10～18 号，长 5～19 m；20～63 号，长 6～19 m。
2. 一般采用材料：Q215，Q235，Q275，Q235F。

2. 热轧普通槽钢（GB 706—65）

符号意义：

h——高度；b——腿宽；d——腰厚；t——平均腿厚；r——内圆弧半径；r_1——腿端圆弧半径；I——惯性矩；W——截面系数；i——惯性半径；z_0——y-y 轴与 y_0-y_0 轴线间距离。

型号	尺寸/mm						截面面积 /cm^2	理论重量 /(kg·m^{-1}) (1 kg＝9.8 N)	参考数值							
									x-x			y-y			y_0-y_0	z_0/cm
	h	b	d	t	r	r_1			W_x /cm^3	I_x /cm^4	i_x /cm	W_x /cm^3	I_y /cm^4	i_y /cm	I_{y0} /cm^4	
5	50	37	4.5	7	7	3.5	6.93	5.44	10.4	26	1.94	3.55	3.3	1.1	20.9	1.35
6.3	63	40	4.8	7.5	7.5	3.75	8.444	6.63	16.123	50.786	2.453		11.875	1.185	28.38	1.36
8	80	43	5	8	8	4	10.24	8.04	25.3	101.3	3.15	5.79	16.6	1.27	37.4	1.43
10	100	48	5.3	8.5	8.5	4.25	12.74	10	39.7	198.3	3.95	7.8	25.6	1.41	54.9	1.52

（续表）

型号	尺寸/mm						截面面积/cm²	理论重量/(kg·m^{-1})(1 kg=9.8 N)	参考数值							
									$x-x$			$y-y$			y_0-y_0	
	h	b	d	t	r	r_1			W_x/cm³	I_x/cm⁴	i_x/cm	W_x/cm³	I_y/cm⁴	i_y/cm	I_{y0}/cm⁴	z_0/cm
21.6	126	53	5.5	9	9	4.5	15.69	12.37	62.137	391.466	4.953	10.242	37.99	1.567	77.09	1.59
14a	140	58	6	9.5	9.5	4.75	18.51	14.53	80.5	563.7	5.52	13.01	53.2	1.7	107.1	1.71
14b	140	60	8	9.5	9.5	4.75	21.31	16.73	87.1	609.4	5.35	14.12	61.1	1.69	120.6	1.67
16a	160	63	6.5	10	10	5	21.95	17.23	108.3	866.2	6.28	16.3	73.3	1.83	144.1	1.8
16b	160	65	8.5	10	10	5	25.15	19.74	116.8	934.5	6.1	17.55	83.4	1.82	160.8	1.75
18a	180	68	7	10.5	10.5	5.25	25.69	20.17	141.4	1 272.7	7.04	20.03	98.6	1.96	189.7	1.88
18b	180	70	9	10.5	10.5	5.25	29.29	22.99	152.2	1 369.9	6.84	21.52	111	1.95	210.1	1.84
20a	200	73	7	11	11	5.5	28.83	22.63	178	1 780.4	7.86	24.2	128	2.11	244	2.01
20b	200	75	9	11	11	5.5	32.83	25.77	191.4	1 913.7	7.64	25.88	143.6	2.09	268.4	1.95
22a	220	77	7	11.5	11.5	5.75	31.84	24.99	217.6	2 393.9	8.67	28.17	157.8	2.23	298.2	2.1
22b	220	79	9	11.5	11.5	5.75	36.24	28.45	233.8	2 571.4	8.42	30.05	176.4	2.21	326.3	2.03
25a	250	78	7	12	12	6	34.91	27.47	269.597	3 369.62	9.823	30.607	175.529	2.243	322.256	2.065
25b	250	80	9	12	12	6	39.91	31.39	282.402	3 530.04	9.405	32.657	196.421	2.218	353.187	1.982
25c	250	82	11	12	12	6	44.91	35.32	295.236	3 690.45	9.065	35.926	218.415	2.206	384.133	1.921
28a	280	82	7.5	12.5	12.5	6.25	40.02	31.42	340.328	4 764.59	10.91	35.718	217.989	2.33	387.566	2.097
28b	280	84	9.5	12.5	12.5	6.25	45.62	35.81	366.460	5 130.45	10.6	37.929	242.144	2.304	427.589	2.016
28c	280	86	11.5	12.5	12.5	6.25	51.22	40.21	392.594	5 496.32	10.35	40.301	267.602	2.286	462.597	1.951
32a	320	88	8	14	14	7	48.7	38.22	474.879	7 598.06	12.49	46.473	304.787	2.502	552.31	2.242
32b	320	90	10	14	14	7	65.1	43.25	509.012	8 144.20	12.15	49.157	336.332	2.471	592.933	2.158
32c	320	92	12	14	14	7	61.5	48.28	543.145	8 690.33	11.88	52.642	374.175	2.467	643.299	2.092
36a	360	96	9	16	16	8	60.89	47.8	659.7	11 874.2	13.97	63.54	455	2.73	818.4	2.44
36b	360	98	11	16	16	8	68.09	53.45	702.9	12 651.8	13.63	66.85	496.7	2.7	880.4	2.37
36c	360	100	13	16	16	8	75.29	50.1	746.1	13 429.4	13.36	70.02	536.4	2.67	947.9	2.34
40a	400	100	10.5	18	18	9	75.05	58.91	878.9	17 577.9	15.30	78.83	592	2.81	1 067.7	2.49
40b	400	102	12.5	18	18	9	83.05	65.19	932.2	18 644.5	14.98	82.52	640	2.78	1 135.6	2.44
40c	400	104	14.5	18	18	9	91.05	71.47	985.6	19 711.2	14.71	86.19	687.8	2.75	1 220.7	2.42

注：1. 槽钢长度：5～8 号，长 5～12 m；10～18 号，长 5～19 m；20～40 号，长 6～19 m。

2. 一般采用材料：Q215，Q235，Q275，Q235F。

3. 热轧等边角钢(GB 700—79)

符号意义：

b——边宽；d——边厚；r——内圆弧半径；r_1——边端内弧半径；r_2——边端外弧半径；r_0——顶端圆弧半径；I——惯性矩；i——惯性半径；W——截面系数；z_0——重心距离。

角钢号数	尺寸/mm			截面面积/cm²	理论重量/(kg·m⁻¹)(1 kg = 9.8 N)	外表面积/(m²·m⁻¹)	参考数值										z_0/cm
							$x-x$			x_0-x_0			y_0-y_0			x_1-x_1	
	b	d	r				I_x/cm⁴	i_x/cm	W_x/cm³	I_{x0}/cm³	i_{x0}/cm	W_{x0}/cm³	I_{y0}/cm⁴	i_{y0}/cm	W_{y0}/cm³	I_{x1}/cm⁴	
2	20	3	3.5	1.132	0.889	0.078	0.40	0.59	0.29	0.63	0.75	0.45	0.17	0.39	0.20	0.81	0.60
		4		1.459	1.145	0.077	0.50	0.58	0.36	0.78	0.73	0.55	0.22	0.38	0.24	1.09	0.64
2.5	25	3		1.432	1.124	0.098	0.82	0.76	0.46	1.29	0.95	0.73	0.34	0.49	0.33	1.57	0.72
		4		1.859	1.459	0.097	1.03	0.74	0.59	1.62	0.93	0.92	0.43	0.48	0.40	2.11	0.76
3.0	30	3	4.5	1.749	1.373	0.117	1.46	0.91	0.68	2.31	1.15	1.09	0.61	0.59	0.51	2.71	0.85
		4		2.276	1.786	0.117	1.84	0.90	0.87	2.92	1.13	1.37	0.77	0.58	0.62	3.63	0.89
3.6	36	3		2.109	1.656	0.141	2.58	1.11	0.99	4.09	1.39	1.61	1.07	0.71	0.76	4.68	1.00
		4		2.756	2.163	0.141	3.29	1.09	1.28	5.22	1.38	2.05	1.37	0.70	0.93	6.25	1.04
		5		3.382	2.654	0.141	3.95	1.08	1.56	6.24	1.36	2.45	1.65	0.70	1.09	7.84	1.07
4.0	40	3	5	2.359	1.852	0.157	3.59	1.23	1.23	5.69	1.55	2.01	1.49	0.79	0.96	6.41	1.09
		4		3.086	2.422	0.157	4.60	1.22	1.60	7.29	1.54	2.58	1.91	0.79	1.19	8.56	1.13
		5		3.791	2.976	0.156	5.53	1.21	1.96	8.76	1.52	3.10	2.30	0.78	1.39	10.74	1.17
4.5	45	3		2.659	2.088	0.177	5.17	1.40	1.58	8.20	1.76	2.58	2.14	0.90	1.24	9.12	1.22
		4		3.486	2.736	0.177	6.65	1.38	2.05	10.56	1.74	3.32	2.75	0.89	1.54	12.13	1.26
		5		4.292	3.369	0.176	8.04	1.37	2.51	12.74	1.72	4.00	3.33	0.88	1.81	15.25	1.30
		6		5.076	3.985	0.176	9.33	1.36	2.95	14.76	1.70	4.64	3.89	0.88	2.06	18.36	1.33
5	50	3	5.5	2.971	2.332	0.197	7.18	1.55	1.96	11.37	1.96	3.22	2.98	1.00	1.57	12.50	1.34
		4		3.897	3.059	0.197	9.26	1.54	2.56	14.70	1.94	4.16	3.82	0.99	1.96	16.69	1.38
		5		4.803	3.770	0.196	11.21	1.53	3.13	17.79	1.92	5.03	4.64	0.98	2.31	20.90	1.42
		6		5.688	4.465	0.196	13.05	1.52	3.68	20.68	1.91	5.85	5.42	0.98	2.63	25.14	1.46

（续表）

角钢号数	尺寸/mm			截面面积/cm²	理论重量/(kg·m⁻¹)(1 kg = 9.8 N)	外表面积/(m²·m⁻¹)	参考数值										z_0/cm
							$x-x$			x_0-x_0			y_0-y_0			x_1-x_1	
	b	d	r				I_x/cm⁴	i_x/cm	W_x/cm³	I_{x0}/cm³	i_{x0}/cm	W_{x0}/cm³	I_{y0}/cm⁴	i_{y0}/cm	W_{y0}/cm³	I_{x1}/cm⁴	
5.6	56	3	6	3.343	2.624	0.221	10.19	1.75	2.48	16.14	2.20	4.08	4.24	1.13	2.02	17.56	1.48
		4		4.390	3.446	0.220	13.18	1.73	3.24	20.92	2.18	5.28	5.46	1.11	2.52	23.43	1.53
		5		5.415	4.251	0.220	16.02	1.72	3.97	25.42	2.17	6.42	6.61	1.10	2.98	29.33	1.57
		8		8.367	6.568	0.219	23.63	1.68	6.03	37.37	2.11	9.44	9.89	1.09	4.16	47.24	1.63
6.3	63	4	7	4.978	3.907	0.248	19.03	1.96	4.13	30.17	2.46	6.78	7.89	1.26	3.29	33.35	1.70
		5		6.143	4.822	0.248	23.17	1.94	5.08	36.77	2.45	8.25	9.57	1.25	3.90	41.73	1.74
		6		7.288	5.721	0.247	27.12	1.93	6.00	43.03	2.43	9.66	11.20	1.24	4.46	50.14	1.78
		8		9.515	7.469	0.247	34.46	1.90	7.75	54.56	2.40	12.25	14.33	1.23	5.47	67.11	1.85
		10		11.657	9.151	0.246	41.09	1.88	9.39	64.85	2.36	14.56	17.33	1.22	6.36	84.31	1.93
7	70	4	8	5.570	4.372	0.275	26.39	2.18	5.14	41.80	2.74	8.44	10.99	1.40	4.17	45.74	1.86
		5		6.875	5.397	0.275	32.21	2.16	6.32	51.08	2.73	10.32	13.34	1.39	4.95	57.21	1.91
		6		8.160	8.406	0.275	37.77	2.15	7.48	59.93	2.71	12.11	15.61	1.38	5.67	68.73	1.93
		7		9.424	7.398	0.275	43.09	2.14	8.59	68.35	2.69	13.81	17.82	1.38	6.34	80.29	1.99
		8		10.667	8.373	0.274	48.17	2.12	9.68	76.37	2.68	15.43	19.98	1.37	6.98	91.92	2.03
7.5	75	5	9	7.367	5.818	0.295	39.97	2.33	7.32	63.30	2.92	11.94	16.63	1.50	5.77	70.56	20.4
		6		8.797	6.905	0.294	46.95	2.31	8.64	74.38	2.90	14.02	19.51	1.49	6.67	84.55	2.07
		7		10.160	7.976	0.294	53.57	2.30	9.93	84.96	2.89	16.02	22.18	1.48	7.44	98.71	2.11
		8		11.503	9.030	0.294	59.96	2.28	11.20	95.07	2.88	17.93	24.86	1.47	8.19	112.97	2.15
		10		14.126	11.089	0.293	71.98	2.26	13.64	113.92	2.84	21.48	30.05	1.46	9.56	141.71	2.22
8	80	5		7.912	6.211	0.315	48.79	2.48	8.34	77.33	3.13	13.67	20.25	1.60	6.66	85.36	2.15
		6		9.397	7.376	0.314	57.35	2.47	9.87	90.98	3.11	16.08	23.72	1.59	7.65	102.50	2.19
		7		10.860	8.525	0.314	65.58	2.46	11.37	104.07	3.10	18.40	27.09	1.58	8.58	119.70	2.23
		8		12.303	9.658	0.314	73.49	2.44	12.83	116.60	3.08	20.61	30.39	1.57	9.46	136.97	2.27
		10		15.126	11.874	0.313	88.43	2.42	15.64	140.09	3.04	24.76	36.77	1.56	11.08	171.74	2.35

(续表)

角钢号数	尺寸/mm b	d	r	截面面积/cm²	理论重量/(kg·m⁻¹)(1 kg = 9.8 N)	外表面积/(m²·m⁻¹)	参考数值 x-x I_x/cm⁴	i_x/cm	W_x/cm³	x_0-x_0 I_{x0}/cm³	i_{x0}/cm	W_{x0}/cm³	y_0-y_0 I_{y0}/cm⁴	i_{y0}/cm	W_{y0}/cm³	x_1-x_1 I_{x1}/cm⁴	z_0/cm
9	90	6	10	10.637	8.350	0.354	82.77	2.79	12.61	131.26	3.51	20.63	34.28	1.80	9.95	145.87	2.44
		7		12.301	9.656	0.354	94.83	2.78	14.54	150.47	3.50	23.64	39.18	1.78	11.19	170.30	2.48
		8		13.944	10.946	0.353	106.47	2.76	16.42	168.97	3.48	26.55	43.97	1.78	12.35	194.80	2.52
		10		17.167	13.476	0.353	128.58	2.74	20.07	203.90	3.45	32.04	53.26	1.76	14.52	244.07	2.59
		12		20.306	15.940	0.352	149.22	2.71	23.57	236.21	3.41	37.12	62.22	1.75	16.49	293.76	2.67
10	100	6	12	11.932	9.366	0.393	114.95	3.01	15.68	181.98	3.90	25.74	47.92	2.00	12.69	200.07	2.67
		7		13.796	10.830	0.393	131.86	3.09	18.10	208.97	3.89	29.55	54.74	1.99	14.26	233.54	2.71
		8		15.638	12.276	0.393	148.24	3.08	20.47	235.07	3.88	33.24	61.41	1.98	15.75	267.09	2.76
		10		19.261	15.120	0.392	179.51	3.05	25.06	284.68	3.84	40.26	74.35	1.96	18.54	334.48	2.84
		12		22.800	17.898	0.391	208.90	3.03	29.48	330.95	3.81	46.80	86.84	1.95	21.08	402.34	2.91
		14		26.256	20.611	0.391	236.53	3.00	33.73	374.06	3.77	52.90	99.00	1.94	23.44	470.75	2.99
		16		29.627	23.257	0.390	262.53	2.98	37.82	414.16	3.74	58.57	110.89	1.94	25.63	539.80	3.06
11	110	7	12	15.196	11.928	0.433	177.16	3.41	22.05	280.94	4.30	36.12	73.38	2.20	17.51	310.64	2.96
		8		17.238	13.532	0.433	199.46	3.40	24.95	316.39	4.28	40.69	82.42	2.19	19.39	355.20	3.01
		10		21.261	16.690	0.432	242.19	3.38	30.60	384.39	4.25	49.42	99.98	2.17	22.91	444.65	3.09
		12		25.200	19.782	0.431	282.55	3.35	36.05	448.17	4.22	57.62	116.93	2.15	26.15	534.60	3.16
		14		29.056	22.809	0.431	320.71	3.32	41.31	508.01	4.18	65.31	133.40	2.14	29.14	625.16	3.24
12.5	125	8	14	19.750	15.504	0.492	297.03	3.88	32.52	470.89	4.88	53.28	123.16	2.50	25.86	521.01	3.37
		10		24.373	19.133	0.491	361.67	3.85	39.97	573.89	4.85	64.93	149.46	2.48	30.62	651.93	3.45
		12		28.912	22.696	0.491	423.16	3.83	41.17	671.44	4.82	75.96	174.88	2.46	35.03	783.42	3.53
		14		33.367	26.193	0.490	481.65	3.80	54.16	763.73	4.78	86.41	199.57	2.45	39.13	915.61	3.61
14	140	10		27.373	21.488	0.551	514.65	4.34	50.58	817.27	5.46	82.56	212.04	2.78	39.20	915.11	3.82
		12		32.512	25.522	0.551	603.68	4.31	59.80	958.79	5.43	96.85	248.57	2.76	45.02	1 099.28	3.90
		14		37.567	29.490	0.550	688.81	4.28	68.75	1 093.56	5.40	110.47	284.06	2.75	50.45	1 284.22	3.98
		16		42.539	33.393	0.549	770.24	4.26	77.46	1 221.91	5.36	123.42	318.67	2.74	55.55	1 470.07	4.06

（续表）

角钢号数	尺寸/mm			截面面积/cm²	理论重量/(kg·m⁻¹)(1 kg = 9.8 N)	外表面积/(m²·m⁻¹)	参考数值										
							x - x			$x_0 - x_0$			$y_0 - y_0$			$x_1 - x_1$	z_0/cm
	b	d	r				I_x/cm⁴	i_x/cm	W_x/cm³	I_{x0}/cm³	i_{x0}/cm	W_{x0}/cm³	I_{y0}/cm⁴	i_{y0}/cm	W_{y0}/cm³	I_{x1}/cm⁴	
16	160	10	16	31.502	24.729	0.630	779.53	4.98	66.70	1 237.30	6.27	109.36	321.76	3.20	52.76	1 365.33	4.31
		12		37.411	29.391	0.630	916.58	4.95	78.98	1 455.68	6.24	128.67	377.49	3.18	60.74	1 639.57	4.39
		14		43.296	33.987	0.629	1 048.36	4.92	90.95	1 665.02	6.20	147.17	431.70	3.16	68.244	1 914.68	4.47
		16		49.067	38.518	0.629	1 175.08	4.89	102.63	1 865.57	6.17	164.89	484.59	3.14	75.31	2 190.82	4.55
18	180	12		42.241	33.159	0.710	1 321.35	5.59	100.82	2 100.10	7.05	165.00	542.61	3.58	78.41	2 332.80	4.89
		14		48.896	38.383	0.709	1 514.48	5.56	116.25	2 407.42	7.02	189.14	621.53	3.58	88.38	2 723.48	4.97
		16		55.467	43.542	0.709	1 700.99	5.54	131.13	2 703.37	6.98	212.40	698.60	3.55	97.83	3 115.29	5.05
		18		61.955	43.634	0.708	1 875.12	5.50	145.64	2 988.24	6.94	234.78	762.01	3.51	105.14	3 502.43	5.13
20	200	14	18	54.642	42.894	0.788	2 103.55	6.20	144.70	3 343.26	7.82	236.40	863.83	3.98	111.82	3 734.10	5.46
		16		62.013	48.680	0.788	2 366.15	6.18	163.65	3 760.89	7.79	265.93	971.41	3.96	123.69	4 270.39	5.54
		18		69.301	54.401	0.787	2 620.64	6.15	182.22	4 164.54	7.75	294.48	1 076.74	3.94	135.52	4 808.13	5.62
		20		76.505	60.056	0.787	2 867.30	6.12	200.42	4 554.55	7.72	322.06	1 180.04	3.93	146.55	5 347.51	5.69
		24		90.661	71.168	0.785	2 338.25	6.07	236.17	5 294.97	7.64	374.41	1 381.53	3.90	166.55	6 457.16	5.87

注：1. $r_1 = \frac{1}{3}d$，$r_2 = 0$，$r_0 = 0$。

2. 角钢长度：2～4 号，长 3～9 m；4.5～8 号，长 4～12 m；9～14 号，长 4～19 m；16～20 号，长 6～19 m。

3. 一般采用材料：Q215，Q235，Q275，Q235F。

4. 热轧不等边角钢(GB 701—79)

符号意义：

B——长边宽度；d——边厚；r_1——边端内弧半径；r_0——顶端圆弧半径；i——惯性半径；x_0——重心距离；b——短边宽度；r——内圆弧半径；r_2——边端外弧半径；I——惯性矩；W——截面系数；y_0——重心距离；a——$u-u$ 轴与 $y-y$ 轴的夹角。

角钢号数	尺寸/mm				截面面积/cm²	理论重量/(kg·m⁻¹)(1 kg = 9.8 N)	外表面积/(m²·m⁻¹)	参考数值													
								$x-x$			$y-y$			x_0-x_0		y_1-y_1		$u-u$			
	B	b	d	r				I_x/cm⁴	i_x/cm	W_x/cm³	I_y/cm⁴	i_y/cm	W_y/cm³	I_{x1}/cm⁴	y_0/cm	I_{y1}/cm⁴	x_0/cm	I_u/cm⁴	i_u/cm	W_u/cm³	$\tan\alpha$
2.5/1.6	25	16	3	3.5	1.162	0.912	0.080	0.70	0.78	0.43	0.22	0.44	0.19	1.56	0.86	0.43	0.42	0.14	0.34	0.16	0.392
			4		1.499	1.176	0.079	0.88	0.77	0.55	0.27	0.43	0.24	2.09	0.90	0.59	0.46	0.17	0.34	0.20	0.381
3.2/2	32	20	3		1.492	1.171	0.102	1.53	1.01	0.72	0.46	0.55	0.30	3.27	1.08	0.82	0.49	0.28	0.43	0.25	0.382
			4		1.939	1.522	0.101	1.93	1.00	0.93	0.57	0.54	0.39	4.37	1.12	1.12	0.53	0.35	0.42	0.32	0.374
4/2.5	40	25	3	4	1.890	1.484	0.127	3.08	1.28	1.15	0.93	0.70	0.49	6.39	1.32	1.59	0.59	0.56	0.54	0.40	0.386
			4		2.467	1.936	0.127	2.93	1.26	1.49	1.18	0.69	0.63	8.53	1.37	2.14	0.63	0.71	0.54	0.52	0.381
4.5/2.8	45	32	3	5	2.149	1.687	0.143	4.45	1.44	1.47	1.34	0.79	0.62	9.10	1.47	2.23	0.64	0.80	0.61	0.51	0.383
			4		2.806	2.203	0.143	5.69	1.42	1.91	1.70	0.78	0.80	12.13	1.51	3.00	0.68	1.02	0.60	0.68	0.380
5/3.2	50	36	3	5.5	2.431	1.908	0.161	6.24	1.60	1.84	2.02	0.91	0.82	12.49	1.60	3.31	0.73	1.20	0.70	0.68	0.404
			4		3.177	2.494	0.160	8.02	1.59	2.39	2.53	0.90	1.06	16.65	1.65	4.45	0.77	1.53	0.69	0.87	0.402
5.6/3.6	56	36	3	6	2.743	2.153	0.181	8.88	1.80	2.32	2.92	1.03	1.05	17.54	1.78	4.70	0.80	1.73	0.79	0.87	0.408
			4		3.590	2.818	0.180	11.45	1.79	3.03	3.76	1.02	1.37	23.39	1.82	6.33	0.85	2.23	0.79	1.13	0.408
			5		4.415	3.466	0.180	13.86	1.77	3.71	4.49	1.01	1.65	29.25	1.87	7.94	0.88	2.67	0.78	1.36	0.404
6.3/4	63	40	4	7	4.058	3.185	0.202	16.49	2.02	3.87	5.23	1.14	1.70	33.30	2.04	8.63	0.92	3.12	0.88	1.40	0.398
			5		4.993	3.920	0.202	20.02	2.00	4.74	6.31	1.12	2.71	41.63	2.08	10.86	0.95	3.76	0.87	1.71	0.396
			6		5.908	4.638	0.201	23.36	1.96	5.59	7.29	1.11	2.43	49.98	2.12	13.12	0.99	4.34	0.86	1.99	0.393
			7		6.802	5.339	0.201	26.53	1.98	6.40	8.24	1.10	2.78	58.07	2.15	15.47	1.03	4.97	0.86	2.29	0.389
7/4.5	70	45	4	7.5	4.547	3.570	0.226	23.17	2.26	4.86	7.55	1.29	2.17	45.92	2.24	12.26	1.02	4.40	0.93	1.77	0.410
			5		5.609	4.403	0.225	27.95	2.23	5.92	9.13	1.28	2.65	57.10	2.28	15.39	1.06	5.40	0.98	2.19	0.407
			6		6.647	5.218	0.225	32.54	2.21	6.95	10.62	1.26	3.12	68.35	2.32	18.58	1.09	6.35	0.98	2.59	0.404
			7		7.657	6.011	0.225	37.22	2.20	8.03	12.01	1.25	3.57	79.99	2.36	21.84	1.13	7.16	0.97	2.94	0.402

（续表）

角钢号数	尺寸/mm				截面面积/cm²	理论重量/(kg·m⁻¹)(1 kg = 9.8 N)	外表面积/(m²·m⁻¹)	参考数值													
								$x-x$			$y-y$			x_0-x_0		y_1-y_1		$u-u$			
	B	b	d	r				I_x/cm⁴	i_x/cm	W_x/cm³	I_y/cm⁴	i_y/cm	W_y/cm³	I_{x1}/cm⁴	y_0/cm	I_{y1}/cm⁴	x_0/cm	I_u/cm⁴	i_u/cm	W_u/cm³	tan α
7.5/5	75	50	5	8	6.125	4.808	0.245	34.86	2.39	6.83	12.61	1.44	3.30	70.00	2.40	21.04	1.17	7.41	1.10	2.74	0.435
			6		7.260	5.699	0.245	41.12	2.38	8.12	14.70	1.42	3.88	84.30	2.44	25.37	1.21	8.54	1.08	3.19	0.435
			8		9.467	7.431	0.244	52.39	2.35	10.52	18.53	1.40	4.99	112.50	2.52	34.23	1.29	10.87	1.07	4.10	0.429
			10		11.590	9.098	0.244	62.71	2.33	12.79	21.96	1.38	6.04	140.80	2.60	43.43	1.36	13.10	1.06	4.99	0.423
8/5	80	50	5	8	6.375	5.005	0.255	41.96	2.56	7.78	12.82	1.42	3.32	85.21	2.60	21.06	1.14	7.66	1.10	2.74	0.388
			6		7.560	5.935	0.255	49.49	2.56	9.25	14.95	1.41	3.91	102.53	2.65	25.41	1.18	8.85	1.08	3.20	0.387
			7		8.724	6.848	0.255	56.16	2.54	10.58	16.96	1.39	4.48	119.33	2.69	29.82	1.21	10.18	1.08	3.70	0.384
			8		9.867	7.745	0.254	62.83	2.52	11.92	18.85	1.38	5.03	136.41	2.73	34.32	1.25	11.38	1.07	4.16	0.381
9/5.6	90	56	5	9	7.212	5.661	0.287	60.45	2.90	9.92	18.32	1.59	4.21	121.32	2.91	29.53	1.25	10.98	1.23	3.49	0.385
			6		8.557	6.717	0.286	71.03	2.88	11.74	21.42	1.58	4.96	145.59	2.95	35.58	1.29	12.90	1.23	4.13	0.384
			7		9.880	7.756	0.286	81.01	2.86	13.49	24.36	1.57	5.70	169.66	3.00	41.71	1.33	14.67	1.22	4.72	0.382
			8		11.183	8.779	0.286	91.03	2.85	15.27	27.15	1.56	6.41	194.17	3.04	47.93	1.36	16.34	1.21	5.29	0.380
10/6.3	100	63	6	10	9.617	7.550	0.320	99.06	3.21	14.64	30.94	1.79	6.35	199.71	3.24	50.50	1.43	18.42	1.38	5.25	0.394
			7		11.111	8.722	0.320	113.45	3.29	16.88	35.26	1.78	7.29	233.00	3.28	59.14	1.47	21.00	1.38	6.02	0.393
			8		12.584	9.878	0.319	127.37	3.18	19.08	39.39	1.77	8.21	266.32	3.32	67.88	1.50	23.50	1.37	6.78	0.391
			10		15.467	12.142	0.319	153.81	3.15	23.32	47.12	1.74	9.98	333.06	3.40	85.73	1.58	28.33	1.35	8.24	0.387
10/8	100	80	6	10	10.637	8.350	0.354	107.04	3.17	15.19	61.24	2.40	10.16	199.83	2.95	102.68	1.97	31.65	1.72	8.37	0.627
			7		12.301	9.656	0.354	122.73	3.16	17.52	70.08	2.39	11.71	233.20	3.00	119.98	2.01	36.17	1.72	0.60	0.626
			8		13.944	10.946	0.353	137.92	3.14	19.81	78.58	2.37	13.21	266.61	3.04	137.37	2.05	40.58	1.71	10.80	0.625
			10		17.167	13.476	0.353	166.87	3.12	24.24	94.65	2.35	16.12	333.63	3.12	172.48	2.13	49.10	1.69	13.12	0.622
11/7	110	70	6		10.637	8.350	0.354	133.37	3.54	17.85	42.92	2.01	7.90	265.78	3.53	69.08	1.57	25.36	1.54	6.53	0.403
			7		12.301	9.656	0.354	153.00	3.53	20.60	49.01	2.00	9.09	310.07	3.57	80.82	1.61	28.95	1.53	7.50	0.402
			8		13.944	10.946	0.353	172.04	3.51	23.30	54.87	1.98	10.25	354.39	3.62	92.70	1.65	32.45	1.53	8.45	0.401
			10		17.167	13.476	0.353	208.39	3.48	28.54	65.88	1.96	12.48	443.13	3.70	116.83	1.72	39.20	1.51	10.29	0.397

（续表）

角钢号数	尺寸/mm				截面面积/cm²	理论重量/(kg·m⁻¹)(1 kg = 9.8 N)	外表面积/(m²·m⁻¹)	参考数值													
								$x-x$			$y-y$			x_0-x_0		y_1-y_1		$u-u$			
	B	b	d	r				I_x/cm⁴	i_x/cm	W_x/cm³	I_y/cm⁴	i_y/cm	W_y/cm³	I_{x1}/cm⁴	y_0/cm	I_{y1}/cm⁴	x_0/cm	I_u/cm⁴	i_u/cm	W_u/cm³	$\tan\alpha$
12.5/8	125	80	7	11	14.096	11.066	0.403	227.98	4.02	26.86	74.42	2.30	12.01	454.99	4.01	120.32	1.80	43.81	1.76	9.92	0.408
			8		15.989	12.551	0.403	256.77	4.01	30.41	83.49	2.28	13.56	519.99	4.06	137.85	1.84	49.15	1.75	11.18	0.407
			10		19.712	15.474	0.402	312.04	3.98	37.33	100.67	2.26	16.56	650.09	4.14	173.40	1.92	59.45	1.74	13.64	0.404
			12		23.351	18.330	0.402	364.41	3.95	44.01	116.67	2.24	19.43	780.39	4.22	209.67	2.00	69.35	1.72	16.01	0.400
14/9	140	90	8	12	18.038	14.160	0.453	365.64	4.50	38.48	120.69	2.59	17.34	730.53	4.50	195.79	2.04	70.83	1.98	14.31	0.411
			10		22.261	17.475	0.452	445.50	4.47	47.31	146.03	2.56	21.22	913.20	4.58	245.92	2.12	85.82	1.96	17.48	0.409
			12		26.400	20.724	0.451	521.59	4.44	55.87	169.79	2.54	24.95	1 096.09	4.66	296.89	2.19	100.21	1.95	20.54	0.406
			14		30.456	23.908	0.451	594.10	4.42	64.18	192.10	2.51	28.54	1 279.26	4.79	348.82	2.27	114.13	1.94	23.52	0.403
16/10	160	100	10	13	25.315	19.872	0.512	668.69	5.14	62.13	205.03	2.85	26.56	1 362.89	5.24	336.59	2.28	121.74	2.19	21.92	0.390
			12		30.054	23.592	0.511	784.91	5.11	73.49	239.06	2.82	31.28	1 635.56	5.32	405.94	2.36	142.33	2.17	25.79	0.388
			14		34.709	27.247	0.510	896.30	5.08	84.56	271.20	2.80	35.83	1 908.50	5.40	476.42	2.43	162.23	2.16	29.56	0.385
			16		39.281	30.835	0.510	1 003.04	5.05	95.33	301.60	2.77	40.24	2 181.79	5.48	548.22	2.51	182.57	2.16	33.44	0.382
18/11	180	110	10	14	28.373	22.273	0.571	956.25	5.80	78.96	278.11	3.13	32.49	1 940.40	5.89	447.22	2.44	166.50	2.42	26.88	0.376
			12		33.712	26.464	0.571	1 124.72	5.78	93.53	325.03	3.10	38.32	2 328.38	5.98	538.94	2.52	194.87	2.40	31.66	0.374
			14		38.967	30.589	0.570	1 286.91	5.75	107.76	369.55	3.08	43.97	2 716.60	6.06	631.95	2.59	222.30	2.39	36.32	0.372
			16		44.139	34.649	0.569	1 443.06	5.72	121.64	411.85	3.06	49.44	3 105.15	6.14	726.46	2.67	248.94	2.38	40.87	0.369
20/12.5	200	125	12		37.912	29.761	0.641	1 570.90	6.44	116.73	483.16	3.57	49.99	3 193.85	6.54	787.74	2.83	285.79	2.74	41.23	0.392
			14		43.867	34.436	0.640	1 800.97	6.41	134.65	550.83	3.54	57.44	3 726.17	6.62	922.47	2.91	326.58	2.73	47.34	0.390
			16		49.739	39.045	0.639	2 023.35	6.38	152.18	615.44	3.52	64.69	4 258.86	6.70	1 058.86	2.99	366.21	2.71	53.32	0.388
			18		55.526	43.588	0.639	2 238.30	6.35	169.33	677.19	3.49	71.74	4 792.00	6.78	1 197.13	3.06	404.83	2.70	59.18	0.385

注：1. $r_1=\frac{1}{3}d$，$r_2=0$，$r_0=0$。

2. 角钢长度：2.5/1.6～5.6/3.6 号，长 3～9 m；6.3/4～9/5.6 号，长 4～12 m；10/6.3～14/9 号；长 4～19 m；16/10～20/12.5 号，长 6～19 m。

3. 一般采用材料：Q215，Q235，Q275，Q235F。

附录 II

工 程 力 学

习题参考答案

第 1 章

1.4 (a) $M_O = Fl$； (b) $M_O = 0$； (c) $M_O = Fl\sin\beta$； (d) $M_O = Fl\sin\theta$；

(e) $M_O = -Fa$； (f) $M_O = F(l+r)$； (g) $M_O = F\sqrt{b^2+l^2}\sin\alpha$。

1.5 $M_A(F) = -15\ \mathrm{N\cdot M}$。

1.6 (1) $M_O = 0$； (2) $M_O = -Gl\sin\theta$； (3) $M_O = -Gl$。

第 2 章

2.1 主矢：$F'_R = 0$，主矩：$M_O = 260\ \mathrm{N\cdot M}$。

2.2 $\boldsymbol{F} = (2\,100\boldsymbol{i} - 500\boldsymbol{j})\mathrm{N}$，$M_O = 10\ \mathrm{kN\cdot m}$。

2.3 $\alpha = 30°$。

2.4 $F_{Ax} = 2.4\ \mathrm{kN}$，$F_{Ay} = 1.2\ \mathrm{kN}$，$F_{BC} = 0.848\ \mathrm{kN}$。

2.5 $\alpha = \arccos G_1/G_2$，$F_N = G - \sqrt{G_2^2 - G_1^2}$。

2.6 $F_C = 1\ \mathrm{kN}$，$F_{Bx} = 0$，$F_{By} = 1.5\ \mathrm{kN}$。

2.7 $F_{Ax} = -20\ \mathrm{kN}$，$F_{Ay} = 100\ \mathrm{kN}$，$M_A = 130\ \mathrm{kN\cdot m}$。

2.8 $F_A = F_B = 66.7\ \mathrm{N}$，$F_C = F_D = 33.3\ \mathrm{N}$。

2.9 (a) $F_{Ax} = 4.32\ \mathrm{kN}$，$F_{Ay} = 2.82\ \mathrm{kN}$，$F_{NB} = 1.41\ \mathrm{kN}$；

(b) $F_{Ax} = 5.2\ \mathrm{kN}$，$F_{Ay} = 5\ \mathrm{kN}$，$M_A = 6\ \mathrm{kN\cdot M}$；

(c) $F_A = F_B = 2\ \mathrm{kN}$；

(d) $F_{Ax} = 2\ \mathrm{kN}$，$F_{Ay} = 0$，$M_A = 1\ \mathrm{kN\cdot M}$；

(e) $F_A = -1.5\ \mathrm{kN}$，$F_B = 9.5\ \mathrm{kN}$；

(f) $F_A = 8\ \mathrm{kN}$，$F_{Bx} = -8\ \mathrm{kN}$，$F_{By} = 6\ \mathrm{kN}$；

(g) $F_{Ax} = 1.625\ \mathrm{kN}$，$F_{Ay} = 3.19\ \mathrm{kN}$，$F_B = 3.25\ \mathrm{kN}$；

(h) $F_A = -3\ \mathrm{kN}$，$F_B = 6\ \mathrm{kN}$，$F_C = 3\ \mathrm{kN}$，$F_D = 3\ \mathrm{kN}$；

(i) $F_A = -3\ \mathrm{kN}$，$F_B = 10\ \mathrm{kN}$，$F_C = 1\ \mathrm{kN}$，$F_D = 1\ \mathrm{kN}$。

2.10 $S_A = 0$，$N_C = \dfrac{d-a}{l}W$，

$S_{CG} = \dfrac{N'_C}{\sin 60°} = \dfrac{d-a}{l\sin 60°}W$，$S_H = \dfrac{W}{2l}\cdot\dfrac{a}{\sin\varphi}$，结果与 d 无关。

$$S_H = \frac{W}{2l} \cdot \frac{\sqrt{a^2 + l^2 - 2al\cos 60^\circ}}{\sin 60^\circ} = 5\,152。$$

2.11 $G_2 = l/aG_1$。

2.12 $l_{\min} = 25.2\ \text{m}$。

2.13 $G_{\max} = 7.41\ \text{kN}$。

2.14 $M = 500\ \text{N} \cdot \text{m}$, $F_{Ox} = -5\ \text{kN}$, $F_{Oy} = 1.34\ \text{kN}$, $F_C = 1.10\ \text{kN}$, $F_D = -2.44\ \text{kN}$。

2.15 (a) $F_1 = \dfrac{M}{rbf_s}(a - f_s c)$； (b) $F_2 = \dfrac{M}{rbf_s}a$； (c) $F_3 = \dfrac{M}{rbf_s}(a + f_s c)$。

2.16 $M = 70.4\ \text{N} \cdot \text{M}$。

第 3 章

3.1 $F_{1x} = 0$, $F_{1y} = 0$, $F_{1z} = 0$；
$F_{2x} = -\sqrt{2}/2F_2$, $F_{2y} = \sqrt{2}/2F_2$, $F_{2z} = 0$；
$F_{3x} = \sqrt{3}/3F_3$, $F_{3y} = -\sqrt{3}/3F_3$, $F_{3z} = \sqrt{3}/3F_3$。

3.2 $M_{Ax}(F) = -151.55\ \text{N} \cdot \text{M}$, $M_{Ay}(F) = -173.21\ \text{N} \cdot \text{M}$, $M_{Az}(F) = 8.84\ \text{N} \cdot \text{M}$。

3.3 $N = 500\ \text{N}$, $T_A = 750\ \text{N}$, $T_B = 433\ \text{N}$。

3.4 $F_{OA} = 519.6\ \text{N}$(压)，$F_{OB} = 692.8\ \text{N}$(压)，$F_{OC} = 1\,000\ \text{N}$(拉)。

3.5 $F_x = F\cos\alpha\sin\beta$, $F_y = -F\cos\alpha\cos\beta$, $F_z = -F\sin\alpha$, $M_y(F) = Fr\cos\alpha\sin\beta$。

3.6 $F_C = 707\ \text{N}$, $F_{Ax} = F_{Bx} = 200\ \text{N}$, $F_{Ay} = 825\ \text{N}$, $F_{Az} = 500\ \text{N}$, $F_{By} = -525\ \text{N}$, $F_{Bz} = 0\ \text{N}$。

3.7 $F_A = F_B = 26.38\ \text{kN}$(压)，$F_C = 33.46\ \text{kN}$(拉)。

3.8 $\boldsymbol{M} = M_z\boldsymbol{k} = -4Fa\boldsymbol{k}$。

3.9 $F_{NA} = 41.7\ \text{kN}$, $F_{NB} = 31.6\ \text{kN}$, $F_{NC} = 36.7\ \text{kN}$。

3.10 当 $W_1 > W$ 时，$F_{NA} < 0$，圆桌将翻倒。

3.11 $F = 70.9\ \text{N}$, $F_{Az} = -68.4\ \text{N}$, $F_{Bz} = -207\ \text{N}$, $F_{Ax} = -47.6\ \text{N}$, $F_{Bx} = -19\ \text{N}$。

3.12 $F_P = 207.85\ \text{N}$, $F_{Ax} = F_{Bx} = 0$, $F_{Ay} = 0$, $F_{By} = 0$,
$F_{Az} = 183.92\ \text{N}$, $F_{Bz} = 423.92\ \text{N}$。

3.13 $F = 12.94\ \text{N}$, $F_{Ax} = 6.5\ \text{N}$, $F_{Ay} = -70.7\ \text{N}$,
$F_{Bx} = 6.5\ \text{N}$, $F_{By} = 25.9\ \text{N}$, $F_{Az} = 193.2\ \text{N}$。

3.14 $x_C = 0.704\ \text{m}$, $y_C = 0.885\ \text{m}$(令左下角为原点)。

3.15 (a) $x_C = 29.71\ \text{mm}$(距左边)； (b) $y_C = 105\ \text{mm}$(距下边)； (c) $y_C = 153.3\ \text{mm}$(距下边)； (d) $C(83.3\ \text{mm}, 49.5\ \text{mm}$ 相对于左下角)； (e) $x_C = 177.2\ \text{mm}$(距左边)。

3.16 (a) $x_C = 2.31\ \text{cm}$, $y_C = 3.85\ \text{cm}$, $z_C = -2.81\ \text{cm}$； (b) $x_C = 2.02\ \text{cm}$, $y_C = 1.16\ \text{cm}$, $z_C = 0.72\ \text{cm}$。

第 4 章

4.2 $\sigma_1 = -50\ \text{MPa}$, $\sigma_2 = -25\ \text{MPa}$, $\sigma_3 = 25\ \text{MPa}$。

4.3 $\sigma = 203.1\ \mathrm{MPa}$，$\varepsilon = 8.3 \times 10^{-4}$。

4.4 $\Delta A = \dfrac{Fa}{3EA}$。

4.5 $\Delta l_{AD} = 0.105\ \mathrm{mm}$。

4.6 $\sigma_{AB} = 74\ \mathrm{MPa}$。

4.7 $[F] = 36\ \mathrm{kN}$。

4.8 $F_A = \dfrac{4F}{3}$，$F_B = \dfrac{5F}{3}$。

第 5 章

5.1 $M_{tA} = 318.3\ \mathrm{N \cdot m}$，$M_{tB} = 143.2\ \mathrm{N \cdot m}$，
$M_{tC} = 111.4\ \mathrm{N \cdot m}$，$M_{tD} = 63.7\ \mathrm{N \cdot m}$。

5.3 $\tau_{d/4} = 255\ \mathrm{MPa}$，$\tau_{d/2} = 509\ \mathrm{MPa}$。

5.4 $\tau_{\max} = 71.4\ \mathrm{MPa}$，$\varphi = 1.02°$，
$\tau_C = 35.7\ \mathrm{MPa}$，$\gamma_C = 0.446 \times 10^{-3}$。

5.5 $\tau_{\max} = 46.6\ \mathrm{MPa}$。

5.6 满足强度要求。

5.7 $d \geqslant 111.3\ \mathrm{mm}$。

第 6 章

6.1 $\delta = 80\ \mathrm{mm}$。

6.2 $F = 113\ \mathrm{kN}$。

6.3 $d = 13\ \mathrm{mm}$。

第 7 章

7.1 (a) $|M|_{\max} = 5\ \mathrm{kN \cdot m}$；

(b) $|F_Q|_{\max} = 2ql$，$|M|_{\max} = \dfrac{3}{2}ql^2$；

(c) $|F_Q|_{\max} = 3F$，$|M|_{\max} = 4Fl$；

(d) $|F_Q|_{\max} = 2F$，$|M|_{\max} = 2Fa$；

(e) $|F_Q|_{\max} = \dfrac{7}{4}qa$，$|M|_{\max} = \dfrac{49}{32}qa^2$；

(f) $|F_Q|_{\max} = qa$，$|M|_{\max} = qa^2$。

第 8 章

8.1 (a) $y_C = 30\ \mathrm{mm}$，$I_{z_C} = 136\ \mathrm{cm^4}$；

(b) $y_C = 85.48\ \text{mm}$。

8.2 $\sigma_a = 3.09\ \text{MPa}$，$\sigma_b = -1.54\ \text{MPa}$，

$\sigma_{\text{tmax}} = -\sigma_{\text{cmax}} = 4.63\ \text{MPa}$。

8.3 $\tau_K = 0.252\ \text{MPa}$，$\tau_{\max} = 0.3\ \text{MPa}$。

8.4 $\sigma_{\max} = 6.94\ \text{MPa}$，$\tau_{\max} = 0.52\ \text{MPa}$，

满足强度要求。

8.5 最大压应力在 B 截面下边缘，$\sigma_{\text{cmax}} = 46.1\ \text{MPa} < [\sigma_c]$，

最大拉应力在 C 截面下边缘，$\sigma_{\text{tmax}} = 28.8\ \text{MPa} < [\sigma_t]$，

满足强度要求。

8.6 $|\omega|_{\max} = |\omega_B| = \dfrac{Pl^3}{3EI}$，$|\theta|_{\max} = |\theta_B| = \dfrac{Pl^2}{2EI}$。

8.7 $|\omega|_{\max} = \dfrac{5ql^4}{384EI}$，$|\theta|_{\max} = \dfrac{ql^3}{24EI}$。

8.8 $\omega_D = \dfrac{9ql^4}{384EI}(\uparrow)$，$\theta_B = -\dfrac{7ql^3}{96EI}$(逆)。

第 9 章

9.1 AC

9.2 C

9.3 1.52 Mpa，19.33 Mpa。

9.4 55.4 Mpa，0，−5.4 Mpa，35.8°。

9.5 (1) 361 Mpa，−361 Mpa； (2) 28.15°，−61.85°。

9.6 360 Mpa，−360 Mpa，28°。

9.7 (1) $\sigma_1 = 5.88\ \text{MPa}$，$\sigma_3 = -91.07\ \text{MPa}$，$\sigma_2 = 0$，$\alpha_0 = 14°15'$，$-75°45'$；

(2) $\sigma_{r3} = 96.9\ \text{MPa}$，$\sigma_{r4} = 94.1\ \text{MPa}$。

9.8 $\sigma_{r1} = 20\ \text{MPa}$，$\sigma_{r2} = 21.5\ \text{MPa}$，$\sigma_{r3} = 0$，$\sigma_{r4} = 37.75\ \text{MPa}$。

第 10 章

10.1 0.83 MPa。

10.2 $\sigma_{\max} = 9.64\ \text{Mpa} < [\sigma] = 10\ \text{Mpa}$，满足强度要求。

10.3 $\sigma_{\max} = \dfrac{M_{y\max}}{W_y} + \dfrac{M_{z\max}}{W_z} = \dfrac{29 \times 10^3}{692.2 \times 10^{-6}} + \dfrac{7.76 \times 10^3}{70.8 \times 10^{-6}} = 151.4(\text{MPa}) < [\sigma] = 160\ \text{MPa}$，

满足强度要求。

10.4 16 号工字钢。

10.5 $d \geqslant 49\ \text{mm}$。

10.6 $0.572\dfrac{F}{a^2}$。

第 11 章

11.1 C

11.2 C

11.3 A

11.4 D

11.5 1.76 m。

11.6 (1) 281.8 kN；(2) $h = 2b$。

11.7 $F_{max} = 662$ kN。

11.8 $[F] = 18.9$ kN。

11.9 $F_{cr} = 15.7$ kN。

11.10 22b 号工字钢。

第 12 章

12.1 (1) 为椭圆方程；

(2) $v_x = \dot{x} = -(2L - L/2)\omega\sin\omega t$，$a_x = \ddot{x} = -(2L - L/2)\omega^2\cos\omega t$，

$v_y = \dot{y} = L/2\omega\cos\omega t$，$a_y = \ddot{y} = -L/2\omega^2\sin\omega t$。

12.2 得 A 点的轨迹方程：$\left(\dfrac{x-a}{b+c}\right)^2 + \left(\dfrac{y}{l}\right)^2 = \sin^2\omega t + \cos^2\omega t = 1$，为一椭圆。

12.3 运动方程为 $y_B = 9 - l_{BC} = \sqrt{64+t^2} - 8$，

速度方程为 $v_B = \dfrac{dy_B}{dt} = \dfrac{t}{\sqrt{64+t^2}}$，

重物 B 到达滑轮处时 $y_B = H = 9$ m，则 $y_B = \sqrt{64+t^2} - 8 = 9$(m)，解得 $t = 15$ s。

12.4 (1) 运动方程为 $x_M = h\tan(\omega t)$，

速度方程为 $v_M = \dfrac{dx_M}{dt} = \dfrac{d}{dt}(h\tan(\omega t)) = h\omega\sec^2(\omega t)$；

(2) 小环 M 相对 AB 运动的速度方程为

$v'_M = \dfrac{dx'_M}{dt} = \dfrac{d}{dt}(h\cot(\omega t)) = -h\omega\csc^2(\omega t)$。

12.5 $v_C = \dfrac{au}{2l}$。

12.6 $v = \dfrac{dx}{dt} = \dfrac{-v_0}{x}\sqrt{x^2+l^2}$，$a = \dfrac{dv}{dt} = \dfrac{-v_0^2 l^2}{x^3}$。

12.7 $y_A = e\sin\omega t + \sqrt{R^2 - e^2\cos^2\omega t}$，$v_A = \dot{y}_A = e\omega\cos\omega t + \dfrac{e^2\omega\sin 2\omega t}{2\sqrt{R^2 - e^2\cos^2\omega t}}$。

12.8 略。

12.9 $a_0 = 0.308$ m/s，$\theta_0 = \text{arccot}\,\dfrac{0.125}{0.281}$，$a = 0.129$ m/s，$\theta = \text{arccot}\,\dfrac{0.125}{0.032}$，$t = 80$ s。

12.10 (1) 路程为 16 m； (2) $a=\sqrt{a_t^2+a_n^2}=2\sqrt{10}\ \mathrm{m/s^2}$。

12.11 略。

12.12 略。

12.13 $x=R+R\cos 2\omega t$，$y=R\sin 2\omega t$。

速度和加速度分别为：

$v_x=\dot{x}=-2\omega R\sin 2\omega t$，$a_x=\ddot{x}=-4\omega^2R\cos 2\omega t$，

$v_y=\dot{y}=2\omega R\cos 2\omega t$，$a_y=\ddot{y}=-4\omega^2R\sin 2\omega t$，

$s=2R\omega t$，$v=\dot{s}=2R\omega$，$a_\tau=\dot{v}=0$，$a=a_n=\dfrac{v^2}{R}=4R\omega^2$。

第 13 章

13.1 $x_{O1}=0.2\cos 4t$，$v=\dot{x}_{O1}=-0.8\sin 4t$，$a=\ddot{x}_{O1}=-3.2\cos 4t$，

负号表示 v、a 的实际方向与 x 轴正方向相反。

13.2 $x=OA\cos\varphi$，$y=OA\sin\varphi-AB$，消去 φ 得其轨迹方程为 $x^2+(y+0.8)^2=1.5^2$(圆)。

13.3 $v_O=v_a=\omega l=0.707\ \mathrm{m/s}$，$a_O=a_a=\omega^2 l=3.331\ \mathrm{m/s^2}$。

13.4 $v_C=9.948\ \mathrm{m/s}$，端点的 C 的轨迹是圆心为 O，半径 $OC\parallel O_3A$ 且 $OC=0.25\ \mathrm{m}$ 的圆。

13.5 $\omega=\dot{\varphi}=\dfrac{v}{2l}$，$a=\ddot{\varphi}=-\dfrac{v^2}{2l^2}$，负号表示加速度的方向与 φ 的方向相反。

13.6 (1) $v_M=v_A=v_B=\dot{x}=10t$；

(2) $a_{\tau M}=\dfrac{\mathrm{d}v_M}{\mathrm{d}t}=10\ \mathrm{m/s^2}$，$a_{nM}=\dfrac{v_M^2}{R}=200t^2\ \mathrm{m/s^2}$，

$a_M=\sqrt{(a_{\tau M})^2+(a_{nM})^2}=10\sqrt{1+400t^2}\ \mathrm{m/s^2}$；

(3) $\omega=\dfrac{v_M}{R}=20t\ \mathrm{rad/s}$，$a=\dot{\omega}=20\ \mathrm{rad/s^2}$。

13.7 $\alpha=\dfrac{\mathrm{d}\omega}{\mathrm{d}t}=\dfrac{\delta}{2\pi}\dfrac{v^2}{r^3}$。

第 14 章

14.1 $y'=a\cos\left(k\dfrac{x'}{v_0}+\beta\right)$。

14.2 $(40-x')^2+y'^2=40^2$(圆)。

$(x+40)^2+y^2=40^2$(圆)。

14.3 $L=200\ \mathrm{m}$，$v=12\ \mathrm{m/min}=0.2\ \mathrm{m/s}$，$v_r=20\ \mathrm{m/min}=\dfrac{1}{3}\ \mathrm{m/s}$。

14.4 $v_r=10.06\ \mathrm{m/s}$，$\theta=41°48'$。

14.5 $v_r=\sqrt{v_a^2+v_e^2}=63.62\ \mathrm{mm/s}$，$\angle(v_r,\ v_a)=80°57'$。

14.6 相对速度约为 83.21 m/s。

14.7 $v_M=\mu\cos\varphi$。

第 15 章

15.1 $x = r\cos\omega_0 t$，$y = r\sin\omega_0 t$，$\varphi = \theta = \omega_0 t$。

15.2 $v_B = 2.513\ \text{m/s}$。

15.3 $x_A = 0$，$y_A = \dfrac{1}{3}gt^2$，$\varphi = \dfrac{1}{3r}gt^2$。

15.4 $\begin{cases} x_A = (R+r)\cos\left(\dfrac{1}{2}\alpha t^2\right) \\ y_A = (R+r)\sin\left(\dfrac{1}{2}\alpha t^2\right) \end{cases}$ 或 $\varphi_A = \dfrac{1}{2}\left(1+\dfrac{R}{r}\right)\alpha t^2$。

15.5 $\omega_{AB} = 1.94\pi(\text{rad/s})$，$v_M = 2.41\pi(\text{m/s})$。

15.6 $\omega = \dfrac{2\sqrt{3}r}{3R}\omega_0$。

第 16 章

16.1 $F_1 = 1\,047\ \text{N}$，$F_2 = 947\ \text{N}$，$F_3 = 907\ \text{N}$。

16.2 $F_x = ma_x = -m\omega^2 x$，$F_y = ma_y = -m\omega^2 y$，
$\boldsymbol{F} = F_x\boldsymbol{i} + F_y\boldsymbol{j} = -m\omega^2\boldsymbol{r}$。

16.3 $F_{\text{T max}} = m\left(g + \dfrac{v^2}{l}\right)$。

16.4 $F_{\max} = 3.14\ \text{kN}$，$F_{\min} = 2.74\ \text{kN}$。

16.5 $F_{\text{TA}} = \dfrac{ml}{2a}(\omega^2 a + g)$，$F_{\text{TB}} = \dfrac{ml}{2a}(\omega^2 a - g)$。

16.6 $F = 2.03\ \text{N}$。

16.7 $F_{\text{T}} = \dfrac{G}{\cos\alpha}$，$v = \sin\alpha\sqrt{\dfrac{gl}{\cos\alpha}}$。

16.8 $F_{\text{T}} = m\dfrac{r^4\omega^2 x^2}{(x^2 - r^2)^{5/2}}$。

16.9 $v_{\text{极限}} = \dfrac{mg}{\mu}$。

第 17 章

17.1 $\alpha = \arctan\left(\dfrac{v^2}{g\rho}\right)$。

17.2 $\varphi = 48°11'23''\left(\cos\varphi = \dfrac{2}{3}\right)$。

17.3 $F_{\text{N}} = 3G\sin\varphi$。

17.4 $l = \dfrac{g\cot\theta}{\omega^2\sin\theta}$。

17.5 $F = 51.7\ \text{N}$。

17.6 $F_A = \dfrac{m(gl_b - ah)}{l_a + l_b}$，$F_B = \dfrac{m(gl_a + ah)}{l_a + l_b}$；$a = \dfrac{g(l_a - l_b)}{2h}$。

17.7 $f_{\min} = 0.305$。

17.8 $a_A = 0.377\ \text{m/s}^2$，$F_1 = 10.38\ \text{kN}$。

17.9 $m_{3\max} = 50\ \text{kg}$，$a = \dfrac{g}{4} = 2.45\ \text{m/s}^2$。

第 18 章

18.1 $a_{AB} = \dfrac{m_2 a - f(m_1 + m_2)g}{m_1 + m_2}$。

18.2 (1) 向左移动 0.138 m； (2) $F_A = 49.4\ \text{N}$。

18.3 $x = -\dfrac{P + 2G}{P + G + W} l \sin \omega t$。

18.4 $F_x = -\dfrac{(G + P)d\omega^2 \cos \omega t}{g}$，$F_y = -\dfrac{G\omega^2 d \sin \omega t}{g}$。

18.5 $a_A = -0.21\ \text{m/s}^2$，$F_A = 1\,662\ \text{N}$，$F_{CA} = 4.22\ \text{N}$，$F_{BA} = 419\ \text{N}$。

18.6 $J = 9.46\ \text{kg} \cdot \text{m}^2$。

18.7 $J = \dfrac{1}{3} ml^2 + \dfrac{1}{2} m_2 [R^2 + 2(l + R)^2]$。

18.8 $a = \dfrac{(M - Pr)R^2 rg}{(J_1 r^2 + J_2 R^2)g + PR^2 r^2}$。

18.9 $\alpha_1 = \dfrac{MR^2}{J_1 R^2 + J_2 r^2}$，$\alpha_2 = \dfrac{MRr}{J_1 R^2 + J_2 r^2}$。

18.10 $a = \dfrac{\mathrm{d}v}{\mathrm{d}t} = \dfrac{M - G \sin \theta \cdot R}{\left(\dfrac{G}{g} R + \dfrac{J}{R}\right)}$。

第 19 章

19.1 $W = -20.3\ \text{J}$。

19.2 (a) $\dfrac{1}{6} ml^2 \omega^2$； (b) $\dfrac{1}{4} mr^2 \omega^2$； (c) $\dfrac{3}{4} mr^2 \omega^2$； (d) $\dfrac{3}{4} mv_C^2$。

19.3 $\left(\dfrac{3}{2} m_1 + 2m_2\right) l^2 \omega^2$。

19.4 $v = r\sqrt{\dfrac{2(M - Gr)g\varphi}{Jg + G_2 r^2}}$。

19.5 $v_A = \sqrt{\dfrac{3}{m}[M\theta - mgl(1 - \cos \theta)}$。

19.6 $v = 2\cos \varphi \sqrt{R\left(g + \dfrac{kR}{m}\right) 6}$，$F_\text{N} = 2kR \sin^2 \varphi - mg \cos 2\varphi - 4(mg + kR)\cos^2 \varphi$。

19.7 $\omega_{AB}=10.62\ \mathrm{rad/s}$。

19.8 (1) $\omega_B=0$，$\omega_{AB}=4.95\ \mathrm{rad/s}$；　(2) $\delta_{\max}=87.1\ \mathrm{mm}$。

19.9 $v=\sqrt{\dfrac{4gS(G_1+G_2)\sin\theta}{3G_1+2G_2}}$，$a=\dfrac{2g(G_1+G_2)\sin\theta}{3G_1+2G_2}$。

19.10 $v=4\sqrt{\dfrac{1}{15m}\left(mgd-\dfrac{cd^2}{8}\right)}$。

参考文献

1 汪菁.工程力学[M].北京:化学工业出版社,2004.
2 李庆华.材料力学[M].成都:西南交通大学出版社,1994.
3 张定华.工程力学[M].北京:高等教育出版社,2000.
4 孙训方,方孝淑,关来泰.材料力学[M].北京:高等教育出版社,2002.
5 陈传尧.工程力学[M].北京:高等教育出版社,2006.
6 石立安.建筑力学[M].武汉:华中科大出版社,2006.
7 毕勤胜,李纪刚,等.工程力学[M].北京:北京大学出版社,2007.
8 章向明,施华民.工程力学[M].北京:科学出版社,2007.
9 王月梅,等.理论力学[M].北京:机械工业出版社,2004.
10 张俊彦,黄宁宁.理论力学[M].北京:北京大学出版社,2006.
11 张秉荣,章剑青.工程力学[M].北京:机械工业出版社,2003.
12 同济大学理论力学教研室.理论力学[M].上海:同济大学出版社,1990.
13 郭应征,周志红.理论力学[M].北京:清华大学出版社,2005.
14 高健.工程力学[M].北京:中国水利水电出版社,2008.
15 干光渝. 材料力学[M].北京:高等教育出版社,1989.
16 郭仁俊. 建筑力学[M].北京:中国建筑工业出版社,1999.
17 范钦珊.工程力学[M].北京:机械工业出版社,2002.